Lutz Brügmann
Meeresverunreinigung

Lutz Brügmann

MEERES-
VERUNREINIGUNG

Ursachen, Zustand, Trends
und Effekte

Akademie Verlag

Autor:
Prof. Dr. Lutz Brügmann
Institut für Ostseeforschung Warnemünde

Das vorliegende Werk wurde sorgfältig erarbeitet. Dennoch übernehmen Autoren, Herausgeber und Verlag für die Richtigkeit von Angaben, Hinweisen und Ratschlägen sowie für eventuelle Druckfehler keine Haftung.

Mit 20 Abbildungen und 63 Tabellen

Lektorat: Dipl.-Met. Heide Deutscher

Die Deutsche Bibliothek – CIP-Einheitsaufnahme
Brügmann, Lutz:
Meeresverunreinigung : Ursachen, Zustand, Trends und Effekte / Lutz Brügmann. – Berlin : Akad.-Verl., 1993
ISBN 3-05-501381-6

© Akademie Verlag GmbH, Berlin 1993
Der Akademie Verlag ist ein Unternehmen der VCH-Verlagsgruppe.

Gedruckt auf säurefreiem Papier.

Alle Rechte, insbesondere die der Übersetzung in andere Sprachen, vorbehalten. Kein Teil dieses Buches darf ohne schriftliche Genehmigung des Verlages in irgendeiner Form – durch Photokopie, Mikroverfilmung oder irgendein anderes Verfahren – reproduziert oder in eine von Maschinen, insbesondere von Datenverarbeitungsmaschinen, verwendbare Sprache übertragen oder übersetzt werden. Die Wiedergabe von Warenbezeichnungen, Handelsnamen oder sonstigen Kennzeichen in diesem Buch berechtigt nicht zu der Annahme, daß diese von jedermann frei benutzt werden dürfen. Vielmehr kann es sich auch dann um eingetragene Warenzeichen oder sonstige gesetzlich geschützte Kennzeichen handeln, wenn sie nicht eigens als solche markiert sind.

Satz: Hermann Hagedorn GmbH & Co., W-1000 Berlin 46. Druck und Bindung: PDC GmbH, W-4790 Paderborn. Einbandgestaltung: Eckhard Steiner, O-1144 Berlin

Printed in the Federal Republic of Germany

Inhaltsverzeichnis

1.	Einleitung	9
2.	Erdölkohlenwasserstoffe in der Meeresumwelt	14
3.	Meeresverunreinigung durch chemische Produkte	28
3.1	DDT (Dichlor-diphenyl-trichlorethan)	29
3.2	Hexachlorcyclohexan-Isomere (HCHs)	32
3.3	Hexachlorbenzen (HCB)	36
3.4	Octachlorstyren (OCS)	38
3.5	Polychlorierte Biphenyle (PCBs)	40
3.6	Polychlorierte Terphenyle (PCTs)	48
3.7	Polychlorierte Camphene (PCCs)	50
3.8	Polychlorierte Dibenzo-dioxine und -furane (PCDDs/PCDFs)	52
3.9	Chlorierte Paraffine (CPs)	56
3.10	Phthalsäureester (PAEs)	57
3.11	Organozinn-Verbindungen	61
3.12	Organo-Siliziumverbindungen	66
3.13	Tenside	69
4.	Radioaktive Verunreinigung der Meere	73
5.	Schwermetalle in Kompartimenten mariner Ökosysteme	82
5.1	Quecksilber	84
5.2	Cadmium	90
5.3	Blei	97
5.4	Kupfer	104
5.5	Arsen	107
5.6	Selen	112
6.	Überdüngung des Meeres	117
6.1	Ungewöhnliche Algenblüten	119
6.2	Fallstudie: Algenblüte im Kattegat/Skagerrak, 1988	123
7.	Mikrobielle Verseuchung der Meeresumwelt	126

8.	Umwelteinflüsse durch die Aquakultur	132
9.	Gefährdungen durch das Fördern von Rohstoffen vom Meeresgrund	138
10.	Verbrennen gefährlicher Abfälle auf See	142
11.	Feste Abfälle	145
12.	Verklappen von Abfällen	148
13.	Thermale „Verunreinigung" des Meeres	150
14.	Zum Zustand ausgewählter Meeresregionen	153
14.1	Ostsee	158
14.2	Nordsee	179
14.3	Irische See	195
14.4	Mittelmeer	199
14.5	Schwarzes Meer	214
14.6	„UNEP-Regionen"	217
14.6.1	Atlantik vor West- und Zentralafrika	217
14.6.2	Indik vor Ostafrika	218
14.6.3	Rotes Meer und Golf von Aden	220
14.6.4	Kuwait-Region	220
14.6.5	Südasiatische Meere	222
14.6.6	Ostasiatische Meere	222
14.6.7	Südpazifik	223
14.6.8	Nordpazifik	225
14.6.9	Südostpazifik	226
14.6.10	Südwestatlantik	227
14.6.11	Karibik und Golf von Mexiko	228
14.6.12	Polarmeere	229
14.6.13	Nachbemerkung	230
15.	Monitoring zur Zustandsüberwachung der Meeresumwelt	232
15.1	Monitoring biologischer Effekte	232
15.2	Monitoring- und Forschungsprogramme	239
15.2.1	Global Environment Monitoring System (GEMS)	240
15.2.2	Global Investigation of Pollution in the Marine Environment (GIPME)	241
15.2.3	ICES-Monitoringprogramme	243
15.2.4	Joint Monitoring Programme (JMP)	245
15.2.5	Zirkulation und Schadstoffumsatz in der Nordsee (ZISCH)	245
15.2.6	Baltic Monitoring Programme (BMP)	245
15.2.7	EUROMAR	247
15.2.8	Long-Term Programme for Pollution Monitoring and Research in the Mediterranean (MED POL)	248

15.2.9	Physical Oceanography of the Eastern Mediterranean (POEM)	249
15.2.10	Kuroshio Exploitation and Utilization Research (KER)	249
15.2.11	Mussel-Watch	249
15.2.12	National Status and Trends (NS&T)	251
15.2.13	Geochemical Ocean Sections (GEOSECS)	252
15.2.14	Vertical Transport and Exchange of Materials (VERTEX)	252
15.2.15	Sea Air Exchange Programme (SEAREX)	253
15.2.16	Global Tropospheric Chemistry (GTC)	253
15.2.17	Atmospheric and Ocean Chemistry of the North Atlantic (AEROCE)	254
15.2.18	World Climate Research Programme (WCRP)	254
15.2.19	Pacific Transport of Heat and Salt (PATHS)	255
15.2.20	Energetically Active Zones of the Oceans (EAZO; „Sections")	255
15.2.21	International Geosphere Biosphere Programme – A Study of Global Change (IGBP)	256
15.2.22	U.S. Global Ocean Flux Study (GOFS)	258
15.2.23	Integrated Global Ocean Monitoring (IGOM)	260
16.	**Übereinkommen zum Schutz der Meeresumwelt**	261
17.	**Zusammenfassung**	269
18.	**Verzeichnis von Abkürzungen**	274
19.	**Literatur**	276
	Sachverzeichnis	290

1. Einleitung

Meeresverschmutzung („pollution") wurde von der GESAMP (IMO/FAO/ UNESCO/WMO/WHO/IAEA/UN/UNEP Joint Group of Experts on the Scientific Aspects of Marine Pollution) definiert als „... das direkte oder indirekte Einbringen von Substanzen oder Energie in die Meeresumwelt einschließlich der Ästuargebiete durch den *Menschen*, das solche negativen *Effekte* wie Gefahren für die lebenden Ressourcen, Gefährdungen für die menschliche Gesundheit, Behinderungen für marine Aktivitäten einschließlich der Fischerei, Qualitätseinbußen für die Verwendung des Meerwassers und eine Verminderung von Annehmlichkeiten hervorruft...". Die Hervorhebungen sollen deutlich machen, daß der Tatbestand einer „Verschmutzung" erst erfüllt ist, wenn gleichzeitig zwei Voraussetzungen zutreffen, das heißt, daß a) menschliche Tätigkeit der Ausgangspunkt für b) verifizierbare negative Wirkungen war.

Allein die Anwesenheit von – gegenüber natürlichen Hintergrundwerten – anthropogen erhöhten Konzentrationen potentiell schädlicher Substanzen in den Kompartimenten der Meeresumwelt, d.h. im Wasser, in den Sedimenten, in Organismen oder an den Kontaktflächen zum Meeresboden, zum Festland oder zur Atmosphäre, rechtfertigt diese Bezeichnung noch nicht, sondern ist als „Verunreinigung" („contamination") einzuordnen. Der Nachweis solcher Verunreinigungen konnte bereits für viele Substanzklassen erbracht werden. Das betrifft definitionsgemäß praktisch eindeutig die „Xenobiotika", z. B. viele halogenierte Kohlenwasserstoffe, die der natürlichen Meeresumwelt fremd sind. Problematischer ist ein Nachweis der Kontamination dagegen bereits für Spurenmetalle und Erdölkohlenwasserstoffe, da hohe Metallkonzentrationen im Meerwasser auch von den Auswaschungen metallhaltiger Ablagerungen und erhöhte Ölgehalte von untermeerischen Aussickerungen („seeps") herrühren können.

Lassen sich anthropogene Einflüsse nicht ausschließen, stellen Verunreinigungen immer ein erstes Warnsignal dar. Allerdings sind Laborversuche, die statistisch signifikante Effekte solcher Verunreinigungen nachweisen oder ausschließen, nicht automatisch auf die Meeresumwelt übertragbar. Oft gibt es prinzipielle Probleme, mögliche Effekte aufzuzeigen, wenn diese in den „Rauschsignalen" natürlicher Veränderungen verborgen bleiben. Das sollte uns jedoch nicht davon abhalten, „vorsorglich" an Fragen möglicher Belastungsgrenzen für die Meeresumwelt heranzugehen, insbesondere dort, wo ausreichend sichere Erkenntnisse zu den oft komplexen Zusammenhängen noch fehlen. Als unrealistisch bzw. unverantwortlich aus ökonomischer und ökologischer Sicht sind die beiden Extrempositionen zu bewerten, die entweder das Ausschließen jeglicher Meeresverunreinigung fordern oder als Grenze der Akzeptanz von Belastungen erst das Auftreten deutlich qualifizierbarer und quantifizierbarer Effekte ansetzen.

Es gibt in der letzten Zeit Überlegungen, die „pollution"-Definition neu zu fassen. Ausgangspunkt der Überlegungen, die dazu führten, war die Beobachtung, daß der Mensch allein durch seine fischereilichen Aktivitäten bereits deutlich auf die Fischpopulationen Einfluß genommen hat. So werden mehr als etwa 100 Millionen t Fisch jährlich dem Meer entnommen. Man geht jedoch davon aus, daß weitere 100 Millionen t bei dieser Entnahme sterben. Im Mittelpunkt einer neuen Definition könnten solche sowohl den gegenwärtigen Bestand als auch die künftige Artenvielfalt und Reproduktion gefährdenden Praktiken stehen.

Anliegen des vorliegenden Buches ist es, den Leser mit dem zur Zeit der Erarbeitung des Manuskripts im internationalen Konsens akzeptierten Erkenntnisstand zum Kontaminationsgrad der Meeresumwelt mit ausgewählten Substanzklassen und Verunreinigungskategorien bekannt zu machen und über weitere potentielle Quellen einer Verschmutzung des Meeres zu informieren. Das Spektrum der dabei skizzierten Gefährdungskategorien durch Problemstoffe und Tätigkeiten des Menschen im und am Meer ist nicht vollständig. Berücksichtigt wurden jedoch nach Möglichkeit die wichtigsten der gegenwärtig in der Öffentlichkeit und in der wissenschaftlichen Spezialliteratur behandelten Problembereiche. Die gewählte Reihenfolge kann keine Prioritätenliste sein, da die Wirkungssphären der vorgestellten Verunreinigungen sehr unterschiedlich sind. Eine vergleichende raum-zeitliche Bewertung der einzelnen Kategorien wurde nicht versucht, da hierzu zumeist die erforderlichen Basisinformationen fehlen, z. B. zu Verweilzeiten gefährlicher Substanzen in der Meeresumwelt, zu künftigen Produktionsstrukturen usw. Allerdings wurden, wo verfügbar, Hinweise auf die räumlichen Dimensionen von Umweltproblemen und -effekten gegeben, d. h., ob sie lokale, regionale oder globale Bedeutung haben.

Den *Verunreinigungseffekten* und den Techniken zu ihrer qualitativen und quantitativen Erfassung wurde besondere Aufmerksamkeit beigemessen. Die abschließend aus deutscher Sicht vorgenommene Darstellung des gegenwärtigen Standes zum Meeresumweltrecht soll dazu beitragen, die Chancen für international abgestimmte Aktivitäten zur Bewertung, Vermeidung bzw. „Reparatur" von Meeresumweltschäden abschätzen zu können.

1. Einleitung

Abb. 1. Fallstudien zur Meeresverschmutzung
a) Das Wrack der „*Ariadne*" (1985) in der Einfahrt zum Hafen von Mogadishu, Somalia. Das Schiff trug eine große Ladung sehr gefährlicher Chemikalien wie Bleitetraethyl, DDT, Malathion u.a.

b) Mit Öl verunreinigte Mangroven im Süden Kolumbiens als Folge der Havarie des Tankers *„Saint Peter"* (1976)

c) „Blow-out" der Ölquelle *IXTOC I* in Bahia de Campeche, Mexiko (1979)

d) Abgestorbene Mangrovengebiete in Bahia de Cartagena, Kolumbien. Die Bucht wird durch große Mengen industrieller Abfälle verunreinigt.
Quelle: *Olof Linden*, IVL, Stockholm

2. Erdölkohlenwasserstoffe in der Meeresumwelt

Durch spektakuläre Tankerkatastrophen, durch „blow outs" von Bohranlagen im Meer und nicht zuletzt durch die infolge von Kriegseinwirkungen in der Golfregion verursachten Ölaustritte („Ölspills") ist diese permanente Gefährdung der Meeresumwelt einer breiten Öffentlichkeit bereits vertraut. Während die meisten der in den Folgekapiteln im Detail vorgestellten Stoffe aufgrund ihrer extremen Verdünnung dem Laien nie sichtbar wurden und ihm nur an Hand der in den Massenmedien diskutierten möglichen Effekte nähergebracht werden können, sind uns Erdölkohlenwasserstoffe relativ vertraut, und Verschmutzungen sind leicht durch Farbe, Geruch und Wirkungen zu identifizieren.

Rohöl ist eine komplexe Mischung aus bis zu 3 000 verschiedenen Kohlenwasserstoffen mit 4 bis über 26 Kohlenstoffatomen pro Molekül. Es umfaßt dabei vor allem Verbindungsklassen wie kettenförmige, verzweigte und ringförmige Aliphaten mit und ohne Mehrfachbindungen im Molekül sowie Einkern-, z.B. Benzen, und Mehrkernaromaten (PAHs) wie Benzo-(a)-pyren. Außer den Kohlenwasserstoffen können Rohöle bis zu 25% Beimengungen enthalten, darunter auch Schwefel, Vanadium oder Nickel. Die Zusammensetzung des Rohöls hängt wesentlich von den jeweiligen Quellen und deren Ausbeutungsgrad ab.

Durch eine fraktionierte Destillation läßt sich das Rohöl in Fraktionen unterschiedlicher Siedepunktbereiche und Verwendungszwecke aufteilen (Tab. 2.1).

Tabelle 2.1. Rohöl-Fraktionen

Siedepunkt-	C-Atome bereich (°C)	Verwendung	
Gas	30	3– 4	Brennstoff, chemische Industrie
Leichtöl	30–140	4– 6	Vergaserkraftstoffe
Naphtha	120–175	7–10	Petrolchemie
Kerosin	165–200	10–14	Petrolchemie
Gasöl (Diesel)	175–365	15–20	Dieselkraftstoffe
Heizöl und Rückstände	$\geq$ 350	$\geq$ 20	Brennstoff, Teeranstriche

Gelangt Rohöl in die Meeresumwelt, liegt es dort in Form größerer schwimmfähiger Teerklumpen („tar balls"), als Mikropartikel, adsorbiert an suspendiertem Material wie Silt, Detritus und Phytoplankton, als Emulsion („Wasser-in-Öl" bzw. „Öl-in-Wasser") oder echt gelöst vor. Ölspills erfolgen in der Regel in die Oberflächenschicht des Meeres. Das betrifft z. B. die Abflüsse von den Kontinenten, Einträge aus der Atmosphäre, das Ablassen von Ballastwasser, kleine Lecks, Tankwaschoperationen und die Mehrzahl der Havarien. Flüssiges Öl breitet sich dabei filmförmig über dem Wasser als „Ölslick" aus. Niedermolekulare Fraktionen verdampfen dann relativ rasch, in Abhängigkeit von der mechanischen Vermischung werden wasserlösliche Anteile mehr oder weniger gleichmäßig verteilt und unlösliche Verbindungen emulgiert. Eine Emulsion „Öl-in-Wasser" mit bis zu 80% Wasser kann einen schwimmfähigen „Schokoladenpudding" produzieren, der in dieser Form auch auf die Strände gespült wird. Teerklumpen sind äußerst stabile Verwitterungsrückstände von der Größe einiger Millimeter bis zu mehr als 10 cm im Durchmesser.

Man weiß, daß alle in die Meeresumwelt eingetragenen Erdölkohlenwasserstoffe nach ihrer Dispersion der natürlichen Verwitterung unterliegen. Auch wenn die auf See oder an der Küste befindlichen Rückstände eines Spills vom Menschen nicht angerührt werden, sind sie aufgrund verschiedener physikalischer, chemischer und biologischer Prozesse irgendwann nicht mehr auffindbar. Die Verwitterungsrate hängt von den örtlichen Bedingungen wie Wasser- und Lufttemperatur, Windgeschwindigkeit, Lichtintensität, Wellenhöhe, Nährstoff- und Substratangebot für Mikroorganismen, aber vor allem auch von der Zusammensetzung des Öls ab. Man kann davon ausgehen, daß außer in polaren Gebieten bereits nach wenigen Stunden bis Tagen über 50% der leichten Fraktionen verdampft sind. Es ist in der Regel nicht zu verhindern, daß sich andere Fraktionen durch Lösen und Emulgieren vertikal und horizontal verteilen und daß eine Schädigung von Organismen in der davon betroffenen Wassermasse erfolgt. Dabei kommt es allerdings nur dann zu Bestandsgefährdungen oder zu Problemen bei der Wiederbesiedelung, wenn extrem große Areale betroffen sind oder ein chronischer Eintrag vorliegt. Auch in Hinsicht auf die durch Ölspills besonders gefährdet erscheinenden Seevögel setzt sich mehr und mehr die Meinung durch, daß deren Bestände größenordnungsmäßig stärker durch rein natürliche Umweltbedingungen beeinflußt werden als durch einzelne „Ölpest"-Ereignisse. Auf Strände gespültes Öl ist unübersehbar und macht sich auch durch seinen Geruch bemerkbar. Diese rein ästhetischen und damit verbunden auch ökonomischen Effekte, die sich u. a. aus der eingeschränkten Nutzbarkeit für Erholungszwecke ergeben, sollten aus Sicht der Meeresumweltbelastung nicht überbewertet werden. Die Effekte für das betroffene Ökosystem sind überwiegend reversibel. Daraus ist die Schlußfolgerung ableitbar, daß unter vielen Umständen, z. B. bei Ölspills im küstenfernen Ozean oder bei Ölstrandungen an Felsenküsten im Bereich der Tropen bis hin zu den gemäßigten Klimazonen, der Eingriff des Menschen nicht notwendig bzw. empfehlenswert ist. Sind jedoch die Polarzonen betroffen oder macht es sich aus ökonomischen Gründen zum Schutz spezieller Erholungsgebiete, Häfen, Reservate oder anderer sensitiver Gebiete (Fischaufzucht, Muschelbänke etc.) erforderlich, stehen zum Schutz vor ihrer Verunreinigung eine Reihe von Technologien zur Verfügung. Sie umfassen

a) Maßnahmen zum Verhindern einer horizontalen Dispersion sowie zum Einengen (schwimmende Ölsperren – „oil booms"; Chemikalien zum Einengen kleinerer Ölspills – „herder") und zum nachfolgenden Aufnehmen von Öl (Skimmer – Geräte zum Abpumpen des Öls von der Oberfläche; Absorptionsmittel – Chips, Stroh, Matten, etc., die sich mit Öl vollsaugen und anschließend ausgepreßt, zentrifugiert, extrahiert oder verbrannt werden),

Leider blieb bisher der optimale Einsatz von Ölsperren, und auch von chemischen Eingrenzmitteln, auf selten bei Havarien anzutreffende Randbedingungen wie schwacher Seegang bzw. geringe Windstärke beschränkt. Die Sperrwirkung geht in der Regel oberhalb von 4 bis 5 Beaufort verloren.

b) das Abfischen von absinkenden und schwebenden Ölfraktionen in emulgierter oder partikulärer Form mit Hilfe von Fischnetzen mit extrem geringer Maschenweite,

c) den Einsatz von Dispersionsmitteln, z. B. zum Schutz von Sandstränden,

Die Chemikalien werden vom Schiff, häufig bereits auch von Flugzeugen, auf den Ölspill gesprüht. Der Einsatz der Mittel wird häufig damit begründet, daß dispergiertes Öl weitaus schneller dem Abbau durch Photooxidation unterliegt. Bedenken gegenüber dieser Praxis resultieren aus der Toxizität dieser Chemikalien gegenüber Meeresorganismen und noch bestehenden Kenntnislücken hinsichtlich möglicher chronischer und/oder synergistischer Effekte der Verbindungen selbst sowie ihrer Abbauprodukte. Die toxischen Eigenschaften der Dispersionsmittel haben außerdem den unangenehmen Nebeneffekt, daß der mikrobielle Abbau des dispergierten Öls verzögert werden kann. Der in der Vergangenheit oft unkritische Einsatz ungenügend umweltverträglicher Produkte nach dem Prinzip „viel hilft viel" hat dazu geführt, daß Dispersionsmittel als Maßnahme zur Bekämpfung von Ölhavarien durch umweltbewußte Teile der Bevölkerung abgelehnt werden. Diese Ablehnung ist sicherlich in bezug auf besonders sensitive Bereiche der Meeresumwelt und auf bestimmte Substanzgruppen der früheren Produktpalette berechtigt, sollte jedoch nicht generalisiert werden.

und

d) das Entfernen der Ölrückstände von Sandstränden mit mechanischen Methoden.

Dabei ist ein „Nachpolieren" mit Dispersionsmitteln nicht ausgeschlossen. An Felsstränden und im Bereich von Salzmarschen sollte man auf den Einsatz solcher Chemikalien jedoch verzichten.

Ölspills auf See werden in der Regel von Spezialschiffen in internationaler Zusammenarbeit bekämpft. Nur selten verfügen einzelne Staaten in Meeresregionen wie Ostsee, Nordsee oder Mittelmeer allein über entsprechende Kapazitäten, um Havarien in der Größenordnung über 10000 t erfolgreich begegnen zu können. Andererseits besteht bei den Staaten ein vitales Interesse an gemeinsamen Aktionen dadurch, daß ein in fremden ökonomischen Zonen schwimmender Ölteppich in Abhängigkeit von den Meeresströmungen theoretisch und praktisch schließlich zur Küste jedes Anliegerstaates verdriften kann.

Eines der größten Spezialschiffe der Welt ist z. B. die auf der finnischen *Wärtsila*-Werft 1986 für die Sowjetunion gebaute „*Vaydagubskiy*". Der 11400-Tonner ist 132 m lang, verfügt über zwei jeweils 60 m weit seitlich ausschwingbare Ölauffangbäume und kann maximal 800 m³ ölhaltiges Wasser pro Stunde aufnehmen. Die Durchlaufkapazität des Öl/Wasser-Separators beträgt 300 m³/h.

Die Chronik von Ölverunreinigungen in der Meeresumwelt reicht bis weit in das vorige Jahrhundert zurück und war zumeist auch immer mit Verarbeitungs- und Transportverlusten durch nicht problemadäquaten Umgang verbunden. Mit der seeseitigen Erschließung und Ausbeutung ursprünglich ausschließlich im terrestrischen Bereich genutzter Ölfelder, z. B. 1897 in Kalifornien bei Santa Barbara, etwa zur gleichen Zeit bei Baku am Kaspischen Meer, um 1911 in Caddo Lake (Louisiana) oder 1923 am Ostufer des salzwasserhaltigen und lagunenhaften Maracaibo-Sees (Venezuela), erhielt diese Gefährdung eine neue, mehr direkte Dimension. Der technologische Fortschritt ermöglichte dann bald eine Ölförderung auch bei Wassertiefen über 10 m, und etwa 1937 wurde die erste echte küstenferne Ölquelle auf dem Schelfgebiet des Golfs von Mexiko vor Louisiana erschlossen. Heute können Spezialschiffe bereits bei Wassertiefen über 3000 m Löcher in den Meeresboden bohren, und ein steigender Anteil der jährlich weltweit geförderten 2–3 Milliarden Tonnen Öl stammt von untermeerischen Ressourcen. Obgleich aus sicherheitstechnischen und ökonomischen Gründen Erschließungs- und Fördertiefen für Bohr- bzw. Förderplattformen die technisch maximal möglichen Tiefen bei weitem noch nicht erreichen, ist absehbar, daß bei der weiteren Erschließung der auf mehr als 3 Billionen Tonnen geschätzten globalen Ölreserven die mehr als 50% davon ausmachenden untermeerischen Ressourcen weiterhin zunehmende Beachtung finden. Bereits 1983 lag der Anteil des im Bereich der hohen See geförderten Öls an den insgesamt aus dem Meer gewonnenen Mengen bei über 26%, d. h. bei rund 820 Millionen t.

Ein Ölspill („blow out") bei Santa Barbara wies erstmals bereits vor mehreren Jahrzehnten nachhaltig auf permanente Gefahren hin. Der erst nach einer Woche unter Kontrolle gebrachte „blow out" im *Ekofisk*-Feld brachte im April 1977 bereits 20000–30000 t Öl in die Nordsee. Einen vorläufigen Höhepunkt setzte dann der Öl- und Gasaustritt bei der *IXTOC I*-Quelle der *Petroleos Mexicanos (PEMEX)* in der Campeche Bay des Golfs von Mexiko am 3. Juni 1979. Erst 290 Tage später, am 3. März 1980, konnte das Bohrloch in 50 m Wassertiefe dauerhaft verschlossen werden, allerdings erst, nachdem fast eine halbe Million Tonnen Öl freigesetzt war, davon etwa 60% in der ersten Phase bis zum 12. August 1979. Das mit Gas gesättigte Öl vom Leichtöltyp wurde in das Wasser unter einem Druck von etwa 350 kg/cm² injiziert. Das an die Wasseroberfläche tretende Gas verbrannte zumeist, vom Öl verdampfte ein großer Teil, und ein anderer Teil löste sich im Wasser. Schätzungen gehen davon aus, daß schließlich 50% des ausgetretenen Öls verdampften, 25% nach Eindicken und Adsorption an Partikeln und über Zooplankton-Fäkalpellets auf den Boden sanken, 12% biologisch und (photo-)chemisch abgebaut wurden, 5% mechanisch am Havarieort beseitigt werden konnten und 1% dort verbrannte. Glücklichen Umständen zufolge erreichten nur Bruchteile des Öls die Küsten Mexikos (6%) bzw. der USA (<1%).

Die medienwirksame Geschichte der Havarien von Großtankern begann im März 1967 mit der *„Torrey Canyon"*, die mit 117000 t kuwaitischem Rohöl vor Land's End unterging, wobei rund 40000 t die Küsten Cornwalls bzw. der Bretagne erreichten. Mit dem Auseinanderbrechen der *„Amoco Cadiz"* am Abend des 16. März 1978 vor der bretonischen Küste mit 223000 t saudiarabischem und kuwaitischem Rohöl an Bord wurde dann ein trauriger Rekord in Hinsicht auf die Meeresverunreinigung durch Öl erreicht. Von der insgesamt verlorengegangenen Ölmenge verteilten sich rund 30000 t (13,5%) relativ rasch in der Wassersäule, 18000 t (8%) lagerten sich in den Sedimenten ab, 62000 t (28%) gelangten in den Bereich der Gezeitenküste, 67000 t (30%) verdampften, und bei etwa 10000 t (4,5%) erfolgte bereits auf See ein mikrobieller Abbau. Die bei dieser Bilanzierung noch offenen 36000 t (16%) wurden vermutlich in Form von Ölslicks und Teerklumpen verdriftet. Die Verschmutzung der Strände war verheerend, und besonders die Fischerei- und Austern-, aber auch die Fremdenverkehrs-Industrie erlitten hohe Verluste. Allerdings waren bei oberflächlicher Betrachtungsweise die Folgen der Katastrophe in dem betroffenen Ökosystem bereits nach wenigen Jahren kaum noch nachweisbar.

Was vor allem blieb, sind asphaltähnliche Fladen an den felsigen Küsten und in anaerobe Sedimente eingebettete Ölrückstände, die Dekaden überdauern können. Auch wenn nach einem Jahr oder gar weniger die ehemals schwarzen Strände wieder hell, die früher öligen Felsen wieder dicht mit Algen besetzt sind und die Küstenlandschaft wiederhergestellt scheint, so findet man durchaus nicht die frühere, arten- und individuenreiche, in ihrem ökologischen Beziehungsgefüge ausbalancierte Lebensgemeinschaft vor. Es handelt sich vielmehr zumeist um eine recht artenarme Primärgemeinschaft eines Extrembiotops mit der Massenentfaltung einiger Arten. Bis aus dieser Erstbesiedelung eine biologisch regenerierte Lebensgemeinschaft wird, vergehen wegen der Langzeit-Schadeffekte des Öls bis zu 10 Jahre.

Die nach Tankerunfällen anfallenden Kosten zur Reinigung der betroffenen Gewässer und Strände sind gewaltig. In Tabelle 2.2 ist dies auszugsweise veranschaulicht.

Tabelle 2.2. Kosten nach Tankerunfällen

		Millionen DM
– *Amoco Cadiz*	(223 000 t, Bretagne, 1978)	179
– *Tanio*	(17 000 t, Bretagne, 1980)	108
– *Böhlen*	(9 850 t, Bretagne, 1976)	66
– *Antonio Gramsci*	(5 000 t, Ventspils, 1979)	61
– *Irenes Serenade*	(103 000 t, Griechenland, 1980)	12–21
– *Oceanic Grandeur*	(6 000 t, Australien, 1970)	0,24
– *Rawdatain*	(12 000 t, Genua, 1977)	0,16

Diese Aufzählung bliebe unvollständig, ohne weitere und bis in die 90er Jahre reichende spektakuläre Ölkatastrophen zu erwähnen:
– Im Juli 1979 stießen vor Tobago zwei Tanker, die „*Aegean Captain*" und die „*Atlantic Empress*", zusammen. Dabei liefen rund 185 000 t Öl aus.
– Im August 1983 geriet vor Südafrika der Tanker „*Castillo de Bellver*" in Brand. Es gibt Schätzungen, daß dabei zwischen 200 000 und 300 000 t Öl ins Meer gelangten.
– Am 27. Oktober 1986 brach erneut im Golf von Mexiko auf einer Ölbohrplattform Feuer aus. Dabei traten täglich bis zu 3 000 t Rohöl aus.
– In der Antarktis kam es am 20. Januar 1989 zu der bisher schwersten Umweltkatastrophe für diese von anthropogenen Einflüssen bisher auf der Erde am wenigsten beeinträchtigte Region. Das argentinische Polarschiff „*Bahia Paraiso*" lief in der Bismarck-Meerenge auf ein Riff und verlor rund 680 t Dieselöl, eine für tropische, subtropische oder gemäßigte Breiten sicherlich relativ geringe Menge. In der Antarktis verursachte dieser Ölspill jedoch nachhaltige Schädigungen für das Ökosystem, u.a. den Tod von etwa 29 000 Pinguinen und mehreren tausend Seevögeln.
– Am 24. März 1989 lief der amerikanische Supertanker „*Exxon Valdez*" vor der Westküste Alaskas auf ein Riff. Die dabei auslaufenden rund 42 000 t Rohöl verseuchten über 15 000 km² ökologisch hochsensitiver Küstengewässer, verschmutzten für mehrere Jahre die Strände und führten zum Tod von mindestens 33 000 Seevögeln, 1 000 Ottern und zahlreichen Robben, Grauwalen und Seelöwen.
– Nach einer Explosion mit nachfolgendem Feuer am 11. April 1991, wobei 6 Besatzungsmitglieder getötet und 29 weitere verletzt wurden, versank zwei Tage später der ursprünglich mit 143 000 t schwerem iranischem Heizöl beladene cypriotische Tanker „*Haven*" im Ligurischen Meer etwa 1,5 Seemeilen südlich von Arenzano bzw. westlich von Genua auf ca. 65 m Tiefe. Der bei der ersten Explosion bereits in zwei Teile zerbrochene 18 Jahre alte und bereits im Krieg zwischen Iran und Irak schwer beschädigte Tanker war im Auftrag der italienischen Regierung zur Minimierung von Umweltschäden in flachere Gewässer geschleppt worden. Da das Schiff etwa 70 Stunden brannte, wird davon ausgegangen, daß der überwiegende Teil der Ladung verbrannte bzw.

verdunstete. Schätzungen besagen, daß insgesamt trotzdem etwa 50 000 t Öl ausgeflossen sind, die an den Stränden von Alassio und Imperia (Ölfilme), Nizza (100 m, 2–3 t Öl), zwischen Genua und Menton (40 km, 220 t), zwischen Nizza und St. Tropez (5 km, 110 t) sowie bei St. Raphael und Lavandou (Frankreich) bereits zwischen dem 17. April und 20. Mai auftauchten. Die ökonomischen Schäden betrafen hauptsächlich den Tourismus mit etwa 30% Buchungsabsagen.

Gegenwärtig zeichnet sich eine besonders bedenkliche Entwicklung dahingehend ab, daß das Öl im Verlauf militärischer Konflikte als Umweltwaffe eingesetzt wird. Im achtjährigen Krieg zwischen Iran und Irak kam es im Persischen Golf zu einem durch militärische Operationen verursachten schweren Ölunfall („*Nowruz Oil Spill*") im *Nowruz*-Ölfeld (ca. 29°32,42′N/49°29,07′E). Am 9. Februar 1983 hatte ein Tanker eine iranische Bohrinsel gerammt und dabei eine ölführende Leitung zerbrochen. Irakische Bomber vereitelten am 2. März Reparaturversuche und verursachten weitere Lecks. Monatelang floß Rohöl von insgesamt acht Quellen ungehindert ins Meer. Die bis zum Dezember des gleichen Jahres ausgetretene Ölmenge wurde auf etwa 500 000 t (300 000–700 000 t) geschätzt.

Im Februar 1984 bombardierte die irakische Luftwaffe dann erneut gezielt mehrere Ölquellen, wodurch täglich 140 bis 280 t Rohöl in das Meer gelangten.

Im Januar/Februar 1991 verursachten die irakischen Streitkräfte während des Golfkriegs gezielt weitere spektakuläre Ölspills, bei denen nach Schätzungen von Anfang 1992 rund 480 000 t Rohöl vor der Küste Kuwaits abgelassen wurden, um die Operationen der alliierten Streitkräfte zu behindern und andere Golfstaaten nachhaltig wirtschaftlich zu schädigen. Erste Berechnungen wiesen Reinigungskosten in Höhe von mehreren Milliarden Dollar aus. Rund 40% der abgelassenen Ölmenge verdampften in den ersten Wochen nach den Spills, weitere 40% werden als photolytisch-mikrobiologisch abbaubar eingeschätzt, der Rest könnte in Form sehr beständiger teerähnlicher Rückstände die Umwelt in diesem Gebiet noch sehr lange belasten.Etwa 200 000 t konnten bis Ende 1991 aufgenommen werden. Durch die vom Irak in Brand gesetzten kuwaitischen Ölquellen kam es zu einer noch weit stärkeren marinen Umweltbelastung in dieser Region. Über 250 Tage lang traten im Mittel 250 000 t täglich aus bzw. verbrannten. Von den insgesamt mehr als 60 Millionen t verbrannten weniger als 90%, rund 10% bildeten zum Teil riesige Ölseen um die Quellen und mindestens 2–3%, d. h. 1–2 Millionen t, verteilten sich in der marinen Umwelt.

Neben der Gefährdung der Meeresumwelt durch das havariebedingte bzw. vorsätzliche Freisetzen von Öl ist der Eintrag von Bohrflüssigkeiten und anderen Produktionsabfällen im Zusammenhang mit dem Erschließen untermeerischer Quellen ebenfalls beachtenswert. Beim Erschließen einer Quelle, die weniger als 3 000 m unterhalb des Meeresbodens liegt, sind z. B. bis zu 700 t Bohrflüssigkeit erforderlich. Daneben fallen rund 1 000 t Bohrabfälle an. Da pro Plattform etwa 10 bis 30 Quellen erschlossen werden, müssen diese Werte entsprechend multipliziert werden. Hinzu kommen Ab-, Spül- und Produktionswässer in der Größenordnung von 5, 50 bzw. mehr als 500 m³/Tag. In der Umgebung von Ölquellen treten eindeutig erhöhte Gehalte von Barium, einem Hauptbestandteil – als Schwerspat (Bariumsulfat) – der Bohrflüssigkeiten, in den Sedimenten und darin angesiedelten Organismen auf. Veränderungen in der Zusammensetzung von Sedimenten im Bereich von Ölquellen werden auch als Hauptursache für eine zu beobachtende qualitative und quantitative Verarmung der Gemeinschaft von am Meeresboden lebenden Organismen (Benthos) gesehen. Andererseits können die Plattformen jedoch, wie u.a. im Golf von Mexiko und vor Kalifornien, auch als künstliche Riffe dienen, die eine Reihe von Organismen wie Seeanemonen oder Seesterne beherbergen. Auch die Fischpopulationen um solche Plattformen nehmen deutlich zu. Ob dadurch jedoch wirklich eine Erhöhung der Gesamtproduktion im Meer zu verzeichnen ist, bleibt Spekulation.

Die Risiken durch den Betrieb von Bohrinseln sind noch weit vielfältiger, da sie nicht auf die reinen Bohr- und Förderaktivitäten beschränkt sind. Auf relativ geringen Flächen konzentrieren sich neben Unterbringungs- und Versorgungseinrichtungen häufig auch petrolchemische, Kraftwerks- und andere Anlagen mit einem hohen Risikopotential. In den mehr als zwei Jahrzehnten Erdölförderung in der Nordsee, die auf mehr als 300 Plattformen von rund 20000 Beschäftigten unter britischer und norwegischer Flagge betrieben wird, gab es neben größeren „blow outs" bereits eine Vielzahl anderer Unfälle, die u.a. mehr als 500 Opfer forderten:

1965: Havarie auf der BP-Anlage *„Sea Gun"*; Explosion auf dem Bohrschiff *„Tees-Port"* (16 Tote)
1978: Feuer auf der norwegischen *„Statfjord"* (23 Tote)
1980: Wohnplattform im norwegischen *Ekofisk*-Feld *„Alexander Kielland"* gekentert (123 Tote)
1983: Explosion auf der *Delta*-Plattform im britischen *Forties*-Feld (12 Verletzte)
1988: Am 6. Juli Explosion auf der *„Piper Alpha"* (167 Tote).

Als Faustregel für die Erdölförderung gilt, daß etwa zwei Drittel des vorhandenen Öls bei Anwendung konventioneller Methoden, einschließlich der sekundären Förderung nach Einpressen von Wasser, in der Lagerstätte verbleiben. Durch Tenside läßt sich die Grenzflächenspannung Öl/Gestein so weit herabsetzen, daß eine lokale Mobilisierung des Öls erreicht wird. Die einzelnen Tropfen fließen zusammen und werden mit Wasser, dem zur Viskositätserhöhung Polymere zugesetzt wurden, zur Fördersonde verdrängt. Dieses „Tensid/Polymer-Fluten" gehört zu den EOR(enhanced oil recovery)-Prozessen, die jedoch erst bei steigenden Erdölpreisen und Anzeichen für eine Erschöpfung bekannter Lagerstätten Bedeutung gewinnen. Sollten solche Techniken dann zum Einsatz kommen, ist mit dem Einsatz großer Mengen nichtionischer Tenside in der Meeresumwelt und damit einem steigenden Gefährdungspotential zu rechnen.

Ist eine Quelle endgültig erschöpft, wird damit die Gefährdung für die Meeresumwelt noch nicht gegenstandslos. Schätzungen besagen, daß auf der ganzen Welt gegenwärtig mehr als 6000 Offshore-Ölinstallationen existieren, von denen etwa 95% nach einiger Zeit „entsorgt" werden müssen. Die Kosten für diese Entsorgung wurden 1990 auf bis zu 36 Milliarden US-Dollar, allein 28 davon für die Nordsee, veranschlagt.

Abschätzungen zu Quellen einer Ölverunreinigung der Weltmeere (s. Tab. 2.3) weisen aus, daß die lokal oft spektakulären Katastrophen bei der Förderung und beim Transport von Rohöl nur einen geringen Anteil an der Gesamtbelastung haben. Der diffuse Eintrag mit Zuflüssen vom Festland und aus der Atmosphäre sowie der „normale" Betrieb von Tankern, von anderen Schiffen, aber auch von Förderplattformen oder Ölraffinerien, bringen höhere oder vergleichbare Beträge ein. Lokal oft begrenztes untermeerisches Einsickern von Öl in das Meerwasser kann außerdem als Summe eine von der Größenordnung her ähnliche Quelle wie Tankerkatastrophen oder „blow outs" bilden.

Die Existenz solcher „seeps" ist bereits seit Jahrtausenden bekannt. Heute weiß man, daß sie vor den Küsten Alaskas, Australiens, Kanadas, Mexikos, Venezuelas und im Persischen Golf auftreten. Schätzungen zur Intensität der Summe aller dieser „seeps" schwanken zwischen 0,02 und 2 Millionen t/Jahr. Globale Inventarisierungen gehen zumeist von einem Konsenswert um 0,6 Millionen t/Jahr aus. Durch Ölmessungen im

Tabelle 2.3. Quellen der Ölverschmutzung der Meere

Quelle	10^6 t/Jahr
Seetransport	**1,49**
1. *Öltankerbetrieb*	
– Ballastroutine	0,71
– Tankreinigung vor Werftaufenthalt	0,03
2. *Schiffsmaschinenbetrieb*	0,32
(Bilgenwasser, Rückstände der Brenn-und	
Schmierstoffaufbereitung)	
3. *Seeunfälle*	
– Öltanker	0,39
– andere Schiffe	0,02
4. *Ölumschlag*	0,02
Andere Quellen	**2,05**
1. *Fördern und Verarbeiten von Öl auf See*	0,05
2. *Industrie- und kommunale Abwässer*	1,40
3. *Atmosphäre*	0,30
4. *„seeps"*	0,30
	3,54

Atlantik vor der Karibik konnte z. B. im Februar/März 1978 in Wassertiefen von etwa 150 bis 300 m über eine Strecke von 800 Seemeilen eine Wasserlinse aufgezeigt werden, deren Ölgehalt von 3 bis 13 mg/l das vorherige Einsickern von fast 1 Million t Rohöl, wahrscheinlich vom Schelf Venezuelas, vermuten ließ. Besonders exponiert scheint auch der Santa-Barbara-Kanal um Coal Oil Point zu sein. Über einem etwa 1000 m² großen „seep"-Gebiet in nur 18 m Tiefe bildete sich eine etwa vierfach größere Fläche von Ölslicks an der Wasseroberfläche, die offenbar durch Einsickerungsraten von mehr als 8 bis 12 t pro Tag gespeist wurde. An einem anderen Ort, mit Wassertiefen um 70 m, wurden insbesondere die gasförmigen Einsickerungen, aber auch ein Teil des Öleintrags, von Glocken über den „seeps" gesammelt und der Verwertung zugeführt. Ein Nebeneffekt bestand darin, daß pro Tag etwa 6 t Naturgas zurückgehalten wurden, die anderenfalls unter dem Einfluß von Sonnenlicht zum photochemischen Smog beigetragen hätten.

Durch den hohen Dampfdruck vieler Erdölbestandteile ist deren atmosphärische Konzentration relativ hoch. Von den mit bis zu 200 ng/m³ in der marinen Atmosphäre angetroffenen (Alkan-)Kohlenwasserstoffen sind nur etwa 5% an Partikel gebunden, der Rest liegt gasförmig vor. Allerdings überwiegen dabei für den küstenfernen Ozean in der Regel Substanzen aus rezenter Bioproduktion. Der Anteil von *Erdölkohlenwasserstoffen* ist gering. An der Grenzschicht Meer/Atmosphäre kommt es in der Oberflächenmikroschicht zu einer Anreicherung. Im Mittelmeer wurden darin z. B. 0,2–13 µg Alkane, 2–34 µg andere Nichtaromaten und 0,05–0,2 µg Aromaten pro Liter Probe gemessen.

Die Verunreinigung der Weltmeere ist erwartungsgemäß eng mit dem Verlauf der Schiffahrtslinien, insbesondere der Tankerrouten, verknüpft. Dies wurde im Rahmen einer von der 1972er Stockholmer Weltumweltkonferenz angeregten vierjährigen Pilotstudie durch Beobachtungen zur Häufigkeit des Auftretens von Oberflächenslicks, von schwimmenden Teerklumpen, von Teer an Stränden sowie von im Wasser gelöstem und dispergiertem Öl deutlich gemacht. Während dieses MAPMOPP-Projekts wurden über 85 000 visuelle Beobachtungen auf Ölslicks durchgeführt, 4000 Probennahmen auf schwimmende Teerklumpen, 3100 auf Teer an Stränden sowie mehr als 3000 Ölmessungen im Wasser absolviert. Eine Extrapolation der MAPMOPP-Meßwerte zu schwimmendem Teer im Nordatlantik erbrachte 1978 eine Konzentration von maximal 4,4 mg/m². Ölfilme und Teerklumpen auf der Meeresoberfläche können lipophile Verunreinigungen wie Chlorkohlenwasserstoffe (u. a. DDT, PCBs) oder auch organische Metallspezies akkumulieren.

Die Konzentrationen des Öls im Meerwasser weisen deutliche Gradienten vom küstenfernen Ozean ($\leq 0,1$ µg/l) bis zu Rand- (Nordsee) und Nebenmeeren (Ostsee) ($\leq 0,4$–1 µg/l) auf.

Aus Bilanzabschätzungen für das Mittelmeer wird ersichtlich, daß der im Wasser gelöste und dispergierte Teil des Öls nur einen Bruchteil der gesamten jährlichen Belastung der Meeresumwelt darstellt (Tab. 2.4).

Tabelle 2.4. Bilanzierung der Ölbelastung des Mittelmeers

	t/Jahr	kumulativ (t)
Atmosphäre	191 000	
Teer an Stränden	180 000	
Schwimmende Teerklumpen	9 000	
Oberflächenfilme	5 000	
Biomasse	1 000	
Meerwasser		2 500 000
– Oberflächenschicht (bis 50 m)	125 000	
– ab 50 m Tiefe bis zum Boden	147 000	
sedimentierende Flocken	225 000	
Sedimente der Küstenzone		234 000
Sedimente des offenen Meeres		117 000
Summe:	883 000	2 851 000

Solche Angaben sind in der Regel jedoch noch mit großen Unsicherheiten behaftet, die aus der komplexen Natur des Erdöls resultieren. Die analytischen Probleme beginnen bei der Probennahme, die durch unabsichtliche Verunreinigungen ein Verfälschen der Meßwerte hervorrufen kann, und setzt sich mit der Auswahl aussagefähiger Detektionsmethoden fort. Es gibt gegenwärtig keine Einzelmethode, die unter allen Umständen die Analyse des „Gesamtöls" ermöglicht. Sollen Erdölprodukte im Bereich von Konzentrationen des globalen oder regionalen „Backgrounds" bestimmt werden, tritt eine weitere Komplikation auf. Diese entsteht dadurch, daß Kohlenwasserstoffe auch durch lebende Organismen erzeugt werden. Diese Substanzen können im Meerwasser produktiver Areale teilweise in gleicher Größenordnung wie die aus fossilen Quellen stammenden verwandten Verbindungen auftreten. Dadurch wird die eindeutige analytische Zuordnung der fossilen Verbindungen erschwert. Allerdings trifft dies in der Regel nicht auf Kohlenwasserstoffe mit toxikologischer Relevanz wie PAHs, zyklische Aliphaten und Heterozyklen sowie deren Alkylderivate zu, die fast ausschließlich in die Gruppe der *Erdölkomponenten* einschließlich deren Verbrennungsprodukte einzuordnen sind.

Zur Ölbestimmung gibt es mehrere Methoden. Sie umfassen – etwa in der Reihenfolge zunehmender Komplexität, Kosten, aber auch Aussagefähigkeit – die Gravimetrie, Kolorimetrie, UV-Spektrometrie bei definierten Wellenlängen, UV-Spektrometrie im „scanning"-Betrieb, IR-Spektrometrie, UV-Fluorimetrie bei definierten Wellenlängen, Gaschromatographie mit Flammenionisationsdetektion, UV-Fluorimetrie im „scanning"-Betrieb, UV-Fluorimetrie im synchronen „scanning"-Betrieb sowie Gaschromatographie mit massenspektrometrischen Detektoren. Die genannten Methoden sprechen zumeist nur auf einige Ölkomponenten an. Zur sicheren „Fingerprint"-Identifikation eines Öls, z. B. zur

Verursachersuche bei Ölspills, muß deshalb eine Kombination dieser Methoden erfolgen. Echte Gesamtölbestimmungen wären dann nur bei Quantifizierung der dominierenden Einzelverbindungen denkbar. Dafür gibt es in der Praxis jedoch kaum Belege. Häufig bedient man sich dagegen mehrerer Referenzproben und nutzt für entsprechende Berechnungen die Signalhöhen bei diesen Standards als Vergleich zu den an Feldproben erzielten Meßwerten aus. Die Abweichungen solcherart erhaltener Daten von den realen Umweltkonzentrationen können beträchtliche Ausmaße annehmen. Durch eine konsequente Vereinheitlichung der Methoden – z.B. wurde in der Vergangenheit zunehmend auf die Verwendung der UV-Fluoreszenzspektrometrie nach Extraktion der Meerwasserproben mit n-Hexan orientiert – läßt sich zumindest eine Vergleichbarkeit der Angaben unterschiedlicher Labors erreichen.

Zur flächendeckenden Überwachung großer Seeräume setzt sich der Einsatz von Flugzeugen und Hubschraubern in Zusammenarbeit mit Kontrollbooten durch. Empfindliche Fernmeßverfahren („remote sensing") werden zur Ermittlung von Verursachern und zur groben Quantifizierung von Spills eingesetzt. Durch die Kombination mehrerer Techniken und Sensoren (UV-Fluoreszenz, Infrarot, aktive und passive Mikrowellenverfahren) in unterschiedlichen Spektralbereichen gelingt es bereits, die erforderlichen Informationen, z.B. zur Schichtdicke und zu den flächenhaften Abmessungen, aber auch zur Natur des eingetragenen Öls, einzuholen. Zur sicheren Identifizierung erfolgt zusätzlich die Entnahme einzelner Proben von Schiffen oder Hubschraubern, die auf den chemischen Fingerabdruck des beigemengten Öls z.B. fluoreszenzspektroskopisch und gaschromatographisch-massenspektrometrisch zum Vergleich mit den entsprechenden Mustern von Ölen vermutlicher Täter untersucht werden. Die Aufklärungsrate bei Ölverunreinigungen in der Deutschen Bucht, die von etwa 100 000 Schiffen pro Jahr befahren wird, lag 1983–85 bei 30 bis 40%. Bei Schadensfällen in Häfen oder auf Seewasserstraßen wurden in rund 80% der Fälle die Verursacher mit Hilfe der genannten Methoden festgestellt.

Die Wirkungen von Öl auf das marine Ökosystem hängen von der chemischen Zusammensetzung und dem bioverfügbaren Anteil sowie von der betreffenden Organismenart ab. Aufmerksamkeit verdient dabei besonders die Populationsdynamik, die durch subletale Effekte wie Veränderungen in der Fortpflanzung, im Verhalten, Metabolismus, im Wachstum und in der Histologie beeinflußt werden kann. Eine durch Öl induzierte Abnahme der Artenvielfalt kann die Stabilität des verunreinigten Ökosystems verringern. Larven- und Jungstadien der Organismen können zumeist weitaus geringere Verunreinigungsniveaus tolerieren. Auch indirekte Effekte wie Sauerstoffzehrung durch Ölabbau sind zu beachten.

Seevögel, vor allem tauchende, sind die bisher einzige Gruppe von Meeresorganismen, deren Population lokal aufgrund von Ölspills extrem gefährdet erscheint. Schätzungen gehen für den Nordatlantik einschließlich Nordsee von jährlichen Mortalitätsraten in der Größenordnung mehrerer hunderttausend Tiere aus.

Für krebserregende und mutagene Wirkungen von Ölverunreinigungen wird vorwiegend deren Anteil an polyzyklischen Aromaten (PAHs) verantwortlich gemacht. PAHs sind Produkte pyrolytischer Prozesse sowohl bei niedrigen Temperaturen (<150 °C), wie sie z. B. in der Natur bei der Bildung des Rohöls aus organischem Material vorkommen, als auch bei höheren, d. h. Verbrennungstemperaturen. Es gibt auch Hinweise auf eine biosynthetische PAH-Produktion in marinen Sedimenten, die jedoch zur Gesamtbelastung der Meeresumwelt mit dieser Stoffgruppe nur unbedeutend beiträgt.

Natürliche Rohöle enthalten um 1–3% PAHs, dabei vor allem alkylierte Zweikernaromaten. Die Häufigkeit des Auftretens nimmt in Richtung auf PAHs mit einer höheren Anzahl von Aromatenkernen deutlich ab.

Aus Verbrennungsprozessen resultierende PAHs sind zumeist nicht alkyliert und gelangen über die Atmosphäre in das Meer. Die Abwässer einiger industrieller Prozesse, wie die von Kokereien oder aus der Metallurgie, können hohe PAH-Konzentrationen aufweisen. Das betrifft z. B. Kohleteer, der bis zu 50% PAHs enthalten kann und als Holzschutzmittel, als Bestandteil von *Söderberg*-Elektroden für die Aluminium-Schmelzelektrolyse, aber auch im Straßenbau Anwendung findet. Der Eintrag von PAHs in die Meeresumwelt wird auf größenordnungsmäßig 200 000 t pro Jahr geschätzt, mehr als drei Viertel davon über das Erdöl. Die Löslichkeit der PAHs im Meerwasser ist sehr gering, es erfolgt nach Adsorption an partikulärem Material zumeist eine schnelle Sedimentation. Parallel mit der Verwendung fossiler Brennstoffe nahmen in den vergangenen 100 Jahren die Konzentrationen daraus abgeleiteter PAHs deutlich zu. Das läßt sich aus Messungen chronologisch zugeordneter Sedimentproben aus europäischen oder nordamerikanischen Rand- und Nebenmeeren belegen, die in Abhängigkeit von der Entfernung zu den Quellen einen Bereich von Hintergrundwerten bis zu 100 µg/g aufweisen. Die Gehalte eines Vertreters der PAHs, des stark kanzerogenen Benzo-(a)-pyrens, reichen dabei in den Sedimenten von geringen Spuren um 1 ng/g bis zu Werten über 1 µg/g.

Organismen, insbesondere Bewohner des Sediments, können PAHs in ihrem Fettgewebe anreichern. Als Modellsubstanz dient wiederum zumeist das Benzo-(a)-pyren, das in südkalifornischen Muscheln mit Gehalten um 0,5 bis 2,5 µg/g Frischmasse angetroffen wurde. Austern *(Crassostrea virginica)* aus dem Golf von Mexiko wiesen für 25 PAHs summarisch Gehalte zwischen 2 und 10 µg/g auf.

Die akute Toxizität von PAHs für Fische beginnt, sicherlich aufgrund der geringen Wasserlöslichkeit, erst bei Konzentrationen, die um Größenordnungen über den in stark verunreinigten Meeresgebieten anzutreffenden liegen. Diese Feststellung gilt in der Regel auch für subletale Effekte infolge chronischer Belastung. Hinsichtlich der kanzerogenen Wirkungen einiger PAHs ist eine unterschiedliche Empfindlichkeit von Organismen zu verzeichnen. Tumore wurden in den Geweben natürlicher Populationen von Meeresfischen und Schalentieren beobachtet. Die Krebshäufigkeit konnte jedoch bisher nicht

2. Erdölkohlenwasserstoffe in der Meeresumwelt

unmittelbar auf die PAH-Belastung zurückgeführt werden. Trotzdem sind gesundheitliche Bedenken aus der Sicht des Menschen angebracht, da offenbar ein kausaler Zusammenhang zwischen Krebsgefahr und PAH-Belastung, z.B. in Hinsicht auf die Wirkung von Tabak- und anderen Verbrennungsgasen, von Motorabgasen, Kohleteer, Kreosot und bestimmten Nahrungsmitteln, besteht. Eine PAH-Anreicherung in Fischen und Muscheln kann dieses Krebsrisiko weiter erhöhen.

Über die Größenordnung der in der Literatur für einige Vertreter der PAHs in Umweltmedien veröffentlichten Werte gibt Tabelle 2.5 Auskunft.

Tabelle 2.5. PAHs in Kompartimenten der Meeresumwelt

	Meerwasser ng/l	Sediment ng/g	Organismen ng/g
Phenanthren	20–32	5– 81	86– 200
Fluoranthen		120	370
Pyren		30–900	240–3100
Benzo-(a)-pyren	0,1–0,6	0,2–460	260– 900

Die Hintergrundbelastung der Meere mit Öl und seinen toxisch relevanten Komponenten liegt um mindestens zwei bis drei Zehnerpotenzen unter solchen Konzentrationen, bei denen Laboruntersuchungen erste Anzeichen für Effekte wie verminderte Zellteilungsrate beim Phytoplankton oder Verhaltensstörungen bei Fischen erbrachten. Perspektivisch ist trotzdem folgende vorsorgliche Strategie in bezug auf Ölverunreinigungen in der Meeresumwelt zu befürworten:
– Vervollkommnung der Technologien zum gefährdungsarmen Fördern, Umschlag, Transportieren und Verarbeiten von Öl,
– Ausbau der Überwachungssysteme zur Bekämpfung der Umweltkriminalität,
– Ausbau der Havariebekämpfungssysteme und Entsorgungs- sowie Aufarbeitungsanlagen für ölhaltige Abfälle sowie
– Selbstbeschränkung der Staaten in bezug auf Erkundungs-, Förder- und Transportaktivitäten in den Polarzonen sowie im Bereich anderer besonders empfindlicher Ökosysteme.

Als Folge solcher Maßnahmen wäre mit einer weiteren schrittweisen Reduzierung der offenbar bereits rückläufigen Belastung des Weltmeers mit Öl zu rechnen. Anzeichen für entsprechende Trends gibt es bereits, die von der IMO auch quantifiziert wurden: Während nach IMO-Schätzungen 1981 noch 1 470 000 t Öl von Schiffen in das Meer gelangten, waren es 1989 nur noch 568 000 t, davon rund 20% durch Tankerunfälle und 28% durch das Ablassen von Ballastwasser und die Praxis der Tankreinigung auf See.

3. Meeresverunreinigung durch chemische Produkte

Von den derzeit bekannten 6 Millionen chemischen Verbindungen werden etwa 30000 als Chemikalien mit unterschiedlichen stofflichen Eigenschaften in industriellem Maßstab erzeugt. Nach der Weltjahresproduktion von Grundchemikalien stehen davon 5 bis 8 mit je mehr als 25 Millionen t und weitere 10 bis 12 mit über 10 Millionen t zu Buche. Hinzu kommen etwa 50 Substanzen mit rund 1 Millionen t/Jahr und rund 100 mit Produktionszahlen größer bzw. gleich 500000 t. Die Mehrzahl dieser Chemikalien ist zwar in Produktionszyklen integriert, erlangt jedoch im Zusammenhang mit Havarien auch als Wasserschadstoff lokale Bedeutung.

Als Beispiel sei die Strandung des italienischen Chemikalientankers *„Brigitta Montanari"* mit 1300 t Vinylchlorid, dem karzinogen wirkenden Monomeren der PVC-Herstellung, am 16. November 1984 vor der jugoslawischen Küste genannt. Etwa 600 t der gefährlichen Ladung gelangten über Lecks in das Wasser und in die Atmosphäre bzw. wurden „abgefackelt". Der Rest konnte in einer sehr aufwendigen Bergungsoperation umgepumpt werden, wozu das Schiff von 80 m auf 55 m Tiefe geliftet und dann „getaucht" in eine geschützte Bucht geschleppt wurde.

Vor der Küste Sardiniens versank 1979 der griechische Frachter *„Klearchos"* in 80 m Tiefe mit etwa 5 t Arsenoxid, 16 t Methylbromid und anderen z. T. gefährlichen Chemikalien an Bord (u. a. Hydrazinhydrat, Phosphorsäure und Wasserstoffperoxid). Auch hier konnten in einer sieben Millionen US-Dollar teuren Operation die meisten der Chemikalienbehälter geborgen und damit größere Schäden von der Meeresumwelt abgewendet werden. Andere Havarien verliefen dagegen nicht so glimpflich.

Eine Reihe der in Gebrauch befindlichen organischen Chemikalien verdient besondere Beachtung. Es sind solche,
a) die in beträchtlichen Mengen weltweit produziert werden,
b) deren Anwendung einen Eintrag in die Meeresumwelt nach sich zieht,
c) die bioakkumuliert werden,
d) die gegenüber photolytischem bzw. chemischem Abbau relativ stabil sind und
e) die selbst oder deren Umwandlungsprodukte bereits in Spurenkonzentrationen biologische bzw. klimatologische Effekte verursachen.

Diese Merkmale treffen besonders auf viele der weltweit jährlich in großer Menge produzierten und angewendeten Halogenkohlenwasserstoffe zu. Deren teilweise extreme chemische Beständigkeit („Persistenz") oder Toxizität für Schadorganismen favorisierten sie für einen anfangs oft unkritischen und weitgefächerten Einsatz in umweltsensitiven Bereichen. Im terrestrischen Bereich provozierten die unerwünschten toxischen Nebenwirkungen solcher Substanzen bald eine detaillierte Nachsuche und Überwachungsmaßnahmen. Mit der Verfügbarkeit hochentwickelter Analysenmeßtechnik wurden diese Verbindungen bei gezielter Suche sukzessive auch in den Kompartimenten der Meeresumwelt trotz extremer Verdünnung mit sehr hohem Aufwand identifiziert und quantifiziert.

In den folgenden Abschnitten sollen bisher verfügbare Informationen zu einigen dieser Substanzen zusammengefaßt werden, bei denen es sich zumeist um solche Halogenverbindungen handelt, die vor ihrer Synthese durch den Menschen der natürlichen Umwelt völlig fremd waren („Xenobiotika").

Allerdings können auch Meeresorganismen eine weite Vielfalt halogenierter Substanzen synthetisieren, die den Bereich von einfachen Methanderivaten wie Bromoform ($CHBr_3$), Chloroform ($CHCl_3$) oder Tetrachlorkohlenstoff (CCl_4) bis zu relativ komplexen Toxinen umfassen. Die Hauptquellen sind marine Bakterien, Algen und Schwämme. Sie geben die biosynthetisierten Verbindungen in das Meerwasser ab. Es kann zu Störungen bei der Bestimmung anthropogen erzeugter Halogenkohlenwasserstoffe kommen, wenn die Naturprodukte ähnliche chromatographische Retentionszeiten wie Verunreinigungen aufzeigen. Die Koppelung der Gaschromatographie mit der Massenspektrometrie kann hierbei helfen, eine positive Identifizierung zu erreichen.

3.1 DDT (Dichlor-diphenyl-trichlorethan)

Obgleich das DDT bereits im vorigen Jahrhundert bekannt war, kam es erst 1939 als Insektizid zum Einsatz. In vielerlei Hinsicht ist DDT ein nahezu „ideales" Insektizid mit
a) extremer Toxizität für die Zielorganismen,
b) geringer Toxizität für den Menschen und andere Warmblüter,
c) hoher Persistenz, d.h. mit Halbwertszeiten um 10 Jahre im Erdboden, und damit auch langer Wirkdauer und
d) relativ geringen Produktionskosten.

DDT war deshalb auch ein Eckpfeiler des Antimalariaprogramms der WHO für die afrikanischen und asiatischen Staaten nach dem 2. Weltkrieg. Primäre Anwendung fand es jedoch lange Zeit zur Kontrolle von Schadinsekten in der Land- und Forstwirtschaft entwickelter Industriestaaten. Die Produktionszahlen erreichten in den 60er Jahren ein Maximum mit etwa 100 000 t/Jahr (Tab. 3.1). Noch 1981 wurden allein in den EG-Staaten 9 500 t produziert.

Tabelle 3.1. Produktionszahlen für DDT, 1960–73 (in 1 000 t/a)

Staat	1960	1965	1968	1969	1970	1971	1973
USA	74,6	64,0	63,2	55,8	26,9		
UdSSR		23,7	15,0	25,0			
BRD		30,0					
Italien		10,0	10,0	10,0			
Indien	2,4	2,8	7,0	9,0			
DDR			7,5	6,4	3,5	1,6	2,5
Frankreich		5,0	3,6	5,0	5,0	5,0	4,0
Rumänien		3,4	4,4	4,0	4,9	4,0	4,0
Ungarn	0,8	1,7	1,8	2,0	2,0		
Jugoslawien			1,0	2,0	2,0	2,0	
CSSR		1,1	0,9	0,9	0,9		

(Anmerkung: Produktionsdaten nach *Heinisch* (1991). Werte basieren auf offiziellen Angaben der betreffenden Staaten und Schätzungen. Fehlende Angaben für einzelne Jahre schließen eine Fortsetzung der DDT-Produktion nicht aus.)

Als in den 60er und 70er Jahren immer mehr der Januskopf dieses Insektizids deutlich wurde, der aus der Bioakkumulation im Fettgewebe von Organismen resultiert und in daraus abgeleiteten chronisch-toxischen Wirkungen wie Reproduktionsproblemen, u. a. bei Meeressäugern und Seevögeln, sichtbar wird, verlagerten sich schrittweise die Produktions- und Anwendungsschwerpunkte von der Nord- in die Südhemisphäre. Mit atmosphärischem Ferntransport und dem Import landwirtschaftlicher Produkte aus Entwicklungs- und Schwellenländern bleibt das DDT-Problem jedoch auch weiterhin für Industriestaaten Europas relevant.

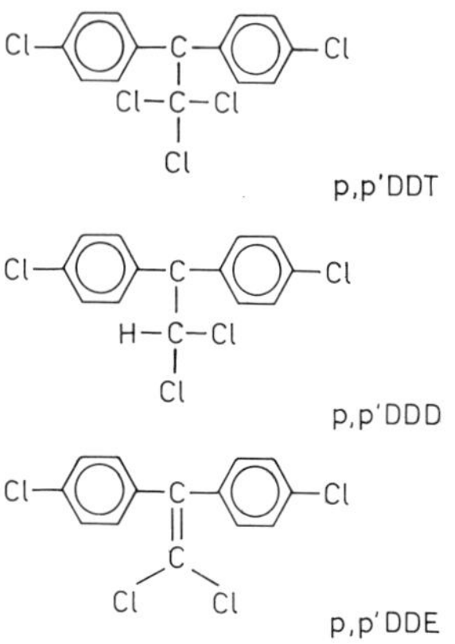

Abb. 2. Strukturformeln für DDT und zwei seiner Metabolite

Das durch Dehydrochlorierung aus DDT entstehende relativ stabile „Haldenprodukt" DDE hat kaum insektizide, aber mehrere der negativen Wirkungen, die

3.1 DDT (Dichlor-diphenyl-trichlorethan)

das DDT in Mißkredit gebracht haben. Sowohl das DDT als auch seine Metabolite DDE und DDD sind mittlerweile im Weltmeer ubiquitär, d. h. in allen seinen Kompartimenten, in allen Tiefen und Regionen vorhanden. Aus dem Verhältnis DDT/DDE bzw. DDT/Gesamt-DDT sind Rückschlüsse auf die Chronologie der DDT-Anwendung möglich.

Typische „Gesamt-DDT"-Konzentrationen (Summe DDT/DDD/DDE) im Wasser des Weltmeeres liegen zwischen etwa 10 und 50 pg/l, in Rand- und Nebenmeeren sowie Ästuargebieten allerdings bis zu einer Größenordnung darüber. Die DDT-Metabolite reichern sich in der Oberflächenmikroschicht 10- bis 100fach an und erreichen dann Konzentrationen bis zu einigen Nanogramm pro Liter. Im Sargassomeer wurden beispielsweise in solchen Proben bis zu 2 ng pp'DDT und 0,3 ng op'DDT/l angetroffen. Dabei ist zu berücksichtigen, daß die Mächtigkeit der von der Wasseroberfläche abgenommenen Mikroschicht (0,1 bis 1 mm) durch die Art der Probennahmegeräte – zumeist Netzsammler mit Maschenweiten um 1 mm und einer Oberfläche von 0,2 bis 0,5 m^2 – bestimmt wird. Die eigentliche „Haut" des Meeres, der Oberflächenfilm, in dem Verunreinigungen wie Erdöl- oder Halogenkohlenwasserstoffe, aber auch Spurenmetalle im wesentlichen angereichert werden, enthält sicherlich um Größenordnungen höhere Konzentrationen, die jedoch bisher aufgrund methodischer Probleme analytisch nicht zu erfassen waren. Schätzungen zeigen, daß in solchen „Filmen" akut toxische Werte für sich darin aufhaltende Mikroorganismen erreicht werden. Auch größere Lebewesen kommen beim Passieren dieses Films mit solchen toxischen Konzentrationen in Hautkontakt, wobei eine Adsorption und spätere Aufnahme nicht auszuschließen sind.

In der Atmosphäre der Ozeane werden DDT-Gehalte von weniger als 6 bis 50 pg/m^3 in Abhängigkeit von der Quellenstärke, d.h. der Entfernung von den Kontinenten, gemessen. Minimalwerte weist dabei der Südpazifik, z. B. im Bereich des Enewetak-Atolls, auf.

Da der analytische Aufwand zur DDT-Bestimmung im Meerwasser relativ hoch ist, wird im Rahmen von Umweltüberwachungsprogrammen häufig die

Tabelle 3.2. Mittlere Konzentrationen und Standardabweichungen für DDT-Metabolite in Fischen und Muscheln (in ng/g Frischmasse)

	pp'-DDE	pp'-DDT
Hering (Muskelgewebe)	31 ± 34	18 ± 17
Dorsch		
– Muskel	4 ± 2	3 ± 2
– Leber	330 ± 257	182 ± 166
Miesmuschel	2 ± 2	2 ± 2
Flunder (Leber)	20 ± 34	10 ± 27
Sprott (ganzer Fisch)	134 ± 47	190 ± 82

Bioakkumulation in Fischen und Seevögeln genutzt. Bei 1985 synchron in vielen Fischereigebieten der Nordhemisphäre ausgeführten Untersuchungen wurden dabei die in Tabelle 3.2 zusammengefaßten Resultate gewonnen.

Internationale Vergleichsmessungen zeigten allerdings, daß die von unterschiedlichen Labors erzeugten Daten aufgrund noch nicht gelöster analytischer Probleme schlecht vergleichbar sind. Abweichungen bei Referenzproben um 50% sind die Regel. Bei oft mit geringerer Sorgfalt bearbeiteten Feldproben ist sogar mit noch stärkeren Schwankungen zu rechnen, die Trendabschätzungen unter Ausnutzung unterschiedlicher Datenquellen zu einem fruchtlosen Unterfangen machen. Aus den Ergebnissen von 1985 durchgeführten Grundlagenuntersuchungen zur Kontamination von Fischen und Schalentieren des Nordatlantiks und angrenzender Meere wurden die Liverpool Bay, das Mündungsgebiet des Humbers, die Ostküste Schottlands, die Deutsche Bucht, der Oslofjord und die südliche Ostsee als deutlich stärker mit Halogenkohlenwasserstoffen belastet herausgestellt.

Untersuchungen an Seevogeleiern aus dem Ostseeraum zeigten maximale Belastungen mit Werten um 600 μg DDE/g Fett für das Ende der 60er Jahre an. Bis 1986 nahmen die Gehalte beständig ab und liegen nun bei rund 50 μg/g. Während der Hering um 1970 in der südlichen Ostsee noch mit etwa 50 μg Gesamt-DDT/g Fett belastet war, wird heute nur noch rund ein Zehntel dieser Gehalte angetroffen.

Die für die Trendaussagen verwendeten Daten sind in diesem Fall relativ gut vergleichbar, da sie von nur *einem* Labor stammen, das außerdem über alle erforderlichen analytischen Erfahrungen verfügt und methodische Veränderungen im Beobachtungszeitraum nur nach entsprechender Qualitätsabsicherung vornahm.

3.2 Hexachlorcyclohexan-Isomere (HCHs)

Das γ-Hexachlorcyclohexan *(γ-HCH, Lindan, Gammexan, Chloran, Benzenhexachlorid = BHC, HCCH, TBH)* ist eines von acht Stereoisomeren. Es wird aufgrund seiner bioziden Wirkungen als Insektizid und in der Landwirtschaft, früher zusammen mit HCB, zur Saatgutbehandlung eingesetzt. Daneben findet die Substanz vielfältige Anwendung in der Tierhaltung, zum Holzschutz – mit Pentachlorphenol (PCP) – und im Haushalt. γ-HCH ist gegenwärtig einer der wenigen Chlorkohlenwasserstoffe mit einem weiten Anwendungsbereich, die in vielen Staaten noch ohne tiefgreifende Einschränkungen zum Einsatz kommen.

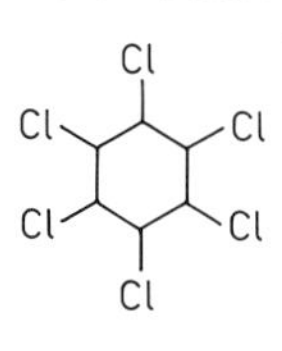

Abb. 3. Strukturformel für HCHs

3.2 Hexachlorcyclohexan-Isomere (HCHs)

In der Vergangenheit kamen oft technische Produkte als Gemische der verschiedenen HCH-Isomere zur Anwendung (Tab. 3.3). Die insektizide Potenz des γ-HCH ist jedoch etwa 1000fach höher als die des α-HCH und übertrifft die des δ-HCH sogar um den Faktor 10000. Bei den übrigen fünf Isomeren wurden keinerlei insektizide Wirkungen beobachtet. Andererseits reichert sich das in der Regel nur als Spurenverunreinigung in technischen Produkten anzutreffende β-Isomere gegenüber den anderen Verbindungen am stärksten im Körperfett von Organismen an und ist in der Umwelt am beständigsten.

Tabelle 3.3. Produktionszahlen für HCHs (in 1 000 t/a) nach *Heinisch* (1991)

Staat	technisches HCH (Isomerengemisch)	*Lindan* (γ-HCH)	Jahr
Indien	30,0	3,0	1981
Frankreich	28,0	3,0	1977
UdSSR	20,0	2,0	1984
Südamerika	20,0	2,0	1979
BRD	15,0	1,5	1977
Spanien	10,0	1,0	1984
EG-Staaten		4,7	1981
DDR	5,2	0,7	1977

Obgleich der vielfältige Einsatz von γ-HCH zu beträchtlichen Immissionen in die Meeresumwelt geführt hat, blieben die Rückstände in marinen Organismen gering. Das ist einerseits auf die im Vergleich zu anderen Chlorkohlenwasserstoffen bis zu 100fach höhere Wasserlöslichkeit (2–12 mg/l) und andererseits auf den hohen Dampfdruck der Verbindung zurückzuführen. Die gute Wasserlöslichkeit führt auch dazu, daß der Anteil der an Suspensionen und Sedimente gebundenen HCH-Fraktionen gering und der HCH-Transport in der Umwelt vor allem an den Kreislauf des Wassers gebunden ist. Die Anreicherungsfaktoren in Organismen liegen mit Werten zwischen 100 und 1 000 erwartungsgemäß relativ niedrig. Abseits von Punktquellen sind die Rückstände in Meereslebewesen dementsprechend gering.

γ-HCH wird mikrobiell und durch UV-Photooxydation abgebaut. In Böden und Sedimenten ist diese Verbindung jedoch mehrere Jahre beständig. Unter Einwirkung von Bakterien kann es zu einer Isomerisierung, z. B. zum α-HCH, und zu einer Metabolisierung, u. a. zum Pentachlorcyclohexan (PCCH), Tetrachlorbenzen (TeCB) und weiteren unpolaren Verbindungen kommen.

Die Analytik der HCH-Isomere in Meeresumweltproben lehnt sich an die anderer Chlorkohlenwasserstoffe an. Sie umfaßt also in der Regel eine Extraktion mit organischen Lösemitteln, die Reinigung der Extrakte in Hinsicht auf störende Beimengungen und eine gaschromatographische (GC-EAD) Detektion. Die hohe Wasserlöslichkeit bringt es allerdings mit sich, daß die Wiederfindungsraten bei einmaliger Extraktion oft deutlich geringer sind als bei lipophileren Verbindungen. Dem muß durch Mehrfachextraktion und konsequente Überprüfung der jeweiligen Ausbeuten nach „Spicken" der Proben mit bekannten HCH-Mengen Rechnung getragen werden.

Die Konzentrationen der HCHs, besonders der α- und γ-Isomere, können im Oberflächenwasser des Ozeans zwischen 0,1 und 1 ng/l liegen, in Küstengebieten, Rand- und Nebenmeeren wie Nord- und Ostsee jedoch 10 ng/l erreichen. Im Elbeästuar wurden rund 60 ng γ-HCH, 50 ng α-HCH, 13 ng β-HCH und 4 ng ε-HCH/l gemessen. Abseits lokaler Quellen weisen Meeresorganismen zumeist γ-HCH-Gehalte unter 10 ng/g Frischmasse auf. In stark verunreinigten Gebieten kann es jedoch zu Werten bis zu mehreren 100 ng/g kommen. Untersuchungen im Mai/Juni 1986 in der Nordsee zeigten, daß die Verteilungsmuster des γ-HCH im Wasserkörper (<1 bis ≥ 4 ng/l) zum Teil eine gute Wiederspiegelung im Zooplankton (≤ 15 bis >100 ng/g Fett) bzw. im Einsiedlerkrebs (≤ 15 bis 50 ng/g Fett) fanden. In allen Proben aus der Meeresumwelt, besonders bei Rückstandsmessungen in Meeressäugern, wird ein deutliches globales Nord/Süd-Gefälle sichtbar.

Entsprechend den physikochemischen Eigenschaften der HCHs wird deren Verteilung in Sedimenten weniger von dem Spektrum der Partikelgrößen bestimmt als bei lipophileren Chlorkohlenwasserstoffen. Eine Gemeinsamkeit gibt es jedoch, auf die an dieser Stelle hingewiesen werden soll: Obgleich die meisten der Chlorkohlenwasserstoffe globaler Relevanz bereits in suspendiertem und sedimentierendem Material des küstenfernen Ozeans angetroffen wurden, liegen bei Sedimenten nur für die Marginalbereiche des Weltmeeres entsprechende Analysendaten vor. Der Grund dafür ist die in den Ozeanbecken extrem geringe Sedimentationsrate, die z.B. mit Werten von 0,5–10 mm in 1000 Jahren nur etwa ein Tausendstel so groß ist wie in der Ostsee. Man kann allerdings mit an Sicherheit grenzender Wahrscheinlichkeit davon ausgehen, daß Xenobiotika wie die HCHs mit rasch sedimentierendem Material, z.B. Zooplanktonfäkalpellets, bereits die 4 bis 6 km lange Strecke zum Boden der Tiefsee zurückgelegt haben. Andererseits werden bei den jetzt zur Verfügung stehenden Probennahmetechniken die rezenten und damit xenobiotische Chlorkohlenwasserstoffe enthaltenden Sedimente mit so viel noch unkontaminiertem Material vergangener Jahrtausende vermischt, daß die daraus extrahierbaren Verbindungen nicht mehr sicher analytisch erfaßbar sind. Die Analysignale werden vom Rauschpegel der Analysenblindwerte praktisch völlig verdeckt.

Im Transportmedium Luft liegen die HCHs wie andere Chlorkohlenwasserstoffe ebenfalls vorwiegend gasförmig und kaum an Aerosolpartikel gebunden vor. Gradienten abnehmender Gehalte werden dabei in Richtung auf den küstenfernen Ozean und von der Nord- zur Südhalbkugel der Erde registriert.

Übersichtsangaben zur Toxizität von HCHs machen es unwahrscheinlich, daß für die übergroße Mehrheit von Meeresorganismen Konzentrationen unterhalb

3.2 Hexachlorcyclohexan-Isomere (HCHs)

von 10 ng/l eine Bedrohung darstellen könnten. Akute Effekte treten z. B. bei Bakterien und Algen erst im mg/l-Bereich und bei Crustaceen zwischen 5 und 500 µg/l auf. Auch die für verschiedene Fische gemessenen LC_{50}(96 h)-Werte liegen in der Regel zwischen 2 und 100 µg/l. Lediglich für Decapoden wie *Penaeus duorarum* wurden Toxizitätsgrenzen um bzw. unter 1 µg/l angetroffen, die damit allerdings immer noch mehr als 2 Zehnerpotenzen höher sind als die γ-HCH-Konzentrationen im Ozean und in seinen Marginalzonen.

Tabelle 3.4. HCH-Gehalte in Meeresumweltproben

Wasser (ng/l)		
Emsästuar	1,4	α-HCH
	3,3	γ-HCH
Elbeästuar	46	α-HCH
	13	β-HCH
	58	γ-/δ-HCH
	4	ε-HCH
Nordsee-Küstengewässer	3–4	γ-HCH
	3–4	α-HCH
Deutsche Bucht	4–5	α-HCH
	3–7	γ-HCH
	0,3–0,4	β-HCH
Nordpazifik	0,6–0,7	γ-HCH
Oberflächenmikroschicht (ng/l)		
Mittelmeer	2–4,4	γ-HCH
Organismen (ng/g Frischmasse)		
Nordatlantik, Ost- und Nordsee (1985):		
Hering (Muskelgewebe)	4,9 (0,8–13,7)	α-HCH
	9,5 (0,3–87)	γ-HCH
Dorsch (Muskelgewebe)	1,3 (0,2–9,0)	α-HCH
	10,2 (0,2–190)	γ-HCH
Sprott (ganze Tiere)	17,4 (4,4–62)	α-HCH
	13,2 (2,3–35)	γ-HCH
Miesmuschel (Weichteile)	17,8 (0,3–895)	α-HCH
	11,7 (0,1–273)	γ-HCH
Miesmuschel (Nordseeküste)	0,5–0,6	α-HCH
	1,4–1,5	γ-HCH
Miesmuschel (schottische Küste, 1977)	6–53	γ-HCH
Miesmuschel (schottische Küste, 1985)	1–35	γ-HCH
Hering (Muskelgewebe, schottische Küste, 1980)	4–11	γ-HCH
Zooplankton (Nordpazifik, 1980–82)	12–21	γ-HCH
Dorsch (kanadische Arktisküste, 1984)	18	γ-HCH
Seehund (Fett, kanadische Arktisküste, 1984)	227	γ-HCH
diverse Fische (spanische Küste, 1985)	0,1–17	γ-HCH

Tabelle 3.4. (Fortsetzung)

Sedimente (ng/g Trockenmasse)			
südliche Nordsee (1982)		2–40	γ-HCH
südliche Nordsee (1984–86)		<2–60	α-HCH
		5–230	γ-HCH
Skagerrak/Norwegische Rinne (1984–86)		60–130	α-HCH
		20–1000	γ-HCH
Golf von Bengalen (1984)		10–210	γ-HCH
Atmosphäre (ng/m³)			
Ostsee	Aerosolform:	0,01	α-HCH
		<0,005	γ-HCH
	gasförmig:	0,138	α-HCH
		0,111	γ-HCH
Nordatlantik		0,39	HCH-Summe
Enewetak		0,26	HCH-Summe
Samoa		0,032	HCH-Summe

3.3 Hexachlorbenzen (HCB)

Hexachlorbenzen (HCB) tritt als Produkt der organisch-chemischen Industrie, z. B. bei der Herstellung von Trichlorethylen und Pentachlorphenol (PCP), auf. Es dient der Saatgutbehandlung, der Produktion aromatischer Fluorkarbone und der Imprägnierung von Papier. In technischem PCP ist HCB mit bis zu 13%, im Herbizid DCPA mit bis zu 10–14% und im Pestizid PCNB mit 1–6% vorhanden. Es wird bei der elektrolytischen Aluminiumherstellung als Flußmittel und bei der Produktion synthetischen Gummis als peptisierendes Mittel eingesetzt. HCB ist in reiner Form ein kristalliner weißer Feststoff, der nur wenig, d. h. mit nur 1 bis 10 µg/l, in Wasser löslich ist. Die Anwesenheit gelösten organischen Materials kann jedoch die HCB-Löslichkeit um das 2- bis 10fache steigern.

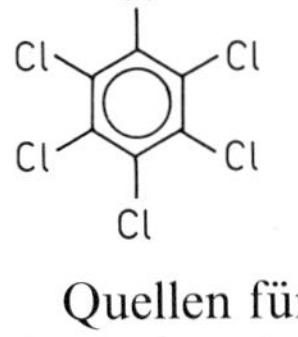

Abb. 4. Strukturformel des HCB

Quellen für eine HCB-Belastung der Umwelt sind zahlreich und vor allem in der Industrie angesiedelt, nicht nur in bezug auf die unmittelbare Herstellung der Substanz, sondern auch auf ihre Anwendung in anderen Bereichen der Produktion. Für das marine Ökosystem resultieren daraus entweder lokale „hot spots" oder mehr diffuse Einträge. HCB besitzt eine relativ hohe Flüchtigkeit und reichert sich wie andere lipophile Substanzen in organischen Filmen auf suspendiertem und sedimentiertem Material an. Organismen akkumulieren HCB gegenüber dem sie umgebenden Medium um das 10^5- bis 10^6fache. In höhere Organismen gelangt es vor allem über die Nahrungskette. Die Substanz ist extrem persistent, d. h., sie wird kaum abgebaut. Die Metabolisierung verläuft über eine Hydroxylierung zum PCP. Organismen können das PCP ausscheiden.

Die akute Toxizität des HCB für Organismen ist relativ gering. Angaben zwischen 0,5 und 100 mg/l wurden für den LC_{50} (96 h-)Wert publiziert. Über akute Umweltschäden im Meer durch unbeabsichtigten Punkteintrag größerer HCB-Mengen liegen bisher keine Meldungen vor. Die potentielle Vergiftungsgefahr wurde jedoch durch schwere Erkrankungen deutlich, die bei Bewohnern der südöstlichen Türkei nach zufälligem Genuß von HCB-behandeltem Saatweizen zu beobachten waren. Die im Meer bisher gemessenen Konzentrationsniveaus liegen etwa 10^3- bis 10^5fach unterhalb von Toxizitätsgrenzen.

Im Meer- und Brackwasser bewegen sich die HCB-Konzentrationen in der Regel weit unterhalb von 1 ng/l, wobei der Hauptanteil davon an partikulärem Material adsorbiert auftritt. Höhere Konzentrationen enthält die Oberflächenmikroschicht, in der es etwa bis zur hundertfachen HCB-Anreicherung kommen kann. Sedimente können das HCB akkumulieren. In der Nordsee wurden darin Spitzenwerte um 100 ng/g gemessen. Werden lokale Quellen ausgeschlossen, liegt in den Sedimenten eine relativ niedrige Hintergrundbelastung vor, die vom Masseanteil organischen (Fein-)Materials bestimmt wird. Außerdem wurde in den Sedimenten ein langsamer mikrobieller Abbau des HCB beobachtet.

Untersuchungen in der Nordsee zeigten außerdem, daß auch nach einer „Normalisierung" der HCB-Gehalte in den Sedimenten durch Bezugnahme auf den Anteil an organischem Material darin einige Gebiete mit deutlich höheren Werten herausragen. Neben Verklappungsgebieten von Klärschlamm oder den Ästuarien von Flüssen wie Elbe (Deutsche Bucht) und Rhein wurde auch das Abfallverbrennungsgebiet südöstlich der Doggerbank „auffällig". In den HCB-Gehalten von Organismen fanden diese Verteilungsmuster allerdings keine Bestätigung. Lediglich der Plattfisch Kliesche (*Limanda limanda*) schien besonders auf der Doggerbank und vor der britischen Küste HCB-belastet zu sein.

Der HCB-Gehalt in Organismen spiegelt sowohl den Einfluß möglicher Quellen als auch Nahrungskettenbeziehungen wider. Werte weit unterhalb von 100 ng/g Frischmasse sind für das Muskelgewebe die Regel. Unter dem Einfluß direkten Eintrags können jedoch auch Gehalte um und über 200 ng/g, z. B. für Flundern aus einzelnen Teilen der Ostsee oder für Muscheln von der schottischen Küste, auftreten. Meeressäugetiere der nördlichen Erdhalbkugel weisen zumeist höhere Rückstände an Chlorkohlenwasserstoffen, dabei auch HCB, auf als solche von der Südhemisphäre.

Häufig wurden erst durch die Analyse von weit häufigeren Verbindungen wie PCBs oder DDT auch Informationen zum Auftreten des HCB in der Meeresumwelt verfügbar. Der dazu erforderliche Mehraufwand ist im Vergleich zu den Gesamtkosten einer analytischen Bestimmung von Chlorkohlenwasserstoffen gering. Der qualitative und quantitative HCB-Nachweis gelingt dabei zumeist eindeutig und in Hinsicht auf die noch zu erfassenden Grenzkonzentrationen mit hoher Empfindlichkeit. Trotzdem ist auch bei dieser Substanz nicht auszuschließen, daß ein großer Teil älterer Daten um Größenordnungen falsch sein könnte.

Tabelle 3.5. HCB in Kompartimenten der Meeresumwelt

Wasser (pg/l)		
Erbe-Delta (1985/86)	1 –200	(gelöst)
(westl. Mittelmeer)	12 –780	(suspendiert)
Ostsee (1984)	30 –190	
Sediment (ng/g Trockenmasse)		
südl. Nordsee (1982)	2 –100	
Helgoländer Bucht	0,04– 4,1	
Ems-Ästuar	ca. 0,5	
Nordsee (1986)	< 0,01–>0,5	
Organismen (ng/g Frischmasse)		
Miesmuscheln (ganze Tiere, 1977)	6 – 19	
dto., 1985	1 – 80	
(jeweils schottische Westküste)		
Miesmuscheln (ganze Tiere)	10	
Muscheln (Nordsee)	0,1 – 0,5	
Hering (Muskelgewebe)	2,9	
Dorsch (Muskelgewebe)	1,5	
Dorsch (Muskelgewebe, 1984)	3	
Seehund (Gewebefett, 1984)	18 – 41	
(jeweils kanadische Arktis)		
Makrele (Muskelgewebe, 1986)	43	
(chilenische Küste)		

3.4 Octachlorstyren (OCS)

Über die chemischen und physikalischen Eigenschaften des Octachlorstyrens ($C_6Cl_5CCl=CCl_2$) ist bisher relativ wenig bekannt. Als vollständig chlorierter aromatischer Kohlenwasserstoff ist die Substanz hydrophob, die Löslichkeit im Wasser liegt um 3 µg/l. In die aquatische Umwelt gelangt OCS vor allem über industrielle Abwässer. Atmosphärische Transportwege wurden ebenfalls nachgewiesen.

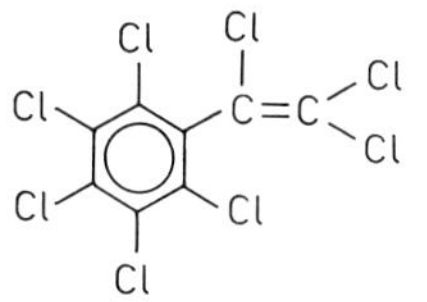

3.4 Octachlorstyren (OCS)

Abb. 5. Strukturformel des OCS

OCS tritt vor allem als unerwünschtes Nebenprodukt bei der elektrolytischen Chlorherstellung auf und ist seit etwa 1940 in der Umwelt präsent. Verursacher sind die zur Elektrolyse als Bindemittel den Graphitanoden beigemischten Kohleteer-Verbindungen. Im St. Clair River zwischen dem Huron- und Eriesee in Nordamerika sowie an der norwegischen Küste im Bereich des Frierfjords wurde OCS im Wasser, in Sedimenten und in Organismen in deutlichen Mengen nachgewiesen. Für die Kontamination des Frierfjords ist ein Magnesium produzierendes Werk verantwortlich, dessen jährlicher OCS-Ausstoß zwischen 1976 und 1980 allerdings von etwa 0,15 t auf 0,03 t abnahm und 1990 nach Angaben der Industrie noch einmal um 90–95% reduziert wurde. Der OCS-Gehalt in der Leber von Dorschen dieser Region nahm im Zeitraum 1975 bis 1980 von 143 ($\pm$ 71; n = 12) auf etwa 20 µg/g Frischmasse ebenfalls deutlich ab. Das erwartete weitere Absinken der Rückstandswerte für Dorschleber war bis 1990 jedoch nicht sicher nachweisbar.

In den Sedimenten und in fünf benthischen Organismen, u.a. in Plattfischen und Krabben, des Seeverbrennungsgebietes in der Nordsee (d.h. in einem Gebiet mit einem Radius von etwa 30 Seemeilen um 54°17,5'N/03°45,0'E, worin z.B. 1985 fast 106000 t Chlorkohlenwasserstoffe „entsorgt" wurden) wiesen Untersuchungen neben den teilweise erhöhten HCB-Gehalten auch besonders signifikant höhere Mengen des lipophilen und persistenten Octachlorstyrens auf. OCS bildet sich nach bisheriger Kenntnis u.a. auch im Verlauf der Thermolyse chlorierter organischer Verbindungen bei 600–800 °C mit 0,1–0,3% (1,2,3,5-Tetrachlorbenzen, PCP, HCB, Trichlorethylen) oder mit bis zu 1% (Pentachlorbenzen) der jeweils zur Verbrennung eingesetzten Substanzmengen.

OCS ähnelt sowohl in seinem Umweltverhalten als auch in der erforderlichen Analytik anderen typischen Chlorkohlenwasserstoffen wie PCBs oder DDT. Für eine sichere Identifizierung ist die Verwendung von GC/MS-Techniken unvermeidbar. Während im *Wasser* der küstenfernen Nordsee die OCS-Konzentrationen unterhalb der Nachweisgrenzen verfügbarer Methoden, d.h. <30 pg/l, lag, wurde mit Hilfe der hochauflösenden Gaschromatographie (HRGC) diese relativ „neue" und bisher wenig beachtete Umweltchemikalie in *Sedimenten* und *Organismen* in vergleichsweise hohen Gehalten nachgewiesen. In der Leber verschiedener Nordseefische wie Flunder, Rotzunge, Kliesche, Scholle, Seeskorpion und Dorsch trat OCS 1982/83 mit Werten zwischen 2 und 160 ng/g Frischmasse hervor.

In der Deutschen Bucht und in den Ästuarien von Elbe und Weser wurde OCS mit $\leq$ 0,03–1,9 ng/l im Wasser, mit 0,9–1,3 ng/g Trockenmasse in Sedimenten und mit 2–90 ng/g Frischmasse in Lebern von Plattfischen nachgewiesen. In der Elbe selbst wurden noch deutlich höhere OCS-Werte angetroffen. Punktquellen für diese relativ starke Verunreinigung konnten allerdings nicht identifiziert werden.

OCS reichert sich in Organismen bis auf das 30000fache gegenüber dem Umgebungswasser an. *Mytilus edulis* erreichte in Seewasser mit 1,5 µg OCS/l z. B. bereits nach 3 Tagen Gehalte von mehr als 0,3 µg/g Frischmasse.

Die akute Toxizität von OCS ist relativ gering. Es ähnelt hier in seinem Verhalten Chlorkohlenwasserstoffen wie HCB, PCBs und *Mirex*. Obgleich die OCS-Konzentrationen in der marinen Umwelt sowohl auf den Fisch als auch auf dessen Konsumenten keine signifikanten Effekte ausüben dürften, kann über mögliche Langzeitwirkungen auf der Basis gegenwärtiger toxikologischer Kenntnisse noch keine Aussage getroffen werden.

3.5 Polychlorierte Biphenyle (PCBs)

Polychlorierte Biphenyle (PCBs) bilden eine Klasse von Meeresverunreinigungen, bei denen alle 209 theoretisch möglichen Komponenten („Congenere") dasselbe Molekülskelett

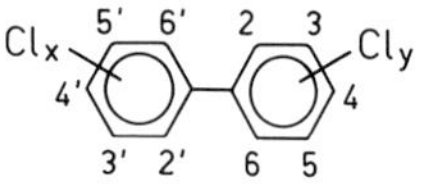

Abb. 6. Allgemeine Strukturformel der PCBs

aufweisen, bei dem entsprechend der empirischen Formel $C_{12}H_{10-n}Cl_n$ (n = 1–10) auf den Positionen 2/6 und 2'/6' Wasserstoff- durch Chloratome ersetzt sind. Es sind demzufolge 10 nach ihrer Molmasse unterschiedliche Gruppen von Verbindungen möglich, die jeweils 1 (Octachlor-biphenyl) bis 46 Isomere (Pentachlor-biphenyle) mit 18,8 bis 71,1% Chlorantail umfassen (s. Tab. 3.6). In kommerziell erhältlichen PCB-Präparaten wurden allerdings bisher nur etwa 182 der „Congeneren" nachgewiesen.

Tabelle 3.6. Nomenklatur, Isomerenanzahl, Molmasse und Chlorgehalte isomerer Gruppen von PCBs

Formel	Name (-chlor-biphenyl)	Iso-meren-anzahl	IUPAC-Nummer	Mol-masse	Chlor-Gehalt (%)	Isomeren-Anzahl in PCB-Präparat nachgewiesen	
$C_{12}H_9Cl$	Mono-	3	1–3	188,65	18,8	3	
$C_{12}H_8Cl_2$	Di-	12	4–15	233,10	31,8	12	
$C_{12}H_7Cl_3$	Tri-	24	16–39	257,54	41,3	23	(1)*
$C_{12}H_6Cl_4$	Tetra-	42	40–81	291,99	48,6	41	(1)*
$C_{12}H_5Cl_5$	Penta-	46	82–127	326,43	54,3	39	(7)*
$C_{12}H_4Cl_6$	Hexa-	42	128–169	360,88	58,9	31	(11)*
$C_{12}H_3Cl_7$	Hepta-	24	170–193	395,32	62,8	18	(6)*
$C_{12}H_2Cl_8$	Octa-	12	194–205	429,77	66,0	11	(1)*
$C_{12}HCl_9$	Nona-	3	206–208	464,21	68,7	3	
$C_{12}Cl_{10}$	Deka-	1	209	498,66	71,1	1	

* nicht identifiziert

3.5 Polychlorierte Biphenyle (PCBs)

Die technische PCB-Herstellung verläuft über eine Chlorierung des Biphenyls und resultiert in Chlorgehalten, die von der Chlorierungsdauer abhängen. Ein oder mehrere Chloratome in Ortho-Position zur normalerweise frei rotierbaren C-C-Bindung, d. h. in 2-, 2′-, 6- oder 6′-Stellung, bewirken, daß die beiden Phenylringe in einem Winkel von 90 Grad zueinander fixiert werden. Die Molekülgeometrie beeinflußt die Toxizität der Verbindungen.

PCBs finden seit etwa 1930 großtechnische Anwendung in
a) geschlossenen Systemen als
   – Isolations- und Kühlflüssigkeiten in Großtransformatoren,
   – Dielektrika in Kondensatoren,
   – Wärmeübertragungsmittel in Heizungssystemen und
   – Hydraulikflüssigkeiten,
sowie in
b) offenen Systemen als
   – Weichmacher,
   – Zusatz zu Bohr-, Schneid- und Schmierölen,
   – Zusatz zu Lacken, Tinten, Dicht- und Klebemitteln,
   – Imprägniermittel für Baumwolle und Papier,
   – Zusatz zu technischen Insektizidpräparaten,
   – Immersionsöl für die Mikroskopie und
   – Bestandteil von Kopierpapier auf kohlefreier Basis.

Besonders die Verwendung in offenen Systemen ist für einen diffusen Eintrag von PCBs in die Umwelt verantwortlich. Bei den durch *Monsanto*/USA produzierten PCBs informieren die letzten zwei Stellen der Bezeichnungen von Präparaten über den Chlorgehalt in Masse-% der jeweiligen Gemische *(Aroclor 1221, 1242, 1254, 1260)*. In den Präparaten der Fa. *Bayer*/Deutschland wird der Chloranteil in Mol-% angegeben (*Chlophen A30, A40, A50, A60*; entsprechend 41,5, 48,6, 54,4 bzw. 58,0 Masse-% Chlor). Andere Beispiele von PCB-Gemischen sind *Phenochlor-* und *Pyralene-* (*Rhone-Poulenc*/Frankreich, Spanien), *Fenclor-* (*Caffaro*/Italien), *Kanechlor-* (*Kanegafuchi* und *Mitsubishi-Monsanto*/ Japan), *Delor-*(*Chemiko*/CSFR) und *Sovol*-Präparate (UdSSR). In den vergangenen Jahren wurden weltweit mehr als 1 Million t PCBs produziert, wovon schätzungsweise ein Drittel in mobile Umweltreservoire gelangte.

Das Vorkommen von PCBs in Organismen wurde erstmals 1966 in Schweden durch *Sören Jensen* bei Untersuchungen zu DDT-Rückständen nachgewiesen. Messungen an Proben aus Museen ergaben 1972, daß bereits Federn von Vögeln, die 1942 präpariert worden waren, PCBs enthielten. Nur zwei Jahre später ereignete sich die schwerste PCB-Katastrophe der Welt in Japan und 1979 ein weiterer Fall auf Taiwan. Reisöl, versehentlich mit *Kanechlor 400* versetzt, war in beiden Fällen die Ursache der „*Kanemi Yusho*-Krankheit", die schätzungsweise 15 000 Opfer forderte. Da jedoch die PCB-Verunreinigungen auch Spuren hochtoxischer PCDFs und Quarterphenyle enthielten, gibt es nach wie vor geteilte Ansichten zum Beitrag einer reinen PCB-Toxizität. Trotzdem wurden dadurch Forschungsaktivitäten von bisher nicht gekanntem Ausmaß für *eine* Verunreinigungskategorie ausgelöst. Da PCBs in ihrem Umweltverhalten und in ihrer Analytik Modellcharakter für eine Reihe anderer Substanzgruppen besitzen, profitierten hiervon allgemein die Untersuchungen zu toxikologisch relevanten Chlorkohlenwasserstoffen.

PCBs sind stark lipophil bzw. hydrophob und extrem stabil gegenüber einem mikrobiellen oder photochemischen Abbau. Gelangen sie in das Meerwasser, können sie daraus nur durch Verflüchtigen oder Einbetten in die Sedimente wieder entfernt werden. An einer oft diskutierten irreversiblen PCB-Fixierung in den Sedimenten werden jedoch Zweifel laut. Durch die biologische Aktivität von Sediment-Makrofauna („Bioturbation") sowie durch Desorption und Gaskonvektion kann es zur Remobilisierung, d. h. zu einer erneuten Rückführung in das Wasser und schließlich auch in die Atmosphäre kommen.

Organismen reichern PCBs zum Teil bis auf das 10^5fache und darüber an. Früher wurde dies häufig einseitig mit Nahrungsketteneffekten erklärt. Dieses schien damit belegbar, daß Vertreter höherer Glieder der Nahrungskette in der Regel auch mit höheren PCB-Gehalten belastet sind. Heute wird dagegen zumeist akzeptiert, daß der Gehalt von PCBs wie auch der von anderen Chlorkohlenwasserstoffen mit dem Lipidgehalt der jeweiligen Arten korreliert ist. Da Endglieder mariner Nahrungsketten wie einige Meeressäuger oder Raubfische in der Regel sehr hohe Fettgehalte aufweisen können, treten in ihnen folgerichtig auch PCB-Höchstgehalte nebst allen damit verbundenen Gefährdungen auf.

Gespeicherte Fremdstoffe werden von Organismen durch Exkretion in unveränderter Form oder durch Metabolisierung eliminiert. Die Eliminierungszeiten nehmen in der Regel mit dem Chlorierungsgrad zu und können je nach Substanz, Salzgehalt und Art der Organismen zwischen weniger als einer Woche und mehr als einem halben Jahr betragen. Ein erheblicher Teil, d. h. häufig mehr als 30% der Eliminierung, ist dabei auf die Metabolisierung zurückzuführen. Auch unter anaeroben Bedingungen erfolgt in den Sedimenten ein Abbau. Hochspezialisierte Mikroorganismen schaffen durch Dechlorierung die Voraussetzung für eine weitere Zersetzung im aeroben Milieu.

Als marines Toxizitätsproblem wurden PCBs bereits vor etwa 20 Jahren erkannt, insbesondere in Hinsicht auf Erkrankungen und verringerte Reproduktionsraten bei Meeressäugern. Zu Beginn der 70er Jahre wurde bei südkalifornischen Seelöwen *(Zalophus californianus)* eine hohe Fehlgeburtsrate festgestellt. Diese Rate war mit dem PCB- und DDT-Gehalt der Muttertiere signifikant positiv korreliert. Als Ursache wurden die immunschwächenden Wirkungen von PCBs, noch verstärkt durch die Anwesenheit von DDT-Metaboliten, diskutiert. Auch ein Rückgang der Seehundpopulation im niederländischen Wattenmeer wurde mit hohen PCB-Gehalten erklärt, die Hormonstörungen mit Unterbre-

3.5 Polychlorierte Biphenyle (PCBs)

chungen des Fortpflanzungszyklus in der Postovulationsphase hervorrufen sollen. Die Seehundpopulation in der Ostsee nahm in diesem Jahrhundert ebenfalls deutlich ab. Auch hierfür wurde u. a. der hohe PCB-Gehalt in den Tieren verantwortlich gemacht. Nur etwa 25% der fortpflanzungsfähigen Weibchen trugen zwischen 1973 und 1979 Junge aus. Von den nicht tragenden Tieren zeigten viele deutliche Veränderungen der Fortpflanzungsorgane, bis hin zur Sterilität. Seehunde aus Referenzgebieten, wie z.B. von der britischen Küste, oder solche, die vor 1960 in der Ostsee beprobt wurden, wiesen z.B. nur ein Fünftel der Skelettanomalien auf im Vergleich zu Proben jüngeren Datums. Die weitere Stagnation der Belugas *(Delphinapterus leucas)* im kanadischen St. Lawrence-Ästuar wurde ebenfalls mit PCB- und DDT-Rückständen bis zu 100 mg/kg in der Fettschicht dieser Tiere in Zusammenhang gebracht. Deren hohe Krankheitsrate bis hin zu vermutlich durch PAHs (Benzo-(a)-pyren) verursachte Krebsfälle wurden einer Immunsystemschwächung durch PCBs angelastet.

Die akute Toxizität der PCBs ist gering. Sie liegt bei hochempfindlichen Schalentieren bei mindestens 1 µg/l, d.h. mehr als drei Zehnerpotenzen über den Konzentrationen im Meerwasser. Das Wachstum von Diatomeen wird allerdings bereits bei 0,1 µg/l behindert. Gegenüber Parasiten und Tumoren nimmt die Widerstandsfähigkeit von Organismen mit einem steigenden PCB-Gehalt ab. Die Überführung in das Körperfett verhindert oft unmittelbare toxische Effekte. Akute Streßbedingungen, z.B. Hunger, Fortpflanzung, Krankheiten usw., bei denen die Fettreserven aufgebraucht werden, können zu einer schnellen Remobilisierung und nachfolgend zu letalen Wirkungen führen. Die einzelnen PCB-Congenere unterscheiden sich nach ihrer Toxizität um Größenordnungen. Besonders toxisch sind die mit den IUPAC-Nummern *77, 105, 123, 126, 156, 157, 169* und *170*. Beachtung verdienen dabei besonders chronische Effekte.

Schätzungen gehen davon aus, daß die Hauptmenge der PCBs die Meeresumwelt über die Atmosphäre erreichen. Die hydrophoben Eigenschaften sichern diesen Verbindungen eine relativ lange Verweilzeit in der Atmosphäre und damit auch eine globale Verteilung, so daß sie an den entferntesten Stellen der Erde wie in den Polargebieten oder in Hochgebirgsseen anzutreffen sind. Zu berücksichtigen ist allerdings, daß in der Nordhemisphäre deutlich höhere Werte aufgrund der Quellenstärke und den Verzögerungen beim zonalen Luftmassenaustausch gemessen wurden.

Die PCBs erreichen in der Meeresluft Gehalte um 1 ng/m^3 (Nordsee). Über dem Südpazifik liegen die Werte rund 100fach niedriger. Dazwischen ordnen sich andere Literaturangaben ein, d.h. 0,21–0,65 (tropischer Nordatlantik), 0,19–0,32 (Zentralpazifik), 0,04–0,3 (Mittelmeer) bzw. 0,05 ng/m^3 (Nordpazifik). In der Oberflächenmikroschicht des Meeres wurden Werte um 5–6 (Nordpazifik), 4–26 (Sargassomeer) und 31–42 ng/l (Mittelmeer) gemessen.

In das Verteilungsgleichgewicht der PCBs zwischen Ozean und Atmosphäre greifen Organismen mit ihrem Fettgewebe als Bioextraktoren ein. Als Monitoringobjekt werden deshalb Proben von Organismen mit hohen Anreicherungsfaktoren bevorzugt.

Im Wasser sind PCBs im Bereich einiger Mikrogramm pro Liter löslich. Sieht man von offensichtlich um den Faktor 10–20 überhöhten Fehlmessungen aus den 60er und 70er Jahren ab, ist für den Ozean mit PCB-Konzentrationen um bzw. unter 1 ng/l zu rechnen. Mit der Annäherung an kontinentale Quellen kann diese Konzentration um etwa eine Größenordnung ansteigen. Man kann davon ausgehen, daß auch von den gegenwärtig publizierten PCB-Daten viele noch weit vom wahren Wert entfernt sind. Verschiedentlich wurde jedoch mit den in Tabelle 3.7 aufgelisteten PCB-Konzentrationen für die verschiedenen aquatischen Kompartimente gerechnet.

Tabelle 3.7. PCB-Konzentration in Umwelt-Kompartimenten

Phase	PCB-Konzentration	
Regenwasser	50 –100 ng/l	
Flüsse/Ästuarien	1 –100 ng/l	
Meerwasser		
– küstennah	2 – 20 ng/l	
– küstenfern	0,03 – 1 ng/l	
Plankton	0,1 – 1 µg/g	Trockenmasse
Fisch	0,01 – 1 µg/g	Frischmasse
Muscheln	<0,02 – 1 µg/g	Frischmasse
Meeressäuger	1 –100 µg/g	Frischmasse
Sediment	<0,001– 1 µg/g	Trockenmasse

Den Nordatlantik sowie einige seiner Rand- und Nebenmeere überdeckende Untersuchungen von 1985 an Muskelgeweben von Fischen (Dorsch, Hering, Flunder, Sprott) zeigten, daß nur in einigen Küstenregionen der südwestlichen Nordsee und der Biskaya der PCB-Gehalt über 0,05 µg/g Frischmasse lag. Werte im Bereich von 0,01–0,05 µg/g wurden jedoch häufiger angetroffen. Für küstenferne Bereiche der Nordsee, der Ostsee und des Atlantiks lagen die Gehalte zumeist darunter. Messungen zu PCBs im Leberfett der Nordsee-Kliesche *(Limanda limanda)* ergaben die höchsten Werte (2–4 µg/g Fett) in der Deutschen Bucht und vor dem nordöstlichen Teil der Doggerbank. Eine generelle Abnahme zur zentralen Nordsee hin war jedoch nicht festzustellen. Demgegenüber wiesen Sedimentuntersuchungen nachhaltig auf den Verunreinigungsschwerpunkt Deutsche Bucht hin. Hier wurden für die Summe der PCB-Congenere 138+153+180 über 2 µg/g Trockenmasse vorgefunden. In küstenfernen Gebieten sanken die

3.5 Polychlorierte Biphenyle (PCBs)

Werte dann bis auf 0,05 µg/g und darunter ab. In der Norwegischen Rinne wurden überraschenderweise ähnlich hohe Gehalte wie in der Deutschen Bucht vermessen. Nach einer „Normalisierung" der Werte in bezug auf den jeweiligen Gehalt an Kohlenstoff waren die Proben aus der Norwegischen Rinne jedoch nicht länger auffällig.

PCB-Messungen in Organismenproben der Ostsee von Beginn der 70er bis Mitte bzw. Ende der 80er Jahre weisen eine deutliche Abnahme der Umweltbelastung auf etwa die Hälfte des früheren Niveaus aus. Seit Beginn der 80er Jahre stagnieren allerdings in einzelnen Gebieten die Gehalte fast, es kam teilweise sogar zu einem erneuten leichten Anstieg, der u.a. mit Remobilisierungseffekten aus den in den Sedimenten gespeicherten PCB-Reservoirs erklärbar wäre.

Auf bisherigen Meßwerten beruhende Grobabschätzungen zum globalen PCB-Inventar führen zu dem Schluß, daß in den einzelnen Kompartimenten maximal 10000 t im Phytoplankton, 20000 t in Fischen, 100000 t in den Sedimenten und 500000 t dieser Verbindungen im Wasser gespeichert sein könnten. Trotz zunehmender Sorgfalt beim Umgang mit PCBs in geschlossenen Systemen, einer technologisch verbesserten Entsorgung von PCB-haltigen Abfällen und einer schrittweisen Ablösung von PCBs in offenen Systemen wird diese Verbindungsklasse sicherlich noch Jahrzehnte viele Meeresumweltforscher beschäftigen, da mit Halbwertszeiten in der Größenordnung von mehreren Dekaden zu rechnen ist. Die Verbindungen mit einem niedrigeren Chloranteil werden mikrobiell eher metabolisiert. Höher chlorierte, d.h. Congenere ab Tetrachlor-biphenyl, reichern sich dabei an. Sie sind weniger wasser- und besser lipidlöslich, extrem stabil und schließen u.a. auch die toxisch relevanteren Congenere ein.

PCBs mit planarer Biphenylstruktur haben zwar nur einen relativ geringen Masseanteil an der Gesamtkonzentration, verdienen jedoch aufgrund ihrer teilweise herausragenden Toxizität unsere besondere Beachtung. Im *Aroclor 1254* wurden beispielsweise nur etwa 0,06% PCB Nr. *77*, 0,005% Nr. *126* und 0,00005% Nr. *169* nachgewiesen. Diese aus toxikologischer Sicht äußerst bedenklichen Verbindungen sind demzufolge im Meerwasser nur mit größenordnungsmäßig 1 fg/l sowie in Fischen und Meeressäugern mit nur etwa 2 pg/g vertreten. Das würde zu einem sicheren qualitativen und quantitativen Nachweis die kontaminationsfreie Aufarbeitung von etwa einer Tonne Wasser erfordern. Zum Nachweis in nur wenig belasteten Sedimenten oder Fischen wären Probenmengen um mindestens 50 bzw. 1 kg erforderlich.

Extrem hoch angereichert mit PCBs (>100 µg/g) und damit auch mit den planaren Congeneren (4–40 ng/g) ist allerdings der Mörderwal als Endglied einer marinen Nahrungskette.

Die am meisten toxischen PCB-Congenere, wie die mit den IUPAC-Nummern *77, 126* und *169*, sind etwa stereoisomer mit 2,3,7,8 TCDD. Ihre Toxizität kann durch die gleichzeitige Anwesenheit von TCDDs oder TCDFs in den PCB-Gemischen deutlich ansteigen. Da in Ortho-Stellung zur C-C-Bindung kein Chloratom vorhanden ist, steht einer Rotation zur planaren Struktur keine sterische Barriere im Wege. Der gefährlichste PCB-Vertreter (Nr. *126*) liegt mit seiner Toxizität zwar nur bei 1/50 der des 2,3,7,8 TCDD, verdient aufgrund seiner vielfach größeren Häufigkeit jedoch trotzdem stärkere Beachtung. Andere Congenere wie der in kommerziellen Präparaten häufigste Vertreter Nr. *118* sind um den Faktor 10^5 geringer aktiv als Nr. *126*. Es ist möglich, daß eine Reihe von Wasserlebewesen planare und hochtoxische PCB-Congenere in Mengen enthalten, die diese zwar zumeist unentdeckt bleiben läßt, schädliche Effekte andererseits jedoch nicht ausschließen. So wurden z. B. bereits biochemische Effekte von PCBs auf das *Cytochrom P 450*-System eines Tiefseefisches *(Coryphaenoides armatus)* diskutiert.

Der qualitative und quantitative Nachweis einzelner PCB-Congenerer im Meerwasser ist eine Herausforderung an die Spurenanalytik. Untersuchungen im Nordatlantik scheinen darauf hinzudeuten, daß die PCB-Konzentrationen mindestens eine Zehnerpotenz unter den bisher vermuteten liegen. Als Summe von rund 20 in PCB-Präparaten relativ häufigen Congeneren wurden nur 2–20 pg/l angetroffen, wobei die einzelnen Komponenten mit 0,02–5 pg/l vertreten waren. Dieses Ergebnis war nur durch extreme Sorgfalt zum Ausschalten denkbarer Kontaminationsquellen (extrem gereinigter 400-l-Wasserschöpfer aus rostfreiem Stahl, Reinraum-Atmosphäre auf dem Schiff, höchste Qualität der organischen Lösemittel) möglich.

Tabelle 3.8. Details zur PCB-Anreicherung aus Umweltproben

Medium	Anreicherung
Wasser	a) Diskontinuierliche Flüssig/flüssig-Extraktion, z. B. mit 15:85 Dichlormethan/Hexan b) Kontinuierliche Flüssig/flüssig-Extraktion c) Adsorption in Säulen an Adsorbermaterialien wie *XAD-2, XAD-4, Tenax* oder C_{18}-Umkehrphasen
Sedimente	Extraktion mit Aceton/Hexan (10:90) oder Dichlormethan/Hexan (15:85) a) Ausschütteln b) Soxhlet c) Ultraschallbad
Fischgewebe/Schalentiere	Extraktion mit Diethylether, Diethylether/Pentan (50:50), Aceton/Diethylether, Aceton/Hexan, Petrolether, ethanolische KOH/Hexan, Methanol/Chloroform (5:80) a) Ausschütteln b) Soxhlet

3.5 Polychlorierte Biphenyle (PCBs)

Nur wenige andere Verunreinigungen in der natürlichen Umwelt (PCDDs, PCDFs oder PCCs) haben zu ihrer richtigen und genauen analytischen Bestimmung solch einen großen Aufwand erfordert wie die Gruppe der PCBs. Die Abtrennung der PCBs von der Matrix (Meerwasser, Organismen, Sediment) erfolgt zumeist durch eine Extraktion mit einzelnen oder mit einem Gemisch mehrerer Lösemittel, dabei allerdings zusammen mit einer Reihe anderer Verbindungen anthropogener und/oder natürlicher Herkunft (Tab. 3.8).

Werden Extraktionsgemische eingesetzt, müssen die mehr polaren Lösemittel, z. B. Aceton oder Dichlormethan, vor einer weiteren Aufbereitung (Extraktreinigung = „clean up") vertrieben werden. Biogenes ko-extrahiertes Material wird häufig bei Temperaturen unter 70 °C mittels äthanolischer Kalilauge abgetrennt. Dadurch ist eine höhere Aufkonzentrierung der Probe vor einer weiteren Auftrennung in unterschiedlich polare Fraktionen, z. B. unter Einsatz der Flüssigchromatographie, möglich. Auch konzentrierte Schwefelsäure wird erfolgreich zur Oxydation und Dehydratation des die nachfolgende Detektion störenden organischen Materials eingesetzt. In Sedimentproben enthaltene und später ebenfalls störende Schwefelverbindungen werden sowohl durch Zusatz von Quecksilber, Kupfer (Kupferwolle bzw. -pulver) oder Tetrabutylammoniumsulfit entfernt. Die Abtrennung der PCBs von Verbindungen wie PCDDs, PCDFs oder HCB und ihre gleichzeitige Unterteilung in einzelne Fraktionen erfolgt dann oft an verschiedenen Graphitmaterialien.

Unabhängig davon, welche Technik zur Probennahme, Probenbehandlung, Extraktion und Extraktreinigung verwendet wird, beinhaltet die abschließende analytische Bestimmung wahrscheinlich die Gaschromatographie mit einem Elektronenanlagerungsdetektor. In der Vergangenheit waren häufig relativ kurze (ca. 2 m) gepackte Trennsäulen mit weiter Bohrung dem Detektor vorgeschaltet, heute sind es zumeist bis zu 50 m lange Kapillarsäulen, die eine hochauflösende gaschromatographische Bestimmung (high resolution gas chromatography – HRGC) erlauben. Die gepackten Säulen lieferten zumeist mehrere Summenpeaks, unter denen sich eine Reihe von PCB-Congeneren, aber auch Fremdsubstanzen verbergen konnten. Das entsprechende GC-Muster wurde mit Hilfe von Referenzlösungen aus technischen Gemischen quantifiziert. Die Messungen waren wenig zeitaufwendig und relativ robust. Fehlten die erwarteten PCB-Summenpeaks, konnte bei sauberer Probenvorbereitung auf das Fehlen einer PCB-Verunreinigung geschlossen werden. Auch Grobabschätzungen zu Größenordnungen möglicher Belastungen und zu raum-zeitlichen Trends waren bei entsprechender analytischer Erfahrung möglich.

Erst mit der HRGC gelang es dann jedoch, einzelne Congenere einschließlich der in bezug auf Persistenz, Akkumulationsfähigkeit und Toxizität besonders umweltrelevanten zu quantifizieren. Die Muster der relativen Häufigkeit der Congenere zueinander geben Auskunft über Abbauverhalten, Transportdifferenzierungen und Ausbreitungswege. So nehmen mit der Wassertiefe beispielsweise die Konzentrationen einzelner Verbindungen wie auch die PCB-Summe generell ab, während die relative Häufigkeit der höher chlorierten gegenüber den weniger chlorierten Vertretern aufgrund einer stärkeren Adsorptionsneigung und Stabilität ansteigt. Unterschiede zeigen auch die Muster von PCBs in gelöster und partikulärer Form in gleichen Wasserproben. Dabei wird die unterschiedliche Adsorptionsneigung erneut reflektiert. Erst mit multidimensionaler HRGC, d. h. unter Verwendung von Trennsäulen verschiedener Polarität in einem Arbeitsgang, wurde in wenigen Labors kürzlich erstmalig eine vollständige Auftrennung des PCB-Congeneren-Gemisches möglich. Der dazu erforderliche materielle, personelle und Zeitaufwand ist gewaltig und sicherlich nur in Ausnahmefällen zum Ausloten der bei flächendeckenden Routinemessungen akzeptierbaren oder nicht mehr akzeptierbaren analytischen Kompromisse erforderlich und vertretbar.

Die hochempfindliche GC-EAD-Messung, die z. B. nach mehr als 100 000facher Anreicherung aus bis zu 100 l Meerwasser die quantitative Bestimmung einer großen Anzahl von PCB-Congeneren erlaubt, bedarf der regelmäßigen Überprüfung ihrer Richtigkeit durch eine zumindest teilweise unabhängige zweite Detektionsmethode. Dazu hat sich die Massenspektrometrie eingebürgert. Waren noch vor wenigen Jahren relativ hohe Analytkonzentrationen zum unzweifelhaften Nachweis einzelner Verbindungen über ihre Molekülmassen oder deren Fragmente erforderlich, kommt die jüngste Generation massenselektiver Detektoren für die GC in ihrer Empfindlichkeit fast an die von EADs heran.

3.6 Polychlorierte Terphenyle (PCTs)

Die PCTs gehören zu den Substanzen, die als Substitute für die bereits Restriktionen unterworfenen PCBs zur Anwendung kamen bzw. teilweise noch kommen. (In den letzten Jahren setzt man dafür auch PCBTs, d. h. polychlorierte Benzyltoluene, u.ä. Substanzen ein.) Terphenyle sind chemische Verbindungen, die aus drei in gewinkelter Ortho- oder Meta- bzw. in linearer Para-Stellung miteinander verbundenen Benzenkernen der empirischen Formel $C_{18}H_{14}$ aufgebaut sind. In den polychlorierten Derivaten sind die 14 H-Atome teilweise durch Chloratome ersetzt. Die Eigenschaften der kommerziell verfügbaren PCTs ähneln sehr denen der hoch chlorierten PCBs. Sie sind wärmebeständige, nicht entflammbare gelbe Substanzen mit Dichten von mehr als 1,5 g/cm³. Sie sind beständig gegen Alkalien und starke Säuren, in Wasser praktisch unlöslich, lösen sich jedoch in verschiedenen organischen Lösemitteln und in Ölen.

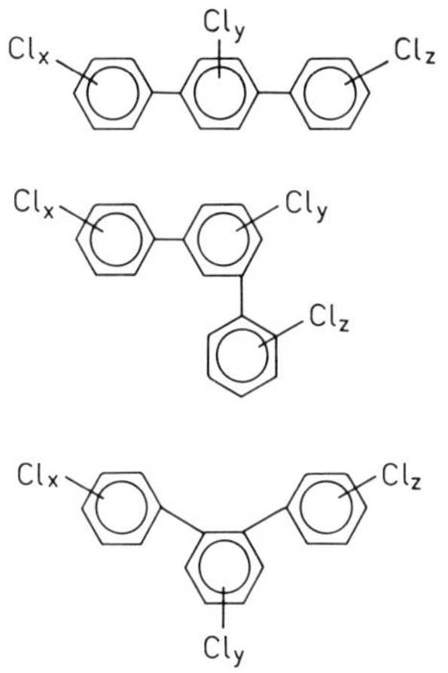

3.6 Polychlorierte Terphenyle (PCTs)

Abb. 7. Allgemeine Strukturformel der PCTs

PCTs sind auf dem Markt mit Chlorgehalten von etwa 32%, 42% oder 60% erhältlich, das entspricht 3, 5 bzw. 9 Chloratomen pro Molekül. Sie sind häufig mit PCBs verunreinigt, in Ausnahmefällen mit bis zu 10%. Die Produkte wurden unter Handelsnamen wie *Aroclor 5460, Electrophenyl T-60, Clophen Harz (W), Cloresil A, Cloresil B, Cloresil 100* oder *Kanechlor-C* angeboten.

Die Produktion von PCTs blieb bisher relativ beschränkt. In den USA wurden zwischen 1959 und 1972 etwa 50000 t und in Japan von 1955 bis 1972 nach offiziellen Angaben 2730 t produziert. In den 70er Jahren wurde die Produktion in mehreren Staaten eingestellt, z. B. 1972 in den USA, 1974 in der BRD, 1975 in Italien und 1980 in Frankreich. Über die gegenwärtige Produktionshöhe liegen keine gesicherten Informationen vor.

PCTs wurden hauptsächlich als Weichmacher, als Hydraulikflüssigkeiten, Schmierstoffe und als Farbzusätze verwendet. Gegenwärtig ist ihr wichtigster Anwendungsbereich ein Gießharz mit 50% PCT-Anteilen für die Luftfahrt- und Nuklearindustrie mit extremen Präzisionsansprüchen. Der hohe Preis der Substanz führt zu einem Recycling.

Trotz der bisher relativ geringen produzierten Menge sind PCT-Rückstände bereits in vielen Umweltproben entdeckt worden. Das wird auf die im Vergleich zu den PCBs noch höhere Resistenz gegenüber Bio- und Photodegradation zurückgeführt. Über ihre Transportwege in der Meeresumwelt ist noch wenig bekannt. Hier können jedoch Analogieschlüsse mit den PCBs weiterhelfen. Ihr lipophiler Charakter erleichtert die Bioakkumulation. In Seehunden (0,5–1,0 µg/g) und Seevögeln (3–17 µg/g) aus der Ostsee wurden PCT-Rückstände nachgewiesen, die bei etwa 1% der PCB-Gehalte lagen. Auch bei Fischen betrugen die PCT-Gehalte zumeist weniger als ein Hundertstel der PCBs, d. h., sie lagen bei wenigen ng/g Frischmasse.

In Tierexperimenten wurde deutlich, daß PCTs, wahrscheinlich aufgrund ihrer geringeren Löslichkeit und Absorption in den Organismen, weniger akut toxisch sind als PCBs. Die gegenwärtig nur noch geringen Produktionszahlen, die z. B. im Rahmen der „Paris"- und „Helsinki"-Konventionen vereinbarten Regulierungen, die sehr geringen Gehalte in der Meeresumwelt und die niedrige akute Toxizität rechtfertigen kein spezielles Monitoring für diese Substanzgruppe.

3.7 Polychlorierte Camphene (PCCs)

Polychlorierte Camphene (PCCs) wurden Mitte der 40er Jahre durch die *Hercules Chemical Inc.* unter der Bezeichnung *Toxaphen* als Pestizide eingeführt. Sie entstehen durch Chlorierung von Camphenen, die ihrerseits aus α-Pinen nach Isomerisierung hervorgehen, und sind auch als *Camphechlor*, *Stroban* oder *polychlorierte Diterpene* auf dem Markt. Bei der Herstellung entsteht ein PCC-Gemisch von mehr als 670 Verbindungen mit 6–10 Chloratomen pro Molekül und einem Masseanteil des Chlors von 67 bis 69%. Die theoretische Anzahl möglicher Verbindungen liegt sogar bei 13824, die 1 bis 18 Chloratome enthalten können. In den USA fand *Toxaphen* rasch eine weite Verbreitung, jährlich wurden bis zu 50 000 t produziert. Das entspricht etwa der höchsten DDT-Produktion in diesem Staat (1968: 63 000 t). PCCs wurden als Pestizide in Baumwoll- und Gemüsekulturen sowie gegen Parasiten in Desinfektionsbädern für Viehbestände eingesetzt.

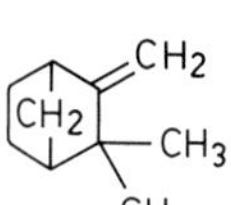

Abb. 8. Allgemeine Strukturformel der Camphene, die mit Substitution der Wasserstoff- durch Chloratome zu PCCs werden

Die relativ hohe Flüchtigkeit des *Toxaphens* führt zu bemerkenswerten Konzentrationen in der Atmosphäre, besonders nach seiner Anwendung auf den Feldern. In Luftproben über dem Nordatlantik wurden Mitte der 70er Jahre Werte im Bereich der Nachweisgrenze (0,02 ng/m^3) bis zu 5,2 ng/m^3 angetroffen. Über Bermuda kam es in Abhängigkeit von der Jahreszeit zu Gehalten um 0,5–2,8 ng/m^3. Damit wurden die Konzentrationen der PCBs um 100% und die anderer Pestizide um bis zu 1 000% übertroffen. In den Südstaaten der USA wurden im Regenwasser bis zu 160 ng/l nachgewiesen.

Toxaphen ist in Oberflächengewässern und in den Sedimenten mindestens bis zu rund 10 Jahren beständig. Die Photolyse läuft nur langsam ab. Mikroorganismen metabolisieren PCCs, wobei deren Gesamtkonzentration allerdings kaum abnimmt. Veränderungen in den Eigenschaften, d. h. eine höhere Polarität und damit Wasserlöslichkeit, signalisieren jedoch, daß ein Abbau der Moleküle stattgefunden hat.

3.7 Polychlorierte Camphene (PCCs)

PCCs werden durch praktisch alle Wasserorganismen angereichert. Maximale Biokonzentrationsfaktoren um 30 000 wurden für Austern *(Crassostrea virginica)* sowie Larven- und Jugendformen von Fischen festgestellt. Der Abbau in Austern verläuft relativ rasch. Bereits nach 12 Wochen wurden nur noch 10% der Ausgangsgehalte angetroffen. Im Gegensatz zu PCBs und den DDT-Metaboliten wird kein so ausgeprägter Trend zur Anreicherung in höheren Gliedern der Nahrungskette deutlich.

PCCs sind ebenfalls allgegenwärtig. Das wurde durch ihr Auffinden in Fischen, Seevögeln, Seehunden oder anderen Wildtieren in entlegenen Gebieten der Erde demonstriert. Fische sind in der Lage, *Toxaphen* zu eliminieren. Dabei werden zumeist die niedermolekularen Verbindungen bevorzugt. Es bilden sich Substanzen höherer Polarität, die ebenfalls akkumuliert werden. Dehydrochlorierung erfolgt hauptsächlich in der Leber, während die im Fettgewebe der Organismen abgelagerten Verbindungen kaum metabolisiert werden.

Angaben aus der Literatur weisen für Meeresorganismen u. a. die in Tabelle 3.9 wiedergegebenen PCC-Gehalte aus.

Tabelle 3.9. PCCs in Meeresorganismen

		µg/g Frischmasse
Ostsee – Hering *(Clupea harengus)*/Gewebefett		13
– Seehund *(Halichoerus grypus)*/Gewebefett		11
– Ringelrobbe *(Pusa hispida)*/Gewebefett		6–12
Antarktischer Dorsch *(Dissostichus)*/Leber		0,07
Spermwal/Öl		0,07
Hering/Öl		4–12
Seevögel/Eifett		4–17
		µg/g Fett
Dorschleber	– Nordsee	0,4–1
	– Gulf of St. Lawrence	2,5
Dorschleber/Öl	– Island	6–9
	– „Kanada"	28
Hering/Filet	– Atlantik (vor Kanada)	4,5
	– Gulf of St. Lawrence	12
	– südliche Nordsee	0,4
Hering/Öl	– Ostsee	7
Scholle/Filet	– Skagerrak	0,1
/Leber	– Deutsche Bucht	0,2

Toxaphen-Präparate sind für Fische relativ toxisch. Mit fünf Arten von Meeresfischen wurden z. B. LC_{50}-Werte (48 bzw. 96 Stunden) von 0,5–5,5 µg/l erhalten. Für Schalentiere trat sogar ein LC_{50}(96 h)-Wert um 0,1 µg/l auf. Eine chronische Belastung führte zu verminderten Wachstumsraten und Schäden am Knochengerüst. Untersuchungen über mehrere Generationen von Fischen zeigten die Ausbildung von genetischer Resistenz gegenüber PCCs. Andererseits kann eine chronische Belastung mit PCCs die Effektschwelle herabsetzen.

Bei Crustaceen kann es in einzelnen Entwicklungsstadien zu hoher Empfindlichkeit gegenüber *Toxaphen* kommen. Die lebenslange Belastung von Garnelen mit nur 0,14 ng/l reduziert beispielsweise die Reproduktion bereits um 82%. Vermindertes Wachstum war bei Konzentrationen um 0,1–1 µg/l bei vielen Schalentieren zu beobachten. Zu Effekten des *Toxaphens* in Meeressäugern gibt es bisher keine gesicherten Aussagen.

Das Fehlen analytischer Standards mit bekannter Zusammensetzung und von Methoden für ein sicheres Abtrennen der PCCs von anderen Chlorkohlenwasserstoffen erschwerte bisher ihre genaue und richtige qualitative und quantitative Bestimmung in marinen Proben. Das wurde in der Vergangenheit mehrfach durch unbefriedigend verlaufende Vergleichsmessungen demonstriert. Hochauflösende Kapillargaschromatographie (HRGC) und der Einsatz massenselektiver Detektoren kann hier die Situation verbessern helfen. Auf verläßliche Angaben zur PCC-Hintergrundkonzentration im Ozeanwasser wird man allerdings, auch aufgrund der relativ hohen Nachweisgrenzen verfügbarer Methoden, noch etwas warten müssen. Fest steht nur, daß solche Werte dann um mehrere Größenordnungen unterhalb der in den USA für Meerwasser diskutierten Qualitätsschwelle (19–120 ng/l) liegen dürften.

3.8 Polychlorierte Dibenzo-dioxine und -furane (PCDDs/PCDFs)

Polychlorierte Dibenzo-p-dioxine (PCDDs) und Dibenzofurane (PCDFs) stellen eine Gruppe planarer aromatischer Verbindungen dar, die durch die Substitution der ein bis acht Wasserstoffatome in den Positionen 1–4 und 6–9 der Dibenzodioxin- bzw. -furanmoleküle durch Chloratome entstehen.

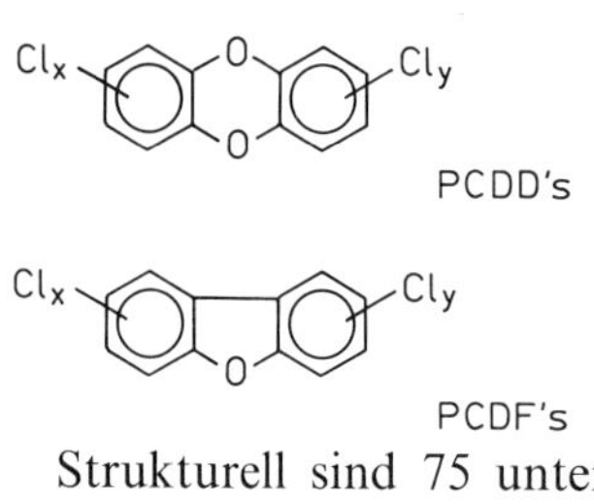

Abb. 9. Allgemeine Strukturformeln der PCDDs und PCDFs

Strukturell sind 75 unterschiedliche PCDD- und 135 PCDF-Verbindungen möglich.

Mindestens ein Dutzend der Verbindungen ist extrem toxisch. Das betrifft insbesondere das 2,3,7,8-Tetrachlor-dibenzo-p-Dioxin (2,3,7,8-TCDD), eines der gefährlichsten Gifte, die jemals vom Menschen in die Umwelt gebracht wurden. Oft wird deshalb die Toxizität akkumulierter PCDDs und PCDFs in TCDD-Äquivalenten ausgedrückt. Die höchste Toxizität wird bei Verbindungen registriert, die Chloratome in den Positionen 2, 3, 7 und/oder 8 besitzen. Werden mehr oder weniger H-Atome als diese vier durch Chlor substituiert bzw. werden statt der genannten Positionen die Stellungen 1, 4, 6 oder 9 besetzt, nimmt die Toxizität deutlich ab. Die PCDDs und PCDFs sind durch ihre zumeist große Beständigkeit gegenüber Säuren, Laugen, Erhitzen, Oxydations- und Reduktionsmitteln sowie durch ihren lipophilen Charakter gekennzeichnet. Diese Eigenschaften werden in der Regel mit steigendem Chlorierungsgrad verstärkt. PCDDs sind in Wasser relativ unlöslich (0,2 µg/l) und werden schnell und dauerhaft von Feststoffen, einschließlich dem Erdboden, adsorbiert. Die Halbwertszeit in biologisch aktiven Böden und Sedimenten liegt bei ein bis zwei Jahren.

PCDDs oder PCDFs sind praktisch niemals gezielt hergestellt worden. Eine für ihre Existenz unzweideutig verantwortliche Quelle sind Chlorphenole und deren Derivate, die in der Holzindustrie, in Herbiziden und zur Schädlingsbekämpfung eingesetzt werden. Die am besten bekannten Chlorphenol-Derivate sind 2,4-Dichlorphenoxy-Essigsäure (*2,4-D*) und 2,4,5-Trichlorphenoxy-Essigsäure (*2,4,5-T*). 2,3,7,8-TCDD entsteht bei der technischen Herstellung von Chlorphenolen, den Zwischenprodukten für *2,4-D* bzw. *2,4,5-T*. Es ist Produkt einer Seitenreaktion bei der alkalischen Hydrolyse von 1,2,4,5-Tetrachlorbenzen bei Temperaturen über 180 °C. Als Verunreinigung wird es dann in das Herbizid *2,4,5-T* und in das Bakterizid *Hexachlorphen* (2,2-Methylen-bis-(3,4,5-Trichlorphenol)) übertragen. Erste Anzeichen eines „Dioxin-Problems" resultierten z. B. aus Beobachtungen zu teratogenen Effekten von *2,4,5-T*, die dessen Beimengungen von 30 µg 2,3,7,8-TCDD/g Wirkstoff anzulasten waren. Das durch seine Verwendung im Vietnam-Krieg der USA traurige Berühmtheit erlangt habende „*Herbicide Orange*", eine 1:1 Mischung aus *2,4,5-T*- und *2,4-D*-Derivaten, wies Gehalte an TCDD zwischen 0,1 und 47 µg/g auf. Bei späteren Produkten gelang es, die TCDD-Verunreinigung auf weniger als 0,1 µg/g zu beschränken.

Eine andere Quelle für PCDDs und PCDFs ist die Verbrennung organischer Materialien. Beide Verbindungsklassen sind bei einer Vielzahl von Verbrennungsprozessen entdeckt worden, einschließlich der von fossilen Brennstoffen, Holz und Zigaretten. In der Flugasche von Verbrennungsanlagen für industrielle und kommunale Abfälle wurden sie in Anteilen bis zu 600 ng/g als PCDD/PCDF-Summe nachgewiesen. Auch Deponien von Chemikalien können zu Verunreinigungs-Punktquellen werden. In PCBs treten Tetra- und Pentachlorderivate der PCDDs und PCDFs in Konzentrationen zwischen 1 und 10 µg/g auf. Die unkontrollierte Verbrennung von Halogenkohlenwasserstoffen wie PCBs und Chlorphenolen führt im letzteren Fall zur Freisetzung von PCDDs, während PCBs bei Verbrennungstemperaturen zwischen 550 und 650 °C zu 0,5–2,8% in PCDFs umgesetzt werden. Auch in Abgasen von Motoren können PCDDs/

PCDFs enthalten sein. Industrien wie die Eisen-, Stahl- und Papiererzeugung emittieren diese Substanzen ebenfalls.

Die Analyse von PCDDs und PCDFs ist eine komplexe Prozedur, die extreme personelle und gerätetechnische Anforderungen stellt. Sie umfaßt wie bei anderen Analysen auf Chlorkohlenwasserstoffe erneut die Phasen Extraktion, Extraktreinigung und qualitative sowie quantitative instrumentelle Detektion. In Abhängigkeit von der Probenmatrix wird eine Vielzahl verschiedener Kombinationen von Extraktion und Extraktaufbereitung eingesetzt. Die Proben werden in der Regel mit Säuren, Basen oder organischen Lösemitteln behandelt. Häufig werden dann die resultierenden Extrakte mittels Flüssigchromatographie im Sinne einer Vortrennung in Fraktionen zerlegt. Die organische Phase, in der die PCDDs und PCDFs enthalten sind, kann durch Säulenchromatographie noch weiter fraktioniert werden. Die gaschromatographische (GC-)Bestimmung der über Kapillarsäulen möglichst in Einzelverbindungen aufgefächerten Substanzgruppen erfolgt dann in der Regel durch Elektronenanlagerungsdetektoren (EADs). Die Identität der Verbindungen und ihre Quantifizierung muß durch hochauflösende massenspektrometrische Detektoren erfolgen, da eine Reihe anderer Verbindungen, z. B. Chlormethoxy-Biphenyle, analytisch den PCDDs und PCDFs sehr ähneln. Die Nachweisgrenzen der gegenwärtig genutzten Methoden liegen bei etwa 1 ng/g für die PCDD-Summe in chemischen Produkten und bei etwa 1 pg/g für TCDD in Umweltproben.

Rückstände von PCDDs und PCDFs wurden bereits in einem weiten Spektrum von Umwelt- und biologischen Proben, einschließlich in Fischen und Vögeln, entdeckt. Die Wege ihres Eintrags in die Umwelt und schließlich in die Ozeane ähneln denen von bereits „klassischen" polychlorierten Verbindungen wie PCBs oder DDT.

Die mit sehr hohem Aufwand bisher gewonnenen Daten betreffen – außer Daten von direkten Emissionskontrollen – vor allem Boden-, Sediment- und Organismenanalysen im Bereich der Süßwasser- und Brackwasser-Ökosysteme. Hier sind vorwiegend die Großen Seen in Nordamerika und die Ostsee zu nennen. Allerdings existieren gegenwärtig noch keine Angaben zu Konzentrationen im Meerwasser. Einige der bisher publizierten Daten wurden in Tabelle 3.10 aufgelistet.

Abschätzungen besagen, daß alle Ostseefische zusammen weniger als 1 g 2,3,7,8 TCDD bzw. etwa 10 g „Dioxin" als TCDD-Äquivalent enthalten. Es mag unvernünftig sein anzunehmen, daß diese geringen Gehalte irgendeinen Schaden verursachen könnten. Nichtsdestoweniger wurde gezeigt, daß extrem geringe mit der Nahrung aufgenommene Mengen das Immunsystem und die Fortpflanzung beeinträchtigen und zu einem höheren Krebsrisiko führen. Untersuchungen ergaben zum Beispiel, daß Dioxine in Organismen relativ stark angereichert werden können, teilweise bis auf Gehalte über 100 pg TCDD-Äquivalente/g in der fettreichen Bauchspeicheldrüse von Hummern und Krabben.

3.8 Polychlorierte Dibenzo-dioxine und -furane (PCDDs/PCDFs)

Tabelle 3.10. PCDDs und PCDFs in Umweltkompartimenten (in pg/g Frischmasse)

Heringsmöve (Sanginaw-Bay)	70, 160	2,3,7,8-TCDD
	15, 16	2,3,7,8-TCDF
verschiedene Fische (Große Seen)	3,2–107	2,3,7,8-TCDD
verschiedene Fische (Große Seen)	<NG–28	2,3,7,8-TCDD
	1–27	andere PCDDs
	5–27	TCDFs
	2–27	andere PCDFs
Hering (Muskelfleisch, Karlskrona)	<NG–6,8	2,3,4,7,8-PCDF
Hering (Muskelfleisch, Lulea)	<NG–8,8	2,3,4,7,8-PCDF
Dorsch (Frierfjord/Norwegen)	200–4500	TCDD-Äquivalent
Krabben (schwedische Westküste)	31	2,3,7,8 TCDF
	17	2,3,7,8 TCDD
	200	PCDFs (penta-/hexa-)
	220	PCDDs (penta-/hexa-)
Miesmuschel (Osaka Bay/Japan)	7,6–250	PCDDs
Seehunde (Spitzbergen)	2,6–30	1,2,3,7,8 penta-CDD
	11–21	2,3,7,8 TCDF
	8,2–47,5	TCDD-Äquivalent
Seehunde (Bottnischer Meerbusen)	40	PCDFs
Sedimente (schwedische Westküste)	890	2,3,7,8 TCDF
	120	2,3,7,8 TCDD
	147	PCDFs (penta-/hexa-)
	262	PCDDs (penta-/hexa-)

Eine der Quellen für das Dioxin, d.h. die Abfälle aus der Papier- und Zellstoffproduktion, wurde im schwedischen Iggesund an der Küste der Bottensee über Untersuchungen der Oberflächensedimente quantifiziert. In 4 km Entfernung vom Einleitungsort traten noch bis zu 1500 pg 2,3,7,8 TCDF/g Veraschungsverlust (loss of ignition – LOI) auf. Etwa einer exponentiellen Abklingkurve folgend, gingen die Gehalte bis zur Mitte der Bottensee auf weniger als 5% des Ausgangswertes zurück. Auch im Umfeld einer Zellstoff- und Papierfabrik bei Varö, ca. 100 km südlich von Göteborg am Kattegat angesiedelt, wurden 1985/86 deutlich höhere 2,3,7,8 TCDD-Gehalte in Krabben und in Sedimenten im Vergleich zu Hintergrundwerten verzeichnet. Der jährliche Produktionsumfang der mit Chlorbleichung arbeitenden Anlage wurde mit 300000 t angegeben.

In Hinsicht auf die akute Toxizität der PCDDs gibt es in Abhängigkeit von den untersuchten Organismen sehr unterschiedliche letale Dosen, d.h., die LD_{50}-Werte schwanken zwischen 1 und 100 ng/g Körpermasse. Fischeier, die TCDD-Konzentrationen um 1 ng/l ausgesetzt waren, zeigten nach 4 Tagen Wachstumshemmungen. Skelettdeformationen wurden bei den sich aus der überlebenden Brut entwickelnden Fischen beobachtet. Die Wirkungen des TCDD lassen sich auch aus einer Reihe biochemischer Prozesse ablesen. Beispielsweise wird die Aktivität verschiedener Enzymsysteme bei Säugetieren angeregt.

Zusammenfassend ist festzustellen, daß gegenwärtig die Informationen zu PCDDs und PCDFs in der Meeresumwelt noch sehr begrenzt sind. Das ist sicherlich in erster Linie auf die extrem geringen Gehalte in den einzelnen Kompartimenten zurückzuführen. Die Eigenschaften dieser Substanzen bedingen, daß sie vorwiegend in höheren Organismen und in Sedimenten nachweisbar sind. Bisher vorliegende Abschätzungen scheinen zu zeigen, daß die PCDDs und PCDFs eher ein latentes toxikologisches Problem für den Menschen und für Säugetiere darstellen als generell für das marine Ökosystem. Folgt man skandinavischen Vorstellungen zur Festlegung einer maximal akzeptierbaren wöchentlichen TCDD-Aufnahme (35 pg TCDD-Äquivalente/kg Körpermasse, integriert über das gesamte Lebensalter), wäre bereits der Verzehr von mehr als 500 g Ostseehering pro Woche nicht erlaubt. Deshalb sind unbedingt Untersuchungen zur Einschätzung der Belastung der Meeresumwelt mit diesen Substanzen zu intensivieren. Das betrifft insbesondere Proben, in denen PCDDs und PCDFs angereichert vorliegen und in denen sie deshalb mit dem gegenwärtig verfügbaren analytischen Instrumentarium auch quantifiziert werden können.

3.9 Chlorierte Paraffine (CPs)

Chlorierte Paraffine (CPs) sind Verbindungen, die durch Chlorierung von C_{10}- bis C_{30}-Paraffinen entstehen und Chlorgehalte zwischen 10 und 70% aufweisen. In Abhängigkeit vom Chlorierungsgrad – typischerweise 40–70% – und der Kettenlänge des Ausgangsmoleküls – häufig C_{12}-, C_{15}- und C_{25}-Isomere – sind die CPs mobile hochviskose Flüssigkeiten oder sogar Feststoffe.

CPs wurden bereits während des 1. Weltkrieges verwendet, jedoch begann eine kommerziell beachtenswerte Produktion erst 1930. Die Weltjahresproduktion wird auf deutlich mehr als 200 000 t geschätzt. Mit einer weiteren Steigerung ist zu rechnen, da CPs, wie auch Phthalsäureester, in einer Reihe von Anwendungsbereichen die aufgrund des hohen Umweltrisikos in ihrer Produktion beschränkten PCBs ersetzen können. Die zumeist weißen bis gelblichen Verbindungen sind in Wasser kaum löslich. Sie werden vor allem als Weichmacher und als Zusätze für Farben, Schmierstoffe, Öle und Druckfarben, als Lösemittel und als Flammschutzmittel für Textilien eingesetzt. In den USA lagen 1978 bei den Anwendungsbereichen für CPs die PVC-Weichmacher (45%), Schmierstoffe (25%), Farben (13%) und textilen Flammschutzmittel (10%) deutlich vorn.

Viele der Anwendungsbereiche von CPs ähnln denen der PCBs. Da beide Substanzgruppen sich auch in ihren physikochemischen Eigenschaften ähnln, z. B. in ihrer hydrophoben Natur und dem geringen Dampfdruck, sind sowohl Ähnlichkeiten bei den Eintragsrouten als auch beim Akkumulationsverhalten zu erwarten. Zum Vorkommen von CPs in der Meeresumwelt gibt es trotzdem bisher kaum Anzeichen. Das ist sicherlich in erster Linie darauf zurückzuführen, daß die Nachweisgrenzen mehrere Größenordnungen über denen anderer Chlorkohlenwasserstoffe wie PCBs oder DDT-Metabolite liegen. Eine arbeitsaufwendige extraktive Anreicherung, die chromatographische Abtrennung störender Verbindungen und die indirekte Quantifizierung der Bestandteile der CP-Fraktion mit Hilfe der Chlorbestimmung durch Neutronenaktivierung kann Konzentrationen unter 0,5 µg/l für Wasser und 50 ng/g für Sedimente und biologisches Material nur in Ausnahmefällen unterschreiten.

Die Bioakkumulation der CPs in Fischen liegt in Abhängigkeit von der Kettenlänge im Bereich von etwa 10 bis 1000. Die Verbindungen mit kürzeren Kettenlängen, z. B. C_{12}-CPs, werden deutlich stärker angereichert und konnten deshalb bisher auch in einer größeren Anzahl organischer Materialien positiv identifiziert werden. Die einmal aufgenommenen Verbindungen werden von den Organismen nur sehr langsam eliminiert.

Die akute Toxizität der CPs ist gering. 96-Stunden-LD_{50}-Werte lagen bei Fischen über 300 mg/l. Bei etwa 0,05 mg/l kann es jedoch nach 2 bis 3 Wochen zu subletalen Effekten, z. B. zur Immobilität kommen. Kurzkettige CPs sind in Übereinstimmung mit ihrer höheren Bioakkumulationsrate auch toxischer. Der bakterielle CP-Abbau in Sedimenten ist prinzipiell sowohl unter aeroben als auch unter anaeroben Bedingungen möglich, jedoch jeweils mit sehr geringen Raten.

Die bisher vorliegenden Daten erlauben noch keine umfassende Einschätzung potentieller Gefährdungen durch diese Substanzgruppe, die aufgrund der hohen Produktionsraten, ihrer Eintragswege in die Meeresumwelt, ihrer Persistenz und Bioakkumulationsfähigkeit mehr Beachtung finden sollte. Chronische Effekte sind nicht ausgeschlossen. Auch die Möglichkeit, daß aus den CPs Umwandlungsprodukte in der Umwelt bzw. nach ihrer Anreicherung in Organismen entstehen, über deren Wirkung praktisch nichts bekannt ist, erfordern weitere Untersuchungen. Zumindest die Anwesenheit von CPs im Wasser des küstenfernen Ozeans konnte in den letzten Jahren bereits dokumentiert werden. Messungen im Atlantik um Bermuda wiesen in einem Tiefenprofil zwar zumeist Konzentrationen um die Nachweisgrenze der verwendeten Methode (3 ng/l) aus, in 350 m Tiefe wurden jedoch 20 ng/l entdeckt, und in der Oberflächenmikroschicht reicherten sich die Substanzen bis zu 50000 ng/l an.

3.10 Phthalsäureester (PAEs)

Auch die Phthalsäureester (phthalic acid esters – PAEs) zählen zu der Gruppe synthetischer Materialien, deren Massenproduktion – für PAEs gegenwärtig in der Größenordnung von 2 Millionen t pro Jahr – Untersuchungen zu ihrer Relevanz für eine mögliche Gefährdung des marinen Ökosystems rechtfertigen.

PAEs haben als Ester einer aromatischen Dicarbonsäure die in Abb. 10 dargestellte allgemeine Strukturformel.

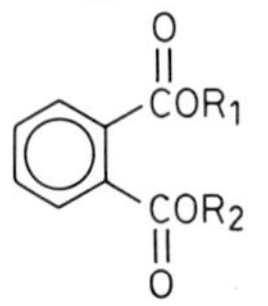

$$\text{Benzolring mit } COR_1 \text{ und } COR_2 \text{ Gruppen (je mit =O)}$$

Abb 10. Strukturformel der PAEs

Dabei finden als Esterkomponenten R_1 und R_2 mehr als 25 vorwiegend aliphatische Gruppen Verwendung. Oft sind R_1 und R_2 identisch. Weniger als 10 Verbindungen weisen unterschiedliche Veresterungen auf, und noch seltener sind Substanzen, bei denen nur eine Carboxylgruppe der Phthalsäure verestert wurde.

PAEs werden hauptsächlich als Weichmacher in Plasten, besonders im PVC, eingesetzt. Seit den 20er Jahren dieses Jahrhunderts fanden sie anfangs vorwiegend als Zusatzstoff für Zellulosenitrat Verwendung. Die kommerzielle Verfügbarkeit von PVC und die Synthese von Di-2-ethylhexylphthalat (DEHP) im Jahre 1933 verschoben dann den Schwerpunkt ihres Einsatzes in diesen Bereich. Im PVC kann dieser Weichmacher bis zu 67% der Masse des Finalprodukts bilden. In Europa stellt DEHP bis zu 88% der PAEs. Weitere 7% kann das Dibutylphthalat (DBP) einnehmen. Neben der Verwendung als Weichmacher finden PAEs Dutzende von anderen Anwendungen, die jeweils mehrere zigtausend Tonnen jährlich umfassen. Dabei werden die bei Weichmachern geschätzten Eigenschaften wie relative Stabilität, geringer Dampfdruck und zumeist die Farb- und Geruchlosigkeit sowie geringe Wasserlöslichkeit ausgenutzt. PAEs geringer Molmasse dienen als Zusatzstoffe in Insektenschutzmitteln sowie in der Kosmetikindustrie, u.a. als Parfümfixative und Bestandteile von Nagellacken. Die als Weichmacher vorwiegend verwendeten DEHP und DBP besitzen einen bemerkenswert weiten Bereich, in dem sie als Flüssigkeiten existieren. Er reicht von $-35\,°C$ bis $+340\,°C$ (DBP) bzw. $-50\,°C$ bis $+384\,°C$ (DEHP).

Infolge ihrer hohen Produktionsziffern und der Spezifik ihrer Verwendung und Eigenschaften sind PAEs in der Umwelt ubiquitär. Hier unterliegen sie einer Reihe von Abbauprozessen, die häufig mit der chemischen Hydrolyse der Esterbindung beginnen. Die Hydrolyserate schwankt jedoch in Abhängigkeit von der Form der Veresterung in weiten Grenzen, d.h. bei pH 7 und 25 °C im Bereich von Halbwertszeiten zwischen weniger als 5 Jahren bis zu 2000 Jahren (DEHP). Basen katalysieren diese Reaktion. Photolytischer Abbau ist aufgrund der geringen Flüchtigkeit der PAEs ebenfalls von nur untergeordneter Bedeutung. In den meisten Ökosystemen hängt deshalb der PAE-Abbau von mikrobieller Aktivität ab. Die Mehrzahl der PAEs wird so bereits während einer biologischen Abwasserbehandlung zersetzt. Erneut ist dabei das DEHP zu den Verbindungen mit der geringsten Abbaurate zu zählen. Im Meerwasser und in Sedimenten wurden spezielle PAE-abbauende Bakterien nachgewiesen. Im Verlauf des mikrobiellen Abbaus entstehen nach der schrittweisen Spaltung („Verseifung")

3.10 Phthalsäureester (PAEs)

der Estergruppen Hydroxylderivate der aromatischen Dicarbonsäuren, die mit Ringöffnung zu Hydroxy- und Keto-Dicarbonsäuren weiter metabolisiert werden. Auch Wirbellose, Fische und Säugetiere metabolisieren aufgenommene PAEs, wobei ein weites Spektrum unterschiedlicher Verbindungen entsteht.

Eine Toxizität von PAEs für Wasserorganismen, einschließlich Phyto- und Zooplankton sowie Fisch, wird erst im Bereich der Sättigungsgrenze der entsprechenden Lösungen, d.h. bei Konzentrationen auf dem mg/l-Niveau, beobachtet. Diese Feststellung trifft besonders für die häufigste Verbindung, das DEHP, zu. Die akute Toxizität, z.B. für Diatomeen, nimmt dabei mit steigendem Salzgehalt noch weiter ab. Anders ist dagegen die Möglichkeit des Auftretens chronischer Effekte zu bewerten. Wurde die Wasserfliege *(Daphnia magna)* längere Zeit einer Umweltkonzentration von 3 µg DEHP/l, einer durchaus denkbaren Konzentration also, ausgesetzt, nahm die Fortpflanzungsfähigkeit um 60% ab. Dieses Ergebnis ist jedoch noch umstritten.

Umfangreiche Tests wurden hinsichtlich teratogener, mutagener und cancerogener Wirkungen von PAEs auf Säugetiere und den Menschen durchgeführt. Die dabei erzielten Ergebnisse sind zum Teil widersprüchlich. Der Verdacht, daß diese Verbindungen bei chronischer Einwirkung u.a. Unfruchtbarkeit hervorrufen könnten, hat jedoch dazu geführt, daß z.B. in den USA Grenzwerte vereinbart wurden. Sie liegen für die Atemluft bei je 5 mg DEHP bzw. DBP/m^3. Für das Wasser wurden 5 mg/l (DBP) bzw. 10 mg/l (DEHP) festgelegt.

Die analytische Prozedur zur Bestimmung der PAEs ähnelt der für andere organische Spurenstoffe eingesetzten. Nach der Probennahme müssen die PAEs von der Matrix abgetrennt werden. Die so erhaltene Mixtur organischer Verbindungen bedarf der Fraktionierung, um die schwach polaren Anteile, in denen auch die PAEs enthalten sind, zu isolieren. Die qualitative und quantitative Charakterisierung erfolgt durch die GC, wobei Elektronenanlagerungs- (EAD), Flammenionisations- (FID) und massenselektive (MS) Detektoren eingesetzt werden. Auch die Hochleistungs-Flüssigchromatographie (HPLC) mit UV- oder MS-Detektoren wird zur Bestimmung herangezogen.

Zur Probennahme und Anreicherung werden Luft- und Wasserproben über feste Adsorber, vor allem *Amberlite*-Ionenaustauscherharze, aber auch Aktivkohle, Äthylenglykol, *Florisil*, Polyurethanschaum, *Tenax* oder Celluloseester gegeben. Diese Adsorber werden dann zumeist mit organischen Lösemitteln wie Acetonitril, Pentan, Aceton oder Methanol extrahiert. Die angereicherten PAEs können von den Adsorbern aber auch direkt abgeheizt und so den weiteren GC-Analyseschritten zugeführt werden. Sediment- und Organismenproben werden in der Regel unter Verwendung von Hexan, Acetonitril, Aceton/Hexan- u.a. Gemischen Soxhlet-extrahiert. Auch Wasserproben können ohne den Umweg über feste Adsorber direkt mit Petrolether oder Dichlormethan extrahiert werden. Die Extraktreinigung kann durch Säulen- (z.B. Aluminiumoxid/*Florisil*/Kupfer) oder Dünnschicht-Chromatographie erfolgen. Während zur gaschromatographi-

Tabelle 3.11. PAEs in Kompartimenten der Meeresumwelt

	DBP	DEHP
PAEs in der Atmosphäre (ng/m^3)		
– Enewetak-Atoll	0,9	1,4
– Golf von Mexiko	0,3–1,3	0,2–1,7
– Nordatlantik	1,0	2,9
PAEs im Wasser (ng/l)		
– Ostsee	59–203	
– Nordsee		
Emsästuar	58	103
Elbeästuar	119	257
ost- und nordfriesische Küstengewässer	7,9; 6,8	31; 35
Deutsche Bucht	6,8–8,8	21–41
– Crouch-Ästuar	30	60
– Golf von Mexiko	70–90	70–130
– Galveston Bay, Texas		250
PAEs in Sedimenten (ng/g Trockenmasse)		
Ostsee		100
Crouch-Ästuar	4–15	11
Golf von Mexiko	3,4–60	2,0–94
PAEs in Organismen (ng/g Frischmasse)		
Atlantischer Lachs	14	700
Thunfisch	78	110
Hering (St. Lawrence Gulf)		4710
Makrele (St. Lawrence Gulf)		6500
Dorsch (St. Lawrence Gulf)		5900
Kliesche (Crouch-Ästuar)	1–4	10
Seehund (Fettgewebe)		10600
Heringsmöve (Eier)	15700	
Kormoran (Eier)	14100	

schen Identifizierung der PAEs in der Vergangenheit zumeist gepackte Säulen zur Anwendung kamen, ermöglichen jetzt Kapillarsäulen hohe Trennleistungen, die eine fraktionierende Auftrennung der Extrakte vor der GC auf ein Minimum begrenzen. Bei Analysen im Spurenbereich, um die es sich bei marinen Umweltuntersuchungen zumeist handelt, sind FIDs als Detektoren häufig zu unempfindlich. Der für PAEs fast 100fach empfindlichere EAD muß dann eingesetzt werden, allerdings mit dem Nachteil von Störungen durch Begleitstoffe, insbesondere chlorhaltige. Eine sichere Identifizierung der PAEs ist durch GC/MS möglich. Allerdings kommt es auch hierbei zu Störeffekten, z. B. durch die Zersetzung von Verbindungen wie DEHP im Verlauf der Detektion.

Die Anwendung der HPLC ist gegenüber der GC durch die geringe Auswahl geeigneter Detektoren eingeschränkt. Zumeist finden UV-, manchmal auch MS-Detektoren Anwendung. Die HPLC/UV-Varianten sind andererseits bereits in den Bereich der mit GC/EAD realisierten Nachweisgrenzen vorgedrungen.

Von ihren Produktions- und Anwendungsbereichen in der terrestrischen Umwelt des Menschen werden die PAEs über die Medien Luft und Wasser in das marine Ökosystem transportiert. Ozeanische Luft enthält um 1–2 ng DEHP und etwa 1 ng DBP/m³. Die Konzentrationen sind demnach etwa 100fach geringer als in der städtischen Umwelt. (In Produktionsräumen für PVC-Materialien können beispielsweise die Gehalte sogar bis auf 66 mg/m³ ansteigen.) Das andere Transportmedium, das Wasser, ist weitaus wichtiger für die PAE-Bilanz in der Umwelt. Beispielsweise wurde abgeschätzt, daß die Halbwertszeit für die Verflüchtigung des DEHP aus dem Wasser 15 Jahre beträgt. Die Konzentrationen im Meerwasser liegen um 70–250 ng DEHP und 30–90 ng DBP/l (Tab. 3.11). In Flüssen und Seen sind die Konzentrationen bis zu 10fach höher. Noch höhere Werte wurden in Trink- und Abwässern registriert.

Die Verteilungsmuster der PAEs in Organismen scheinen etwa das Verhältnis der beiden Hauptvertreter, DBP und DEHP, in Hinsicht auf den jeweiligen Produktionsumfang widerzuspiegeln. Gegenüber der Umweltkonzentration können Organismen beide PAEs bis zum 28 500fachen anreichern.

Es ist gegenwärtig keine Substanzgruppe in Sicht, die eine Ablösung der PAEs als Weichmacher ermöglichen könnte. Deshalb werden letztere weiterhin hohe Produktionsraten aufweisen. Damit ist gleichzeitig auch perspektivisch die Notwendigkeit gegeben, Untersuchungen zur Anreicherung dieser Stoffklasse in der Meeresumwelt und zu möglichen Effekten fortzusetzen.

3.11 Organozinn-Verbindungen

Organozinn-Verbindungen werden durch die allgemeine Formel $R_nSnX_{(4-n)}$ charakterisiert, wobei R eine organische Gruppe ist, X ein Anion repräsentiert und n einen Wert zwischen 1 und 4 einnehmen kann. Dementsprechend gibt es Mono- ($RSnX_3$), Di- (R_2SnX_2), Tri- (R_3SnX) und Tetra-Organozinn-Verbindungen (R_4Sn). Bei kommerziell bedeutenden Substanzen ist R gewöhnlich die Butyl-, Octyl- oder Phenylgruppe und X das Chlorid-, Fluorid-, Oxid-, Hydroxid-, Carboxylat- oder Thiolation. Nach der produzierten Menge dominieren die Di- und Triverbindungen. Die Organozinn-Verbindungen haben entsprechend ihren chemischen und toxischen Eigenschaften eine Vielzahl von Anwendungsmöglichkeiten gefunden. Sie werden durch Hydrolyse, Photolyse oder biologischen Abbau sukzessive dealkyliert, wobei als Endprodukt in der Regel Zinnoxid (SnO_2) entsteht.

Die Monoverbindungen, die in geringen Mengen als Stabilisatoren während der Produktion von PVC-Film und als Katalysatoren Anwendung finden, sind von nur geringer Toxizität. Es gibt bisher nur wenige Hinweise auf ihre Anwesenheit in der Meeresumwelt. Gleiches trifft auf die Dialkylverbindungen hinsichtlich deren Toxizität und Relevanz für die Meeresumwelt zu. Als PVC-Stabilisatoren erreichen die Dibutyl- und Dioctylverbindungen jedoch relativ hohe Produktionszahlen, in Westeuropa allein um 6 500 t/Jahr.

Die bioziden Eigenschaften der Trialkylderivate des Zinns, die erst in den 50er Jahren dieses Jahrhunderts entdeckt wurden, führten dazu, daß deren Produktion etwa ein Drittel der Gesamtmenge jährlich hergestellter Organozinn-Verbindungen ausmacht. Anwendungsbereiche wie
- Fungizide zum Schutz von Bauholz und Getreide,
- Desinfektionsmittel und
- Molluskizide zur Bekämpfung der Bilharziose in tropischen Gebieten,

schließen Transportwege in die Meeresumwelt ein. Priorität bei den bisherigen Fallstudien hatten jedoch Untersuchungen über den Einsatz der Tributylverbindungen (Oxide, Sulfide, Resinate, Acetate, Acrylate, Methacrylate, Fluoride, Adipate, Dodecenylsuccinate ...) als Antibewuchsmittelzusatz in Farbanstrichen für Schiffe und zunehmend auch für Netzkäfige der Aquakultur. Die Dealkylierung von Tributylverbindungen (tributyl-tin – TBT) im Meerwasser verläuft offenbar mit Halbwertszeiten von etwa 1-3 Wochen. Der weitere Abbau der Di- und Monoalkylderivate nimmt dagegen längere Zeiträume, die sich über ein Jahr hinaus erstrecken können, in Anspruch. In jedem Fall hängen diese Werte jedoch stark von den Milieubedingungen und von der Jahreszeit ab.

Tetraalkylverbindungen treten vorwiegend als Zwischenprodukte bei der Synthese anderer Organozinn-Derivate in Erscheinung. Eine direkte Verwendung finden sie u. a. als Stabilisatoren von Ölen, als Katalysatoren der Olefinpolymerisation und als Treibstoffzusätze. Ihr Auffinden in der Meeresumwelt wird dahingehend interpretiert, daß sie a) als Verunreinigungen in Trialkylpräparaten vorhanden waren und/oder b) durch Rekombination partiell abgebauter Verbindungen erst im marinen Ökosystem entstehen.

Zinn zählt wie Arsen, Quecksilber und Blei zu den Elementen, die in der Meeresumwelt, wahrscheinlich unter Mitwirkung von Mikroorganismen, methyliert werden. Das betrifft sowohl anorganische als auch organische Zinnverbindungen anthropogener Herkunft. Die Mono-, Di- und Trimethylverbindungen werden vor allem im Sediment sowie in Organismen produziert und akkumuliert. Auch im küstennahen Meerwasser wurden diese Verbindungen im Konzentrationsbereich weniger Nanogramm pro Liter bereits angetroffen. Da die Toxizität der Trialkyle mit abnehmender Anzahl von Kohlenstoffatomen von Butyl- zu Methylverbindungen anwächst, sind sekundäre Umwelteffekte nicht auszuschließen. Eine analytische Abgrenzung der durch Methylierung in der Meeresumwelt synthetisierten Verbindungen von den als Insektizide gezielt eingesetzten Trimethylverbindungen ist nicht möglich.

3.11 Organozinn-Verbindungen

Bei der Analyse zinnorganischer Verbindungen in marinen Proben wird häufig nicht nur eine Summenbestimmung, sondern ein quantitativer Nachweis der einzelnen Derivate im Rahmen eines Verbundverfahrens angestrebt. Hierzu werden in der Regel die Verbindungen unter Einsatz von Natriumborhydrid ($NaBH_4$) hydriert und die entstehenden Hydride in einer Tieftemperaturfalle gesammelt. Die fraktionelle Auftrennung der Substanzen erfolgt nach erneuter Verflüchtigung entsprechend ihrem Siedepunkt. Die einzelnen Hydride werden dann sukzessive thermisch zersetzt und durch Atomabsorptionsspektroskopie (AAS) unter Einsatz einer (elektrodenlosen) Zinn-Hohlkatodenlampe vermessen. Die Analysen an organischem Material und an Sedimenten erfordern eine vorherige extraktive Abtrennung der Organozinn-Derivate. Sie werden danach ähnlich wie Wasserproben weiterbehandelt. Wird ohne Auftrennung gearbeitet, erhält man einen AAS-Hydridsummenpeak, der nur schwierig kalibrierbar ist und auch anorganische Zinnverbindungen, verflüchtigt als SnH_4, einschließt.

Die Nachweisgrenze des atomspektroskopischen Hydrid-Verbundverfahrens liegt zwischen etwa 1 und 5 ng/l. Ähnliche Nachweisgrenzen erreichen gaschromatographische Verbundverfahren. Diese beinhalten als ersten Schritt eine Extraktion mit Hilfe von Methylenchlorid, die Hydrierung mit $NaBH_4$, eine Auftrennung der Verbindungen an einer chromatographischen Säule und schließlich den quantitativen Nachweis mittels eines flammenphotometrischen Detektors. Höchsten Ansprüchen genügt eine Variante mit einer Hexan/*Tropolone*-Extraktion, der sich eine Auftrennung der Substanzen mit Hilfe einer chromatographischen Kapillarsäule und eine eindeutige Identifizierung mittels flammenphotometrischer und massenspektrometischer Detektoren anschließt. Eine Extraktion mit Toluen und die nachfolgende Zinnbestimmung in den Extrakten durch flammenlose (Graphitrohr-)AAS ist als leicht zugängliche Schnellmethode anzusehen, mit der eine Summenbestimmung organischer Verbindungen möglich ist, allerdings nur mit Nachweisgrenzen um 100 ng/l.

Seeleute hatten seit den ersten Tagen der Seefahrt Probleme mit dem Bewuchs ihrer Boote. Die Phönizier nagelten deshalb bereits 300 Jahre vor unserer Zeitrechnung Kupferstreifen auf die hölzerne Außenhaut. Mit Beginn des 19. Jahrhunderts wurden kupferhaltige Farbanstriche eingeführt, die etwa 150 Jahre dominierten. 1961 wurden die ersten Anstriche auf Organozinn-Basis entwickelt, die einen Schutz bis zu 7 Jahren ermöglichen, während kupferhaltige Farben nur rund zwei Jahre wirksam sind. Welche ökonomische Bedeutung dies hat, wird daraus ersichtlich, daß bereits eine durch Bewuchs hervorgerufene Rauhigkeit der Schiffshaut um nur 0,01 mm einen Anstieg des Treibstoffverbrauches bis zu 1% verursacht. Für größere Schiffe können die Treibstoffkosten bis zu 50% der Gesamtbetriebskosten bilden, wodurch die Dimension des Problems deutlich wird. Abschätzungen machen deutlich, daß im Fall der Verwendung TBT-haltiger Anstriche für alle Marineschiffe der USA pro Jahr eine Einsparung von 110 Millionen Dollar erzielbar wäre. In Schweden waren zeitweise etwa 70 verschiedene „Antifouling"-Farben auf dem Markt, von denen jährlich 400–500 t, etwa die Hälfte für Sportboote, Verwendung fanden. Der Marktanteil der Anstrichstoffe mit Organozinn-Zusätzen lag dabei um 75%.

Nur mit Copolymeranstrichen, aus denen die hochtoxischen TBT-Verbindungen nach einer etwa einmonatigen Konditionierungsperiode praktisch mit gleichbleibender Rate herausdiffundieren, sind bisher die maximalen Wirkdauern erreichbar. Da diese Farben außerdem ohne mechanische Säuberung der Schiffshüllen erneut überstrichen werden können, garantieren sie sowohl geringste Kosten als auch die bisher geringsten Umwelteinflüsse. Trotzdem stagniert der Einsatz TBT-haltiger Farben, und in mehreren Staaten, u. a. in Frankreich, Großbritannien und einigen USA-Bundesstaaten kam es zu regulatorischen Maßnahmen in Bezug auf den Anteil der Wirkkomponenten in den Farben sowie der Größe der damit zu behandelnden Schiffe. Auch einige regional und temporär definierte Anwendungsverbote wurden ausgesprochen. Beigetragen haben zu diesen Vorbehalten sicherlich Probleme hinsichtlich der Absicherung einer an Gesundheitsrisiken armen Anstrichtechnologie in den Schiffswerften. Ausschlaggebend dafür waren jedoch biologische Effekte, die deutlich machten, daß diese Substanzklasse zu den überaus toxischen Umweltgiften für die Meeresumwelt gezählt werden muß:

Seit 1975 wurden in der Arcachon-Bucht, wo etwa 10% der französischen Austernproduktion beheimatet ist, deutliche Abnahmen in den Wachstums- und Produktionsraten, Anomalien in den Larvenstadien sowie Verformungen der Kalkschalen bei 80–100% von *Crassostrea gigas* beobachtet. Seit 1980 ist klar, daß als Ursache nur die Anstriche der im Sommer etwa 15000 Sportboote auf benachbarten Liegeplätzen in Betracht kommen, mit denen jährlich etwa 1,3 t TBT in die Bucht gelangen. Die signifikant positive Korrelation zwischen der Anzahl der verankerten Sportboote, den Organozinn-Gehalten der Meeresorganismen und der an den Austern beobachteten Effektpalette machte die kausalen Zusammenhänge überzeugend deutlich. Nach entsprechenden Anwendungsbeschränkungen von TBT-haltigen Anstrichstoffen nahmen im Wasser des Hafens von Arcachon die Gesamtzinn-Konzentrationen von 5,1 (1982) auf 0,9 µg/l (1985) und die Organozinn-Verbindungen von 0,20 µg/l auf Werte unterhalb der Nachweisgrenze ab. Parallel reduzierten sich die oben geschilderten Effekte, und die Zahlen der Austernproduktion stiegen wieder an. Die in der Arcachon-Bucht festgestellten Ursache/Wirkungs-Beziehungen konnten in anderen Küstenbereichen der Weltmeere, u. a. in Frankreich, Großbritannien, Japan, Kanada und in den USA bestätigt werden. Gezielte Toxizitätstests zeigten, daß bei Austern und anderen Mollusken bereits TBT-Konzentrationen im Wasser um 50 ng/l chronische Effekte wie verlangsamtes Wachstum und höhere Mortalitätsraten bewirken. Einige Ergebnisse weisen außerdem aus, daß die Larvenstadien dieser Tiere bereits bei weniger als einem Zehntel dieser Konzentrationen signifikant beeinträchtigt werden.

3.11 Organozinn-Verbindungen

Vor dem Hintergrund der bereits in extremen Spuren beobachteten Toxizität von TBT-Verbindungen sind die in der Meeresumwelt beobachteten Konzentrationsniveaus von besonderem Interesse. Erfolgreiche Messungen, d.h. den Nachweis von TBT-Konzentrationen oberhalb der analytischen Bestimmungsgrenze, gab es bisher nur aus dem lokalen Bereich von Häfen, Liegeplätzen, Buchten und anderen Küstenregionen bei verringertem Wasseraustausch mit dem Ozean. Die dabei erhaltenen Werte lagen häufig oberhalb der Effektschwelle (Tab. 3.12). Die partikulären Formen hatten Anteile zwischen 1 und 15% an den Gesamtkonzentrationen. Toxikologisch relevante Anreicherungen wurden in der Oberflächenmikroschicht beobachtet.

Tabelle 3.12. Konzentration von Alkylzinnverbindungen in Küstengewässern (ng/l)

San Diego Bay, 1979	Me_2SnX_2	15– 45
	$Me SnX_3$	2– 8
San Diego Bay, 1986	$Bu SnX_3$	<3– 75
	Bu_2SnX_2	4– 676
	Bu_3SnX	<1– 788
Chesapeake Bay, 1986	$Bu SnX_3$	<20– 736
	Bu_2SnX_2	<2– 700 (1156)*
	Bu_3SnX	<1–1342 (1171)*
	Bu_4Sn	<5– 350 (526)*
15 US-Häfen, 1986	Bu_3SnX	2– 97
Crouch-Ästuar, 1987	$Bu SnX_3$	3
	Bu_2SnX_2	28, 30
	Bu_3SnX	17– 430
Essex-Küstengewässer, 1983	Bu_3SnX	430–2000
Küstengewässer Türkei, 1983	$Me SnX_3$	1– 42
	Me_2SnX_2	1– 40
Küstengewässer Türkei, 1987	$Me SnX_3$	4– 21
	Me_2SnX_2	1– 42
	Me_3SnX	2– 10
Arcachon-Bucht, 1986	Organo-Sn	200– 300
Ostsee		
Beltsee, 1987	Organo-Sn	<40
Kattegat, 1987	Organo-Sn	<40– 80
Schwedische Westküste/	$Bu SnX_3$	<50
Gulmarfjord, 1989	Bu_2SnX_2	<12– 97
	Bu_3SnX	<50– 43

Me Methyl-   X Anion
Bu Butyl-   * Oberflächenmikroschicht

Die Belastungen, denen der Wasserkörper ausgesetzt war und ist, können sich in den Organozinn-Gehalten der darunterliegenden Sedimente widerspiegeln. Je nach Untersuchungsgebiet und Sedimentkernsegment werden in der Regel

Butylzinn-Gehalte in einem Bereich gemessen, der unterhalb der Nachweisgrenze der Verfahren, d. h. bei etwa 1 bis 2 ng/g, beginnt und sich auf mehrere Hundert ng/g Trockenmasse erstreckt. In frisch sedimentiertem Material oder in einer für Dealkylierungen nicht förderlichen Umgebung überwiegt dabei häufig noch das Bu_3SnX, während die Abbauprodukte (Bu_2SnX_2, $BuSnX_3$) anscheinend längere Zeiten zur weiteren Zersetzung erfordern und deshalb als „Haldenprodukte" dominieren. Die TBT-Gehalte der Sedimente stehen zu denen des darüberliegenden Wasserkörpers in recht unterschiedlichen Verhältnissen. Es wurden Werte zwischen rund 50:1 und 40000:1 angegeben.

Da mit deutlichen Abbauraten der in Farbanstrichen eingesetzten TBTs nach deren Freisetzen in das Meerwasser gerechnet werden kann, bergen die bisherigen Produktions- und Anwendungsraten dieser Verbindungen kein globales Risiko für den Ozean in sich. (1983 wurden etwa 33 000 t Organozinn-Verbindungen eingesetzt, davon allerdings nur rund 5 000 t Di- und Tributylzinn-Präparate.) Eine schnelle Ablösung der TBT-haltigen Anstriche ist nicht in Sicht, da ähnlich bewuchsverhindernde, d. h. toxisch wirkende Verbindungen des Arsens, Quecksilbers und Cadmiums von ihrem Umweltverhalten weitaus kritischer zu bewerten sind als Organozinn-Derivate. Der alternative Einsatz von Kupferpräparaten erfordert etwa 10fach höhere Wirkstoffmengen. Solange nicht die erforderlichen Technologien zur Herstellung und Anwendung idealer Antibewuchsmittel, z. B. von natürlichen Giften mit biozider Wirkung auf Terpenoidbasis, oder für eine Außenhautabschirmung mit Materialien extrem geringer Oberflächenspannung wie PTFE und Silikonkautschuk, bereitstehen, wird man auf die Anwendung von Organozinn-Derivaten in der Meerestechnik nicht verzichten wollen. Kenntnislücken zu den toxischen Wirkungen der Verbindungen und zu ihrem biogeochemischen Verhalten in der Umwelt bestehen jedoch noch, so daß ein Überraschungspotential verbleibt.

3.12 Organo-Siliziumverbindungen

Die jährliche Weltproduktion organischer Siliziumverbindungen liegt in der Größenordnung von 0,5 Millionen t. Ihre Synthese aus Silizium und Alkylchloriden (RCl) verläuft in der Regel über die Zwischenstufen Chlorsilane (R_xSiCl_y), Silanole ($R_xSi(OH)_y$) zu den Polysiloxanen („Silikone"; $(-SiO(R_x)-)_n$). Die Polymere sind bis zu $n = 2000$ Siloxanblöcken flüssig, wobei mit einer Zunahme von n die Viskosität zu- und die Flüchtigkeit abnimmt. Nach bisherigen Schätzungen entfallen bis zu 50% der Produktion von Organosilizium-Verbindungen auf die Herstellung von Silikonflüssigkeiten, mehr als 30% werden zu Elastomeren und etwa 10% zu Harzen verarbeitet. Bei den flüssigen Produkten dominieren mit rund zwei Dritteln der Produktion die Polydimethylsiloxane (PDMS, $(CH_3)_3$-SiO-$(SiO(CH_3)_2)_n$-$Si(CH_3)_3$), ein Drittel entfällt auf Polyether-Copolymere.

Während die festen Produkte gegenüber einem biochemischen Abbau relativ inert sind, d. h. durch Verbrennen zu SiO_2, CO_2 (CO) und H_2O entsorgt werden müssen und praktisch keine Bedeutung als Meeresverunreinigung haben, können die Silikonflüssigkeiten relativ leicht ihren Weg in die Meeresumwelt nehmen. Deren Anwendungsprofil ist weit und umfaßt Zusätze zu pharmazeutischen und kosmetischen Produkten, zu Nahrungs- und Poliermitteln, die Verwendung als Wärmeübertragungs-, Hydraulik- und dielektrische Kühlflüssigkeiten, zum Benetzungsschutz von Textilien oder Glasoberflächen sowie als Entschäumungs- bzw. Antischaummittel. (In einigen dieser Anwendungsbereiche dienen sie teilweise ebenfalls der Substitution der für die Umwelt gefährlicheren PCBs.)

Die Anwesenheit von Organosilizium-Verbindungen in der Meeresumwelt ist ausschließlich anthropogenen Aktivitäten anzulasten. Der Eintrag erfolgt überwiegend über ihre Verwendung. Herstellung und Transport steuern dazu nur einen geringen Prozentsatz bei. Obgleich alle PDMS eine Dichte unter 1 g/cm³ und eine sehr geringe Löslichkeit im Meerwasser aufweisen, in der Regel < 5 mg/l und häufig im µg/l-Bereich, halten sie sich, z. B. bei einem Eintrag mit Abwasser, nur kurzzeitig an der Meeresoberfläche auf. Sie werden von suspendiertem Material adsorbiert und in den Sedimenten deponiert. Während biologische Abbauleistungen für PDMS bisher nicht festgestellt werden konnten, können flüchtige Methylsiloxane in der Atmosphäre unter dem Einfluß von UV-Licht zersetzt und die Polymere mit höherer Molmasse in Sedimenten bei Anwesenheit von Tonmineralen hydrolysiert werden.

Zur analytischen Bestimmung können die Organosilizium-Verbindungen aus Oberflächenmikroschicht- und Wasserproben mit Hilfe von Diethylether extrahiert werden. Nach dem Eindampfen zur Trockne und anschließendem Aufnehmen mit Methylisobutylketon (MIBK) kann an den etwa auf das 200fache angereicherten Proben z. B. eine atomabsorptionsspektroskopische Messung über das Si erfolgen. Gefriergetrocknete Sediment- oder Organismenproben können unter Anwendung ähnlicher Analysenschritte vermessen werden.

Der Umfang publizierter Daten zur Anwesenheit von Silikonen in der Meeresumwelt ist sehr gering und basiert auf den Arbeiten weniger Autoren. Wenig kontaminierte Sedimente, z. B. in der Delaware Bay, enthalten organische Siliziumanteile um und unter 1 µg/g, im Verklappungsgebiet der New Yorker Bucht wurden Gehalte bis zu 50 und in den Klärschlämmen selbst bis zu rund 100 µg/g festgestellt. Während zu Konzentrationen im Meerwasser noch keine Angaben verfügbar waren, wurden in der Oberflächenmikroschicht des Chesapeake Beach und der Delaware Bay zwischen 23 und 44 µg/l registriert.

Zu den Eigenschaften individueller Silikonverbindungen hinsichtlich ihrer toxikologischen oder Umweltrelevanz ist ebenfalls praktisch nichts bekannt. Während sich Verbindungen wie das Octamethylcyclotetra-Siloxan in Organismen bis auf das 1 200fache anreichern können, ist die biologische Konzentrierbarkeit anderer Verbindungen gering, d. h., die Anreicherungsfaktoren liegen um und unter 1. Polymere mit niedriger Molmasse werden zwar bevorzugt im Magen/ Darm-Trakt von Säugetieren absorbiert, jedoch aufgrund ihrer höheren Flüchtigkeit zuvor bereits durch Verdampfen dezimiert. Höhermolekulare Verbindungen mit mehr als 6 Si-Atomen werden nicht vom Verdauungssystem der Säugetiere aufgenommen, sie neigen dagegen zur verstärkten und praktisch irreversiblen Adsorption an Feststoffen. Toxizitätstests zeigten, daß die bisher untersuchten Verbindungen LC_{50}-Werte zwischen 0,2 (Wasserfloh, *Daphnia magna*) und 20 g PDMS/l (Salzwassergarnele, *Artemia salina*) aufweisen, die zum Teil erheblich oberhalb der Löslichkeitsgrenze liegen.

Ihre geringe Toxizität *für* und Anreicherung *in* Organismen, die kurze Aufenthaltsdauer im Wasserkörper sowie ihre leichte chemische Abbaubarkeit führten dazu, daß Organosilizium-Verbindungen aus den Verzeichnissen schädlicher und potentiell gefährlicher Substanzen („grey list") internationaler Konventionen, z.B. der von Oslo (Nordsee), London (Ozean), Paris (Atmosphäre), Barcelona (Mittelmeer) oder Bonn (Rhein) herausgenommen wurden. Die ausschließlich anthropogene Herkunft der Verbindungen könnte jedoch ihre Verwendung als Tracer der Meeresverunreinigung, z.B. als Modellsubstanz für andere oberflächenaktive Stoffe, und damit ihr Monitoring rechtfertigen.

3.13 Tenside

Tenside sind wasserlösliche oberflächenaktive Substanzen, die als Benetzungs-, Wasch-, Emulgierungs- und Dispersionsmittel in Industrie und Haushalt in Form unzähliger Produkte zum Einsatz kommen. Die Tensidmoleküle enthalten einen hydrophoben und einen hydrophilen Teil. Entsprechend ihrer Molekülstruktur können Tenside in anionische (ca. 60%), nichtionische (30%), kationische (5%) und amphotere Produkte (5%) eingeteilt werden.

Anionische Tenside des Alkylbenzensulfonat- (ABS-)Typs, die nach 1930 erstmalig in Deutschland und in den USA hergestellt wurden, weisen mit rund 0,5 Millionen t/Jahr die höchsten Produktionsziffern auf und stehen damit an der Spitze des Tensidverbrauchs, der auf etwa 1 Million t/Jahr geschätzt wird. Die allgemeine Formel des ABS

$R\text{-}(CH_2)_n\text{-}CH(C_6H_4SO_3Na)\text{-}(CH_2)_m\text{-}R'$

zeigt, daß die hydrophoben Eigenschaften durch die aliphatischen Reste R bzw. R' und die Wasserlöslichkeit durch den Benzensulfonatrest bedingt werden. Sind die aliphatischen Molekülteile unverzweigt, ist eine gute mikrobielle Abbaubarkeit gewährleistet. Optimale Kettenlängen liegen aus dieser Sicht um C_{10} bis C_{13}. Bei zunehmender Kettenlänge nimmt die biologische Abbaurate ab, die Toxizität in bezug auf Fische zu und die Substanzen flocken leichter aus. Als anionische

3.13 Tenside

Tenside kommen neben sulfonierten aromatischen Kohlenwasserstoffen des ABS-Typs auch sulfonierte aliphatische Kohlenwasserstoffe, Olefine, Fettsäuren und Maleinsäureester, sulfatierte Fettalkohole und Fettalkohol-Ethoxylate, carboxymethylierte Fette, phosphatierte Alkohole und auch Natriumstearat-Seifen zum Einsatz. Die Verbindungen werden bei der Abwasserbehandlung und/oder in der Umwelt zumeist rasch zu mehr als 90% biologisch abgebaut. Die akute Toxizität (LC_{50}) liegt bei Kettenlängen der Produkte zwischen 10 und 16 C-Atomen für Fische im Bereich von etwa 0,5 bis 15 mg/l.

Nichtionische Tenside sind zumeist Additionsverbindungen des Ethylen- bzw. Propylenoxids, d.h. substituierte Polyglykolether der allgemeinen Formel

$RX(CH_2CH_2O)_nH$,

wobei n zwischen 1 und 50 liegt, R einen hydrophoben aliphatischen Rest und X unterschiedliche organische Gruppen wie Säure-, Ester-, Amin-, Amid- und andere repräsentiert. Nichtionische Tenside wurden eine Zeitlang als schlecht abbaubar angesehen. Heute weiß man jedoch, daß adaptierte Bakterien eine über 80%ige Degradation erreichen können. Die akute Toxizität (LC_{50}) der nichtionischen Tenside liegt für Fische in der Größenordnung von 1 bis 10 mg/l, wobei wiederum eine starke Abhängigkeit von der Kettenlänge zu verzeichnen ist. Die Hauptvertreter dieser Substanzgruppe sind die Nonylphenolethoxylate (NPEs) mit der chemischen Formel

$C_9H_{19}\text{-}C_6H_4O\text{-}(CH_2CH_2O)_nH$.

NPEs mit $n \leq 10$ dienen als Detergenzien, mit $n \leq 30$ als Emulgatoren und mit $n \leq 80$ als Dispersionsmittel. Die Produktion von NPEs wird in Europa auf rund 100 000 t und weltweit auf 300 000 t/Jahr geschätzt. Für einige europäische Staaten liegen relativ konkrete Angaben vor (Tab. 3.13).

Tabelle 3.13. Produktion von NPEs in Europa (in t/a)

	1986	1988/89
Italien	21 300	17 800
Deutschland	14 600	12 000
skandinavische Staaten	ca. 8 500	ca. 8 500
Niederlande	4 700	3 600
Schweiz	2 900	2 500

Kationische Tenside kommen in der Größenordnung von rund 50 000 t/Jahr zum Einsatz. Bei ihnen trägt das Ion mit der oberflächenaktiven Eigenschaft eine positive Ladung. Die Substanzen wirken bakteriostatisch und werden deshalb als desinfizierende und antiseptische Zusätze von Kosmetika und in der Medizin verwendet. Weiterhin sind sie als Antistatik-, Korrosionsschutz-, Antischaum- und Flotationsmittel auf dem Markt. Bei der biologischen Abwasserbehandlung werden über 90% der kationischen Tenside eliminiert. Die akute Toxizität liegt ebenfalls im Bereich einiger mg/l.

Amphotere Tenside sind Verbindungen mit sowohl elektropositiven als auch -negativen Komponenten in einem Molekül. Bei pH-Werten um 8 verhalten sie sich wie anionische und bei pH 4 wie kationische Tenside. Da viele von ihnen wie die Alkylbetaine, d.h. quarternäre Ammoniumverbindungen, hautverträglich sind, finden sie häufig im Kosmetikbereich Anwendung.

Zur Analytik anionischer Tenside, außer Seifen, ist eine spektralphotometrische Methode weit verbreitet. Der Analyt bildet dabei mit Methylenblau eine in Wasser schwer lösliche Verbindung, die mit Chloroform ausgeschüttelt und anschließend vermessen wird. Nichtionische Tenside werden aus Lösungen über einen Komplex mit Barium-tetraiodbismutat ($Ba(BiI_4)_2$) ausgefällt. Der Niederschlag wird abgetrennt, mit Eisessig gewaschen und in Tartratlösung aufgenommen. Das Wismut wird dann potentiometrisch mit einer APDC-Lösung titriert. Diese Methode erfaßt spezifisch die in Wasser löslichen und am häufigsten in Gebrauch befindlichen Ethoxylate und Propoxylate. Zunehmend finden darüber hinaus sowohl zur Bestimmung anionischer als auch nichtionischer Tenside anspruchsvollere Techniken wie die HPLC, HRGC und/oder Massenspektrometrie Verwendung, um die ökologisch wenig aussagefähigen Summenwerte durch qualitative und quantitative Informationen über Einzelsubstanzen zu ersetzen.

Zur Analyse der kationischen Tenside bietet sich erneut eine spektralphotometrische Methode – über das Disulfinblau – an. Da Tenside in der Meeresumwelt zumeist nur im Spurenbereich auftreten, ist bei allen Verbindungsklassen vor der eigentlichen Analyse eine Aufkonzentrierung erforderlich. Dabei werden gleichzeitig störende Substanzen wie Eiweiße oder Humussäuren, die mit den genannten Reagenzien ähnliche Farbreaktionen eingehen, abgetrennt. Die Anreicherung erfolgt aus einem zumeist größeren Wasservolumen, das mit Ethylacetat überschichtet wird. Die Tenside können mit einem Inertgas, d.h. Stickstoff oder Argon, das zuvor mit Ethylacetat gesättigt wurde, aus der wässerigen in die organische Phase überführt werden.

Bezüglich der Anwesenheit von Tensiden in der Umwelt liegen vor allem Daten für das ABS als dem am weitesten verbreiteten Vertreter nicht nur der anionischen, sondern aller Tenside vor. Durch eine biologische Behandlung werden bis zu 95% des ABS aus den Abwässern entfernt. Die Konzentrationen liegen folglich zumeist noch zwischen 1 und 10 mg ABS/l für unbehandeltes, jedoch bereits bei nur 0,01 bis 1 mg/l für biologisch geklärtes Abwasser. In den Flüssen kommt es zu einem Absetzen mit partikulärem Material. Entgegen dem

Verhalten der Seifen tritt allerdings kein Ausfällen durch Magnesium- oder Calciumionen ein. Die ABS-Konzentrationen liegen in den Flüssen Mitteleuropas und Japans in der Regel im Mittel zwischen 0,01 und 0,35 mg/l. Schätzungen besagen, daß häufig weniger als 1% der ursprünglich im Wassereinzugsgebiet durch Haushalt und Industrie verwendeten Alkylbenzensulfonate das Meer erreichen. Für die nichtionischen Tenside wurden ähnliche Umweltkonzentrationen und deren Gradienten beobachtet. Die kationaktiven Verbindungen werden entsprechend ihres geringeren Anwendungsumfangs im Oberflächenwasser des Festlands nur zu etwa einem Zehntel bis zu einem Fünftel der Konzentrationen der übrigen Tensidklassen vorgefunden.

Unter dem direkten Einfluß von Einleitungen kommunaler und industrieller Abwässer oder in der Vermischungszone von Fluß- mit Meerwasser werden auch in der Küstenzone der Ozeane noch ABS-Konzentrationen bis zu 50 µg/l registriert. In der Bucht von Tokio wurden z.B. zwischen 1 und 30 µg ABS/l vermessen. In Richtung auf küstenfernere Gebiete kommt es jedoch relativ schnell zu einer Abnahme auf Werte um bzw. unter 1 µg/l. In der Lagune von Venedig wurden nichtionische Tenside als Nonylphenolethoxylate mit 0,5 bis 4,5 µg/l angetroffen.

In Flußsedimenten treten ABS-Gehalte bis zu 0,5 mg/g Trockenmasse auf. In Sedimenten der Bucht von Tokio wurden zwischen 11 und 80 µg ABS/g Frischmasse nachgewiesen. Fische (Muskelgewebe) und Miesmuscheln der italienischen Küste wiesen Werte um 1 µg/g auf.

Die geringe akute und chronische Toxizität, die wenig ausgeprägte Neigung zur Akkumulation in Organismen sowie die Abbaubarkeit synthetischer oberflächenaktiver Substanzen hat dazu geführt, daß Tenside im Rahmen mariner Umweltuntersuchungsprogramme zumeist keine Berücksichtigung finden. Es gibt jedoch zumindest zwei Argumente, die solch eine Entscheidung nicht ausreichend gerechtfertigt erscheinen lassen:

a) Synergistische Wirkungen, d.h. eine mögliche Potenzierung der toxischen Wirkungen anderer Meeresverunreinigungen wie Polyzykloaromaten, Chlorkohlenwasserstoffe oder Schwermetalle sind bei Anwesenheit von Tensiden nicht auszuschließen. Experimentell konnte z.B. nachgewiesen werden, daß in Form von Aerosol-Mikrotröpfchen herangeführte Tenside deutliche Vegetationsschäden verursachen können. Sie lösen die Schutzwachsüberzüge von den Blättern ab und öffnen so den Weg für Schadwirkungen atmosphärischer Problemstoffe.

b) Tenside werden entsprechend staatlicher Vorgaben hinsichtlich ihrer Abbaubarkeit fast ausschließlich danach beurteilt, wie rasch die ursprüngliche Wirkkomponente nicht mehr nachweisbar wird. Bevor die Verbindungen jedoch total in die entsprechenden Oxide der Elementarbestandteile abgebaut sind, könnten im Vergleich zur Ursubstanz eine Reihe relativ beständiger, bioakkumulierbarer und aus toxikologischer Sicht mehr bedenklicher Moleküle entstehen.

Aus dem Abbau nichtionischer Tenside des Alkylphenol-polyethoxylat-Typs resultieren beispielsweise Nonylphenole, die gegenüber einem weiteren Abbau nach Akkumulation in Sedimenten relativ inert sind und mit einem LC_{50}-Wert (96 h) von etwa 0,4 mg/l (4-Nonylphenol) für *Crangon crangon* bereits eine beachtliche akute Toxizität aufweisen. Bei *Mytilus edulis* lag der LC_{50}-Wert (96 h) bei 3 mg/l. Bereits bei 0,05 mg/l wurden jedoch subletale Effekte beobachtet. Untersuchungen im britischen Klärschlamm-Verklappungsgebiet vor der Themse zeigten, daß nach dem Einbringen des Schlamms in die Meeresumwelt die Ausgangskonzentration des 4-Nonylphenols (etwa 1 mg/l) ähnlich wie die Konzentration des Fäkalindikators Coprostanol entsprechend der Dispersion des Materials abnimmt. Der Gehalt dieser Verbindung in den Klärschlämmen selbst kann in Abhängigkeit von deren Vorbehandlung zwischen rund 30 und 4000 µg/g Trockenmasse liegen.

Zusammenfassend bleibt festzustellen, daß besonders die Charakteristika der NPEs bzw. ihrer Syntheseausgangs- und späteren Abbauprodukte, der Nonylphenole, wie
– hohe Produktions- und Verwendungsziffern,
– hohes Potential für eine Verteilung in den verschiedenen Umweltmedien,
– Abbau zu kurzkettigen, mehr lipophilen und toxischen Produkten,
– das Risiko für eine Bioakkumulation von Abbauprodukten,
– die zwar geringe bis moderat akute, aber hohe subakute Toxizität für aquatische Organismen,
– die moderate bis hohe akute Toxizität für Säugetiere und
– mögliche Störwirkungen auf die biologische Abwasserbehandlung
weitere Untersuchungen zu Umwelteffekten und die Suche nach mehr verträglichen Ersatzstoffen sicherlich rechtfertigen.

4. Radioaktive Verunreinigung der Meere

Als Radioaktivität wird die Eigenschaft von Atomkernen zum selbständigen Zerfall unter Emission von Teilchen und Energie bezeichnet. Die einzelnen Radionuklide weisen charakteristische Veränderungen im Kern und in der Form ihrer Emissionen, d.h. von positiv geladenen α-Teilchen mit der Atommasse 4, von β-Teilchen, also Elektronen, bzw. von elektromagnetischer γ-Strahlung, auf. Jede dieser Emissionen besitzt ionisierende Wirkung mit entsprechender biologischer Bedeutung. Die Radioaktivität wird in der Regel nicht als die Masse der Radionuklide, sondern als deren Zerfall pro Zeiteinheit quantifiziert. Als Maßeinheit dient das Bequerel (Bq) mit einem Zerfall pro Sekunde.

Radioaktivität ist ein natürliches Phänomen. Die natürliche Radioaktivität des Meerwassers, die an der Oberfläche um 13 Bq/l liegt, ist zu mehr als 90% dem ^{40}K anzulasten. Auch der Eintrag der durch kosmische Strahlung erzeugten Radioisotope wie Tritium (^3H), die Zerfallsprodukte des Uraniums und Thoriums (^{210}Pb, ^{210}Po, ^{226}Ra, ^{228}Ra, ^{222}Rn, ^{228}Th, ^{230}Th, ^{232}Th, ^{235}U, ^{237}U, ^{238}U) sowie weitere rund 50 Radionuklide terrigenen und kosmischen Ursprungs tragen dazu bei. Die gesamte natürliche Radioaktivität des Ozeans beträgt $1,5 \times 10^{22}$ Bq.

Seit dem Jahr 1944 trägt auch der Mensch zur Radioaktivität der Meeresumwelt bei. Es begann damit, daß das Kühlwasser der Reaktoren der *Hanford*-Anlage in den USA zur Plutoniumerzeugung für Atomwaffen über den Columbia River den Weg zum Pazifik nahm. Besonders deutlich wurde es dann mit der Explosion der ersten Atombomben und fand seine Fortsetzung in den intensiven oberirdischen Kernwaffentests, besonders der USA und der UdSSR, in den 50er und zu Beginn der 60er Jahre. Wie die Tabelle 4.1 zeigt, befinden sich viele der Kernwaffentestgebiete auf kleinen Inseln bzw. Atollen, d.h. in unmittelbarem Kontakt mit der Meeresumwelt.

Von den über 200 verschiedenen Kernspaltprodukten und Isotopen dominiert hinsichtlich der Radioaktivität das Tritium. Durch die Wasserstoffbombentests der Jahre 1961/62 wurden schätzungsweise 5×10^{19} Bq ^3H als schweres Wasser in die Atmosphäre emittiert. Der natürliche Gehalt der Atmosphäre an diesem Radionuklid, das eine Halbwertszeit von 12,33 Jahren besitzt, wurde dabei auf das Hundertfache erhöht. 1972 wurden davon noch etwa $2,2 \times 10^{19}$ Bq im Weltmeer angetroffen, vorwiegend in den nördlichen Teilen des Atlantik und

Tabelle 4.1. Kernwaffentestgebiete 1945 bis 1975

USA	Nevada Test Site (NTS)	31°N/116°W
	Enewetak-Atoll	11°N/162°E
	Bikini Atoll	11°N/165°E
	Johnston Island (JIA)	17°N/169°E
	Christmas Island (CIA)	2°N/157°W
UdSSR	Nowaja Semlja	75°N/55°E
	Sibirien	52°N/78°E
	Semipalatinsk	50°N/80°E
Großbritannien	Christmas Island	2°N/157°W
	Monte Bello Islands (Australien)	20°S/115°E
	Woomero (Australien)	31°S/137°E
	Maralinga Proving Ground (Austr.)	30°S/131°E
Frankreich	Sahara	27°N/0°
	Sahara	24°N/5°E
	Mururoa (Tuamotu Archipel)	21°S/137°W
	Fangataufa (Tuamotu Archipel)	21°S/137°W
China	Lop Nor (Sinkiang-Provinz)	40°N/90°E
Indien	Wüste Thar (Jaisalmer-Distrikt)	27°N/72°E

Anmerkung: Vom 16.07.1945 bis zum 30.06.1975 erfolgten 801 Nukleardetonationen mit einer Sprengkraft von insgesamt 325×10^6 t TNT-Äquivalenten.

Pazifik. Hinsichtlich möglicher biologischer Wirkungen verdienen jedoch das ^{90}Sr und ^{137}Cs mit einer Halbwertszeit (t) von rund 30 Jahren und die Plutoniumisotope (z.B. ^{239}Pu, $t = 24400$ Jahre) eine weitaus stärkere Beachtung als das ^{3}H.

Die Gesamtanzahl der Nukleartests wird gegenwärtig mit über 1200 angegeben, und Schätzungen weisen 50000 Nuklearwaffen aus, die in mehr als 24 Staaten gelagert sind. Die Abfälle aus dieser Produktion sind zu einem globalen Problem geworden. Die USA verklappten z.B. zwischen 1946 und 1970 auf 24 Positionen mit Wassertiefen zwischen 92 m und 5490 m im Pazifik (16 Stationen), Atlantik (6) und im Golf von Mexiko (2) mehr als 100000 Behälter radioaktiver Abfälle mit rund $4,3 \times 10^{15}$ Bq. Davon stammt ein großer Teil aus Abfällen des militärischen Bereichs. Über die von der ehemaligen UdSSR besonders im Nordpolarmeer verklappten Abfälle gibt es bisher nur erste Schätzungen, die jedoch bereits eine völlig neue Dimension der radioaktiven Belastung der Meeresumwelt erahnen lassen.

1987 waren etwa 450 U-Boote mit Nuklearantrieb weltweit im Einsatz. Davon erreicht ein großer Teil bis zur Jahrtausendwende die Grenznutzungsdauer. In Großbritannien, in den USA und auch in anderen Staaten wurde wiederholt die Möglichkeit ernsthaft in Betracht gezogen, die ausgedienten Schiffe komplett bzw. nach dem Ausbau der Antriebsreaktoren in die Tiefsee zu versenken. Das erscheint sehr viel billiger als die Lagerung an Land, die ein Zerlegen in sicher

4. Radioaktive Verunreinigung der Meere

verpackbare Teile oder das Einbetten und Verkapseln in meeresnahen Senken erfordern würde. Die 1987 auf den Weltmeeren nach Angaben des *Australian Peace Committees Peace Courier* vorhandenen 544 Atomreaktoren verteilten sich auf die UdSSR (342), USA (169), Großbritannien (19), Frankreich (9) und China (5). Von den weltweit stationierten Atomwaffen befanden sich nach gleicher Quelle im Dezember 1987 mit rund 16 000 etwa ein Drittel auf dem Meer. Neben dem gezielten Verklappen zumeist verpackter radioaktiver Abfälle ins Meer kam es im militärischen Bereich bereits mehrfach zu spektakulären Zwischenfällen, in deren Folge nach Schätzungen der Umweltorganisation *Greenpeace* ca. 50 Atomsprengköpfe und 9 Kernreaktoren auf den Meeresboden gelangten.

– 10. 03. 1956: Ein *B-47*-Bomber der USA stürzt mit 2 Atombomben in das Mittelmeer.
– Juni 1962: Durch einen Fehlschlag von 2 Raketenflügen gelangen 2 Atomsprengköpfe im Bereich der Johnston-Inseln (Pazifik) in das Meer.
– 10. 04. 1963: Das USA-Unterseeboot „*Thresher*" havariert vor Cape Cod im Nordatlantik (2600 m).
– Dezember 1965: Ein Kampfflugzeug rutscht 120 km vor den japanischen Ryukyu-Inseln mit einer Atombombe von Deck des Flugzeugträgers „*Ticonderoga*" ins Meer, wobei die Bombe beschädigt wird.
– 11. 04. 1968: Ein sowjetisches Unterseeboot geht 1 200 km nordwestlich von Hawaii mit 2 nuklearen Torpedos und 3 Nuklearraketen des Typs „*SS-N-5*" verloren.
– Im gleichen Jahr versinkt das USA-Unterseeboot „*Scorpion*" 640 km südwestlich der Azoren mit 2 nuklearen Torpedos und dem Kernreaktor in 3 050 m Tiefe.
– 12. 04. 1970: Ein sowjetisches Unterseeboot versinkt 540 km nordwestlich von Spanien im Atlantik.
– 06. 10. 1986: Ein sowjetisches Unterseeboot geht 1 000 km nordöstlich von Bermuda unter.
– 07. 04. 1989: Ein sowjetisches Unterseeboot havariert in der Norwegischen See ca. 250 km südwestlich der Bäreninsel (2 Reaktoren, 2 Torpedos mit Atomsprengköpfen).

Schätzungen gehen davon aus, daß mit einem nukleargetriebenen U-Boot Radioaktivität in der Größenordnung von $7,4 \times 10^{17}$ Bq auf den Meeresboden sinkt und sukzessive freigesetzt wird. Das entspricht etwa 40% der Menge, die durch den Chernobyl-Reaktorzwischenfall in die Umwelt gelangte ($18,5 \times 10^{17}$ Bq). Die Torpedos können in ihrem Nuklearkopf bis zu 10 kg Plutonium ($>93\%$ davon ^{239}Pu) bzw. ersatzweise 50 kg einer Mischung aus Plutonium und hoch ($>95\%$) mit ^{235}U angereichertem Uranium enthalten. Unter Anbetracht der auf Kriegsschiffen weltweit installierten Reaktoren und der Nuklearwaffen in den Arsenalen der Marine kann die Größenordnung der latenten Gefährdung der Meeresumwelt durch militärische Aktivitäten ermessen werden.

Gegenwärtig stellt jedoch die friedliche Nutzung des Kernbrennstoffzyklus die Hauptquelle für eine globale radioaktive Belastung der Umwelt und damit auch der Meere dar. Dieser Zyklus schließt die Förderung der Uranerze, Anreicherungsprozeduren, die Produktion der Brennstäbe, ihre Zerstrahlung in einem Reaktor und die Wiederaufbereitung bzw. die Lagerung der verbrauchten

Elemente ein. Bis zum Jahre 1988 haben die Kernkraftwerke weltweit zusammen bereits fast $12,5 \times 10^{15}$ Wh Elektrizität erzeugt. Das entspricht einem Äquivalent von etwa $4,9 \times 10^9$ t Kohle bzw. $2,9 \times 10^9$ t Erdöl. Trotz des Chernobyl-Zwischenfalls rechnet die Internationale Atomenergiebehörde (IAEA) zwischen 1987 und 2000 weltweit mit jährlichen Steigerungsraten von 3,8 bis 4,6% für die Kernenergieerzeugung. Diese Prognosen berücksichtigen mögliche Klimaveränderungen, die u.a. durch die Emission von etwa 20×10^9 t Kohlendioxid pro Jahr beim Einsatz fossiler Brennstoffe entstehen. (Ohne Kernenergie wäre z.B. 1987 der CO_2-Ausstoß um rund $1,6 \times 10^9$ t höher gewesen.)

Tabelle 4.2. Kernreaktoren und deren Leistung 1987 bzw. 1988

Staat	Anzahl der Reaktoren[1]	Leistung (MW)[2]	Anteil an Elektroenergiegew. (%)[3]
Argentinien	2	935	11,2 (19,1)
Belgien	7	5477	65,5 (59,3)
Brasilien	1	626	0,3 (0,6)
BRD	21	18947	34,0 (27,6)
Bulgarien	5	2585	35,6 (34,0)
CSSR	8	3207	26,7 (28,6)
DDR	5	1694	9,9 –
Finnland	4	2310	36,0 (33,3)
Frankreich	53	49378	69,9 (72,7)
Großbritannien	38	10214	19,3 (20,6)
Indien	6	1154	3,0 (1,8)
Italien	3	1273	– –
Japan	36	26877	23,4 (23,8)
Jugoslawien	1	632	5,2 (6,3)
Kanada	18	12142	16,0 (16,4)
Niederlande	2	507	5,3 (4,9)
Pakistan	1	125	0,6 (0,8)
Schweden	12	9646	46,9 (51,6)
Schweiz	5	2932	37,4 (40,0)
Spanien	9	6529	36,1 (35,9)
Südafrika	2	1842	7,3 (5,9)
Südkorea	7	5380	46,9 –
Taiwan	6	4918	41,0[4] –
Ungarn	4	1645	48,9 (48,4)
UdSSR	55	32919	12,6 (12,6)
USA	106	92982	19,5 (21,7)

[1] Anfang 1988 in Betrieb befindliche und Elektrizität produzierende Reaktoren (Summe: 417 Reaktoren; Ende 1988 gab es 429 Reaktoren, die weltweit fast 17% der gesamten Elektroenergie erzeugten)
[2] Gesamt-Nettokapazität an elektrischer Leistung (Summe: etwa 297 Gigawatt)
[3] Ende 1988 (in Klammern: 1991)
[4] nach Schätzungen der IAEA

4. Radioaktive Verunreinigung der Meere

In der Tabelle 4.2 werden für die Kernenergie erzeugenden Staaten der Anteil der Kernenergie an der Elektrizitätserzeugung sowie die Anzahl der Reaktoren und deren Leistung ausgewiesen.

Die Nutzungsdauer dieser Kraftwerke ist begrenzt, d.h., sie liegt in der Größenordnung von 30 Jahren. Ihre Demontage erfordert die Lagerung großer Mengen kontaminierten Stahls und Betons, z. B. etwa 18 300 m³ für einen 1 200 Megawatt-Reaktor.

Werden Zwischenfälle und Katastrophen ausgeklammert, ist die Belastung der Meeresumwelt durch den Betrieb der Kernkraftwerke, deren Kühl- und Abwässer schließlich den Ozean erreichen, insignifikant. Technologisch bedingt ist der

Tabelle 4.3. Jährliche Einleitungen von ^{134}Cs und ^{137}Cs bei Sellafield und La Hague (*Kautsky*, 1987, in 10^{15} Bq)

	Sellafield		La Hague	
	^{134}Cs	^{137}Cs	^{134}Cs	^{137}Cs
1970	251	1 154	14	89
1971	236	1 325	48	242
1972	215	1 285	6,1	33
1973	166	768	8,4	69
1974	997	4 061	9,0	56
1975	1 081	5 231	4,3	34
1976	738	4 289	6,5	35
1977	594	4 478	9,5	51
1978	404	4 088	7,8	39
1979	235	2 562	3,6	23
1980	239	2 966	3,9	27
1981	168	2 357	6,0	39
1982	138	2 000	8,4	51
1983	89	1 200		
1984	35	434		

Ausstoß von Radionukliden durch Wiederaufbereitungsanlagen wie BNFL (*British Nuclear Fuels Limited*) in Sellafield/Windscale, UKAEA (*United Kingdom Atomic Energy Authority*) in Dounreay (beide Großbritannien), CEA (*Comissariat a lEnergie Atomique*) bei Cap de La Hague (Frankreich) oder bei Tokaimura (Japan) weitaus höher. Deren ^{137}Cs-Abwasserfahnen können im Ozean über Tausende von Kilometern verfolgt werden.

In der Tabelle 4.3 werden für die Anlagen in Sellafield und La Hague für den Zeitraum 1970 bis 1984 jährliche Einleitungen aufgelistet. Daraus kann insbesondere die Bedeutung von Sellafield als Punktquelle von Radionukliden ermessen werden.

Aber auch für eine unkontrollierte Freisetzung künstlicher Radioaktivität aus dem Betrieb ziviler kerntechnischer Anlagen gibt es aus der Vergangenheit eine Reihe von Beispielen:

1957	Windscale – Reaktorbrand
1979	Three Miles Island (USA) – partielle Reaktorkernschmelze
1983	Sellafield – Einleitung in die Irische See
1986	Sellafield – Einleitung in die Irische See
1986	Chernobyl – Reaktorbrand

In der mehr als 40jährigen Geschichte der britischen Anlage in Sellafield – vormals Windscale – sind insgesamt jedoch über 300 Störfälle bekannt geworden. Bei dem Reaktorbrand von 1957 wurden mehr als 500 km² Landfläche massiv kontaminiert, wobei das wahre Ausmaß der Katastrophe der Bevölkerung mehr als 30 Jahre verschwiegen wurde.

Neben sukzessive außer Dienst gestellten Kernkraftwerken und dem Kernbrennstoffzyklus tragen Kernforschungszentren, Universitäten und Krankenhäuser durch den Einsatz und die Herstellung von Radioisotopen zu Abfällen mittlerer und geringer Aktivität bei. Solche „LLRW"-Abfälle (low level radioactive wastes) enthalten in der Regel weniger als 370 Bq/g bezogen auf eine Verunreinigung mit Transuranen. Seit 1967 nutzen westeuropäische Staaten für solche Abfälle in Übereinstimmung mit Richtlinien der IAEA und der LDC (London Dumping Convention) ein mehr als 4000 m tiefes Verklappungsgebiet im Bereich der Iberischen Tiefsee des Nordostatlantik, anfänglich ein 1°-Netzquadrat (42–43°N/14–15°W), seit 1977 ein Gebiet im Bereich der Koordinaten 45°50'-46°10'N/16°-17°30'W. Die von 1967 bis 1979 dorthin verbrachten Abfälle wiesen eine Aktivität von mehr als 22×10^{16} Bq auf, fast die Hälfte davon als ^{3}H. Obgleich wiederholte Untersuchungen des Verklappungsgebietes bisher keine Lecks, z.B. über erhöhte Konzentrationen an ^{137}Cs oder ^{90}Sr im Tiefenwasser, nachweisen konnten, hat vor allem aus Vorsorgegründen die Zahl der Staaten, die diese international legalisierte Form der Abfallbeseitigung betreiben, abgenommen.

Seit 1973 wird in den USA ein Projekt verfolgt, das die technischen Möglichkeiten und Umweltkonsequenzen der Deponie hochradioaktiven Abfalls (HLRW) unterhalb des Meeresbodens in geologisch inaktiven Gebieten prüft. Mehrere Staaten, insbesondere solche, deren geologische Bedingungen eine landseitige Endlagerung ausschließen, arbeiten an diesem Untersuchungsprogramm durch Austausch technischer Details mit (Japan, BRD, Großbritannien, Kanada, Niederlande, Frankreich, EG). Ein multiples Barrierenkonzept soll diese Abfälle mehr als 1 000 000 Jahre isolieren. Als Barrieren werden die Kanister aus Speziallegierungen (100 bis 1 000 Jahre), das umgebende Gestein, das darüberliegende Sediment und der Ozean angesetzt, die eine Aufnahme der freigesetzten Radionuklide in den biologischen Stoffkreislauf verhindern bzw. verzögern sollen. Die Idee scheint verlockend, da bestehende Richtlinien und Auflagen der LDC und IAEA nicht verletzt werden und andererseits die Sedimentation des roten Tiefseetons in Tiefen um 6 000 m in etwa der gleichen Größenordnung fortschreiten könnte wie die Diffusionsraten möglicherweise freigesetzter Radionuklide im Porenwasser.

4. Radioaktive Verunreinigung der Meere

Die durch den Menschen in den Ozean eingebrachten Abfälle liegen gegenwärtig insgesamt immer noch um Größenordnungen unter der natürlichen Radioaktivität. Diese Feststellung muß jedoch relativiert werden, da lokal, z. B. in Verklappungs- und Katastrophengebieten, oder im Bereich der Abfalleinleitungen von Wiederaufbereitungsanlagen, der anthropogene Anteil bereits überwiegen kann. Die Anlage in Windscale emittierte beispielsweise zwischen 1957 und 1978 rund $5,2 \times 10^{14}$ Bq ^{239}Pu und ^{240}Pu in den Ozean. In gleicher Größenordnung kann jedoch auch der Eintrag durch Einzelereignisse liegen. Der Zwischenfall vom April 1964 mit dem nukleargetriebenen US-Satelliten „*SNAP-9A*" trug mit $4,4 \times 10^{14}$ Bq ^{238}Pu zur globalen Meeresverunreinigung signifikant bei.

Der Chernobyl-Zwischenfall vom April 1986 brachte von $7 \cdot 10^{16}$ Bq ^{137}Cs etwa 5×10^{15} Bq in das Meer und führte dabei zu einer Erhöhung der ^{137}Cs-Belastung der Ostsee um den Faktor 18. Dieses Radionuklid wird unter normalen Betriebsbedingungen durch die acht an der Ostsee liegenden Kernkraftwerke, d. h. *Ringhals*, *Barsebäck*, *Oskarshamn* und *Forsmark* in Schweden, *Olkiluoto* und *Loviisa* in Finnland, *Leningradskaja* in der früheren UdSSR und durch *Greifswald-Lubmin* in der ehemaligen DDR (seit Ende 1990 außer Betrieb genommen), nur in der Größenordnung von maximal 10^{10} Bq pro Jahr eingetragen.

Eine Bestandsaufnahme der radioaktiven Abfälle, die sich gegenwärtig im Ozean befinden, weist $1,7 \times 10^{17}$ Bq ^{14}C, $4,4 \times 10^{17}$ Bq ^{90}Sr, $6,4 \times 10^{17}$ Bq ^{137}Cs und $1,6 \times 10^{16}$ Bq ^{239,240}Pu aus. Für ^{137}Cs lassen sich z. B. die in Tabelle 4.4 ausgewiesenen Aktivitäten für die einzelnen Teile des Weltmeeres berechnen.

Tabelle 4.4. Inventar der ^{137}Cs-Belastung

	Wasser	Sediment
	^{137}Cs (10^{15} Bq)	
Nordpazifik	210	4,8
Südpazifik	102	4,0
Nordatlantik	119	2,1 (+4*)
Südatlantik	28	3,6
Indik	86	3,7
Nördliches Eismeer	47	5,2
Mittelmeer	12	0,5
Karibik	11	0,6
Norwegische See	6,8	0,1
Grönlandsee	4,7	0,1
Beringmeer	4,6	0,2
Schwarzes Meer	1,8	0,2
Nordsee	0,9	1,0
Ostsee	0,5	0,05
Summe	640	30,15

* *durch Verklappen radioaktiver Abfälle*

Im Oktober/November 1990 wurde auf einer Beratung zur London Dumping Convention erstmalig eine umfassende Zusammenstellung der radioaktiven Abfälle vorgelegt, die verpackt, unverpackt oder in flüssiger Form als Punkteintrag zwischen 1946 und 1982 in das Weltmeer gegeben wurden. Die dabei eingebrachte Radioaktivität von rund 46×10^{15} Bq verteilt sich regional wie folgt:
- Nordostatlantik (15 Stationen, $42{,}31 \times 10^{15}$ Bq)
- Nordwestatlantik (11 Stationen, $2{,}94 \times 10^{15}$ Bq)
- Nordostpazifik (16 Stationen, $0{,}55 \times 10^{15}$ Bq)
- Westpazifik (5 Stationen, $0{,}02 \times 10^{15}$ Bq)

Mehrheitlich stammten diese Abfälle von zivilen und militärischen Kernkraftprogrammen und waren in Metallbehältern – ausgekleidet mit Beton oder Bitumen – eingeschlossen. Der Löwenanteil wurde durch die USA und Großbritannien beigesteuert. Im Pazifik wurden solche Abfälle von 3 Staaten (USA 97,1%, Japan 2,7%, Neuseeland 0,2%) und im Nordatlantik von 9 Staaten (Großbritannien 77,5%, Schweiz 9,8%, USA 6,5%, Belgien 4,7%, Frankreich 0,8%, Niederlande 0,7%, Deutschland/Italien/Schweden je < 0,01%) eingebracht.

Seit den frühen 80er Jahren gibt es international Bemühungen, ein Moratorium in Hinsicht auf das Verklappen radioaktiver Abfälle auf dem Meer zu erreichen. Besonders von seiten der USA, Großbritanniens, Japans und Frankreichs sträubt man sich, das gegenwärtig informelle Verbot solcher Praktiken in formale Politik umzumünzen. Man möchte sich offenbar die Option offenhalten, umfangreiche Abfälle von außer Dienst gestellten Kernkraftwerken und Unterseebooten kostengünstig zu entsorgen. Die am 22. 9. 1992 bei einem Treffen der „Oslo"- und „Paris"-Kommissionen auf Ministerebene gezeichnete neue Konvention zum „Schutz der Meeresumwelt des Nordostatlantik" schließt folgerichtig – besonders auf britischen aber auch französischen Druck hin – das Versenken solcher Abfälle im Meer nicht aus. Allerdings sichert ein Moratorium, daß solche Praktiken frühestens nach 15 Jahren ausgeübt werden können.

Für die vorhersehbare Zukunft wird der herkömmliche nukleare Brennstoffzyklus auch weiterhin die Hauptquelle einer radioaktiven Belastung des Weltmeeres durch den Menschen bleiben. Danach könnten die Abfälle aus Brutreaktoren, die sowohl das in der Natur nur mit 0,7% des Uraniums auftretende und bisher ausschließlich genutzte Radioisotop ^{235}U als auch das weitaus häufigere ^{238}U (99,3%) sowie ^{232}Th nutzen können, größeres Interesse erlangen. Die Anstrengungen sollten darauf konzentriert werden, die Möglichkeiten für ein sicheres Verbringen radioaktiver Abfälle in den Ozean zu prüfen und technisch abzusichern. Dazu müssen zuvor unbedingt die Prozesse untersucht werden, die für die Ablagerung von Bedeutung sein könnten, um unliebsame Überraschungen auszuschließen. Eine Reihe von Argumenten scheint eine Deponie der zwangsläufig in den nächsten Jahren weiterhin mit steigender Tendenz anfallenden radioaktiven Abfälle im Meer, am Meeresboden und darunter gegenüber einer Endlagerung auf dem Festland zu favorisieren. Dazu ist die häufig schnelle und weitgehend irreversible Bindung an Suspensionen und nachfolgende Ablagerung in den Sedimenten, der geringe Kontakt des Menschen mit dem Meer und das gewaltige dreidimensionale Verdünnungspotential zu rechnen. Größte Vorsorge muß jedoch getroffen werden, da anders als bei landseitigen Deponien beim Auftreten nicht vorhergesehener Störungen, z.B. einer weitaus schneller als vorausberechnet ablaufenden biogeochemischen Mobilisierung der Radionuklide, im Meer kaum Reparaturen oder Nachbesserungen mehr möglich sein werden.

5. Schwermetalle in Kompartimenten mariner Ökosysteme

Schwermetalle zählen seit mehr als 50 Jahren zu den vorrangigen aquatischen Schadstoffen, da
- ein großer Teil der durch technogene und natürliche Prozesse davon in die Umwelt gebrachten Mengen die Oberflächengewässer und schließlich das Meer erreicht,
- ihre Verbindungen zumeist Gifte mit akuter und/oder chronisch toxischer Wirkung sind,
- eine Anreicherung in Sedimenten stattfindet, diese Deponien aber wieder remobilisiert werden können und
- neben akuten Schädigungen aquatischer Ökosysteme eine Anreicherung über die Nahrungskette bis zum Menschen hin stattfindet.

Im Sprachgebrauch von Umweltforschern sind „Schwermetalle", abweichend von der exakten chemischen Bedeutung dieses Begriffs, eine Gruppe bereits in Spurenkonzentrationen ökotoxikologisch relevanter Elemente, dabei sowohl Metalle, Halb- und Nichtmetalle umfassend.

Abschätzungen zu den Eintragsraten in die Kompartimente der Umwelt zeigen, daß anthropogene Aktivitäten nun für viele Spurenmetalle zu den vorrangigen Quellen zu zählen sind. Es gibt bereits eine signifikante Verunreinigung der Süßwasserressourcen und eine zunehmende Anreicherung toxischer Metalle in der menschlichen Nahrungskette. Unter Berücksichtigung der Hauptquellen wie Kohle- und Ölverbrennung zur Elektroenergieerzeugung in der Industrie und im Haushalt, Metallurgie, Abfall- einschließlich Klärschlammverbrennung, (Phosphor-)Düngemittel- und Zementproduktion, Holzverbrennung und Kraftverkehr, wurden für das Jahr 1983 die durch den Menschen mobilisierten Metallmengen (in 10^3 t/Jahr) in einer Größenordnung von 120 (As), 30 (Cd), 2150 (Cu), 11 (Hg), 110 (Mo), 470 (Ni), 1160 (Pb), 72 (Sb), 79 (Se), 71 (V) und 2340 (Zn) abgeschätzt. Das dadurch freigesetzte Toxizitätspotential übersteigt dann tatsächlich das aller jährlich erzeugten radioaktiven und organischen Abfälle in Hinsicht auf die Wassermenge, die erforderlich ist, solche Abfälle auf entsprechend akzeptable Standards für Trinkwasser zu verdünnen.

Ein bedeutender Anteil der anthropogen freigesetzten Metalle erreicht das Weltmeer. Metalle sind jedoch auch natürliche Bestandteile des Meersalzes, die vor allem bei der Verwitterung des Gesteins und durch Vulkanismus aus der Erdkruste mobilisiert und dann mit Zuflüssen sowie über die Atmosphäre eingetragen werden. Extraterrestrische Quellen sind in bezug auf toxikologisch relevante Elemente insignifikant. Der Metalleintrag am Meeresboden, entweder durch Remobilisierung im Verlauf der Sedimentdiagenese oder im Bereich der untermeerischen Riftzonen, wo relativ frisch geformter Basalt unter „Reaktorbedingungen", d. h. bei hohem Druck (400–600 Bar) und hohen Temperaturen (200–400 °C) durch Meerwasser ausgelaugt wird, ist für viele Schwermetalle eine signifikante, bisher jedoch nur sehr grob quantifizierte Quelle.

Für Schwermetalle gilt eine starke Konzentrationsabhängigkeit ihrer Wirkungen. Die meisten von ihnen besitzen in geringen Konzentrationen eine essentielle Bedeutung zur Aufrechterhaltung von Lebensfunktionen in Pflanze, Tier und Mensch. Das betrifft auch bisher ausschließlich als „toxisch" apostrophierte Metalle wie Cd und Pb. Allerdings werden aufgrund ihrer durch anthropogene Mobilisierung geprägten Allgegenwart, die zumeist auch mit weit über natürlichen Hintergrundwerten liegenden Konzentrationen gekoppelt ist, nur noch selten Mangelsituationen in der Umwelt zu erwarten sein.

Zumeist spielt die Langzeitwirkung (chronische Toxizität, Mutagenität, Teratogenität, Cancerogenese, Immuntoxizität) bei Schwermetallen die wichtigste Rolle. Aus Literaturangaben läßt sich eine Toxizitätssequenz in Bezug auf verschiedene aquatische Organismen herausfiltern. Dabei wird die besondere Rolle von Elementen wie Hg, Ag, Cd oder Cu sichtbar (Tab. 5.1).

Tabelle 5.1. Toxizitätssequenz von Metallen

Organismen	Metallsequenz
Algen	Hg > Cu > Cd > Fe > Cr > Zn > Co > Mn
Anneliden	Hg > Cu > Zn > Pb > Cd
Crustaceen	Hg > Cd > Cu > Zn > Pb > Co > Ni
Schwämme	Ag > Hg > Cu > Cd > Cr > Ni > Pb > Co > Zn > Fe
Fische	Ag > Hg > Cu > Pb > Cd > Al > Zn > Ni > Cr > Co > Mn > > Sr
Säugetiere	Ag,Hg,Cd > Cu,Pb,Co,Sn,Be > > Mn,Zn,Ni,Fe,Cr > > Sr > Cs,Li,Al

Für einige aufgrund ihrer Toxizität und ihrer gleichzeitig auch relativ hohen technogenen Mobilisierungsrate prioritäre Schwermetalle soll nachfolgend ein kurzer Abriß ihrer Verunreinigungsgeschichte aus Sicht der Meeresumwelt gegeben werden. Das Element Silber bleibt dabei ausgeklammert, da seine Konzentrationen im Meerwasser extrem gering sind und bisher praktisch keine zuverlässigen Meßwerte zur Charakterisierung der einzelnen marinen Umweltkompartimente existieren.

5.1 Quecksilber

Quecksilber kommt ubiquitär vor. Eine der natürlichen Quellen bilden Vulkane. Bereits im alten China wurde Hg als Metall oder in Form des Zinnobers (HgS) als Medizin zur Verlängerung des Lebens bzw. zur Herstellung roter Tinte eingesetzt. Auch bei den Hethitern, Hindus, Ägyptern und Assyrern des Altertums war Hg in Anwendung. Im 5. Jahrhundert vor unserer Zeitrechnung verwendeten die Griechen Zinnober als Pigment, und im 1. Jahrhundert war die thermische Freisetzung des Metalls aus HgS durch Rösten bekannt. Elementares Quecksilber wurde jahrhundertelang – zum Teil bis in die heutige Zeit hinein (Venezuela) – zur Edelmetallabtrennung (Au, Ag) aus Erzen eingesetzt. Die Minenarbeiter des Mittelalters hatten u. a. deshalb nach Aufnahme ihrer Tätigkeit nur noch eine mittlere Lebenserwartung von etwa einem halben Jahr. Bis ins 19. Jahrhundert wurden Hg und seine Verbindungen zur Bekämpfung von Krankheiten – u.a. Syphilis – eingesetzt, obgleich seine toxischen Eigenschaften bereits im 16. Jahrhundert durch *Paracelsus* dokumentiert wurden.

Eine aus Umweltsicht besonders bedenkliche anthropogene Freisetzung des Hg in die Umwelt begann mit der industriellen Revolution. Seit 1892 die Chloralkalielektrolyse eingeführt wurde und seit 1900 Organo-Hg-Verbindungen als Fungizide („Chlorphenolquecksilber") zur Saatgutbehandlung (Weltverbrauch 1948 bis 1972: 53000 t) und von etwa 1950 an auch als Antischleimmittel Verwendung fanden, kam es zu zunächst wenig beachteten Anreicherungen in der Umwelt. Seit den 50er Jahren weisen dann auch zahlreiche Untersuchungen, zuerst aus Japan und Schweden, auf das damit korrelierte Gefährdungspotential hin.

1956 wurden Symptome einer neuen Krankheit in der Stadt Minamata (Kumamoto-Präfektur, Japan) beobachtet. Als Ursache dieser „*Minamata-Krankheit*" wurde nach sorgfältigen Untersuchungen eine Vergiftung durch Methylquecksilberverbindungen identifiziert. Große Mengen an Hg-Verbindungen waren mit industriellen Abwässern aus der Vinylchlorid- und Acetaldehydproduktion der *Chisso Corporation* in die Gewässer gelangt. Nach Bioakkumulation in Fischen und Schalentieren kam es zu den Schadensfällen. Etwa 2000 Personen waren von ernsten Vergiftungen betroffen, wovon 43 starben und etwa 700 permanent deutliche Schäden erlitten. 1965 wurden in Japan (Agano-Fluß, Niigata-Präfektur) erneut Opfer einer Vergiftung durch Methylquecksilber gefunden. In diesem Fall lag die schadensverursachende Fabrik allerdings etwa 60 km flußaufwärts und nicht direkt am Meer.

Quecksilberchlorid wurde in den genannten Fabriken als Katalysator für die Acetaldehydproduktion eingesetzt. Bei der Produktion einer Tonne Acetaldehyd gingen 0,3 bis 1 kg Hg verloren, 5% davon als Methyl-Hg. Die Folge waren Hg-Gehalte im Sediment der Minamata-Bucht bis zu 200 µg/g. Algen enthielten bis zu 5, Schalentiere 10–39 und Fische 10–55 µg Hg pro Gramm Trockenmasse, zumeist als hoch toxisches Methylquecksilber. Schätzungen gehen davon aus, daß

5.1 Quecksilber

von 1932 bis 1971 mehr als 150 t Hg in die Bucht gelangten. Der überwiegende Anteil davon ist in den Sedimenten als Sulfid fixiert. Zum Ausbaggern, Deponieren und Abdecken der mehr als 10^6 m³ belasteten Sediments wurden 1978 mehr als 100 Millionen US-Dollar veranschlagt.

Gelöstes Quecksilber kann im Meerwasser in einer Vielzahl chemischer Formen existieren. Thermodynamische Berechnungen zeigen, daß in rein anorganischen Modellösungen Chlorokomplexe dominieren ($HgCl_4^{2-}$ 65,8%; $HgCl_3Br^{2-}$ 12,3%; $HgCl_3^-$ 12,0%; $HgCl_2Br^-$ 4,3%; $HgCl_2$ 3,0%; $HgClBr$ 1,1%; $Hg(OH)Cl$ 0,2%). Im Brackwasser von Ästuargebieten und Nebenmeeren dominiert bei pH-Werten um 8 dagegen $Hg(OH)_2$ (93,7%). Weniger als ein Millionstel der Gesamtkonzentration lassen diese Modelle unter oxischen Bedingungen in elementarer Form zu. Organische Verbindungen wie Amino-, Fulvo- und Huminsäuren und das Methylradikal können die Spezifizierung des Hg unter bestimmten Bedingungen allerdings ebenfalls maßgeblich prägen. Die hohe Affinität des Hg zu organischem Material scheint dazu zu führen, daß in produktiven Seegebieten möglicherweise über 90% als Humate/Fulvate oder in ähnlichen gelösten bzw. kolloidalen Formen existieren. Es gibt auch Hinweise darauf, daß das Phytoplankton, z.B. in den hochproduktiven Wasserauftriebsgebieten, in der Lage ist, Quecksilber aus dem Meerwasser in elementare Form zu überführen und dadurch zu verflüchtigen, wobei das Hg(0) etwa 2–12% der Gesamtkonzentration erreichen kann. In suboxischen Gewässern kann Hg(0) sogar eine der Hauptformen sein, während unter anoxischen Bedingungen HgS ausfällt. Stark reduzierendes Milieu kann eine teilweise Wiederauflösung als Polysulfid ($HgS_n^{(n-2)-}$) verursachen.

Es gibt bisher kaum Analysenmethoden, die einen direkten Nachweis der oben genannten und zumeist aus Mikrokosmosexperimenten abgeleiteten Quecksilberformen im Meerwasser ermöglichen. Man verwendet deshalb häufig methodenorientierte Begriffe für die Spezifizierung des Quecksilbers wie „reaktiv", „leichtreduzierbar" oder „Gesamt-Hg". „Reaktives Hg" umfaßt anorganische und die labilen organischen Quecksilberformen. Die Differenz zum „Gesamt-Hg" bilden relativ stabile Verbindungen mit dem o.g. organischen Material, das vor einer Gesamtbestimmung zumeist durch UV-Bestrahlung oder Behandlung mit Brom bzw. Kaliumpermanganat oxidativ abgebaut werden muß. Im Ozean ist die Hauptmenge, d.h. 0,1 bis 2 ng Hg/l, zumeist „reaktiv", wobei die Konzentrationen im Nordatlantik etwa doppelt so hoch sind wie im Nordpazifik. Diese Differenz scheint den höheren Eintrag in den Atlantik, auch reflektiert durch die höheren Quecksilberkonzentrationen im Regenwasser, zu charakterisieren. Im Pazifik konnte außerdem eine Abnahme der Konzentrationen von Norden nach Süden aufgezeigt werden. Die vom Verhalten anderer Schwermetalle deutlich abweichenden Eigenschaften des Quecksilbers werden u.a. daraus ersichtlich, daß sich anscheinend ein dynamisches Gleichgewicht zwischen den Konzentrationen im Meer und in der Atmosphäre einstellt, das über den direkten

Gasaustausch, über Niederschläge und über Hg-Emissionen im Zusammenhang mit der Produktion des Phytoplanktons und daraus resultierenden Übersättigungen des Oberflächenwassers mit Hg(0) realisiert wird. Profile der Hg-Konzentrationen in der Wassersäule des offenen Ozeans wiesen z. B. im Bereich der thermischen Sprungschicht ein Konzentrationsmaximum von 2,4 ng/l auf, das dem lateralen Transport Hg-reicher Wassermassen aus höheren Breiten zugeschrieben wurde.

Gegenüber vielen anderen Spurenmetallen zeigt Quecksilber kein „Nährstoffverhalten", d.h., es findet keine Remobilisierung in der Wassersäule nach der Akkumulation im Plankton der euphoten Schicht statt. Dementsprechend kurz ist seine Verweilzeit im Ozean (etwa 350 Jahre) bzw. in Nebenmeeren wie der Ostsee (etwa 0,2 bis 0,4 Jahre).

Die Küstengewässer (0,5–10 ng/l) weisen im Vergleich zum offenen Ozean teilweise nur wenig höhere Hg-Konzentrationen in gelöster Form auf. Ausnahmen davon wurden beispielsweise im Mittelmeer aufgrund der dort anzutreffenden außergewöhnlichen geologischen Verhältnisse im Wassereinzugsgebiet beobachtet. In Küstengewässern nimmt der Anteil „reaktiver" Hg-Formen am Gesamtgehalt (60–70%) gegenüber dem offenen Ozean (ca. 90%) deutlich ab. Hohe Quecksilberkonzentrationen in unfiltriertem Wasser reflektieren die Bedeutung suspendierter Fraktionen. Das suspendierte Material ist in Abhängigkeit von seiner Herkunft (terrigen, biogen, authigen, anthropogen) häufig mit etwa 0,1 bis 2 µg Hg/g beladen.

Trotz der potentiellen Bedeutung einer Remobilisierung sind Sedimente die Hauptsenke für das Quecksilber in der Meeresumwelt. Außer in Zonen mit hydrothermaler Aktivität oder mit Zinnoberlagerstätten weisen Sedimente ohne anthropogene Beeinflussung Hg-Gehalte zwischen etwa 20 und 60 ng/g auf. Während der letzten Jahre haben die Gehalte in einigen Neben- und Randmeeren teilweise auf das etwa 10fache, im Bereich industrieller Punktquellen noch stärker, zugenommen.

Die Quecksilbergehalte in Meeresorganismen schwanken in weiten Grenzen, d.h. von rund 10 ng/g bis zu mehreren µg/g. Die Bioakkumulation ist vorwiegend das Resultat der stabilen Assoziierung zwischen Eiweißmolekülen und Methylquecksilber. Die Fraktion des methylierten Hg am Gesamtgehalt hängt dabei von der Position der jeweiligen Organismen in der Nahrungskette ab. Im Gewebe der Fische liegt der Anteil des Methyl-Hg bereits bei 70–90%. Quecksilber ist eines der wenigen Metalle, die eindeutig über die Nahrungskette angereichert werden, d.h. daß z. B. von Fried- zu Raubfischen und mit dem Alter der Organismen auch die Hg-Gehalte ansteigen. Extrem hohe Gehalte können demzufolge die Gewebe von Meeressäugern aufweisen. Es wurde versucht, diese Maxima mit Krankheiten, Nahrungsmangel oder vorwiegendem Aufenthalt in verunreinigten Meeresgebieten zu erklären. Den bisherigen „Weltrekord" bezüglich seines Hg-Gehalts hält vermutlich der Mörderwal *(Orcinus orca)*. Während früher als Maximum

5.1 Quecksilber

500 µg/g für Leberwerte dieses Tieres galten, gab es 1990 einen Bericht über ein etwa 15 bis 16 Jahre altes Exemplar – tot aufgefunden im April 1989 in Long Beach/Vancouver Island (Kanada) – mit einem Leberwert von 1 272 µg/g, d. h. fast 0,13%. Untersuchungen haben gezeigt, daß in der Leber von Meeressäugern das Quecksilber als Selenid (HgSe, *Tiemannit*) in Form chemisch nicht reaktiver Granulate vorliegt. Auch die Gefahr einer Intoxikation beim Verzehr solcherart mit Hg angereicherter Gewebeteile wird dadurch stark herabgesetzt.

Quecksilber kann in Sedimenten biologisch methyliert werden. Die Methylierungsrate wird vom pH- und E_h-Wert sowie von der Chloridkonzentration im Porenwasser beeinflußt. Ein leicht anoxisches Milieu ist optimal für die Methylierung. Sie läuft jedoch auch unter suboxischen und oxischen Bedingungen ab. Hohe Sulfidkonzentrationen führen dann allerdings zum Abbau des Methylquecksilbers unter HgS-Bildung. Auch im Wasserkörper und in den Eingeweiden von Fischen wird in begrenztem Umfang eine Methylierung vermutet.

In Abb. 11 werden die Haupttransportwege für das Hg zwischen einzelnen geochemischen Reservoiren aufgezeigt. Natürliche und anthropogene Emissionen des Quecksilbers vom Festland, besonders aus der Verbrennung von Öl, Erdgas, Kohle und aus der Zementindustrie, erfolgen danach vorwiegend in der Form von Hg(0). Der Gasaustausch zwischen Meer und Atmosphäre vollzieht sich über

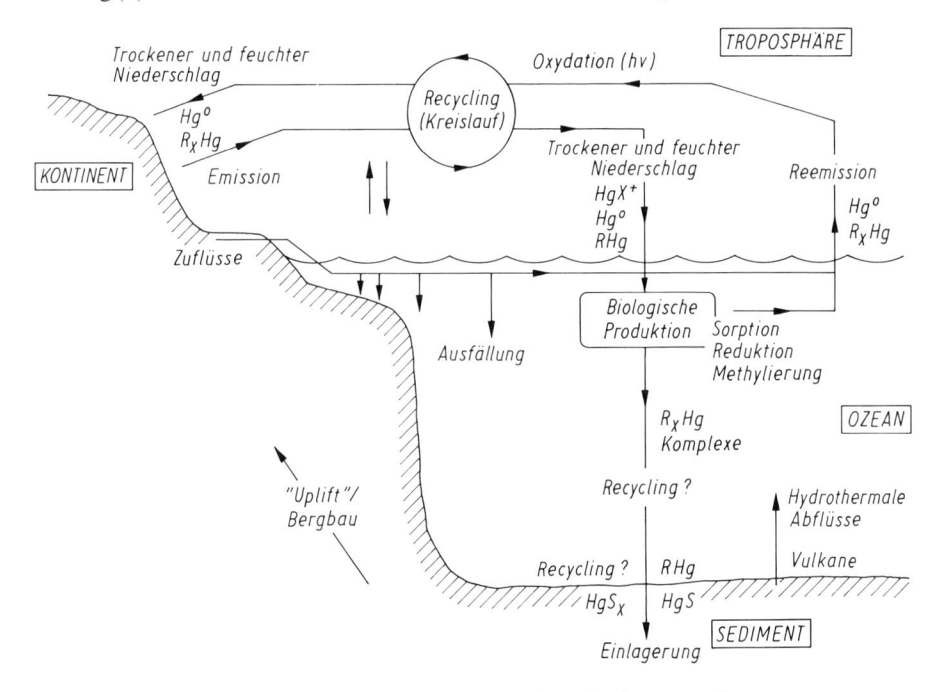

Abb. 11. Transportwege und Formen des Quecksilbers in der Umwelt

das Hg(0) und das Dimethylquecksilber ($(CH_3)_2Hg$). Die Photooxidation dieser Metallformen in der Atmosphäre überführt sie in mehr lösliche ionische Spezies, die mit Niederschlägen den Ozean erreichen. Im Vergleich zum atmosphärischen Hg-Eintrag in den Ozean scheint der an Zuflüsse gebundene von sekundärer Bedeutung.

In euphoten Zonen wird der Vorrat gelöster Quecksilberformen im Wasser durch Phytoplankton- und bakterielle Produktion über Sorption, Reduktion zu Hg(0) und/oder Methylierung beeinflußt. Ein Teil der dadurch gebildeten partikulären Quecksilberformen wird auf höhere Glieder der Nahrungskette übertragen und schließlich mit Fäkalpellets oder anderem Detritus abgelagert. In den Sedimenten kann eine Remobilisierung über Methyl-, Polysulfid- oder andere Formen erfolgen. HgS wird in den anoxischen Sedimentschichten abgelagert. Hydrothermale und Bergbauaktivitäten stellen ergänzende Eintragswege des Hg in seinem globalen Kreislauf dar.

Bereits seit 1975 gibt es Versuche einer globalen Massenbilanzierung für Hg. Die in Tabelle 5.2 vorgeschlagene Bilanz leidet wie frühere noch am Fehlen einer ausreichend zuverlässigen Datenbasis. Sie sollte deshalb allenfalls als Grobabschätzung verstanden werden, von der zu hoffen ist, daß sie etwa die Größenordnung der einzelnen Bilanzgrößen reflektiert. Allerdings ist gegenüber früheren Abschätzungen anzumerken, daß hier der gesamte Quecksilberfluß über die Atmosphäre weitaus niedriger eingeschätzt wird. Somit gewinnen sowohl der mit relativ hoher Zuverlässigkeit abschätzbare anthropogene Anteil an der globalen Emission als auch die Rolle des Ozeans als Hg-*Quelle* an Bedeutung.

Tabelle 5.2. Grobabschätzung zu globalen Hg-Flüssen (in 10^3 t/a)

– Anthropogene Emissionen	2,5
– Natürliche Hintergrundemission	5,5
	8,0
– Niederschläge	
feucht	4,0
trocken	4,0
	8,0
Vorindustrielle Niederschläge und Emissionen	**2–10**
Flußeintrag	**0,5**
Sedimentation	**3,5**

Für das Mittelmeer wurde die in Tabelle 5.3 vorgestellte Teilbilanz publiziert. Im Ökosystem sind dort nach Abschätzungen von *Bacci* (1989) 7 739 t Hg verteilt, davon 3 700 t im Wasser, 185 t in Suspensionen, 104 t in Fischen und Schalentieren sowie 3 750 t in den Sedimenten. Daraus resultiert eine Verweilzeit von 30 bis 35 Jahren.

Tabelle 5.3. Hg-Bilanz für das Mittelmeer (*Bacci*, 1989; in t/a)

Eintrag
– Atlantikwasser	50
– Zuflüsse und Abwässer	35
– atmosphärischer Niederschlag	150
– Mobilisierung aus dem Sediment	4
	239

Senken
– Emission in die Atmosphäre	150
– Sedimentation	75
– Entnahme mit lebenden Ressourcen	0,3
	225,3

Obgleich sich Hg unzweifelhaft in marinen Nahrungsketten anreichert, gibt es nur in begrenztem Maße eindeutige Beweise toxischer Wirkungen. Die Mehrzahl solcher Effekte tritt erst bei Konzentrationen um 1 µg/l ein, d. h. bei etwa 1 000fach höheren Werten als der ozeanische Hintergrund und noch mindestens 100fach über Werten für deutlich verunreinigte Seegebiete. Die Quecksilbergehalte in aquati schen Organismen sind – arten- aber auch standortabhängig – fallweise aufgrund des Eintrags über zumeist diffuse Quellen zum Teil erhöht. Eine kausale Verbindung zu großflächigen biologischen Effekten konnte dabei jedoch bisher nicht hergestellt werden.

In Hinsicht auf Gesundheitsgefährdungen ist Methyl-Hg, wie die *Minamata-Krankheit* zeigte, ein Gift für das zentrale Nervensystem. Die Haupteintragsroute verläuft für Menschen über den Verzehr von Fisch. Abschätzungen zu Dosis/Wirkungs-Beziehungen kommen zu dem Ergebnis, daß bei einem Erwachsenen mit einer täglichen Hg-Aufnahme von 50 µg das Risiko für Krankheitssymptome bei weniger als 1% liegt. Dieses Risiko erhöht sich bei 200 µg/Tag auf etwa 8%. Die WHO hat für erwachsene Personen vorläufig eine maximale wöchentliche Aufnahmerate von 300 µg Gesamt-Hg bzw. 200 µg Methyl-Hg empfohlen. Zum Schutz Schwangerer und Kinder sind zusätzliche Restriktionen vorgeschlagen worden.

Die analytische Bestimmung von Hg in Meeresumweltproben erfolgt noch überwiegend durch Atomabsorptionsspektroskopie (AAS). Der nach Aufschluß der Proben, Matrixabtrennung, Voranreicherung (zumeist durch Amalgambildung an Edelmetallkollektoren oder durch Akkumulation in Tieftemperaturfallen) und erneutem Freisetzen erzeugte Quecksilberdampf wird zur Bestimmung durch eine Absorptionszelle geleitet. Die extrem niedrigen Nachweisgrenzen, die mit geringem apparativem Aufwand zu erreichen sind, ermöglichen in der Regel eine zuverlässige Bestimmung des Quecksilbers in allen oben erwähnten Umweltkompartimenten. Daneben sind Atomemissionsverfahren in Anwendung, z. B. mit Mikrowellen-induzierten Gasplasmen. Fortschritte in der Atomfluoreszenz haben bei ähnlicher Probenvorbereitung bis hin zur Erzeugung des Hg-Dampfes eine echte Alternative zu den etablierten AAS-Techniken eröffnet. Der Einsatz massenselektiver Detektoren für die Quantifizierung der im ICP-Inertgasplasma erzeugten Quecksilberatome wird wie die Neutronenaktivierungsanalyse aufgrund des hohen apparativen Aufwands demnächst kaum Eingang in die marine Routineumweltanalytik finden, die zum Teil auf an Bord von Forschungsschiffen einsetzbare Geräte angewiesen ist.

5.2 Cadmium

Cadmium ist u.a. für den Menschen eines der toxischsten Metalle. Die akute Toxizität nach Cd-Aufnahme mit der Nahrung oder über die Atemwege sowie chronische Wirkungen sind seit mehreren Jahrzehnten bekannt. Die erstmals 1947 an fast 50 Personen in der Toyama-Präfektur am Jintsu-Fluß (Japan) registrierte rheumaähnlich beginnende und häufig qualvoll endende *„Itai-Itai-Krankheit"* forderte bis zur Mitte der 60er Jahre schätzungsweise 100 Todesopfer und wurde erst 1961 als Intoxikation mit Cadmium erkannt.

Cadmium ist in der Erdkruste weit verbreitet, zählt jedoch nach seinem Vorkommen mit etwa 0,5 µg/g zu den seltenen Metallen. Es kommt häufig als Begleiter des Zinks vor und wird überwiegend bei der Verhüttung solcher Erze – vor allem *Sphalerit* (ZnS), aber auch *Zinkspat* ($ZnSO_4$) mit 0,1 bis 0,5% Cd-Anteilen – kommerziell gewonnen. Cadmium wurde als Element bereits 1817 im *Smithsonit* ($ZnCO_3$) entdeckt, kommt aber erst seit etwa 1950 in größeren Mengen zur Anwendung. Angaben zur jährlichen Weltproduktion schwanken zwischen etwa 15 000 t und 19 000 t. Die im 20. Jahrhundert insgesamt produzierte Menge wird auf etwa 750 000 t geschätzt.

Traditionell wurden 40–50% des Cd zum Korrosionsschutz für andere Metalle („Cadmieren") eingesetzt. Die tiefe Farbigkeit von Verbindungen, z.B. des CdS, wird bei ihrem Einsatz als Pigmente in Anstrichstoffen, Tinten, Plasteerzeugnissen u.ä. genutzt (ca. 20%). Daneben findet Cadmium als Stabilisator von Plasten, besonders von PVC (10–15%), als Legierungsbestandteil (5–10%), in Batterien und für die Halbleiterindustrie (3–5%), in der Kernreaktortechnik für Brems- und Regelstäbe, zur Gummihärtung sowie zur Herstellung von Fungiziden Anwendung.

Schätzungen gehen davon aus, daß nur etwa 10% des Cadmiums, das in den o.g. Produkten enthalten ist, zurückgewonnen werden. Der überwiegende Anteil gelangt relativ diffus in die Umwelt, u.a. durch
 – Herstellung und Einsatz von Phosphordüngemitteln (Phosphatgesteine enthalten bis zu 100 µg Cd/g),
 – Klärschlämme (bis 30 µg Cd/g) und deren Verbrennungsabprodukte,

5.2 Cadmium

- Einsatz fossiler Brennstoffe (Kohle: 0,25–5 µg Cd/g, Heizöl: ca. 0,3 µg Cd/g),
- Abrieb von Autoreifen (enthalten im Aushärtebeschleuniger (Zinkoxid) das Cd als Verunreinigung mit 20–90 µg/g),
- Abgase, Flugstäube, Schlämme und Abwässer aus der Verhüttung von Zink- und Bleierzen, aus der Cd-Produktion sowie aus der Eisen- und Stahlindustrie,

Auflösen der Schutzüberzüge cadmierter bzw. verzinkter Gegenstände im Verlauf von etwa 4 bis 10 Jahren nach ihrer Herstellung und durch

- Abwässer aus der Galvanotechnik (100–500 mg Cd/l).

Natürliche Emissionen von Cadmium in die Atmosphäre sind mit Vulkanausbrüchen, mit Waldbränden und winderzeugten Stäuben verbunden.

Da Cadmium in der Umwelt sehr mobil ist, gelangt es zu einem großen Anteil in das Meer. Von den rund 6000–8000 t, die den Ozean jährlich erreichen, sind etwa 50% anthropogenen Ursprungs. Eine der publizierten Cadmiumbilanzen weist die in Tabelle 5.4 enthaltenen Massenflüsse aus.

Tabelle 5.4. Massenfluß des Cd in der Meeresumwelt (in 10^3 t/a)

Eintrag

– Zufluß vom Festland	
gelöst	3,5
partikulär	1,1
– Atmosphäre	
gelöst bzw. leicht löslich	3,2
partikulär	0,1
	7,9

Sedimentation

– auf dem Kontinentalschelf	2,3
– in der Tiefsee	0,6
	2,9

Da nach dieser Massenbilanz der Eintrag die Senken um das etwa 2,5fache übersteigt, ist von einer ständigen Zunahme des im Meer vorhandenen Cd-Vorrats auszugehen.

Physikochemische Modellrechnungen zur Elementspezifizierung des Cd im Süß- und Brackwasser weisen z.B. freie Cd^{2+}-Ionen (66%), daneben $CdCO_3$ (26%), $Cd(OH)_2$ (5%), $CdCl_2$ (1%) und $CdSO_4$ (1%) aus. Im Meerwasser werden dagegen Chloridkomplexe bevorzugt. Entgegen den Vorhersagen aus den Modellrechnungen liegt offenbar in Küstengewässern, Ästuarien und im Brackwasser (Ostsee) ein hoher Anteil des Cadmiums in biologisch weniger verfügbaren Formen, wie z.B. im Komplex mit organischen Liganden, oder auch mit partikulärem Material assoziiert, vor. Das kann dazu führen, daß das Plankton und damit auch Vertreter der Folgeglieder der Nahrungskette aus den zuletzt genannten Gebieten trotz höherer Cd-*Gesamtkonzentrationen* im Wasser geringere Cd-Gehalte in ihrem Gewebe aufweisen als Organismen aus dem weit weniger anthropogen belasteten küstenfernen Ozean. Die Cadmiumgehalte des Phyto- und Zooplanktons liegen in der Regel um und deutlich unter 2 µg/g Trockenmasse. In Ausnahmefällen wurden allerdings auch Werte bis zu 6 µg/g registriert.

Eine Reihe von Untersuchungsergebnissen scheint also zu belegen, daß die Verfügbarkeit gelöster anorganisch-ionischer Cd-Formen in Gegenwart natürlicher (Planktonexsudate, Fulvo- und Humussäuren) oder künstlicher Komplexbildner (NTA, EDTA) deutlich abnimmt. Aber es gibt dazu auch widersprüchliche Resultate, die das Gegenteil zu demonstrieren scheinen. Das weist auf Kenntnislücken zur *in-situ-Spezifizierung* dieses Schwermetalls hin, zu seinen toxischen Wirkungen und zu den Aufnahmemechanismen durch marine Organismen.

Der Transport und die Verteilungsmuster des Cadmiums im Ozean werden hauptsächlich durch seine biologische Aktivität bestimmt. Phytoplanktonorganismen akkumulieren dieses nicht als „essentiell" ausgewiesene Schwermetall und entziehen es dadurch der euphoten Schicht. Von dem absinkenden marinen biogenen Detritus wird das Cd proportional der Regenerierung von Nährstoffen wie Phosphat und Nitrat freigesetzt. Es bilden sich dadurch sehr deutliche vertikale Konzentrationsgradienten aus, die von kaum meßbaren Spurenmengen im Oberflächenbereich während Zeiten hoher organischer Produktion bis zu relativ gleichbleibend höheren Konzentrationen, ab etwa 1 km Tiefe bis zu 100 ng/l, ansteigen. Für den Pazifik wurden demgemäß etwa folgende Atom-

$$(Cd : P : N = 0{,}00035 : 1 : 15{,}2)$$

bzw. Massenverhältnisse

$$(Cd : P : N = 0{,}0013 : 1 : 6{,}9)$$

vorgefunden. Die sehr wirksame Cd-Akkumulation im Plankton reduziert z. B. im Nordostatlantik die Aufenthaltszeit dieses Elements im Oberflächenwasser auf

Tabelle 5.5. Typische Cd-Gehalte in Umweltproben

Flußwasser	10	– 100 ng/l
Meerwasser (Küste)	10	– 200 ng/l
Meerwasser (offener Ozean)	0,2	– 200 ng/l
Regen/Schnee	10	–1 000 ng/l
Meeressedimente	0,4	(0,2–2,0) µg/g
Eruptivgesteine	0,1	– 0,3 µg/g
Sedimentgesteine	0,04–	4 µg/g

5.2 Cadmium

etwa einen Monat. Für den gesamten Ozean wurden Residenzzeiten um 100 000 Jahre angenommen. Die Tabelle 5.5 gibt eine Übersicht zu typischen Cd-Gehalten in verschiedenen Kompartimenten der Meeresumwelt und angrenzender Bereiche.

Relativ hohe Cadmiumgehalte, bis 10 µg/g, wurden in verklapptem Baggergut nachgewiesen. Aber auch in marinen Sedimenten kann Cd aufgrund natürlicher Akkumulationsprozesse in Gehalten bis zu 50 µg/g und mehr auftreten. Das betrifft z. B. organogene Schlämme auf dem Schelf des Wasserauftriebsgebietes vor Südwestafrika (Namibia, vor Walvis Bay). Die hohe Phytoplanktonproduktion, vor allem von Kieselalgen, und die relativ geringen Wassertiefen führen hier dazu, daß vorwiegend am Meeresboden große Mengen organischen Materials mineralisiert werden müssen, wobei fallweise der Sauerstoff völlig aufgezehrt wird. Im anoxischen Milieu wird dann offenbar das von den Diatomeen akkumulierte Cadmium bleibend abgelagert und erreicht Spitzenwerte um 60 µg/g Trockenmasse, wie von mehreren Autoren relativ unabhängig voneinander nachgewiesen wurde.

Prinzipiell ist davon auszugehen, daß das in Sedimenten enthaltene Cd bis auf die im Silikatgitter fixierten Fraktionen bei Änderungen der Milieubedingungen remobilisierbar ist. Das weist auf Gefährdungen hin, die bei der Belüftung anoxischer Sedimente infolge natürlicher Prozesse (Austausch gegen sauerstoffhaltige Wassermassen in Bodennähe) oder bei Sanierungsmaßnahmen wie Tiefwasserbelüftung mit einer Aufwirbelung schlammhaltiger Sedimente eintreten können.

Der Eintrag von Cadmium in das Meer erfolgt außer durch Remobilisierung aus dem Sediment auch über die Atmosphäre, durch Zuflüsse vom Festland und durch Verklappen metallreicher Abfälle. Die natürlichen Hintergrundkonzentrationen von Cd in der marinen Atmosphäre – überwiegend in der partikulären Feinkornfraktion von Aerosolen auftretend – liegen teilweise um nur 0,1 ng/m³, für große Areale des Ozeans sogar deutlich darunter. Der Cd-Gehalt in diesem Material ist häufig mehr als 100fach höher als im Erdkrustenmaterial. Das betrifft insbesondere solche Luftmassen, in denen die für die gemessenen Cd-Gehalte verdünnend wirkenden und zumeist auch rascher sedimentierenden Mineralstäube weitgehend fehlen.

Der Eintrag von Cd mit den Zuflüssen vom Festland reflektiert die anthropogene Belastung des Wassereinzugsgebietes. Dementsprechend weit ist das Spektrum der Konzentrationen im Flußwasser, das von Hintergrundkonzentrationen (10–100 ng/l) bis zu extrem hohen Werten (etwa 1–10 µg/l), z. B. in der Elbe oder in einigen britischen Flüssen, reicht. Dabei ist jedoch zu berücksichtigen, daß hierbei partikuläre Formen, die im Ozean in der Regel weitaus weniger als 10% der Gesamtkonzentration bilden, dominieren können. Im Ästuar kommt es bei dem hohen Angebot von Chloridionen sowohl zur Desorption unter Ausbildung löslicher Komplexe, besonders $CdCl^+$, $CdCl_2$ und $CdCl_3^-$, als auch zur Freisetzung bei der Remineralisierung organischer Trägermaterialien.

Die leichte Flüchtigkeit, die Bindung an die Aerosolfeinstfraktion, die hohe Stabilität seiner Chloridkomplexe im Ozean und das stark ausgeprägte Nährstoffverhalten mit relativ schneller Freisetzung aus abgestorbenem Plankton noch in der Wassersäule machen Cadmium zu einem sehr mobilen und damit ubiquitären Schwermetall. Schätzungen gehen deshalb davon aus, daß mit einer stetigen Zunahme des im Ozean gelösten Cadmiums zu rechnen ist, da der natürliche Eintrag durch anthropogen verursachte Zusätze um ca. 60% anstieg. Diese Zunahme ist gegenwärtig jedoch im Wasserkörper nicht nachweisbar, da die internen Massenflüsse mit Wasserauftriebsereignissen, Akkumulation im Plankton und Remineralisierung mit dem Phosphat in mittleren Wassertiefen um Größenordnungen über dem jährlichen Eintrag liegen. Die hohe Verweilzeit des Cd im Ozean macht es unwahrscheinlich, anthropogen bedingte Zunahmen in für den heutigen Menschen relevanten Zeitskalen gegenwärtig bereits in marinen Sedimenten nachzuweisen.

Untersuchungen haben gezeigt, daß die meisten der kommerziell genutzten Ostseefische sehr geringe Cadmiumgehalte im Muskelgewebe aufweisen. Sie liegen in der Regel unter 30 ng/g Trockenmasse. Mehr als 10fach höhere Gehalte weisen Nieren, Leber oder auch Kiemen auf. Generell höhere Cadmiumgehalte zeichnen die Mollusken aus. Sie ernähren sich zumeist von bereits mit Cd angereichertem organischen Material. Da sie im Gegensatz zu Fischen aus praktischen Erwägungen zumeist als ganze Tiere zur Analyse kommen, wird ein die Cd-Gehalte aller Organe einschließlich des Muskelfleisches integrierender Wert registriert. Für *Mytilus edulis* werden häufig Gehalte zwischen 1 und 3 µg/g Trockenmasse berichtet, die Variationsbreite erstreckt sich allerdings von etwa 0,2 bis 20 µg/g.

Die Cadmiumgehalte im Muskelgewebe von Meeressäugern und Seevögeln, die an der Spitze von Nahrungsketten stehen, weisen keine Anzeichen einer außergewöhnlichen Bioakkumulation auf. Lediglich in Nieren und Lebern einiger Vögel kommt es teilweise zu einer starken Anreicherung. Dabei wurden Maximalwerte bis zu 50 µg/g (Leber) und mehr als 200 µg/g Trockenmasse (Niere) gemessen.

Die akute Toxizität des Cd für marine Organismen ist relativ gering. Die LC_{50}-(96 h)-Werte liegen häufig um 1 mg/l. Obgleich eine essentielle Bedeutung dieses Metalls bisher nicht nachgewiesen wurde, zeigten Kulturversuche mit Phytoplankton bis etwa 100 µg Cd/l sogar eine produktionsfördernde Wirkung. Chronische Toxizität wird häufig bei Konzentrationen um 50 µg/l, seltener bereits oberhalb 15 µg/l, registriert. Das ist rund 100fach höher als die im Ozeanwasser anzutreffenden Konzentrationen. Allerdings zeigen extrem empfindliche Arten möglicherweise bereits früher Wirkungen. In der Literatur gibt es Hinweise darauf, daß die Wachstumsrate des Dinoflagellaten *Prorocentrum micans* bereits durch 1,2 µg Cd/l um etwa 90% herabgesetzt wurde. Spätere Untersuchungen konnten diese Ergebnisse jedoch nicht in vollem Umfang bestätigen. Mollusken, auch in Larvenstadien, scheinen relativ resistent gegenüber erhöhten Cd-Konzentrationen zu sein. 10 µg Cd/l reduzierten im Verlauf von 9 Tagen das Wachstum von *Mytilus edulis*, 5 µg/l hatten dagegen darauf keinen Einfluß mehr, und 2 µg/l förderten das Wachstum sogar um 45%. Ostseehering laichte bei 5 µg Cd/l früher als in Vergleichsproben.

Die meisten der Organismen, die unter der Einwirkung hoher Umweltkonzentrationen Cadmium akkumulieren, haben Mechanismen entwickelt, um dieses nicht-essentielle und potentiell gefährliche Schwermetall zu passivieren. Einer der Hauptmechanismen dafür ist die Synthese von metallbindenden Eiweißen niedriger Molekularmasse, den Metallothioneinen, bei denen 30–35% der Aminosäurebausteine durch Cystein repräsentiert werden. Einen anderen detoxifizierenden Mechanismus stellt die Einkapselung des Cd in intrazellularen Granulaten dar, die auch reich an Calcium-, Mangan- und Zinkphosphaten sind und u.a. in Muscheln und Krabben mit Elektronenmikrosonden identifiziert wurden.

Die biologische Halbwertszeit des Cd in Organismen liegt im Bereich mehrerer Monate. Die Exkretion ist jedoch vom Gewebetyp abhängig. Hummer (*Homarus americanus*), die acht Monate in sauberem Wasser gehalten wurden, zeigten für die Bauchspeicheldrüse und die Kiemen Halbwertszeiten von 500 bzw. 200 Tagen, während in acht weiteren Geweben keine Abnahme zu registrieren war. Höhere Exkretionsraten, die bei anderen Organismen gemessen wurden, werden zum Teil dahingehend interpretiert, daß vorwiegend nur an der Oberfläche adsorbiertes Cadmium bei längerem Kontakt mit sauberem Meerwasser freigesetzt wird.

Der Mensch nimmt Cd aus seiner Arbeitsumwelt, mit der Atemluft, dem Trinkwasser, Tabakkonsum und mit der Nahrung auf. Bei Nichtrauchern trägt die Nahrung in der Regel mit 80–90% zur Cadmiumbelastung bei. Nahrungsmittel marinen Ursprungs sind daran zumeist insignifikant beteiligt, wenn man den mittleren Fischkonsum berücksichtigt. Regional könnte der Verzehr einiger stärker belasteter Mollusken für spezielle Bevölkerungsgruppen allerdings durchaus von Bedeutung sein. 50% der Belastung des menschlichen Körpers mit Cd sind in der Leber und in den Nieren akkumuliert. Die biologische Halbwertszeit in den Nieren, die ein Drittel der Körperbelastung tragen, wird auf etwa 20 Jahre geschätzt. Wird die Detoxifizierungsfähigkeit der Nieren über die Metallothionein-Bildung überfordert, kommt es zu toxischen Wirkungen, insbesondere der Nierenrindenfunktion.

Ungefähr 5% des mit der Nahrung aufgenommenen Cadmiums werden vom menschlichen Körper absorbiert. Ein Cd-Gehalt von 200 µg/g Frischmasse in der Nierenrinde wird als kritische Grenze angesehen. Dieser Gehalt wird nach 50jähriger Aufnahme von 200–400 µg Cd/Tag erreicht. Daraus resultieren FAO/WMO-Empfehlungen, die eine Aufnahme von 400–500 µg Cd pro Woche tolerieren. Ein täglicher Verzehr von 40 g Fisch stellt kein Risiko dar, jedoch gibt es Berichte über Gegenden in der Welt mit wöchentlichen Aufnahmen bis zu 3500 µg Cd, z.B. durch den regelmäßigen Verzehr großer Mengen an Austern.

Schließt man den Verzehr Cd-reicher Organe von Fischen aus und beschränkt den Konsum auf das Muskelgewebe von solchen Tieren, die im Meerwasser und nicht in Cd-belastetem Süßwasser aufgewachsen sind, stellt andererseits auch eine tägliche Aufnahme von Fisch in der Größenordnung mehrerer Kilogramm keinerlei Gesundheitsrisiko in bezug auf die gleichzeitig damit erfolgende Cd-Akkumulation dar.

Zur analytischen Bestimmung von Cadmium in Proben marinen Ursprungs steht eine Reihe leistungsfähiger Methoden zur Verfügung. Sie werden in der Tabelle 5.6 in bezug auf ihre Nachweisgrenzen (NG) verglichen. (Als Nachweisgrenze wird dabei die Konzentration verstanden, die ein Signal produziert, das zweimal so groß ist wie die Standardabweichung des Blindwertes.)

Tabelle 5.6. Techniken zur Bestimmung von Cd-Spuren in der Umwelt

	NG ng/l	Beschaffungs- kosten (1 000 DM)	Bemerkungen
DPASV	1	30	rotierende Glaskohlenstoffelektrode
GFAAS	20	30–150	10 µl injiziert
INAA	30*	80	Zugriff auf Kernreaktor erforderlich
ICPMS	100	500	
FAAS	2 000	20– 70	
ICPAES	2 000	100–400	

* Absolutmasse

DPASV	– *Differential Pulse Anodic Stripping Voltammetry*
FAAS	– *Flame Atomic Absorption Spectroscopy*
GFAAS	– *Graphite Furnace Atomic Absorption Spectroscopy*
ICPAES	– *Inductively Coupled Plasma Atomic Emission Spectrometry*
ICPMS	– *Inductively Coupled Plasma Mass Spectrometry*
INAA	– *Instrumental Neutron Activation Analysis*

Die DPASV und die GFAAS haben beide eine breite Anwendung zur Cd-Bestimmung im Meerwasser gefunden, die GFAAS in der Regel nach Extraktion der Proben mit Komplexbildnern und organischen Lösemitteln. In Aufschlußgemischen von Organismen oder Sedimenten ist allerdings die DPASV der GFAAS unterlegen, da erstere zum Vermeiden analytischer Artefakte eine praktisch vollständige Mineralisierung, auch des gelösten organischen Materials, erfordert. Die FAAS oder ICPAES kommen nur dort zur Anwendung, wo mit Cadmium angereicherte Proben, z. B. verunreinigte Sedimente, zu untersuchen sind. Die ICPMS ist als relativ neu eingeführte analytische Technik in Hinsicht auf ihr Nachweisvermögen sicherlich noch nicht voll ausgeschöpft. Bei sachgerechter Handhabung kann eine hohe Richtigkeit erzielt werden, die sich für einen Einsatz bei Überkreuzvergleichen zur Absicherung der routinemäßig mit anderen Techniken erzielten Daten geradezu anbietet. Gleiches trifft im Prinzip auch auf die INAA zu, die im Gegensatz zu den anderen o.g. Techniken den direkten Einsatz von Festproben gestattet bzw. sogar erfordert.

5.3 Blei

Blei kann als Modellfall dafür angesehen werden, wie ein aus toxikologischer Sicht relevantes Element ungeachtet seiner geringen geochemischen Mobilität aufgrund einer breiten Anwendungspalette in solchen Mengen in die Umwelt gelangt und dort verteilt wird, daß der anthropogene den natürlichen Eintrag um mehrere Größenordnungen übersteigt. Die Geschichte des Bleis und seiner Verwendung durch den Menschen begann bereits vor etwa 9000 Jahren. Fragmente aus Blei, die 5000–6000 Jahre vor unserer Zeitrechnung gefertigt wurden, fand man in Ruinen des Altertums, sowohl in der Türkei, als auch im Irak und in Ägypten. Eine Statue aus einem Osiris-Tempel in Abydos stellt mit einem Alter von 5800 Jahren den ältesten komplett erhalten gebliebenen Gegenstand aus Blei dar. Es gibt eine Reihe von Bibelzitaten, die sich auf Pb und seine Gewinnung aus Bleierzen beziehen.

Obgleich das Blei bereits im Altertum zur Herstellung von Statuen, Münzen und wasserfesten Verkleidungen genutzt wurde, erreichte das Metall erst in den Zeiten des Römischen Reiches industrielle Proportionen. Das Maximum der Jahresproduktion lag bereits vor 2000 Jahren bei rund 80000 t. Gleichzeitig wurden auch die ersten Fälle von Bleivergiftungen bekannt. Es gibt sogar eine Hypothese, wonach die Auflösung des Römischen „Welt"imperiums durch die Wirkungen des Bleis auf den Menschen hervorgerufen worden sei. In den Bleiminen von Cartagena in Südspanien hatten die Karthager und später die Römer mehr als 20000 Sklaven eingesetzt, deren durchschnittliche Überlebenszeit aufgrund der Schwere der Arbeit und des eingeatmeten Bleistaubs nur etwa 3 Jahre betrug. Hauptquelle einer Bleiaufnahme bei den Römern war der Wein mit 15 bis 30 mg Pb/l, dem der durch Eindicken von Wein oder Orangensaft in Bleigefäßen erhaltene „Sapa" mit etwa 1 g Pb/l als Konservierungs- und Schönungsmittel beigesetzt worden war. Andere Quellen für das Pb waren Trinkwasserleitungen und Kochutensilien aus diesem Metall. Entsprechend den jeweiligen Lebensgewohnheiten nahmen die Aristokraten täglich etwa 0,16 bis 1,52 mg, der Durchschnittsbürger 0,04–0,32 mg und Sklaven nur 0,02 mg Pb auf, d.h. eine Menge, wie sie für heutige Bewohner von Industriestaaten typisch ist. Kinderlosigkeit u.a. durch Sterilität, Früh- und Totgeburten sowie psychische Entartungen als Erscheinungsformen in der römischen Oberschicht könnten demnach als typische Merkmale einer Bleiintoxikation durchaus einen Beitrag zum Niedergang des Römischen Reiches geliefert haben.

Auf der Grundlage der Ergebnisse von Isotopenmessungen kann man heute davon ausgehen, daß etwa 95 bis 98% des in der Umwelt befindlichen Bleis auf anthropogene Aktivitäten zurückzuführen sind. Bleiuntersuchungen an Eiskernen von Grönland zeigten, daß

(a) die über die Atmosphäre eingetragenen Bleimengen in den vergangenen 3000 Jahren um das 200fache zugenommen haben und

(b) zwei deutliche Anstiege in den Gehalten mit den Zeiten um 1750 (Beginn verstärkter industrieller Bleiverhüttung) und 1940 (Anstieg des Kraftfahrzeugverkehrs mit zumeist Bleitetraalkyl-Verbindungen als Treibstoffzusatz) übereinstimmen.

Nach Eisen und Zink ist Blei das preisgünstigste Metall, das vom Menschen hergestellt werden kann. So wurde es z.B. 1974 zu 44% für Akkumulatoren, zu 12% für Kraftstoffzusätze und in einer Reihe anderer Bereiche, z.B. im Strahlenschutz, als Legierungsbestandteil (11%), in der Halbleiterproduktion (12%) und in der chemischen Industrie (12%), eingesetzt. Die gesamte jemals durch den Menschen produzierte Bleimenge wird auf 200 Millionen t geschätzt. Die jährliche Produktion erreichte Mitte der 70er Jahre mit rund 3,5 Millionen t ein Maximum. Die Weltreserven an abbauwürdigen Vorkommen wurden demgegenüber 1982 mit weniger als 100 Millionen t angegeben.

1973 wurden weltweit 0,38 Millionen t des produzierten Bleis für die Herstellung von Antiklopfmitteln bereitgestellt. Massenfluß-Abschätzungen für 1976 in den USA zeigten, daß von den in die Bleiindustrie einfließenden 1 356 000 t rund 634 000 t (47%), davon 217 000 t über die Verbrennung von Treibstoffen, in die Umwelt gelangen. Drastische Restriktionen, die u.a. Grenzwerte für Blei in Nahrungs- und Anstrichmitteln einbezogen und einen Rückgang von Blei in Treibstoffen auf etwa ein Drittel der vorherigen Maximalmengen erbrachten, führten bereits zu sichtbaren Erfolgen, z.B. bei den mittleren Pb-Blutwerten, die von etwa 160 µg/l (1976) auf rund 90 µg/l (1980) sanken. Auch die mit Zuflüssen den Ozean erreichenden Bleimengen reagierten bereits deutlich auf solche Regulierungen. So sank der Bleieintrag in den Golf von Mexiko durch den Mississippi in der ersten Dekade des Wirksamwerdens von Gesetzen zur Begrenzung des Bleizusatzes, d.h. von Mitte der 70er bis Mitte der 80er Jahre, um etwa 40%. Mit geringen Verzögerungen wurden auch in Industriestaaten Europas die Bleiemissionen in die Umwelt durch entsprechende Grenzwerte für Treibstoffe reduziert. In Dänemark nahmen als Reflexion solcher Regulierungen die durchschnittlichen Blutbleiwerte von 110 (1976) auf 75 (1981) bzw. 70 µg/l (1987) und in Schweden von 86 (1980) auf 54 µg/l (1984) ab. Die zunehmende Verwendung völlig bleifreier Kraftstoffe für Motoren mit Katalysatoren, wobei als Antiklopfmittel nun zumeist MTBE ((CH_3)$_3$COCH$_3$ = Methyl-tertbutylether) dient, wird diesen Trend wahrscheinlich noch verstärken.

Von den in die Atmosphäre emittierten Bleimengen entstammt die überwiegende Menge der Kraftstoffverbrennung. 1975 waren es beispielsweise 142 000 t. Das kann in entlegenen und bisher noch weitgehend anthropogen unbeeinflußten Gebieten der Erde deutlich werden. Schätzungen besagen z.B., daß allein die von den USA in der Antarktis genutzten Flug- und Fahrzeuge 1985 0,35 t Pb eingetragen haben.

Aus der Sicht einer Massenbilanz erfolgen der Transport und die Verteilung des Bleis von stationären und mobilen Quellen in die Umweltmedien hauptsäch-

5.3 Blei

lich über die Atmosphäre. Durch Ausregnen, Auswaschen und trockenen „fallout" gelangt dann das in der Atmosphäre überwiegend in anorganischer Form mit Aerosolen assoziierte Blei in die Gewässer. Dabei ist zu unterscheiden zwischen Blei, das an die Feinst- bzw. Feinaerosolfraktionen mit Durchmessern unter 1 μm gebunden ist und sich global verteilen kann, und solchem Pb, das mit größeren Aerosolpartikeln (≥ 10 μm) assoziiert ist und unmittelbar im Umkreis der Quellen relativ schnell sedimentiert. Die Gradienten der atmosphärischen Bleikonzentrationen reichen von $\leq 0{,}1$ ng/m³ für den quellenfernen Südpazifik bis zu rund 100 ng/m³ für Küstengebiete sowie Rand- und Nebenmeere der Nordhemisphäre im Einflußbereich europäischer und nordamerikanischer Industriestaaten. Mehr als 50% des mit Aerosolen assoziierten Bleis anthropogener Herkunft werden nach einem Eintrag in das Meerwasser im Verlauf weniger Stunden darin gelöst.

Im Meerwasser liegt gelöstes Blei nur zu einem sehr geringen Anteil als freies Kation (Pb^{2+}) vor. Modellrechnungen bevorteilen Carbonate ($PbCO_3$), Hydroxide ($Pb(OH)_2$) bzw. auch gemischte Formen ($Pb_2(OH)_2CO_3$). Die Bedeutung natürlicher organischer Komplexbildner, wie Huminstoffe oder Aminosäuren, für die Bleispezifizierung im Wasser ist nach wie vor umstritten. Die Gesamtkonzentrationen von Blei im Oberflächenwasser des küstenfernen Nordatlantik und Nordpazifik liegen etwa im Bereich von 5 bis 50 ng/l, d.h. etwa 10fach höher als im Tiefenwasser. Die regionalen Verteilungsmuster werden durch den überwiegenden atmosphärischen Eintrag bestimmt, der im Nordatlantik rund 3fach höher ist als im Nordpazifik. Auf Bermuda wurden z.B. im Regenwasser bis zu 0,8 μg Pb/l gemessen. Im Oberflächenwasser des Südpazifik wird nur noch ein Zehntel der Konzentrationen des Nordatlantik angetroffen.

Im Tiefenwasser des Südpazifik tritt Pb dann nur noch in extrem geringen Konzentrationen auf. Weniger als eine Handvoll von Labors sind weltweit in der Lage, die dort maximal vorliegenden 1 bis 2 ng Pb/l, davon die Hälfte möglicherweise in suspendierter Form, zuverlässig zu erfassen. Die Unterschiede im Massenfluß des an Aerosole gebundenen Bleis aus anthropogenen Quellen zwischen den Hemisphären, reflektiert z.B. durch die Bleigehalte von polarem Schnee (Grönland: 100–200 ng/kg; Antarktika: 4 ng/kg), machen die relativ kurzen Verweilzeiten der Pb-beladenen Aerosole von rund 10 Tagen deutlich, die einen spürbaren Nord/Süd-Transport praktisch verhindern.

Der Bleifluß zum tropischen Pazifik findet zu über 90% durch den atmosphärischen Eintrag anthropogen mobilisierten Bleis (3–6 ng/cm²/Jahr) statt und ist dabei mindestens 10fach höher als der natürliche, vorwiegend mit Zuflüssen erfolgende Eintrag (0,3 ng/cm²/Jahr). Eine ähnliche Bleianreicherung ist aus datierten Korallen ablesbar. Die regionalen Unterschiede im Bleifluß zum Ozean werden durch Tabelle 5.7 illustriert.

Die Verweilzeit des aus der Atmosphäre und mit Zuflüssen in das Oberflächenwasser des Nordpazifik eingetragenen Bleis wird auf 2 Jahre veranschlagt.

Tabelle 5.7. Regionale Unterschiede des Pb-Eintrags

Seegebiet	Eintrag		Konzentration	
	anthropogen	natürlich (vorindustriell)	Oberfläche	Tiefe
	ng/cm²/Jahr		ng/l	
Westlicher Nordatlantik	170	3	35	5
Tropischer Nordatlantik	20	3	25	5
Tropischer Südatlantik	10	?	15	4
Zentraler Nordpazifik (33°N)	50	0,3	15	2
Zentraler Nordpazifik (15°N)	6	0,3	12	1,5
Zentraler Südpazifik (20°S)	3	0,3	3	1

Bezüglich der Mechanismen des Pb-Transports werden als erster Schritt die Adsorption gelöster Formen durch das Phytoplankton und dann dessen Weitergabe in der Nahrungskette auf das Zooplankton sowie weitere Glieder als zeitbestimmende Schritte angesehen. Unterhalb 100 m werden Verweilzeiten von 50 bis 300 Jahren angegeben, wobei die längeren Zeiten wahrscheinlicher sind.

Am Beispiel des Bleis läßt sich demonstrieren, welche Herausforderung die richtige und genaue Bestimmung von organischen oder anorganischen Spurenstoffen in der Umwelt für den analytischen Chemiker darstellt: Die zwischen 1940 und etwa 1982 für das Meerwasser publizierten Bleidaten zeigen eine etwa exponentielle Abnahme, d.h. von rund 10000 auf etwa 1 ng Pb/l. Da im gleichen Zeitraum der Bleieintrag in das Meer durch den stark angestiegenen Verbrauch „verbleiter" Kraftstoffe unzweifelhaft deutlich zunahm, läßt sich dieser Befund nur mit einer Verfälschung früherer Analysendaten widerspruchsfrei erklären. Vor allem während der Probennahme und -aufarbeitung wurde aus den Schöpfern, aus den Aufbewahrungsgefäßen, aus der zumeist mit bleihaltigen Staubpartikeln beladenen Labor- und Schiffsatmosphäre sowie aus Reagenzien ein so hoher und dabei noch schlecht kontrollierbarer Pb-Blindwert in die Proben eingeschleppt, daß bis in die 80er Jahre hinein – und in manchen Labors noch heute – um Größenordnungen über den wahren Bleikonzentrationen liegende Werte vermessen wurden. In Hinsicht auf richtige und genaue Bleianalysen in Meeresumweltproben haben sich besonders *Patterson* und Mitarbeiter (USA) verdient gemacht. Sie legten erstmals sehr deutlich die Probleme der Probenkontamination im Ultraspurenbereich offen und waren auch die ersten, die nach Einsatz eines maßgeschneiderten Schöpfers („CIT-Sampler") und eines ganzen Komplexes von Vorkehrungen zum Kontaminationsschutz (hochreine Chemikalien, Reinlabors, speziell gereinigte Gefäße etc.) die extrem niedrigen Bleigehalte in der Tiefsee des Pazifik relativ zuverlässig erfassen konnten.

Das Phänomen eklatanter Falschmessungen in Meeresumweltproben ist allerdings nicht auf das Blei beschränkt. In einschlägigen Fachbüchern und im Rahmen von Massenbilanzen tauchten noch bis vor wenigen Jahren regelmäßig um das etwa 30fache zu hohe Hg- oder 20fach zu hohe Zn-Werte auf. Gleiches gilt auch für organische Mikroverunreinigungen wie chlorierte oder Erdölkohlenwasserstoffe.

5.3 Blei

Seit Anfang der 80er Jahre existiert nun eine Reihe qualitätsgesicherter Pb-Datensätze für den Nordatlantik einschließlich Nord- und Ostsee. Begünstigt offenbar durch die geringen Verweilzeiten dieses Elements im Wasserkörper, ist daraus teilweise bereits eine Tendenz zur Abnahme der Konzentrationen im Meerwasser aufgrund des verringerten Eintrags ablesbar.

Wie bei anderen Schwermetallen reflektieren die Gehalte des Bleis in Sedimenten einerseits sowohl deren lokal spezifische mineralogische Zusammensetzung, Herkunft und Natur (Abhängigkeit des Pb-Gehalts z. B. vom Korngrößenspektrum und vom Gehalt an Tonmineralen oder organischem Material), als auch, im Fall von Messungen an Sedimentkernen, die Verunreinigungsgeschichte. Die anthropogene Bleibelastung der Meeresumwelt konnte in den vergangenen Jahrzehnten durch eine Reihe von Messungen an vertikal engabständig unterteilten und durch Isotopenmessungen datierten Kernen bereits überzeugend belegt werden, da Analysen an Sedimentproben im Unterschied zu Messungen im Wasserkörper weit weniger anfällig für Verfälschungen sind. Die biologische Durchmischung („Bioturbation", teilweise über 50 cm tief wirksam) und die Umverteilung von Verunreinigungen nach ihrer Ablagerung in den Sedimenten durch Remobilisierung und erneutes Fixieren können allerdings oft die ursprünglich mit dem akkumulierten Material gespeicherten Informationen zum Belastungszustand des darüberliegenden Wasserkörpers unleserlich machen. Jedoch ist die geochemische Mobilität des Pb in den Sedimenten und damit die Möglichkeit für solche Verfälschungen gegenüber Elementen wie Cd oder Zn nur gering.

In den Sedimenten der Tiefsee werden Bleigehalte zwischen 3 und 60 µg/g Trockenmasse (Mittelwert für die Ozeane bei ca. 40 µg/g) angetroffen. Die geringe Akkumulationsrate schließt hier bereits aus methodischer Sicht das Auffinden zeitlich auflösbarer und durch anthropogene Verunreinigungen verursachter Signale aus. Da die Verweilzeit des Bleis im Tiefenwasser in der Größenordnung von Jahrhunderten zu liegen scheint, kann dort außerdem noch kein Gleichgewichtszustand zwischen Eintrag und Ablagerung in Hinsicht auf die seit etwa 1945 noch einmal deutlich gestiegenen Eintragsraten erwartet werden.

Von den in den letzten Jahrhunderten produzierten 200 Millionen t Pb wurden erst rund 15 Millionen sedimentiert. Parallel dazu nahm das Pb-Reservoir im Ozeanwasser auf 1,5–3 Millionen t zu. Allerdings sind der Literatur auch Hinweise auf Beobachtungen zu einer Anreicherung von Blei in Oberflächensedimenten der Tiefsee (Nordostatlantik, 2200 bzw. 3650 m) zu entnehmen. Ob allerdings die im ersten Zentimeter von Sedimentkernen (15 bzw. 20 µg/g) gegenüber den Gehalten in tieferen Schichten (<5 µg/g) gemessene Anreicherung, wie von den betreffenden Autoren diskutiert, die Zunahme anthropogener Aktivitäten widerspiegeln können oder nur natürliche Anreicherungsprozesse nach Migration remobilisierten Bleis aus tieferliegenden Horizonten reflektiert, bedarf noch überzeugenderer Beweise.

In Küstengebieten und marginalen Meeren nahmen die Bleigehalte gegenüber Hintergrunddaten aus vergangenen Jahrhunderten dagegen deutlich um das 5- bis 10fache zu , d. h. bis auf 200 µg/g und mehr. In datierten Sedimentkernen vor der südkalifornischen Küste, z. B. aus dem Santa-Barbara-Becken, reflektieren Maximalgehalte vom Beginn der 70er Jahre und ein nachfolgender Rückgang die erwarteten Belastungsmuster und die Erfolge von Restriktionen.

Das Inventar zuverlässiger Werte zum Bleigehalt von Meeresorganismen ist ähnlich wie das zu Konzentrationen im Meerwasser noch fragmentarisch. Die in der Literatur publizierten Angaben differieren nach wie vor um Größenordnungen, und internationale Vergleichsmessungen – auch zwischen gerätetechnisch adäquat ausgerüsteten Labors – zeigen bei diesem Element noch enttäuschende Resultate, wenn Material mit weniger als 1 µg Pb/g zu analysieren ist. Im Muskelgewebe von Fischen wie Hering oder Dorsch aus der Ostsee wurden z. B. Gehalte deutlich unter 10 ng/g Frischmasse vermessen. Darunter verbirgt sich möglicherweise noch ein deutlich durch Probenkontamination hervorgerufener Anteil. Unter strengster Kontaminationskontrolle von *Patterson* und Mitarbeitern ausgeführte Analysen ergaben für das Muskelgewebe einiger Fische und Schalentiere aus Gewässern der USA nur 2 bis 5 ng Pb/g Frischmasse. Beim Thunfischmuskel war es sogar nur etwa ein Zehntel davon. Beim Phyto- und Zooplankton scheinen Bleigehalte zwischen 100 und 200 ng/g in wenig verunreinigten Meeresgebieten den wahren Werten nahe zu kommen.

Die im Meerwasser anzutreffenden Bleikonzentrationen sind zumeist vier Zehnerpotenzen geringer als solche Werte, bei denen negative Effekte wie Wachstumsminderung bei einigen Protozoen (300 µg/l) oder Mortalität (*Gammarus locusta*, 100 µg/l) zu beobachten sind. Bleivergiftungen von Meeresorganismen gab es bisher nur im Fall von Chemikalienunfällen oder als mehr exotische Fälle, z. B. durch die zufällige Ingestion von Bleikugeln (Schrotkörner; Beschweren von Stellnetzen u. a.). Die Bleiverunreinigung der Meere und Ozeane gibt deshalb gegenwärtig anscheinend keinen Anlaß zu besonderen Befürchtungen.

Obgleich die Bleiaufnahme des zivilisierten Menschen vorwiegend mit der Nahrung erfolgt, sind Meeresprodukte daran nur unwesentlich beteiligt, da die Gehalte im Muskelgewebe von Fischen so extrem gering sind und Pb-Speicherorgane wie Gräten normalerweise nicht dem Verzehr unterliegen. Auch beim Menschen sind rund 94% des Körperreservoirs an Blei in den Knochen mit Verweilzeiten um 30 Jahre aus toxikologischer Sicht inert akkumuliert. In den Weichteilen sind 2% mit 30 bis 40 Tagen Halbwertszeit und im Blut 4% des Bleis (27–36 Tage) enthalten. Die Eliminierung erfolgt über Harn, Stuhl, Schweiß, Haare, Nägel und Zähne. Das in den Weichteilen gespeicherte Blei kann toxische Effekte hervorrufen, die Eisenmangelsymptomen ähnlich sind wie Anämie, d. h. die Überlebensrate von roten Blutkörperchen und die Globinsyntheserate herabsetzen sowie zur Hemmung der Hämsynthese führen. Die Effektskala beginnt bei Blutbleigehalten um 100–150 µg/l mit der Herabsetzung der Aktivität der Delta-Aminolevulinsäure-Dehydratase (ALAD) und führt über periphere Neuropathie (400–500 µg/l), Encephalopathie (600–700 µg/l) bis zum Tod (800–1000 µg/l). In den letzten Jahren wurde subklinischen

Effekten mehr Aufmerksamkeit gewidmet, die mit der Intelligenz und dem Verhalten der untersuchten Personen verbunden waren. Die dabei erzielten und oft widersprüchlichen Ergebnisse lassen bisher offenbar noch keine klaren Schlußfolgerungen zu. Tatsache ist jedoch, daß Kinder besonders gefährdet sind und durch Bleiintoxikationen eingetretene Effekte zumeist irreversiblen Charakter tragen. Nach statistischen Erhebungen in den USA ist das Risiko für *solche* 12 bis 36 Monate alten Kleinkinder am größten, die in älteren und verfallenen Häusern wohnen (bleihaltige Anstriche, Installationen etc.). Bleiintoxikation wird bei Kindern in den USA bei Blutwerten ab 250 µg/l definiert. Anfang der 80er Jahre wurde eingeschätzt, daß in den USA und in Großbritannien die Belastung des Menschen mit Blei etwa 100fach höher liegt als in prähistorischen Zeiten. Die tägliche Dosis lag bei einem Drittel des Wertes, bei dem eine chronische Bleivergiftung bei längerer Aufnahme zu erwarten ist. Durch Aufbewahren von Thunfischfilet in Konservendosen, die unter Verwendung von Bleilot verschlossen wurden, erhöhte sich der Bleigehalt des von einem Durchschnittsamerikaner häufig konsumierten Nahrungsmittels z. B. auf das 20000fache.

Die Isotopenverdünnungsanalyse mit einem massenspektrometrischen Detektor (IDMS) kommt als hochselektive, präzise sowie äußerst zuverlässige und nachweisstarke Methode in Einzelfällen bei einer Bleibestimmung in Meeresumweltproben zur Anwendung, dabei häufig als Referenzmethode zur Qualitätsabsicherung bei Routinemessungen. Wie für andere Spurenmetalle in Umweltproben ist jedoch die AAS bei Messungen an größeren Probenserien auch für die Bestimmung von Blei zumeist die Methode der Wahl. Die relativ geringe spektrale Empfindlichkeit des Elements und seine teilweise extrem niedrigen Allgegenwartsgehalte erfordern in der Regel die Anwendung flammenloser Techniken. Bei Wasserproben ist eine Vorabtrennung der Matrix und eine etwa 40- bis 200fache Voranreicherung, zumeist durch Flüssig/flüssig-Extraktion als Chelatkomplex mit Dithiocarbamatderivaten in organische Lösemittel wie Chloroform oder *Freon* realisierbar, erforderlich. Bei der nachfolgenden instrumentalanalytischen Bestimmung in der Graphitrohrküvette werden zuverlässige Resultate mit der Plattformtechnik, extrem schnellen Aufheizraten, Matrixmodifizierern wie z. B. Ammoniumdihydrogenphosphat-Lösungen, mit der spektralen *Zeeman*-Untergrundkorrektur und elektrodenlosen Lampen (EDLs) erhalten.

Für Messungen im Meerwasser stellt die elektroanalytische Bestimmung, besonders mit der „anodic stripping voltammetry" als Differentialpulsvariante und unter Einsatz von rotierenden Glaskohlenstoffelektroden mit *in situ* gebildeten Quecksilberfilmen (DPASV/GC-MF), eine gleichwertige Alternative dar. Das Blei wird dabei nach Reduktion seiner Ionen zum Metall als Amalgam im Quecksilberfilm direkt aus der Meerwasserprobe angereichert. Der Stromfluß beim Wiederauflösen des Amalgams dient als selektives und hochempfindliches Maß für die ursprüngliche Bleikonzentration im Meerwasser. DPASV-Messungen in Aufschlüssen von organischem Material oder Sedimentproben bedürfen allerdings unbedingt der Totalmineralisierung des darin enthaltenen organischen Kohlenstoffs und einer sorgfältigen Matrixanpassung, z. B. durch Aufstockungsmethoden.

5.4 Kupfer

Kupfer ist ein Schlüsselelement für unsere Gesundheit und unseren Lebensstil. Die Funktionsfähigkeit und die Stärke vieler großer Reiche in der Vergangenheit kann mit dem Besitz von Kupfer in Verbindung gebracht werden. Das Halbedelmetall ist seit mehr als 8000 Jahren als Werkstoff und in Form von Schmuckgegenständen in Gebrauch. Die bisherige Gesamtproduktion, davon 80% im 20. Jahrhundert, wird auf über 300 Millionen t geschätzt.

Kupfer ist essentiell für alle Organismen, zeigt jedoch wie andere Elemente in höherer Dosis toxische Wirkungen bei Pflanzen, Tieren und auch beim Menschen. Es kommt in der Erdkruste mit 70 µg/g vor, vorwiegend sulfidisch ($CuFeS_2$ – *Kupferkies*, CuS_2 – *Kupferglanz*, Cu_3FeS_3 – *Bornit*) und oxidisch/carbonatisch (Cu_2O – *Rotkupfererz*, $Cu_2(OH)_2CO_3$ – *Malachit*, $2\,CuCO_3/Cu(OH)_2$ – *Kupferlasur*). Die Verwendung des reinen Metalls bzw. seiner Legierungen erstreckt sich von Leitungsdrähten über Elektromotore, Braukessel bis zu Münzen und Dachverkleidungen. Kupferverbindungen finden u.a. als Katalysatoren, Holzschutzmittel, Algizide und als Antibewuchsmittel in Farben mit bis zu 500 g Cu/l Verwendung.

Wird die Anwesenheit gelöster organischer Verbindungen im Meerwasser ignoriert, müßte das Cu darin als $CuCO_3$, $Cu(OH)Cl$, $CuOH^+$ und/oder $Cu(OH)_2$ vorliegen. Der Anteil freier Cu^{2+}-Ionen ergibt sich aus thermodynamischen Modellrechnungen zu weniger als 1%. Kupfer zählt jedoch zu den wenigen Elementen, für die auch in wenig organisch belasteten Wässern mit einem hohen prozentualen Anteil komplexierter Formen zu rechnen ist. Die in verschiedenen Seegebieten, u.a. in der Ostsee und vor der USA-Küste, mit unterschiedlichen Methoden gemessenen organisch fixierten Cu-Fraktionen überdecken einen Bereich von etwa 30 bis über 90% der Gesamtkonzentration. Diese oft widersprüchlich interpretierten Resultate werden durch Beobachtungen zur Toxizität von Kupferionen für Meeresalgen gestützt: Ohne eine Entgiftung, z.B. über die Komplexbildung mit organischen Liganden, müßten z.B. für das Algenwachstum deutlichere Effekte spürbar werden.

Die vertikalen Konzentrationsprofile des Kupfers im Ozean zeigen Maxima an der Grenzfläche zur Atmosphäre, was auf einen entsprechenden Eintrag hindeutet. In der Oberflächenschicht nehmen dann die Werte auf ca. 30–100 ng/l infolge einer biologischen Aufnahme leicht ab. Ab etwa 200 m Tiefe kommt es in der Regel zu einem sukzessiven Ansteigen der Konzentrationen auf schließlich über 200 ng/l. Das wird mit dem Freisetzen des Metalls aus den Sedimenten erklärt. Kupfermessungen in Porenwässern von Tiefseesedimenten erhärten die Annahme eines Massenflusses aus den Sedimenten in das darüberliegende Wasser durch Diffusion bei Vorliegen entsprechender vertikaler Konzentrationsgradienten. Die mittleren Kupferkonzentrationen im Weltmeer werden mit rund 150 ng/l angegeben.

5.4 Kupfer

Die Mobilität des Kupfers in der Umwelt ist im Vergleich zum Cadmium oder Zink geringer. In anoxischen Wasserkörpern, z. B. im Gotlandtief der Ostsee oder im Schwarzen Meer, sinken die Kupferkonzentrationen durch die Ausbildung schwerlöslicher Sulfide auf analytisch kaum noch erfaßbare Niveaus. Im Bereich der untermeerischen Riftzonen wird das Cu ebenfalls über Sulfidphasen aus dem Meerwasser entfernt.

Die Kupferbelastung der Atmosphäre hat eine Reihe natürlicher und anthropogener Quellen. Die fast 20000 t Cu umfassende jährliche Emission aus natürlichen Quellen umfaßt den winderzeugten Staub (12000 t), vulkanisches Material (3600 t), die Vegetation (2500 t), Waldbrände (300 t), den Meersalzspray (880 t) und eine noch nicht quantifizierbare Menge durch das Ausgasen der Gesteine. Die anthropogenen Emissionen liegen demgegenüber 2,5fach höher (> 50000 t) und stammen vor allem aus der Kupfer- (ca. 21000 t) sowie Eisen- und Stahlproduktion (6000 t). Auch die Verbrennung von Holz (11500 t), Kohle (5600 t) und Abfällen (5300 t) wie auch die weite Palette industrieller Anwendungen (um 5000 t) tragen signifikant dazu bei. Schätzungen gehen davon aus, daß rund 20% der anthropogenen Emissionen, d. h. 12700 t, jährlich den Ozean erreichen.

Etwa 95% der anthropogenen Kupferemissionen sind auf Punktquellen rückführbar. Der Standort und die Höhe der Emissionsquelle über dem Gelände, die Topographie der angrenzenden Gebiete, die meteorologischen Bedingungen und die aerodynamische Größe der das Kupfer tragenden Aerosole bestimmen die Ausbreitungscharakteristik der Verunreinigungen. Dementsprechend weit gefächert sind die in der Atmosphäre über dem Ozean anzutreffenden Konzentrationen, die von etwa 0,02 bis >2 ng Cu/m^3 reichen. Diese Resultate schließen interessanterweise einen Schätzwert ein, den man erhält, wenn man davon ausgeht, daß ≤ 50% der atmosphärischen Emissionen sich gleichmäßig über die unteren 10 km der Lufthülle unseres Planeten verteilen und eine mittlere Halbwertszeit von 10 Tagen besitzen.

Mit trockener Deposition und Niederschlägen wie Regen oder Schnee erreichen die atmosphärischen Verunreinigungen die Meeresoberfläche. Die im Regenwasser über dem Atlantik gemessenen Kupferkonzentrationen lagen zumeist unter 1 µg/l. Ein großer Teil des partikulären Kupfers geht kurze Zeit nach dem Eintrag in das Meerwasser in Lösung. In der Oberflächenmikroschicht kann dieses Element dabei bis auf das 50fache und höher angereichert werden. Dadurch wäre z. B. bereits die Fortpflanzung von Meeresfischen beeinträchtigt, da die verringerte Produktion lebensfähiger Larven – bei ohnehin durch die Fischerei schon stark belasteten Beständen – auf die Rekrutierung einen negativen Einfluß ausüben könnte.

Bei einer Inventarisierung des Kupfers in den hauptsächlichen Reservoirs der Erde kommt man zu dem Ergebnis, daß die in der Atmosphäre als „standing stock" vorhandenen Mengen insignifikant sind (Tab. 5.8).

Tabelle 5.8. Globale Cu-Inventare

Atmosphäre	$2,6 \times 10^3$ t
Pedosphäre	$6,7 \times 10^9$ t
Hydrosphäre	$5,0 \times 10^9$ t (96% in Porenwässern)
lebendes organisches Material	$2,9 \times 10^7$ t
totes organisches Material	$1,0 \times 10^{11}$ t
Sedimente	$7,5 \times 10^{13}$ t
fossile Brennstoffressourcen	$3,4 \times 10^9$ t (94% im Ölschiefer)
Kupfererzressourcen	$1,5 \times 10^{10}$ t

Gegenüber dem atmosphärischen Eintrag in das Meer (ca. 13 000 t) ist die jährliche Zufuhr mit Flüssen ($6,3 \times 10^6$ t) um mehr als zwei Größenordnungen höher und vergleichbar dem jährlichen Produktionsumfang ($7,5 \times 10^6$ t Cu). In Bezug auf den gesamten Cu-"pool" des Ozeanwassers (2×10^8 t) ist die Summe der über die Atmosphäre und mit Zuflüssen eingetragenen Mengen gegenwärtig noch gering. Allerdings liegt der jährliche Eintrag über dem Kupferbedarf der marinen Flora und Fauna und könnte demzufolge biologische Auswirkungen haben.

Der Kupfergehalt von Meeressedimenten reicht von geringen Werten in carbonatischen Ablagerungen (um 5 µg/g) über höhere, zumeist als Hintergrundgehalte akzeptierte Werte in tonigem Material (20–30 µg/g), bis zu extrem hohen Werten, z. B. als Folge massiver Verunreinigungen in Küstengebieten wie im Sorfjord/Westnorwegen (210–12 000 µg/g). Manganknollen akkumulieren bekanntlich „Wertmetalle" wie Kupfer (um 5000 µg/g). Datierte Sedimentkerne aus Küstengebieten, Neben- und Randmeeren illustrieren den anthropogenen Einfluß durch etwa 20 bis 100% höhere Kupfergehalte in rezentem gegenüber dem vor mehreren Jahrhunderten abgelagerten Material.

In Suspensionen kann der Kupfergehalt bis zu 300 µg/g Trockenmasse erreichen. Das ist besonders dann der Fall, wenn der Anteil biologischer Abprodukte wie Fäkalpellets des Zooplanktons oder von frisch eingetragenen Aerosolen an der Gesamtmasse des partikulären Materials dominiert. Plankton selbst enthält zwischen 20 und 60 µg Cu/g Trockenmasse. Obgleich sowohl Plankton und Fisch als auch Schalentiere in verunreinigten Seegebieten höhere Cu-Gehalte als in nicht verunreinigten Gebieten zeigen, ist keine generelle Akkumulation dieses Elements in der Nahrungskette zu beobachten. In Raubfischen wird z. B. nur ein Bruchteil der im Plankton gemessenen Gehalte beobachtet (etwa 0,3–2 µg/g Frischmasse). In Decapoden, Crustaceen, Gastropoden und Cephalopoden, die anstelle des Hämoglobins das kupferhaltige Atmungspigment Hämocyanin besitzen, werden die höchsten natürlichen Cu-Gehalte notiert. Überschüssiges Cu wird dabei gewöhnlich in der Leber gespeichert. 4800 µg/g enthält beispielsweise die Leber eines *Octopus vulgaris* und 2000 µg/g die Bauchspeicheldrüse von *Homarus gammarus*. Austern, die nicht über Hämocyanin verfügen, benötigen zur Realisierung ihrer Atmungsfunktion extrem hohe Kupfergehalte. Diese werden in den wandernden Leukozyten gespeichert, die bis zu 20 000 µg Cu/g enthalten können.

Trotz zahlreicher Speicher- und Entgiftungssysteme ist Cu nach Hg und Ag das für viele Meeresorganismen am stärksten toxisch wirkende Metall. Das wurde 1965 beim illegalen Verklappen von Kupfersulfat in den Niederlanden deutlich, wo ein etwa 0,3 mg Cu/l enthaltender Wasserkörper an der Nordseeküste entlangdriftete und ein Massensterben von Schalentieren, Fischen und Plankton verursachte. Aber auch „hot spots" permanenter Verunreinigung mit gelöstem Kupfer gibt es an einer Reihe von Küsten, wo es durch Remobilisierung aus stark verunreinigten Sedimenten freigesetzt wird. Im Sediment lebende Würmer wie *Nereis diversicolor* reichern das Metall an, und die sich davon ernährenden Bodenfische wie die Flunder *(Platychthys flesus)* können Effekte, z. B. Leberschäden, zeigen. Beispiele für mit Kupfer, aber auch mit anderen Metallen verunreinigte Sedimente, auf und in denen eine Reihe von Benthosorganismen nicht mehr zu siedeln in der Lage sind, lassen sich u. a. sowohl an der norwegischen als auch an der englischen Küste (Fal/Restronguet Creek) finden.

Trotz der hohen Kupferanreicherung in einigen Schalentieren stellt Kupfer für den Menschen in Nahrungsmitteln aus dem Meer in der Regel kein besonderes Risiko dar. Wird durch die Auster *Ostrea edulis* beispielsweise außergewöhnlich viel Cu akkumuliert, verfärbt sie sich grün und wird vor der Vermarktung ein Jahr in sauberem Wasser gehältert. Die letale Dosis für den Menschen liegt bei ungefähr 100 mg. Aber in der Nahrung werden bereits Cu-Gehalte von etwa 5–7,5 µg/g an ihrem Geschmack erkannt. Das Ergebnis ist Brechreiz.

Zur analytischen Bestimmung von Kupfer in Meeresumweltproben findet überwiegend ebenfalls die AAS Anwendung. Die zu vermessenden Konzentrationen, bei Wasserproben nach extraktiver Anreicherung, sind in der Regel ausreichend hoch, um problemlos sowohl Flammen- (Sedimente, Organismen) als auch flammenlose Techniken einzusetzen. Die Verfahren sind robust, einmal dadurch, daß spektrale Störungen für Kupfer bei der Atomspektroskopie gering sind, und zum anderen aufgrund der gegenüber Elementen wie Blei oder Zink weitaus geringeren Gefahr der Probenverfälschung bei der Entnahme und Aufarbeitung. Nichtsdestoweniger gab und gibt es viele Fehlmessungen, die darauf hinweisen, daß auch bei diesem relativ „unkomplizierten" Spurenmetall Prinzipien der Qualitätssicherung bei seiner Analyse ebenfalls strikt einzuhalten sind.

5.5 Arsen

Der Name dieses Halbmetalls gilt allgemein als Synonym für Gift, obwohl es ubiquitär in allen organischen Geweben vorkommt. Andererseits sind auch Angaben über Arsenmangel und therapeutische Anwendungen zu finden.

Arsensulfide wurden von den Ägyptern bereits vor 3500 Jahren als Farbpigmente genutzt. Auch in der Medizin des Orients fanden Arsenverbindungen schon vor 2000 bis 3000 Jahren Anwendung. Das Element und seine Verbindungen spielten im Mittelalter eine bevorzugte Rolle als Mittel für Gift- und Selbstmorde.

Verwendung findet As heute als Bestandteil von Legierungen, in hochreiner Form in der Halbleiterindustrie und bei der Glasherstellung. Nur noch historische Bedeutung haben As-haltige Farbpigmente, z. B. das *Schweinfurter Grün*, organische Arsenverbindungen als Kampfstoffe und As-haltige Präparate in der Chemotherapie. Anwendungen von As-Präparaten in der Zahnchirurgie, zur Behandlung der Schlafkrankheit, Malaria oder Syphilis gehören ebenfalls im wesentlichen der Vergangenheit an, sind jedoch trotz der Entwicklung von Antibiotika nicht völlig aus dem medizinischen Bereich verschwunden.

Im Handel ist Arsen zumeist als Trioxid (*Arsenik*, As_2O_3), das u.a. als Ausgangsstoff zur Herstellung von Herbiziden, Fungiziden, Insektiziden und Algiziden dient, die auch Desinfektions- und Holzschutzmitteln zugesetzt werden. In der Veterinärmedizin kommt Arsen bei der Antibiotikabehandlung von Hunden zum Einsatz. Arsenhaltige Futtermittelzusätze sollen wachstumsfördernd wirken und die Resistenz gegenüber Krankheiten verbessern.

Die Weltproduktion von *Arsenik* lag 1980 um 30000 t. Davon wurde in der Vergangenheit der überwiegende Teil in der Landwirtschaft in Form von Pestiziden, die sowohl organische als auch anorganische Verbindungen wie Blei- und Calciumarsenat, Natriumarsenit oder auch Kupferacetoarsenit einschlossen, eingesetzt. Das hoch phytotoxische Natriumarsenit wurde z. B. bereits in den 20er Jahren als Insektizid eingeführt. Andere anorganische Arsenverbindungen, heute häufig durch organische Derivate ersetzt, blicken bereits auf eine mehr als 100jährige Geschichte zurück. Bei der kommerziellen Verwendung des Arsens dominieren Holzschutz (36%) und Unkrautbekämpfung (31%). Es folgt der Einsatz in der Baumwoll- (15%), Glas- und Elektronikindustrie (je 5%) sowie als Wirkstoff in Antibewuchsanstrichen (5%).

In der Erdkruste kommt das Arsen selten elementar, häufiger als Oxid, aber überwiegend als Sulfid, vergesellschaftet mit Sulfiden anderer Metalle wie Cu, Pb und Zn, vor. Mit etwa 1,8 µg/g liegt As in der Häufigkeit etwa auf dem zwanzigsten Platz. Im Ozean ist es etwa 1000fach häufiger als Quecksilber.

Aus seiner Stellung im Periodensystem der Elemente bereits ableitbar, weist Arsen im biogeochemischen Verhalten Ähnlichkeiten mit Phosphor auf. Im Fall hoher Arsenkonzentrationen oder eines P-Defizits kann es ersatzweise dessen Funktionen übernehmen.

In Verbindungen kann Arsen in drei Oxydationszuständen existieren (-3, +3, +5), wobei die Stufe „+5" die thermodynamisch stabilste ist. Unter den pH-, E_h- und Ionenstärke-Bedingungen im Ozean und in Ästuargebieten sollten die Formen $H_2AsO_4^-$, $HAsO_4^{2-}$ und AsO_4^{3-}, aber auch H_3AsO_3 dominieren.

Bakterien spielen eine wichtige Rolle bei der Reduktion von As(5) im anoxischen Milieu und bei der Oxydation von As(3) in der Gegenwart von Sauerstoff.

Durch einen Zyklus wiederholter Reduktion und Methylierungen arseniger Säure (H_3AsO_3) entstehen Monomethylarsonsäure ($CH_3AsO(OH)_2$ = MMAA), Dimethylarsinsäure (($CH_3)_2AsO(OH)$ = DMAA) und schließlich Trimethylarsin (($CH_3)_3As$). Phytoplankter können As(5)-Verbindungen in MMAA oder DMAA umwandeln und diese dann in gelöster Form in das Wasser der euphoten Schicht injizieren. Diese Metabolisierung ist als Detoxifizierung zu werten, da As(5) auf Phytoplankton schwach toxisch wirkt. DMAA und MMAA treten in Sedimenten nicht auf. Das spricht gegen eine Biomethylierung durch Bakterien wie im Fall des Quecksilbers.

Die Arsenkonzentrationen im Ozean liegen zumeist im Bereich von 1 bis 2 µg/l. In Ästuargebieten verdoppeln sich diese Werte etwa, können jedoch im Bereich von Zuflüssen, die z. B. Bergbaugebiete entwässern oder Abwässer der metallverarbeitenden Industrie enthalten, bis auf Konzentrationen um 50 µg/l oder höher ansteigen (Tagus/Portugal). Im Ozeanwasser überwiegt der Anteil des As(5) am Gesamtgehalt des Arsens. Der As(3)-Anteil liegt in der Regel um und unter 10%. MMAA konnte bisher nur in Spuren nachgewiesen werden (Ostsee: 3–34 ng/l), während DMAA bei produktiven Meeresgebieten in der euphoten Schicht durchaus signifikante Konzentrationen erreicht (Atlantik: bis 0,3 µg/l; Ostsee: bis 0,5 µg/l).

Die vertikale Verteilung des Gesamtarsens weist zumeist Profile mit leicht verringerten Konzentrationen im Oberflächenwasser auf, hervorgerufen durch die Anreicherung im Phytoplankton und das Absinken mit dessen abgestorbenen Resten. Höhere Konzentrationen werden in der Nähe des Sediments aufgrund von Remobilisierungseffekten beobachtet. As(3) zeigt Maxima in der euphoten Schicht und bei einer Annäherung an anoxische Wasserschichten, wie z. B. in der Ostsee, oder in Sedimentnähe. As(5) verhält sich dazu entgegengesetzt.

In höheren Gliedern der marinen Nahrungskette tritt Arsen als As-Betain (($CH_3)_3AsCH_2CO_2H$) auf, das als stabiles Endprodukt des Katabolismus von z. B. arsenhaltigen Zuckern (As-haltige Derivate der Ribofuranoside) angesehen wird.

Die natürlichen Quellen des Arsens beruhen auf der Erosion und Auslaugung der Erdkruste. In Oberflächengewässern findet man es dann in gelöster Form mit Konzentrationen bis zu 10 µg/l, in Ausnahmefällen bis zu 300 µg/l (Tamar-Clyde/Großbritannien) wieder. Wie Untersuchungen in den 10 größten Flüssen der Erde zeigten, tritt As in partikulärer Form im Mittel mit etwa 5 µg/l auf. Der Eintrag durch untermeerische Hydrothermalaktivität, einschließlich der Austauschvorgänge am Basalt, wird auf 4 000 t pro Jahr geschätzt. Untermeerische Vulkane tragen jährlich mit etwa 7 000 t ebenfalls signifikant zur globalen Arsenbilanz bei.

Der anthropogene Arseneintrag in die Meeresumwelt erfolgt über viele indirekte Quellen, z. B. über die Verwendung fossiler Brennstoffe wie Kohle und

Erdöl sowie über die Verbrennung von Holz und Abfällen. Es dominiert jedoch die Metallverhüttung (Eisen, Stahl, Kupfer, Blei und Zink). Abschätzungen zum globalen Arseneintrag in die Atmosphäre differieren noch in weiten Grenzen. Für den Gesamteintrag liegen die Abweichungen der verschiedenen Angaben voneinander sogar im Bereich einer Größenordnung. Gegenwärtig schätzt man z. B. den natürlichen Eintrag auf 45 480 t (Vulkane 17 150 t, Verflüchtigen bei niedrigen Temperaturen 26 200 t, Winderosion 1 980 t, Waldbrände 125 t und Meersalzspray 27 t). Aus anthropogenen Quellen kommen rund 28 060 t hinzu, d.h aus der
- Nichteisenmetallurgie (14 290 t),
- Eisen- und Stahlproduktion (60 t),
- Kohleanwendung (6 240 t),
- Holzverbrennung (425 t),
- Gewinnung von Anbauflächen durch Abbrennen von Waldgebieten und Savannen (1 920 t),
- über Agrikulturchemikalien (3 440 t),
- durch den Holzschutz (140 t),
- aus der Glasherstellung (468 t) und
- über die Abfallverbrennung (78 t).

Die Arsengehalte mariner Sedimente umspannen den Bereich von 5 bis 20 µg/g. Die höchsten Gehalte werden dabei z. B. in Tiefseesedimenten des Pazifik in der Nähe aktiver vulkanischer Rücken gemessen. Bis zu 10fach höhere Werte trifft man in Küsten- und Ästuargebieten sowie in Neben- und Randmeeren an. In den Ästuarien von Tagus (Portugal) und Restronguet Creek (SW-England) treten sogar Maximalgehalte von 420 bzw. fast 4 000 µg/g auf, die durch arsenhaltige Industrie- und Bergbauabfälle verursacht wurden.

Arsenmessungen in Sedimentkernen des Lake Washington zeigten, daß rezentes Material 10- bis 60fach höhere Arsengehalte aufweist als die Hintergrundwerte für diese Region. Das As(3)/As(5)-Verhältnis in den Porenwässern dieser anoxischen Kerne zeigte eine deutliche Dominanz reduzierter Metallformen. In Porenwässern fehlen in der Regel methylierte Arsenformen. Messungen an suspendiertem Material aus dem Ozean ergaben Arsengehalte von 13 bis 40 µg/g.

Arsen wird in Meeresorganismen zumeist in Gehalten zwischen 1 und 150 µg/g angetroffen. Algen enthalten zwischen 10 und 100 µg As/g, d.h. etwa um drei Größenordnungen höhere Werte als das Meerwasser. Arsen liegt in den Organismen sowohl in wasser- als auch lipidlöslicher Form vor. Als Arsenobetain wird es auf Mollusken (10 bis 50 µg/g) und schließlich auf den Menschen übertragen. In Fischen werden Gehalte um 10 µg/g erreicht. Anzeichen für eine Anreicherung über die Glieder der Nahrungskette gibt es nicht.

Bei Fischen gibt es deutliche Unterschiede zwischen pelagischen und Plattfischen. Letztere erreichen im Mittel zwischen 50 und 100 µg As/g (Maximum: 360 µg/g für die Scholle), während pelagische Fische (Hering, Makrele, Dorsch) nur ein Zehntel bis Zwanzigstel dieser Gehalte aufweisen. Diese Unterschiede werden mit der Ernährungsweise der Tiere erklärt. Plattfische ernähren sich u.a. von Polychaeten, die teilweise eine hohe Arsenakkumulation zeigen, z.B. *Tharyx marioni* (2045 µg As/g).

Gegenüber den Halbwertszeiten anderer Verunreinigungen wie Hg oder PCBs in Meeresorganismen beträgt die von Arsen nur einen Bruchteil. Eine zuvor mit arsenreicher Nahrung gefütterte Scholle wies z.B. bereits nach 10 Tagen nur noch 5% des ursprünglichen Gehalts auf. Der jeweils in Organismen angetroffene Gehalt reflektiert offenbar in erster Linie den arttypischen Metabolismus und weniger Nahrungskettenbeziehungen. *Littorina littorea* hat z.B. einen geringeren Arsengehalt als die Makroalge *Fucus vesiculosus*, von der sich erstere ernährt. Ein Vergleich mit dem Phosphor zeigt, daß dieser in der Nahrungskette relativ zum Arsen bevorzugt und angereichert wird. Während im Meerwasser das P/As-Verhältnis nur bei etwa 10 liegt, nimmt es über die Algen, Crustaceen und schließlich zum Fisch hin auf 10000 zu.

Die Toxizität des Arsens für Organismen hängt von der chemischen Form ab, in der es vorkommt. As(3)-Verbindungen, besonders die organischen, haben eine große Affinität zu Sulfhydryl-Gruppen und können dadurch Enzymfunktionen behindern. Arsenationen können mit dem ATP/ADP-Mechanismus störend in Wechselwirkung treten. Im Ozean kann die Phytoplankton-Primärproduktion bei Phosphatdefizit bereits bei Arsenkonzentrationen, die 3fach höher als normal sind, verhindert werden. Davon scheinen Diatomeen besonders betroffen zu sein, so daß eine Arsenverunreinigung bei P-Defizit Ursache einer Verschiebung des Artenspektrums von Primärproduzenten sein kann.

Toxische Wirkungen von Arsen in Bezug auf Enzymmechanismen lassen sich in höheren Organismen kaum quantifizieren. Erst bei etwa 300 µg/l wurden bei jungen Lachsen negative Effekte beobachtet. Die akute Toxizität (LC_{50}) des Arsens für verschiedene Mollusken liegt zwischen 350 und 750 µg/l, anormale Entwicklungen setzen bei 200 bis 300 µg/l ein. Akute Effekte bei Meeressäugern treten bei etwa 10000 µg/l auf.

In Algen an Kohlenhydrate gebundenes Arsen scheint keinerlei Probleme für die Konsumenten hervorzurufen. Gleicherweise scheinen As-Betaine und Arsenocholin von Mollusken und Fischen ohne metabolische Transformation relativ schnell wieder ausgeschieden zu werden. Auch das Fehlen mutagener Effekte des As-Betains konnte gezeigt werden.

Werden vom Menschen größere Mengen mit As verunreinigter Nahrung aufgenommen, sind Vergiftungsfälle nicht ausgeschlossen. Die WHO stellte fest, daß die tägliche Aufnahme von 3 mg As über mehrere Wochen bei Erwachsenen toxische Symptome hervorrufen kann. Wird 1 mg/Tag mehrere Jahre konsumiert, kann es zu Hautkrankheiten kommen. Eine Wahrscheinlichkeit von 5% für Hautkrebs besteht bei 1 mg As/Tag für 25 Jahre bzw. 0,4 mg/Tag für die Lebenszeit.

Die Arsenbestimmung im Meerwasser erfolgte früher vorwiegend kolorimetrisch über die Molybdänblaureaktion. Gegenwärtig dominiert die AAS-Analyse nach Abtrennen des Arsens als Hydrid (Nachweisgrenze 40 ng/l für As(3) bzw. 100 ng/l für Gesamt-As). Die individuelle Analyse von As(3), As(5), MMAA und DMAA erfolgt durch Gaschromatographie der zuvor gebildeten und vorangereicherten Arsine. Die Nachweisgrenze für die einzelnen chemischen Individuen liegt hier bei 1 ng/l.

Die Bestimmung von Arsen in Sedimenten bzw. in organischem Material erfolgt zumeist über die AAS/Hydrid-Methode. Zuvor ist ein Aufschluß der jeweiligen Proben erforderlich. Die Arsenmessung in den Aufschlußlösungen ist auch ohne Hydridbildung durch AAS in der Graphitrohrküvette möglich. Durch Zugabe von Nickel- oder Palladiumsalzen zur Matrixmodifizierung werden bei organischen Proben Nachweisgrenzen um 0,2 µg/g erreicht. Auch die direkte Neutronenaktivierungsanalyse oder ICP/Hydrid-Kombinationen nach einem vorherigen Aufschluß wurden eingesetzt. Beim Einbeziehen der Hydridbildung mit AAS- oder ICP-Detektion ist es in jedem Fall erforderlich, vor der Reduktion das durch den Aufschluß gelöste Arsen vollständig in einer definierten Oxydationsstufe vorliegen zu haben. Oxidative Aufschlüsse führen meist zum As(5), höhere Arsinausbeuten und damit Empfindlichkeiten liefert dabei jedoch die As(3)-Stufe. Diese kann selektiv durch Reduktionsmittel wie Ascorbinsäure oder Kaliumiodid erreicht werden.

Zusammenfassend ist festzustellen, daß auch die höchsten bisher im Meerwasser registrierten Arsengehalte keine akute Gefährdung für die meisten marinen Organismen oder den Menschen darstellen. Verunreinigte Meeresgebiete sollten jedoch überwacht und durch Untersuchungen mögliche konkrete Effekte für das Plankton hinsichtlich einer Produktionshemmung oder eines Einflusses auf die Artenzusammensetzung quantifiziert werden.

5.6 Selen

Das Halbmetall Selen tritt in der Natur vor allem in Form von Seleniden des Pb, Cu, Ag und Hg in sulfidischen Kupfer-, Zink- und Eisenerzen auf. Seit seiner Entdeckung (1817) blieb Se lange Zeit eine chemische Kuriosität, bis man in den 30er Jahren seine toxischen Eigenschaften entdeckte. 1957 konnte dann seine essentielle Rolle für mehrere Tiere aufgezeigt werden. Heute zählt Selen zu den aus industrieller, biologischer und Umweltsicht bemerkenswerten Spurenelementen.

Die Elektronikindustrie verwendet Se aufgrund seiner Halbleiter- und photoelektrischen Eigenschaften z.B. bei der Herstellung von Thermoelementen, Photozellen und xerographischen Bausteinen. In der Metallurgie wird es Legierungen zugesetzt, um deren Stabilität und Bearbeitbarkeit zu erhöhen. In rostfreien Stählen trägt es zur Korrosionsfestigkeit bei. Die Farbigkeit der roten Modifikation und einiger Selenide wird zur Herstellung von Gläsern und

5.6 Selen

Pigmenten genutzt. Als Antioxidanz wird es Tinten, Ölen und Schmierstoffen zugesetzt. In der chemischen Industrie hat es als Katalysator Bedeutung. Die toxischen Eigenschaften wurden beim Einsatz als Pestizid in Gewächshäusern in Form von Selenaten und Selenosulfiden für den Schutz von Zierpflanzen gegen Schädlinge genutzt. Als Futtermittelzusatz und in Form von Tabletten für den menschlichen Konsum kann es eine Unterversorgung von Tier und Mensch kompensieren. Die medizinische Verwendung umfaßt, außer der Kompensation eines Selenmangels, ausschließlich eine äußere Applikation, vor allem als Selensulfid bei der Bekämpfung von Haarschuppen.

Selen ist als Spurenbestandteil in der Erdkruste mit einem mittleren Gehalt um 90 ng/g, bei Maximalwerten bis 500 µg/g, vertreten. Gegenüber dem ihm chemisch verwandten Schwefel ist es in Gesteinen nur 1/6000 so häufig. Vulkanausbrüche emittieren Se. In Eruptivgesteinen ist es deshalb verarmt (in Sandstein z.B. nur bis 1 µg/g), während in Sedimentgesteinen deutlich höhere Gehalte auftreten (in Carbonaten bis 30 µg/g). In Böden wurden Gehalte zwischen < 0,1 und 1 200 µg/g beobachtet.

Die meisten der o.g. Anwendungsbereiche führen, z.B. durch Abfallverbrennung oder Deponierung, zu einer, allerdings relativ geringen, Verunreinigung der Atmosphäre oder der Gewässer. Größere Selenmengen werden in die Umwelt jedoch durch die Nutzung fossiler Brennstoffe eingetragen. Nach Grobabschätzungen erreichen jährlich etwa 12 000 t Se die Atmosphäre, davon durch das Rösten sulfidischer Erze 2 000 t und 10 000 t durch Verbrennungsprozesse. Der Eintrag in den Ozean durch Zuflüsse wird auf 18 200 t geschätzt, davon 11 000 t in suspendierter und der Rest in gelöster Form. Für die jährliche Selenablagerung im Ozean werden von anderen Autoren 8 000 t/Jahr angesetzt. Davon völlig abweichende Schätzungen setzen für globale anthropogene Quellen 1 150 t an (Kohleverbrennung 420 t, Ölverbrennung 30 t, Zementproduktion 700 t), während zum natürlichen Eintrag infolge Verwitterung und Transport mit den Flüssen die Angaben zwischen 200 und 7 400 t/Jahr schwanken.

Weitgehende Übereinkunft besteht in Hinsicht auf das qualitative Transportverhalten des Selens. Da Selenite (Se(4)) schnell und effektiv mit Eisenhydroxiden kopräzipitieren, erfolgt der Transport vorwiegend in partikulärer Form. Die Verweilzeiten in den Oberflächengewässern sind relativ gering. Selenat (Se(6)) ist in alkalischen und oxidierenden Lösungen stabil löslich und pflanzenverfügbar. Es ist jedoch biologisch nicht so reaktiv wie Selenit, das in Gewässern mit pH-Werten > 7,5 zum Selenat oxydiert werden kann.

Die Selenkonzentrationen in der Atmosphäre liegen etwa zwischen 5 pg/m^3 für abgelegene Gebiete und mehreren Hundert pg/m^3, z.B. für den Nordatlantik. Im Meerwasser werden ungefähr 0,1 µg Se/l angetroffen. In Küstennähe, in Neben- und Randmeeren verdoppeln sich diese Werte etwa. Se(4) zeigt ein nährstoffähnliches Verhalten, d.h., es kann durch Meeresalgen zur Blütezeit selektiv assimiliert oder adsorbiert werden. Nach dem Zusammenbruch der Blüte gelangt Se(4) wieder in Lösung. Se(6) wird von biologischen Produktionszyklen kaum beeinflußt. Es gibt Hinweise, daß der vertikale Transport des Selens mit biologischem Material vor allem in Form organischer Selenide (Oxydationsstufe -2) erfolgt, die jedoch zum Selenit oxydiert und erneut vom Plankton aufgenommen werden können. Extensive Messungen in den Ozeanen zeigten, daß im Oberflächenwasser des Pazifik und Indik um 4 ng Se(4) und 40 ng Se(6)/l enthalten waren. Unterhalb 2 000 m wurden 62 ng Se(4) und 110 ng Se(6)/l registriert. Im Atlantik lagen die Konzentrationen etwa 30–40% niedriger.

In Sedimenten von Küstengebieten und Ästuarien sind Selengehalte um 0,15 µg/g typisch. Im Ozean werden sowohl im Tiefseeton als auch in carbonatischen Sedimenten etwa gleiche Gehalte angetroffen. In Ausnahmefällen kann es im Bereich untermeerischer Anomalien zu 10fach höheren Werten kommen. In Küstennähe wurden im Bereich der Einleitung kommunaler Abwässer bis zu 6 µg Se/g gemessen.

Das Nährstoffverhalten des Selens bedingt eine Assimilation durch das Phytoplankton und eine weitere Transformation in der Nahrungskette. In Zooplankton aus dem Mittelmeer wurden etwa 4–7 µg Se/g Trockenmasse gefunden. In wenig verunreinigten Seegebieten enthielten Mollusken 0,4 µg *(Mytilus)* bzw. 3,5 µg *(Ostrea)* und Crustaceen 0,2 bis 2,2 µg Se/g Frischmasse. Die Gehalte in Fischen liegen zwischen 0,2 und 1 µg/g Frischmasse, bei Raubfischen bis zu 4,3 µg/g im Muskelgewebe und bis zu 13,5 µg/g in der Leber. Meeressäuger weisen ebenfalls relativ geringe Gehalte im Muskelgewebe auf, in der Leber wurden allerdings 46 bis 400 µg/g Frischmasse gemessen (Tab. 5.9).

Tabelle 5.9. Typische Se-Gehalte in verschiedenen Organismenarten (in µg/g Frischmasse)

Mollusken	0,4– 0,8	
Crustaceen	0,4– 5,5	
Fische	0,1– 0,9	
Haie	0,2– 0,8	Muskel
	0,5– 15	Leber
Wale	4 – 80	Leber
Seehunde	0,4– 1,0	Muskel
	4 –400	Leber

Die Selengehalte von Organismen werden häufig in Verbindung mit Quecksilberbestimmungen vermessen. Das molare Hg/Se-Verhältnis für Fischmuskelgewebe liegt im Mittel bei 0,7, überstreicht jedoch einen relativ weiten Bereich (0,03–1,7). Außer bei der Einbeziehung der Länge (Alter) der Fische ist im Muskelfleisch eine direkte Korrelation zwischen beiden Elementen oft nicht ersichtlich. In der Leber und im Gehirn von Meeressäugern wurde dagegen häufig ein molares Verhältnis Hg/Se von 1 gefunden. Das deutet sowohl auf strukturelle Beziehungen als auch auf eine Schutzfunktion durch Se gegen toxische Wirkungen des Hg hin. HgSe *(Tiemannit)* wurde als Detoxifikationsprodukt eindeutig identifiziert. Auch kausale Beziehungen des Selens zu anderen Schwermetallen wie Cd und Cu im Sinne einer Detoxifikation in Organismen werden in der Literatur diskutiert.

Toxische Effekte von Selenit auf Algen wurden bis zu Konzentrationen von 80 µg/l, d.h. fast 1000fach höher als die Se-Konzentrationen im Meerwasser, nicht beobachtet. Werden Quecksilber und Selen bei Toxizitätstests gemeinsam eingesetzt, tritt die oben aufgezeigte antagonistische Wirkung zutage. Die LC_{50}-Werte für Fische und Schalentiere liegen in der Regel zwischen 1 und 10 mg Se/l. Damit stellen die gegenwärtig in der Meeresumwelt gemessenen Konzentrationen keine Gefährdung für marine Organismen dar. Andererseits dominiert die Se-Aufnahme mit der Nahrung gegenüber der direkten Aufnahme aus dem Wasser. Im Bereich lokaler „hot spots" kann es deshalb über die Se-Anreicherung auf niederen Niveaus der Nahrungskette zu anormal hohen Gehalten sowohl in Fischen als auch in Schalentieren kommen.

Der Mensch scheint mit etwa 50–200 µg Se/Tag, die überwiegend mit der Nahrung aufgenommen werden, adäquat versorgt. Wie umfangreiche Untersuchungen der WHO in China zeigten, gibt es auch bei mehr als 5fach höherer Versorgung noch keine Anzeichen einer Intoxikation. Diese ist erst bei mehreren Milligramm Se/Tag zu vermuten. Die „*Keshan*"-Krankheit eines Selenmangels wurde bei der Aufnahme von 11 (3–22) µg Se/Tag diagnostiziert. Die Se-Gehalte im Blut lagen hierbei um 20 µg/l, d.h. bei nur etwa einem Fünftel bis Zehntel von Normwerten bzw. bei einem Hundertstel der Werte im Fall einer möglichen Selenvergiftung. Nahrung aus dem Meer kann sowohl zur optimalen Versorgung des Menschen mit Se beitragen als auch – in Ausnahmefällen – mit Gefahren für eine Vergiftung verbunden sein. Die Gefahrengrenze, die etwa bei 700 bis 7000 µg Se/Tag beginnt, kann jedoch nur erreicht werden, wenn pro Tag 1 kg Fisch oder Schalentiere mit relativ hohen Selengehalten (z.B. Marlin, Heilbutt, Hummer oder Garnelen) verzehrt werden. Das wird in der Praxis nur ganz selten der Fall sein. Die äquimolar hohen Gehalte von Selen und Quecksilber in der Leber von Meeressäugern werden durch die Bildung des biologisch inerten HgSe verursacht. Toxische Effekte für die Tiere selbst oder für den Konsumenten sind deshalb unwahrscheinlich.

Zur Se-Bestimmung in Meeresumweltproben dienen vorwiegend atomabsorptionsspektroskopische, gaschromatographische, fluoreszenzspektroskopische und Neutronenaktivierungs-Methoden. Darüber hinaus steht eine ganze Reihe organischer Reagenzien für spektralphotometrische Analysen bereit, deren Nachweisgrenzen jedoch im mg/l-Bereich liegen und damit für den quantitativen Nachweis des in Spuren vorkommenden Metalloids zumeist nicht ausreichen. Bei den erforderlichen Aufschlüssen von organischen und Sedimentproben kommt es relativ leicht zu Analytverlusten durch Verflüchtigen. Die meisten der genannten Techniken verlangen außerdem definierte Oxydationsstufen – häufig das Se(4) –

für zuverlässige Analysen. Gaschromatographische Methoden, oft auch als Verbundverfahren mit anderen Detektorsystemen eingesetzt, eröffnen den Zugang zum qualitativen und quantitativen Nachweis einzelner organischer Selenformen.

6. Überdüngung des Meeres

Die Düngung des Meeres mit *primär* toxisch unbedenklichen Pflanzennährstoffen wird häufig nicht als Verunreinigung aufgefaßt. Dabei hat die Praxis leider in aller Deutlichkeit bereits gezeigt, daß die dementsprechenden Kriterien zweifelsfrei erfüllt werden. Die *Überdüngung* einzelner Meere bzw. Meeresregionen ist heute sogar zu den dringlichsten marinen Umweltproblemen zu rechnen. Deshalb werden dazu auch im Kapitel 14 eine Reihe weiterer Informationen, u.a. mit Bezug auf die Ostsee, gegeben.

Die Pflanzenproduktion im Meer wird besonders durch die Verfügbarkeit von Mikronährstoffen wie Stickstoff, Phosphor und Silizium in assimilierbaren Formen limitiert. Während der Eintrag von Siliziumverbindungen in die Meeresumwelt durch menschliche Tätigkeiten nur wenig beeinflußt wird, unterliegt der Stickstoff- und Phosphoreintrag einem starken anthropogenen Einfluß. Deshalb soll letzteren Verbindungen nachfolgend besondere Aufmerksamkeit gewidmet werden. Es sei hier jedoch auch daran erinnert, daß u.a. eine Reihe von Spurenelementen, wie z.B. Fe, Mn, Zn, Cu und Co, sowie organische Verbindungen mit metallkomplexierenden Eigenschaften, wie Vitamin B, Thiamin oder Biotin, zur Photosynthese ebenfalls erforderlich sind.

Für Süßwasserseen wird eine zunehmende Produktivität infolge des Eintrags von Nährsalzen als natürliche, durch den Einfluß des Menschen teilweise jedoch extrem beschleunigte Alterung von Gewässern angesehen. Für die Meeresumwelt wird solch ein „Eutrophierungs"-Prozeß in Neben- und Randmeeren sowie für Küstenregionen der Ozeane registriert. Eine oft nicht unerwünschte Folge dieser Eutrophierung ist eine erhöhte Fischproduktion in den betreffenden Gebieten. Das setzt das teilweise Einspeisen der zusätzlich produzierten Phytoplanktonbiomasse in die natürlichen Nahrungsketten, z.B. über das Zooplankton bis hin zum Fisch, voraus. Parallel dazu oder bei weiter fortschreitender Düngung des Meeres wird dieser positive Effekt jedoch sekundär von Sauerstoffmangel bis hin zum Auftreten von Schwefelwasserstoff im Bodenwasser begleitet, verursacht durch die Remineralisierung der nicht in die Nahrungskette einfließenden partikulären und gelösten „Abfälle" aus der Primärproduktion. Die Intensität und Dauer der Frühjahrs- und besonders der Spätsommerblüten des Phytoplanktons nehmen zu und werden von unästhetischen Anfärbungen und Trübungen des Wassers und von Ablagerungen an den Stränden begleitet. Auch das Auftreten „außergewöhnlicher Blüten", charakterisiert z. B. durch besondere Farben („red tides"), durch Schaumproduktion *(Phaeocystis pouchetii)* oder Toxizität *(Chrysochromulina polylepis)*, wird mit verstärktem anthropogenem Nährsalzeintrag und -angebot im Zusammenhang gesehen.

Die Summe der gelösten anorganischen (Nitrat-, Nitrit-, Ammonium-) und organischen Stickstoffformen, die als natürlicher globaler Bruttoeintrag mit den Zuflüssen vom Festland in das Weltmeer gelangen, wird auf 14 Millionen t N/Jahr geschätzt. Abschätzungen zum anthropogenen (Landwirtschaft, Industrie, Haushalt) Eintrag mit den Flüssen liegen zwischen 7 und 32 Millionen t N/Jahr. Der natürliche Flußeintrag anorganischer (Phosphate) und organischer Phosphorverbindungen wird mit 21 Millionen t P/Jahr angegeben, davon sind allerdings rund 95% in partikulären, d. h. schnell sedimentierbaren Formen enthalten. Abschätzungen zum Eintrag gelöster anthropogener Phosphorbeimengungen mit den Flüssen schwanken zwischen 1 und 3,8 Millionen t/Jahr. Sollten diese Angaben in etwa zutreffen, bedeutet dies, daß im globalen Rahmen sowohl die anthropogen verursachten Stickstoff- als auch die Phosphoreinträge bereits deutlich über den natürlichen Zuführungen liegen.

Für die vorwiegend mit Zuflüssen eingetragenen Phosphorverbindungen stellt eine Einbettung in die Sedimente, neben der lateralen Verfrachtung und einer (geringen) Entnahme mit der Nutzung mariner Ressourcen (Fisch, Phosphorite...), die einzige signifikante Senke in Massenbilanzen dar.

Für die Stickstoffverbindungen gibt es neben den Zuflüssen andere, teilweise in gleicher Größenordnung effektive Quellen. Das betrifft besonders den Eintrag über Niederschläge mit aus der Atmosphäre ausgewaschenen löslichen Stickoxiden und die teilweise Überführung des im Meerwasser gelösten Stickstoffs (N_2) in produktionswirksame Nährsalze durch darauf bei Nitrat- bzw. Ammoniummangel im Wasser spezialisierte Organismen (Cyanobakterien). Neben der Sedimentation mit abgestorbenem organischem Material können die Stickstoffverbindungen nach Denitrifizierung im Sinne eines Selbstreinigungsprozesses der Gewässer als N_2 aus den im marinen Ökosystem ablaufenden Kreisläufen wieder entfernt werden. Diese Denitrifizierung verläuft vorwiegend im und über dem Sediment und ist an ein unter mikrobieller Steuerung reduzierendes Milieu gebunden. Obgleich die hauptsächlichen qualitativen Zusammenhänge bereits bekannt sind, ist die biogeochemische Massenbilanz der Stickstoffverbindungen im Meer generell kaum quantifiziert. Das ist als Ergebnis der unterschiedlichen chemischen Formen und Redoxniveaus zu werten, die chemische Analysen und Massenflußabschätzungen erschweren. Die Anzahl zuverlässiger und repräsentativer Meßdaten zum atmosphärischen Eintrag, zur Bindung gelösten Luftstickstoffs (N_2) und zur Denitrifikation ist außerdem gering.

Die durch eine zusätzliche Düngung erhöhte Aktivität des Phytoplanktons verursacht neben der Verfärbung des Wassers und dessen stärkerer Trübung auch eine verringerte Eindringtiefe des Sonnenlichts. Dadurch nimmt die Wassertiefe und damit auch die Meeresbodenfläche ab, die für assimilierende und am Boden verankerte Makroalgen optimale Wachstumsbedingungen liefern. Im nicht durch das Lichtangebot limitierten Flachwasser kommt es parallel zu einer verstärkten Grünalgen-(Seegras, *Ulva lactua*) Produktion, deren vom Boden abgerissene Reste sich in dicken Matten auf dem Meer ansammeln können.

Die erhöhte Phytoplanktonproduktion geht häufig mit Veränderungen in der Artenzusammensetzung einher. Das betrifft die Abnahme von Diatomeen und die Zunahme von Flagellatentypen, die nur selten in die zum Fisch führenden Nahrungsketten eingehen.

6.1 Ungewöhnliche Algenblüten

Obgleich der sichere Nachweis noch aussteht, scheint es eine Verbindung zwischen der zunehmenden Verfügbarkeit von Nährsalzen und zumindest der Dichte und Ausdehnung des generellen Auftretens bestimmter „ungewöhnlicher" Arten von Algenblüten zu geben:

Diese sind z. B. durch hohe Schleimabscheidungen (einzelliger Flagellat *Phaeocystis sp.*) gekennzeichnet. Während der zweiten Junihälfte sind die Strände der südöstlichen Nordseeküste häufig mit bis zu 2 m dicken Schaumschichten bedeckt. *Phaeocystis* gehört außerdem zu den wenigen Phytoplanktonarten, neben Prymnesiophyten und Dinoflagellaten, die Schwefelverbindungen, u. a. Dimethylsulfid (DMS), in die Atmosphäre emittieren und somit signifikant zum Schwefelfluß und sauren Regen beitragen könnten.

Dinoflagellaten färben beim Auftreten in großen Zellzahlen das Wasser grünbraun oder braunrot. Diese „red tides" sind dann gefährlich, wenn die Organismen Toxine produzieren und/oder durch Atmung bzw. Zerfall den Sauerstoff aus dem Wasser entfernen. Weltweit sind etwa 20 Dinoflagellatenarten als toxisch bekannt. Für die jeweiligen Regionen dominieren zumeist wenige typische Arten. Die gegenwärtig am häufigsten beim Menschen beobachteten toxischen Syndrome sollen hier kurz erwähnt werden:

a) Die *paralytische Vergiftung durch Schalentiere (PSP)* wird durch eine in Hinsicht auf die beteiligten Arten und die jeweiligen Begleitumstände variable Anzahl von Neurotoxinen verursacht, von denen das Saxitoxin am eingehendsten untersucht wurde. Diese Toxine werden durch Meeresmuscheln angereichert, die selbst jedoch keine Vergiftungserscheinungen aufweisen. Der Verzehr dieser Muscheln führt zu einer Vergiftung mit Atemlähmungen, in schweren Fällen kann es zum Tod der Betroffenen kommen. Bei etwa 11 Vertretern von 3 Planktonarten *(Gonyaulax, Pyrodinium* und *Gymnodinium)* ist bekannt, daß sie Toxine produzieren. An der Pazifikküste Nordamerikas sind diese Arten für einige Abschnitte endemisch, und es ist dort eine strikte Kontrolle der Muschelernte erforderlich.

b) Die *neurotoxische Vergiftung durch Schalentiere (NSP)* wird mit dem Auftreten des Dinoflagellaten *Ptychodiscus brevis* in Verbindung gebracht und ist häufig am Golf von Mexiko und an der Küste von Florida zu beobachten. NSP schließt wirksame Ichthyotoxine ein, die spektakuläre Fischsterben hervorrufen. Direkte Schadensfälle für den Menschen wurden bisher nicht berichtet. Allerdings kann auflandiger Wind toxische Zellen in die Küstenregion transportieren, wodurch es zu Atembeschwerden und Hautreizungen kommt. 1986/87 kam es an den Küsten Mexikos und des USA-Bundesstaates Texas zu besonders schweren Zwischenfällen.

Im November 1987 traten an der kanadischen Atlantikküste, im Ostteil der Prinz-Edward-Insel, Zeichen einer Vergiftung von Muschelkulturen auf. Der Genuß der Muscheln führte zu drei Todesfällen, 150 weitere Personen wurden vergiftet, wobei sich 22 davon in einem Krankenhaus ärztlicher Behandlung unterziehen lassen mußten. Eine relativ seltene neurotoxische Aminosäure (Domoinsäure = (2S(2alpha,3beta,4beta(1E,3E5R*)))-2-Car-boxy-4-(5-car-boxy-1-methyl-1,3 hexadienyl)-3-pyrrolidin-essigsäure), die in 63 t abgeernteter Muscheln mit Gehalten bis zu 0,09% auftrat, konnte als Wirkstoff identifiziert werden. Diese Substanz wurde vor mehr als 30 Jahren in der Meeresumwelt entdeckt, wobei als Produzenten Rotalgen des *Chondria*-Typs angesehen wurden. Rezente Untersuchungen zeigten jedoch, daß auch Diatomeenarten wie *Nitzschia pungens* diese toxische Substanz in Gehalten um 1% enthalten können. Dabei ist noch offen, ob die Phytoplankter selbst, deren Blühen durch ein geeignetes Zusammenspiel von zusätzlichen Nährstoffen, von Sonnenlicht und Wasserschichtung gefördert wird, oder ob die mit ihnen in Symbiose lebenden Bakterien die Domoinsäure produzieren.

(Der gleiche alternative, an *bakterielle* Aktivität gebundene Mechanismus wird übrigens in letzter Zeit auch häufig im Zusammenhang mit dem Auftreten anderer toxischer Algenblüten diskutiert.)

Die Vergiftung mit Domoinsäure führt zu neurotoxischen Effekten, u.a. auch zur Amnesie, und wird deshalb auch als *ASP (amnesic shellfish poison)* bezeichnet.

c) Die *Diarrhoe verursachende Vergiftung durch Schalentiere (DSP)* wird mit den Dinoflagellaten *Dinophysis* und *Proroccutrum* in Verbindung gebracht und ist ein erst seit relativ kurzer Zeit für Europa, Südamerika und Japan beschriebenes Ereignis.

d) Ein in Süßwasserseen, u.a. aber auch in Bodden und Haffen der südlichen Ostsee und in Brackwasserkörpern Australiens bei relativ hohen Temperaturen auftretendes Phänomen stellen *toxische sommerliche Algenblüten*, z.B. des stickstoff-fixierenden Cyanobakteriums *Nodularia spuamigena*, dar. Solche „*Haffkrankheiten*" haben teilweise subletale Effekte für den Menschen. Nach Eingang der Toxine in das Trinkwasser oder nach landgerichtetem Transport über den Meeresspray können sie außerdem zu Schadensfällen bei Haustieren führen.

6.1 Ungewöhnliche Algenblüten

Umfassend dokumentiert sind u. a. toxische Dinoflagellatenblüten für Japan, Nordamerika und Europa. Es ist anzunehmen, daß viele solcher Erscheinungen in entfernten Gegenden der Erde bisher unentdeckt blieben. Ein Beispiel sind toxische *Pyrodinium bahamense* „red tides", die in der Indo/Westpazifik-Region zu den hauptsächlichen Gefährdungen für die Meeresumwelt und den Menschen zählen. Im Juni/September 1983 erkrankten auf den Philippinen 278 Menschen nach dem Genuß kultivierter Grünmuscheln *(Perna viridis)*, die durch ausgedehnte *Pyrodinium*-Blüten toxifiziert worden waren, an PSP, davon mindestens 21 tödlich. In australischen Gewässern wurden erstmals nach 1980 toxische, d. h. PSP verursachende Dinoflagellatenblüten von *Gymnodinium catenatum* beobachtet. 1986 mußten dort 15 Muschelfarmen zeitweilig geschlossen werden.

Massenentwicklungen von *Prorocentrum minimum* wurden auch in skandinavischen Gewässern, erstmals 1979 im Oslofjord und dann 1981 im Kattegat, registriert. Der Dinoflagellat breitete sich weiter in die Ostsee aus und erreichte bereits 1984 die Gewässer um Gotland. Über Blüten dieser Art wurde u. a. auch von den Dänischen Meerengen, der Kieler Bucht und vom Mündungsgebiet der Warnow berichtet. Die Zellzahlen reichten dabei von weniger als 3000/l für das offene Meer bis zu mehreren hundert Millionen pro Liter im Oslofjord.

Im Juni 1986 kam es zu einer intensiven Blüte des Flagellaten *Heterosigma akashiwo* in British Columbia/Westkanada. Zellzahlen von mehreren 100 Millionen/l verursachten große Schäden für Fischfarmen. Verluste von mehr als 100 000 Fischen traten auf. Im Golf von Maine (USA) wurde erstmals im September 1972 eine PSP-toxische „red tide" mit bis zu 23 Millionen Zellen von *Protogonyaulax tamarensis* pro Liter registriert. An den Küsten Floridas zum Golf von Mexiko werden seit Mitte der 70er Jahre „red tides" von *Ptychodiscus brevis* dokumentiert. Ab 5000 Zellen/l wird das Abernten von Muschelfarmen unterbrochen. Zwei Wochen, nachdem die Zellzahlen diesen Wert wieder unterschreiten, wird die Produktion erneut aufgenommen. Die Unterbrechungen dauern in der Regel 1 bis 6 Monate.

In Japan gerieten 1957 „red tides" mit einer intensiven Blüte im Seto-See (Tokuyama Bay) in das Blickfeld der Öffentlichkeit. In diesem Gewässer wurden bis zu 326 „red tide"-Ereignisse pro Jahr registriert (1976). Ab 1980 pendelte sich diese Zahl bei etwa 170 bis 200 ein, nachdem eine Reihe von Kläranlagen im kommunalen und industriellen Bereich in Betrieb genommen worden waren.

Weitere Berichte über ungewöhnliche Dinoflagellatenblüten, die mit PSP, DSP oder NSP verbunden waren, liegen aus Frankreich, Irland, den Niederlanden, aus Norwegen und Spanien vor. Häufig wurden diese Beobachtungen in Gebieten mit intensiver Marikultur getroffen. Das hängt einerseits sicherlich damit zusammen, daß aufgrund befürchteter ökonomischer Verluste dort ein ständiges Monitoring in Hinsicht auf solche Blüten erforderlich ist. Andererseits gibt es jedoch eine

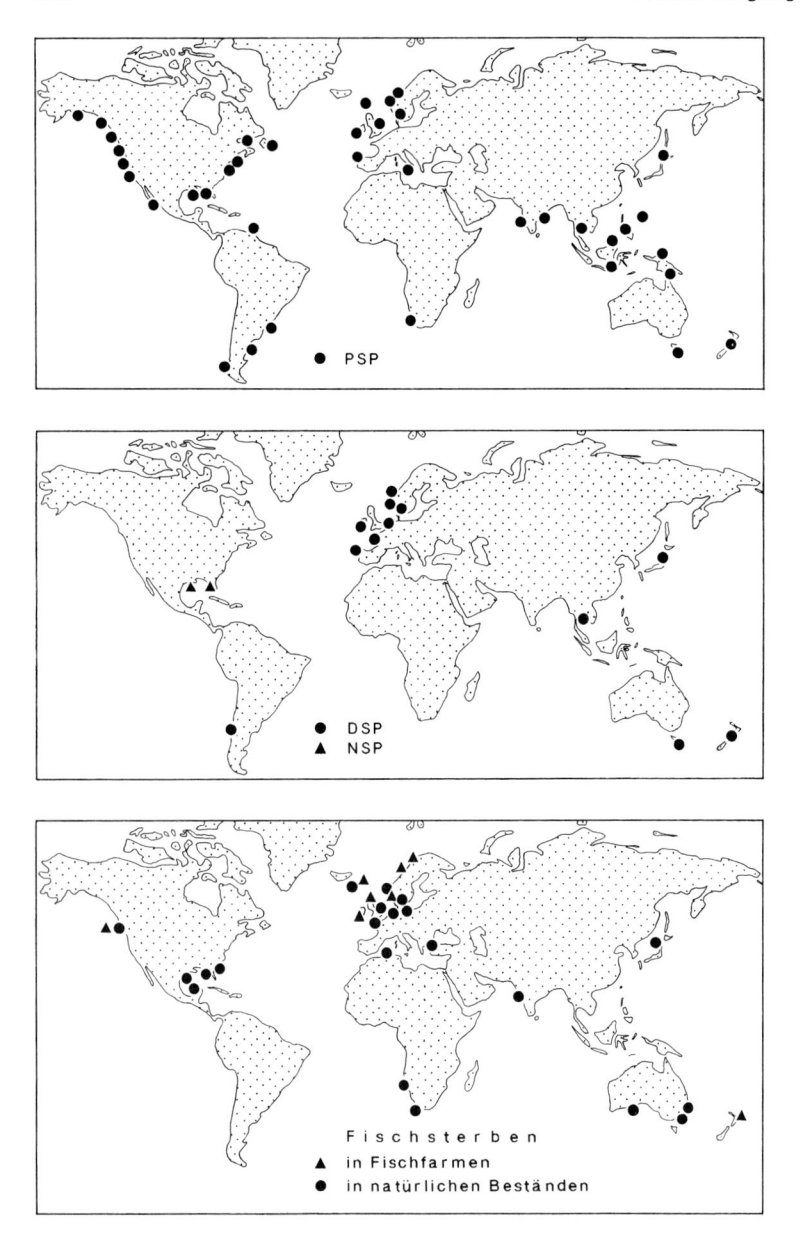

Abb. 12. Globale Verteilung der Intoxikation des Menschen durch PSP, DSP und NSP sowie von Fischsterben durch verschiedene Ursachen (Quelle: *Dale et al.*, 1987)

kausale Wechselbeziehung, da Fischfarmen Punktquellen für den die Blüten begünstigenden Nährstoffeintrag darstellen. Die Verbreitung der toxischen Algenarten wird im Bereich der Fischfarmen durch die in den Ablagerungen eingekapselten und somit überdauernden Keime begünstigt.

Zusammenfassend ist festzustellen, daß in einigen Küstengewässern sowie in Neben- und Randmeeren aufgrund des relativ begrenzten Wasseraustausches mit dem Ozean der Eintrag von Stickstoff- und Phosphorverbindungen mit abgespülten Düngemitteln, aus der Tierintensivhaltung, aus kommunalen und industriellen Abwässern sowie teilweise aus Stickoxidemissionen bereits nachweisbare Konzentrationserhöhungen und teilweise auch deutliche Effekte verursacht hat. Das betrifft besonders die Ostsee, große Teile der Nordsee, Teile des Mittelmeers sowie die Küstengewässer Japans und der USA. Die katastrophenartige („red tide"-) Flagellaten-Sommerblüte 1977 und wieder 1989 in der nördlichen Adria, die in ihrer fortgeschrittenen Phase toxische Blüte des Flagellaten *Chrysochromulina polylepis* im Kattegat/Skagerrak vom Mai/Juni 1988 und die seit Mitte der 60er Jahre in europäischen Küsten- und Schelfgewässern auftretenden ungewöhnlichen Blüten des Dinoflagellaten *Gyrodinium aureolum* haben nachdrücklich auf Probleme der Überdüngung des Meeres aufmerksam gemacht.

6.2 Fallstudie: Algenblüte im Kattegat/Skagerrak, 1988

Am 9. Mai 1988 stellte ein Fischfarmer an der schwedischen Westküste in der Nähe Göteborgs fest, daß die Regenbogenforellen in seinen Netzkäfigen offenbar unter Streß standen. Eine gelblich-braune Wasserfärbung deutete auf eine Algenblüte als Ursache hin. Der Flagellat *Chrysochromulina polylepis* wurde als Verursacher erkannt. Diese Alge ist ein Einzeller von etwa 0,01 mm Länge, der zuerst 1962 in britischen Gewässern, später sporadisch auch in der Ostsee identifiziert wurde. Durch Labortests wurden erst beim massenhaften Auftreten 1988 toxische Effekte sowohl für standortfixierte Fische als auch für andere Meeresorganismen nachgewiesen.

In den folgenden drei Maiwochen weitete sich die Blüte mit Zellzahlen bis zu 100000/ml in der Oberflächenschicht nach Norden mit dem „Baltischen Strom" und nach Westen mit dem „Norwegischen Küstenstrom" aus. Die nördlichste Position der „Algenfront" wurde am 29. Mai an der Westküste Norwegens vor dem Boknafjord erreicht.

Es wird angenommen, daß sich die Alge bereits vor ihrer Entdeckung in einem großen Teil des Kattegats in Wassertiefen von 10–15 m, d.h. im Bereich der Grenzschicht zwischen dem Bodenwasser atlantischen (Nordsee-)Ursprungs und der Oberflächenschicht von salzärmerem und damit leichterem Ostseewasser ausgebreitet hatte. Negative Einwirkungen auf in Netzkäfigen gehaltene Fische waren damit zu diesem Zeitpunkt noch ausgeschlossen.

Die ökonomischen Verluste der schwedischen Fischfarmer lagen bei etwa 100 t Lachs und Regenbogenforellen. Die Norweger büßten mit etwa 500 t Fische an mehr als 120 Farmen weniger als 1% ihrer Jahresproduktion dieses Industriezweiges ein. Die Gesamtverluste der Fischindustrie beider Länder lagen bei rund 7 Millionen US-Dollar, während die Dänen keine gravierenden Schäden registrierten.

Dort, wo die Alge in der Wassersäule verteilt wurde und stark sedimentierte, kam es zum Massensterben von Gastropoden (Schnecken), Polychaeten (Borstenwürmer), Muscheln und Seesternen sowie von anderen sessilen Meeresorganismen. Die Wiederbesiedelung der betroffenen Gebiete setzte relativ schnell ein, so daß keine Langzeiteffekte für das betroffene Ökosystem zu vermuten sind. Die meisten Fische wie Dorsch, Köhler, Makrele, Hering oder Sprott konnten der „infizierten" Oberflächenschicht entkommen.

Zu den Ursachen der Blüte von *Chrysochromulina polylepis* gibt es bisher keine Erkenntnisse, die erklären würden, warum gerade diese Alge und kein anderer Flagellat auffällig wurde. Eine sorgfältige Analyse der meteorologischen und ozeanographischen Bedingungen vor und während der Periode Mai/Juni 1988 führte jedoch zu einer Reihe von Hinweisen, die eine ungewöhnliche Flagellatenblüte plausibel machen könnten: Im Herbst 1987 und im Winter 1987/88 verursachten die Windfelder über der Nordsee und dem Skagerrak einen ungewöhnlich starken Transport von Wassermassen aus der Deutschen Bucht in das Skagerrak. Die auf den Territorien der Kattegat- und Skagerrakanrainer im Zeitraum September 1987 bis März 1988 registrierten Niederschläge waren die höchsten seit 1874. Es wird angenommen, daß mit den Niederschlägen und dem Nordseewasser Verbindungen wie Pflanzennährstoffe, vor allem stickstoffhaltige, aber auch Spurenelemente und/oder organische Spurenstoffe eingespült wurden, die nach Menge und Relation zueinander das Zustandekommen dieser ungewöhnlichen Blüte förderten. Mai und Juni 1988 waren dann schließlich durch schwache, häufig wechselnde Winde und eine starke Sonneneinstrahlung gekennzeichnet. Die vertikale Durchmischung war gering, und die Transparenz des Wassers nahm parallel zu. Damit waren typische Randbedingungen für ein Flagellatenwachstum im Bereich der Dichtesprungschicht gegeben.

Zusammenfassend ist festzustellen, daß die *Chrysochromulina polylepis*-Blüte offenbar vorwiegend von den natürlichen physikalischen Randbedingungen gesteuert wurde. Anthropogene Faktoren, z. B. der sich ständig noch summierende Eintrag von Nährstoffen in das Meer, haben sicherlich eine große Bedeutung in Hinsicht auf das Ausmaß solch eines Ereignisses, d.h. seine Dauer und regionale Ausbreitung. Möglicherweise werden Schwellenwerte, die zum Auftreten außergewöhnlicher Blüten erforderlich sind, auch generell erst durch die menschliche Tätigkeit überschritten. Nimmt man Begriffe aus der Meteorologie zur Hilfe, so wurde das biogeochemische „Klima" im Meer u. a. durch den noch permanent hohen Nährstoffeintrag bereits deutlich verändert. Die Wahrscheinlichkeit des Auftretens ungewöhnlicher Algenblüten hat damit zugenommen. Das jeweilige „Wetter" des marinen Ökosystems wird von natürlichen Faktoren gesteuert, wobei die beobachteten Fluktuationen vom „Klima" verstärkt werden können. Da das „Wetter" in absehbarer Zeit nicht vorhersagbar ist, ist auch die Hoffnung gering, daß mittelfristig Möglichkeiten zur Vorhersage darüber entwickelt werden, wo und wann welche Planktonalge zur exzessiven Blüte kommt.

7. Mikrobielle Verseuchung der Meeresumwelt

Unter den vielen biologisch wirksamen Faktoren in der Meeresumwelt verdienen pathogene Organismen als Risikofaktor für die menschliche Gesundheit besondere Beachtung. Sie werden mit teil- oder unbehandelten kommunalen Abwässern über Zuflüsse oder direkt in das Meer geleitet. Andere Quellen von Krankheitserregern sind z. B. die Abwässer aus der Massentierhaltung, aus Schlachthäusern und die im Abwassersystem lebenden Nagetiere. Gefährdungen werden verursacht durch
a) Bakterien wie *Vibrio cholerae, Salmonella sp., Shigella, Clostridium, Staphylococcus aureus, Mycobacterium tuberculosis, Leptospira,*
b) Viren wie Poliovirus, Virus der infektiösen Hepatitis, Adenoviren, Coxsackie-Viren, Echoviren, Reoviren,
c) Protozoen, hauptsächlich *Entamoeba histolytica* und
d) Metazoen wie die Fadenwürmer *Nematoda ova* und *Cestode ova*.

Die Gefährdung durch diese Mikroorganismen hängt von einer großen Anzahl von Hintergrundbedingungen ab, die u. a. geographisch und klimatisch gesteuert werden. Positiv fällt sicherlich die Selbstreinigungskraft und antibiotische Wirksamkeit des Meerwassers ins Gewicht. Faktoren wie Licht, Strahlung, Temperatur, Salzgehalt sowie die Anwesenheit anderer gelöster und suspendierter Inhaltsstoffe können jedoch die Immunantwort des Wassers differenzieren. Niedrige Temperaturen können beispielsweise die Mikroben bzw. deren Sporen, Eier oder eingekapselte Sporen länger konservieren. Einen der wichtigsten physikalischen Faktoren stellt die Möglichkeit ihrer Adsorption an Suspensionen und Kolloiden dar. Die so auf organischem Detritus oder Plankton vorgefundene Mikroumwelt kann u. U. das Überleben und sogar die Ausbreitung der Mikroorganismen fördern. Diese sind dann vom weiteren Schicksal ihrer Substrate abhängig, die u. a. flokkulieren, dispergieren und sedimentieren. Deshalb sollten in die Überwachung der Küstengewässer auf pathogene Keime auch immer die Sedimente einbezogen werden, da sie z. B. nach Resuspension und Dispersion mittels oberflächenaktiver Substanzen potentielle Mikrobenquellen darstellen können.

Die anorganischen Hauptkomponenten des Meersalzes haben auf die Überlebenschance der Mikroorganismen nur einen geringen Einfluß. Die antibiotische

Wirkung des Meerwassers wird Planktonexsudaten, der Exkretion spezifischer antagonistischer Substanzen, aber auch mikrobiologischer Einwirkung – z. B. zerstören bestimmte Viren (Bakteriophagen) Krankheitskeime – zugeschrieben. Andere Organismen ernähren sich von Bakterien, von Viren (Mikrophagen), Amöben und Flagellaten. Dadurch werden potentielle Krankheitserreger zumeist desaktiviert, aber auch akkumuliert.

Viele Autoren führen die von der Quelle in Ausbreitungsrichtung beobachtete schnelle Abnahme der Keimzahlen vorwiegend auf den Vermischungseffekt zurück, der das zur Verfügung stehende feste Substrat und die Konzentration der „Nährlösung" verdünnt und somit keine optimalen Bedingungen mehr für die Mikrobenpopulation bietet.

Die direkte Übertragung von Krankheitskeimen aus der Meeresumwelt auf den Menschen erfolgt vorwiegend durch den Strand- und Badebetrieb über zwei Mechanismen:

a) Der Kontakt mit verseuchtem Meerwasser führt zu Infektionen der Ohren, Augen und der Haut, zu Wundinfektionen oder zu Erkrankungen der Atmungsorgane. Viren und Bakterien wie *Staphylococcus aureus* oder *Pseudomonas aeruginosa* werden dafür verantwortlich gemacht.

b) Durch die zufällige Aufnahme von fäkalverseuchtem Meerwasser kommt es zumeist zu Erkrankungen des Magen/Darm-Traktes. Es können jedoch auch das Atmungs- oder andere Systeme des Körpers betroffen werden.

Die Häufigkeit der zu beobachtenden Erkrankungen zeigt zumeist jahreszeitliche Zyklen auf, mit Maxima während der Touristensaison. Die Besucher sind in der Regel besonders anfällig, da sie keine Immunität gegenüber den lokalen endemischen Krankheiten entwickeln konnten. Der kausale Zusammenhang zwischen dem Baden im Meer und daraus möglicherweise resultierenden Krankheiten ist, wie Untersuchungen in den USA und am Mittelmeer zeigten, statistisch signifikant, besonders für Kinder unter 5 Jahren. Weiterhin konnte nachgewiesen werden, daß das Auftreten von Magen/Darm-Erkrankungen viel deutlicher mit den *Enterococcus*- als mit den *Escherichia coli*-Zahlen und praktisch gar nicht mit den Gesamtzahlen coliformer Bakterien korreliert ist.

Die gleichen kommunalen Abwässer, die zu Gesundheitsproblemen für Badende führen, sind häufig auch die Ursache für Magen/Darm-Erkrankungen nach dem Genuß verunreinigter Nahrung aus dem Meer. Mollusken besiedeln häufig Küstenbereiche, die solchen Einleitungen unterworfen sind. Muscheln filtrieren große Wasservolumina und nehmen mit der darin enthaltenen Nahrung, d.h. Suspensionen organischen Materials, auch anhaftende pathogene Bakterien und Viren auf. Diese Schalentiere werden oft roh oder nur ungenügend aufbereitet verzehrt, wodurch sich ihr Krankheiten verursachendes Potential fast ungehemmt auswirken kann. Infektiöse Hepatitis ist die häufigste der durch Nahrung aus dem Meer übertragenen gefährlichen Viruskrankheiten. Solche beim Genuß von Schalentieren, die aus mit Abwässern kontaminierten Küstengebieten stammen, resultierende Krankheiten, die nicht auf Küstenbewohner beschränkt sind, stellen im Vergleich zu anderen Gefährdungen durch die mikrobielle Verseuchung das höchste Gesundheitsrisiko für den Menschen dar. Die Industrienationen haben darauf teilweise bereits mit einer relativ strengen Sanitärpraxis reagiert.

Nichtfiltrierende Schalentiere und Fische reichern in der Regel pathogene Keime nicht an. Die Fische sind jedoch teilweise von Parasiten, wie z. B. dem Wurm *Anisakis matina*, besiedelt, die in Ausnahmefällen ebenfalls ein Gesundheitsproblem darstellen können, z. B. beim wiederholten Genuß unzureichend zubereiteter Nahrung.

Das Verklappen von Klärschlämmen in den Ozean ist eine weitverbreitete Praxis, durch die pathogene Keime in Sedimente außerhalb der unmittelbaren Küstengebiete eingebracht werden. Klärschlämme enthalten wahrscheinlich eine Reihe von Krankheitserregern, von denen die wichtigsten in Tabelle 7.1 zusammengefaßt wurden.

Tabelle 7.1. Krankheitserreger in kommunalen Klärschlämmen

Bakterien	Viren	Helminthen*
Salmonella sp.	Poliovirus	*Echinococcus granulosus*
Shigella sp.	Acanthamoeba	*Hymenolepis nana*
Vibrio sp.	Echovirus	*Taenia saginata*
Mycobacterium	Adenovirus	*Fasciola hepatica*
Bacillus anthracis	Parvovirus	*Ascaris lumbricoides*
Clostridium perfringens	Reovirus	*Enterobius vermicularis*
Clostridium botulinum	Hepatitisvirus	*Strongyloide sp.*
Yersinia	Rotavirus	*Trichuris trichiura*
Campylobacter sp.	Giardia	*Toxocara canis*
Pseudomonas sp.	Protozoen	*Trichostrongylus*
Leptospira sp.	Coxsackie-Viren A und B	
Listeria monocytogenes	*Entamoeba histolytica*	
Escherichia coli	Gastroenteritisviren	

* Helminthen = Eingeweidewürmer

Bis zur Bildung des Klärschlamms werden in der Regel bis zu 99% der coliformen und pathogenen Keime aus dem zu behandelnden Abwasser abgetötet. Um jedoch die Klärschlämme endgültig zu desinfizieren, ist eine Behandlung mit entsprechenden Desinfektionsmitteln, mit Wärme oder durch Bestrahlung erforderlich. Das erfolgte in der Vergangenheit kaum, u. a. um die ungewollte Synthese toxischer Chlorkohlenwasserstoffe zu vermeiden. Das Gefährdungspotential für den Menschen durch das Verklappen von Klärschlamm im Meer ist damit qualitativ ähnlich zu bewerten wie das direkte Einleiten wenig oder unbehandelter

Abwässer. Filtrierer reichern Krankheitserreger an, und auch die direkte Übertragung auf Badende ist nicht ausgeschlossen.

Werden Klärschlämme im offenen Meer verklappt, bleibt die Frage offen, ob überlebende Krankheitserreger
a) im Verklappungsgebiet ausreichend Nährstoffe zum Überleben vorfinden und
b) eine Chance zur Rückkehr an die Küste haben.
Untersuchungen in den Verklappungsgebieten New Yorks und Philadelphias scheinen den ersten Teil der Frage positiv zu beantworten. Das heißt jedoch nicht, daß alle Erreger in den Tiefseesedimenten unbegrenzt längere Zeit überleben und aktiv bleiben. Sporen- und Cysten-bildende Bakterien und Protozoen können so jedoch relativ extreme Bedingungen in resistenten Formen überstehen.

Bei Untersuchungen zu der Gesamtanzahl an coliformen (TC) bzw. fäkalen coliformen Bakterien (FC) und fäkalen Streptokokken (FS) sowie von Amöben (Am) in mehr als 400 Sedimentproben von 6860 km^2 des Kontinentalschelfs vor den USA-Staaten Maryland und Delaware wurde nachgewiesen, daß sich um die Verklappungsstellen solcher Abfälle ein mehr als 1190 km^2 großes Gebiet erstreckte, das mit pathogenen Keimen verseuchtes Sediment enthielt. 18% der Proben waren TC- und 9,5% FC-positiv mit Keimzahlen zwischen 10 und 2400 MPN (most probable number) pro 100 g Sediment. Die Verteilungsmuster von Amöben und Streptokokken waren denen von TC und FC sehr ähnlich. Mikrobiologische Untersuchungen an einem benachbarten Verklappungsgebiet durch die gleiche Gruppe von Wissenschaftlern ergaben ebenfalls positive Werte gleicher Größenordnung für TC (20%), FC (11%), FS (8%) und Amöben (19%).

Gefährdungen durch pathogene Keime sind dort ein Hauptproblem, wo in der Küstenregion gleichzeitig hohe Bevölkerungsansammlungen und ein niedriger Grad der Abwasserbehandlung zu registrieren sind. Das betrifft z.B. den karibischen Raum, wo etwa 60% der Inseln über kein oder ein nur fragmentarisches Sanitärsystem verfügen. Von den 950 Millionen Einwohnern in den 19 Staaten um den Indik haben weniger als 50% Anschluß an ein Abwassersystem. Besonders bei Niedrigwasser kommt es zu hohen Anreicherungen von Fäkalkeimen in den Küstengebieten. Vor allem Typhus, Cholera und Amöbenruhr werden übertragen. Typhus ist beispielsweise in den Mittelmeerländern über 100fach häufiger als in Nordeuropa. Eine Choleraepidemie in den 70er Jahren in Italien (1973, Neapel), an der mindestens 19 Menschen verstarben, wurde auf den Genuß von mit Krankheitskeimen kontaminierten Muscheln zurückgeführt. Obgleich in Südeuropa sowie in Nord- und Südamerika Magen/Darm-Erkrankungen epidemischen Charakters gelegentlich ausbrechen – allerdings gegenüber den 70er Jahren mit verminderter Häufigkeit und mit drastisch gesenkten Sterberaten aufgrund der verbesserten medizinischen Versorgung – erscheinen die tropischen und subtropischen Gewässer Süd- und Ostasiens am stärksten gefährdet.

Der Zusammenhang zwischen kommunalen Abwässern bzw. Klärschlämmen und dem Auftreten pathogener Keime in der Meeresumwelt und deren Wirkungen auf den Menschen wurde, wie der Zusammenstellung in Tabelle 7.1 zu entnehmen ist, bereits vielfach dokumentiert. Über ähnliche Effekte durch den Eintrag von Abwässern aus der Tierhaltung wird dagegen nur vereinzelt berichtet. Nach Anzeichen dafür lohnt es sich sicherlich in erster Linie bei marinen Organismen, und hier besonders bei den Säugetieren, zu suchen. Abschwemmungen Säugetierpathogener Viren oder Bakterien vom Festland, z. B. in Perioden außergewöhnlich starker Niederschläge, wurden tatsächlich bereits verschiedentlich für Epidemien von Seehunden, Tümmlern und Seelöwen verantwortlich gemacht. Das schließt auch das Seehundsterben an verschiedenen Küsten Nord- und Westeuropas ein, dem seit Mitte April 1988 mehr als 17 000 Tiere *(Phoca vitulina)* zum Opfer fielen. Die Virusepidemie ging vom Kattegat aus und fiel hier mit ungewöhnlichen Wetterlagen zusammen. Nach einem extrem milden Winter 1987/88 kam es im Frühjahr 1988 zu mehreren starken Regenfällen, die sicherlich zu Abschwemmungen von den landwirtschaftlichen Nutzflächen und aus der Tierhaltung der Anrainerstaaten führten.

Die Lebensdauer von Bakterien im Meerwasser wird häufig über den T_{90}-Wert angegeben, d.h. die Zeit – in Stunden -, die erforderlich ist, damit 90% der ursprünglich vorhandenen Bakterien inaktiv geworden sind. Coliforme Bakterien haben T_{90}-Werte zwischen 0,5 und 10 Stunden. Die T_{90}-Werte fäkaler Streptokokken, Salmonellen und Bakteriophagen sind in der Regel bis zu 7fach höher.

Die EG hat für die Badewasserqualität folgende Standards in Hinsicht auf die tolerierbaren Keimzahlen coliformer Bakterien vorgegeben:

	Sollwert	*Richtwert*
Gesamt	95% der Proben <100/ml	80% der Proben <5/ml
fäkale	95% der Proben < 2/ml	80% der Proben <1/ml

Zellzahlen, die z. B. für das Wasser der New York Bight 1984 gemessen wurden, lagen allerdings trotz des Einleitens großer Abwassermengen und des Verklappens von Klärschlämmen deutlich unter diesen Werten:

Gesamtzahl von Bakterien	7 –760 /ml
– coliforme	0,04– 8 /ml
– fäkale coliforme	0 – 0,9/ml
– *Aeromonas*	0 – 0,1/ml

In den bakteriologisch untersuchten 100-ml-Proben wurden identifiziert: *Bacteroides sp.*, *Clostridium sp.*, *Enterobacter sp.*, *Escherichia coli*, *Klebsiella sp.*, *Salmonella sp.*, *Vibrio parahaemolyticus* und *Vibrio F*.

Eine Verunreinigung der Meeresumwelt mit Fäkalkeimen wird traditionell über Indikatororganismen wie coliforme (Gesamtanzahl bzw. nur fäkale) Bakterien oder Enterokokken nachgewiesen. *Escherichia coli* ist immer im menschlichen

7. Mikrobielle Verseuchung der Meeresumwelt

bzw. „Warmblüter"-Darm und damit auch in den Exkrementen zu finden. Ein hoher fäkaler „Coli-Titer" ist dann auch als Zeichen dafür zu werten, daß die zum Teil sehr schwierig direkt nachweisbaren pathogenen Keime anwesend sein können.

Die Quantifizierung der fäkalen Meeresverunreinigung über diese üblichen mikrobiologischen Techniken führt jedoch häufig zu Überbestimmungen. Es wurden deshalb mit Erfolg chemische Methoden eingeführt, die das Sterol-5(beta)-cholestan-3(beta)-ol (Coprostanol) bzw. dessen 24-Methyl- und 24-Ethyl-Derivate als Tracer für Exkremente von Säugetieren vermessen. Ähnlichen Zwecken dienen Messungen zum 1-Tocopheryl-acetat (Vitamin E-Acetat).

8. Umwelteinflüsse durch die Aquakultur

Die Aquakultur im Meer- (Marikultur) und Brackwasser hat in vielen Staaten infolge neuer Technologien, der dadurch möglichen Ausdehnung der für die Kultivierung geeigneten Gebiete und des Bedarfs an hochwertigen Eiweißprodukten in den letzten Jahren einen starken Zuwachs erfahren („blue revolution"). Mit ungefähr 12% trug 1990 die Aquakultur zur Weltfischereiproduktion bei. Schätzungen der FAO zeigen, daß 1988 rund 56% der 14,5 Millionen t Aquakultur-Produkte aus Brackwasser- und marinen Ökosystemen stammten. Über 90% der durch die Aquakultur erzeugten Mollusken, Crustaceen und Makrophyten kamen aus dem Küstenbereich.

In vielen Regionen ist die Aquakultur der einzige Wachstumssektor im Rahmen der Fischerei. Prognosen gehen von einer Weltjahresproduktion durch Aquakultur am Ende dieses Jahrhunderts um 22 Millionen t aus, was eine Steigerungsrate von 12% pro Jahr erfordert. 1989 wurden allerdings durch Aquakultur erst etwa 12 Millionen t Fisch produziert, bei jährlichen Steigerungsraten von nur 4%.

Während man in der Vergangenheit die Abwässer der Aquakultur als „natürlich" und „sauber" ansah, wird nun bereits akzeptiert, daß sie wie jeder andere Produktionszweig Verunreinigungen erzeugt, die kontinuierlich in die natürliche Meeresumwelt abgegeben werden. Ökologische Probleme können nicht länger ignoriert werden, nicht zuletzt deshalb, da sie mittlerweile zu einem Risikofaktor für diese Industrie selbst wurden.

Die Größenordnung der gegenwärtig bereits existierenden und zukünftig durch die Marikultur für die küstennahe Meeresumwelt zu erwartenden Probleme soll durch die Produktionszahlen einiger Industriestaaten der Nordhemisphäre Ende der 80er Jahre angedeutet werden (Tab. 8.1). Das ist allerdings aus globaler Sicht nur bedingt als repräsentativ zu werten, da die höchsten Zuwachsraten dieser Industrie für Entwicklungs- und Schwellenländer, vor allem aus dem asiatischen Raum, erwartet werden.

Westeuropa ist der Hauptproduzent von Salmoniden. Allein Norwegen steuert nahezu 90% zur Weltjahresproduktion bei. Für den Zeitraum zwischen 1986 (60000 t) und 1990 (140000–260000 t) wurde mit mehr als einer Verdoppelung der in Europa aus Fischfarmen stammenden Salmoniden gerechnet. Der dadurch ausgelöste zusätzliche Bedarf an Fischmehl – zur Produktion einer Tonne Lachs

8. Umwelteinflüsse durch die Aquakultur

Tabelle 8.1. Produktionszahlen der Marikultur

Land	Kultur	Produktion (t/a)		
BRD	Salmoniden	sehr geringe Produktion		
	Schalentiere	ca. 26 000 (1987)		
Dänemark		*1978*	*1986*	*1987*
	Regenbogenforelle	100	3 800	–
	Schalentiere	–	–	54
DDR		*1986*		
	Regenbogenforelle	786		
Finnland		*1979*	*1986*	
	Regenbogenforelle	794	7 140	
Frankreich		*1985*	*1986*	*1990**
	Salmoniden	ca. 560		1 000–2 000
	Schalentiere		ca. 160 500	
Großbritannien		*1974*	*1987*	*1990**
	Salmoniden	1 120	28 000	25 000–32 000
	Schalentiere	–	850	*(1986)*
Irland		*1977*	*1986*	*1990**
	Salmoniden	17	1 308	10 000–15 000
	Schalentiere	3 510	11 380	
Kanada		*1980*	*1986*	
	Salmoniden	280	1 193	
	Schalentiere	2 267	4 723	
Niederlande	Schalentiere	ca. 100 000		
Norwegen		*1974*	*1986*	*1990**
	Salmoniden	<2 000	ca. 50 000	100 000–200 000
	Schalentiere	–	ca. 200	
Schweden		*1985*		
	Salmoniden	1 853		
	Schalentiere	415		
USA		*1980*	*1986*	
	Salmoniden	3 846	34 983	
	Schalentiere	11 020	12 637	

* geschätzt

ist etwa eine Tonne Fischmehl erforderlich – kann zur Überfischung einiger dazu vorwiegend verarbeiteter Arten führen.

Durch die Marikultur werden neben hochwertigen Fischen (Salmoniden, d. h. Lachse und Forellen) auch Schalentiere (Austern, Miesmuscheln), häufig miteinander kombiniert, produziert. Die Kultivierung von Schalentieren erfolgt durch Technologien, die wenige oder keine negativen Auswirkungen für die Meeresumwelt haben, d. h. zumeist an Leinen im Freiwasser, seltener in Netzkäfigen. Durch hohe Filtrationsraten für Suspensionen können sie sogar zu einer begrenzten Wasserreinigung beitragen. Dagegen wurden die Steigerungsraten in der Fischproduktion vorwiegend (Dänemark 1987 zu 95%) durch die Verwendung von Netzkäfigen mit intensiver Fütterung erzielt, d.h. direkt innerhalb des marinen Ökosystems. Darauf sollen sich deshalb die im folgenden charakterisierten Risiken auch fast ausschließlich beziehen. Auf dem Festland installierte Fischbehälter, die mit Meerwasser nach dem Durchflußprinzip beschickt werden, sind seltener anzutreffen.

Die durch die Aquakultur für die Meeresumwelt hervorgerufenen Risiken umfassen ein weites Spektrum:

a) Der vermehrte Eintrag organischen Materials in die Meeresumwelt und dessen Anreicherung in den Sedimenten führt zu einer erhöhten Anzahl heterotropher Bakterien oder spezieller Gruppen von Bakterien. Das kann z.B. auch fäkale coliforme Bakterien betreffen, wie Untersuchungen in mehreren Staaten (Finnland, USA, Kanada) zeigten. Im Zusammenhang mit den Veränderungen in der Artenzusammensetzung der Bakterienpopulation ist ein weiterer Effekt beachtenswert, der die Bevorzugung opportunistischer Arten, aber auch eine Auswahl der gegenüber Antibiotika resistenten Ketten betrifft.

b) Die für die Marikultur benötigten Anlagen können durch eine Modifikation der Strömungen die durch Erosions- bzw. Depositionsgebiete geprägten Sedimentationsmuster verändern. Grundsätzlich nimmt, auch bei Muschelkulturen, in jedem Fall die Ablagerung organogenen partikulären Materials durch Fäces und Pseudofäces zu. Zunahmen in den Sedimentationsraten um etwa 10 mm/Jahr wurden z.B. in den Niederlanden konstatiert. Bei den Salmonid-Kulturen trägt auch die von den Fischen nicht aufgenommene Nahrung, d.h. 1 bis 30% des Futters, zur Belastung der Umwelt mit partikulärem Material bei. Die Fäkalproduktion umfaßt etwa 25–30% der aufgenommenen Nahrung. Abschätzungen besagen, daß bei der Produktion von 1 kg Lachs oder Forelle parallel zwischen 0,5 und 0,7 kg Partikelmasse anfallen. Diese Abfälle, dabei insbesondere die Futterverluste, lagern sich zu einem großen Teil in der Nähe der Netzkäfige ab, wobei sich bis zu 40 cm dicke Flockenschichten ausbilden können. Neben dem organischen Kohlenstoff reichern sich auch die Mikronährstoffe Stickstoff, Phosphor und Silizium sowie Metalle wie Calcium, Kupfer oder Zink an. Es kommt in diesen Ablagerungen zu einer starken Sauerstoffzehrung, zu einer Abnahme des Redoxpotentials und letztendlich zur Schwefelwasserstoff- und Methanerzeugung. Parallel damit gehen weitere Veränderungen, u.a. eine Verarmung des Artenspektrums und zumeist eine Abnahme der Zoo- und Phytobenthosbesiedelung einher. Opportunistische Arten, z.B. einige Würmer, dominieren und erreichen extrem hohe Besiedelungsdichten.

c) Im Rahmen der Marikultur wird eine Vielzahl von Chemikalien verwendet, die bei übermäßigem und falschem Gebrauch eine Gefährdung für die

kultivierten und für weitere Organismen sowie für deren Konsumenten darstellen. Diese Chemikalien entfallen im wesentlichen auf drei Gruppen, nämlich
- Biozide (Pestizide wie Virizide, Bakterizide, Algizide, Herbizide, Fungizide, Protozoazide, Insektizide u.a.), Biostatika, Antibiotika und Therapeutika, mit denen Schädlinge eliminiert und die Gesundheit der kultivierten Organismen gesichert werden soll,
- Chemikalien als Teil der zur Konstruktion der Anlagen verwendeten Materialien und
- Hormone zur Regulierung der Reproduktionsfähigkeit, des Geschlechts und/oder der Wachstumsraten der betreffenden Tiere.

Die norwegische Lachsindustrie verbrauchte z. B. 1984 als Antibiotika 6,2 t *Oxytetracyclin*, 7,8 t *Tribrissen R*, 5,5 t *Nitrofurazolidon* und 0,01 t *Sulphamerizin*. In der Nähe der Fischfarmen verursachen die eingesezten Pestizide Mortalität bei Schalentieren und die Antibiotika eine entsprechende Resistenz bei Bakterien.

Die als Konstruktionsmaterial verwendeten Plaste enthalten Zusätze wie Stabilisatoren (Fettsäuresalze), Pigmente (Chromate, Cadmiumsulfid), Antioxidantien (Phenole), UV-Absorber (Benzophenone), Flammschutzmittel (Organophosphate), Fungizide und Desinfektionsmittel. Viele dieser Substanzen sind potentiell toxisch, wobei allerdings durch ihre geringe Löslichkeit und damit Freisetzungsrate sowie durch die hohe Verdünnung ein gewisser Schutz besteht. Ein klassisches Beispiel ist die Verwendung von Organozinn-haltigen Antibewuchsmitteln, worauf bereits an anderer Stelle gesondert hingewiesen wurde.

d) Massenbilanzen für die bei der Marikultur umgesetzten Pflanzennährstoffe Stickstoff und Phosphor zeigen, daß die überwiegende Menge des mit dem Futter zugeführten Phosphors in die schlammigen Ablagerungen gelangt,

Tabelle 8.2. N- und P-Bilanz bei der Aquakultur von Regenbogenforellen (*Ackefors* und *Södergren*, 1985; in kg)

Stickstoff	
– im Futter (7,2% N)	5760 (100%)
– im Fisch (2,9% N)	1450 (25%)
– im Wasser, gelöst	3570 (62%)
– im Sediment, partikulär	780 (13%)
Phosphor	
– im Futter (1,1% P)	880 (100%)
– im Fisch (0,4% P)	200 (23%)
– im Wasser, gelöst	97 (11%)
– im Sediment, partikulär	580 (66%)

während die Hauptmenge des Stickstoffs in gelöster Form im Wasserkörper verbleibt. Hinsichtlich des Verbleibs verfütterter N- und P-Gaben ist etwa die in Tabelle 8.2 wiedergegebene Bilanz für die Produktion von 50 t Regenbogenforellen bei einem Fütterungskoeffizienten von 1,6, d. h. in diesem Fall bei einer Futtermenge von 80 t, anzusetzen.

Maßnahmen zur Reduzierung unerwünschter Umwelteffekte durch die Aquakultur beschränkten sich in der Vergangenheit zumeist auf einen regelmäßigen Standortwechsel der Netzkäfiganlagen. Da das dafür erforderliche breite Angebot an Standorten bei der „Wachstumsindustrie" Marikultur nicht ausreicht, werden bereits mechanische Methoden zur Beseitigung der Abfälle eingesetzt. Häufig sind die löslichen Stickstoffverbindungen der limitierende Faktor für die Primärproduktion im Meer. Um deshalb die sich summierende Düngung und damit Belastung des Meeres durch den Betrieb der Netzkäfiganlagen zu vermeiden, ist neben der mechanischen Abfallberäumung die Entwicklung verlustärmerer Fütterungstechniken und von Futtermitteln erforderlich, in denen der Anteil des nichtnutzbaren gegenüber dem metabolisierfähigen Stickstoffgehalt geringer ist.

Die bisherigen Untersuchungen zu Umwelteffekten der Aquakultur konzentrierten sich auf die Intensivhaltung von Salmoniden und Mollusken in den entwickelten Industrieländern. Wenig ist jedoch bisher bekannt über negative Einflüsse durch die *Garnelenproduktion*. Einige Beispiele sollen auf die ernsten sozioökonomischen Folgen dieser sich ausweitenden Produktion aufmerksam machen: Die großflächige Nutzung der Küstenzone in Ekuador und in vielen südostasiatischen Staaten für die Garnelenzucht führte zu einer Umwandlung ländlicher Gemeinschaften, die traditionell aus den Ressourcen des Mangroven-Ökosystems ihren Lebensunterhalt bestreiten. Da die Kosten der verminderten Umweltqualität wie z. B. Küstenerosion, Salzwasserintrusion in das Grundwasser und Ackerland, Versauerung der Böden und der Wertverlust der Mangrovenwälder als Lieferant von Gütern und Dienstleistungen für den Menschen nicht adäquat berücksichtigt werden, scheint die intensive Aquakultur in diesen Gebieten auf den ersten Blick oft sehr vorteilhaft. Die Möglichkeit eines ökonomischen Desasters durch einen zeitweisen Kollaps der Garnelenindustrie infolge von Krankheiten wird jedoch dadurch deutlich, daß z. B. von 1987 bis 1989 in Taiwan die Produktion von 90 000 t auf 20 000 t pro Jahr sank.

Garnelen sind zu einem der wertvollsten Produkte der Marikultur geworden. 1989 wurden weltweit, vorwiegend in Asien (vor allem China, Indonesien, Thailand und Philippinen) und Lateinamerika (Ekuador) etwa 565 000 t davon produziert. Das waren 26 % des gesamten Garnelenfangs. Dagegen kamen 1981 nur 2,1 % der Garnelenernte aus der Aquakultur. Die Tendenz ist weiterhin steigend. Die in Tabelle 8.3 zusammengestellten Produktionsdaten weisen sowohl die regionalen Schwerpunkte als auch die Fläche der zur Produktion genutzten Gewässer aus.

Tabelle 8.3. Umfang der Garnelenproduktion

Land	Produktion (1 000 t)	% der Weltproduktion	Produktionsfläche (km^2)
China	165	29	1 450
Indonesien	90	16	2 500
Thailand	90	16	800
Philippinen	50	9	2 000
Ekuador	45	8	700
Vietnam	30	5	1 600
Indien	25	4	600
Taiwan	20	4	40
Zentralamerika und Karibik	12	2	120
Südamerika (ohne Ekuador)	7	1	80
Andere Staaten	30,8	5	1 033
Gesamt	*564,8*	–	*10 923*

Als essentielle Voraussetzung für die Aufnahme und Ausweitung der Aquakultur sollte das Prinzip akzeptiert werden, daß so gewirtschaftet werden muß, daß die menschlichen Bedürfnisse der gegenwärtigen und zukünftigen Generationen weiterhin befriedigt werden können. Dazu bedarf es der Erhaltung der Umwelt einschließlich der genetischen Ressourcen.

Um die ökologischen Kapazitäten der zur Aquakultur genutzten Seegebiete weiterhin angepaßt und gewinnbringend zu nutzen, ist es deshalb erforderlich,
a) Mechanismen der Politik und des Managements zu entwickeln, die Konflikte mit anderen Aktivitäten in den betreffenden Gebieten reduzieren,
b) mögliche negative Umwelteinflüsse vorab aufzufinden, zu quantifizieren und durch geeignete Maßnahmen zu verhindern oder zumindest deutlich zu vermindern,
c) Kontrollmechanismen für das frühzeitige Auffinden von Warnsignalen zu etablieren und
d) Gesundheitsrisiken durch den Genuß von Produkten der Aquakultur weitgehend auszuschließen.

9. Gefährdungen durch das Fördern von Rohstoffen vom Meeresgrund

Von der gesamten Erdoberfläche bedecken die Ozeane etwa 71%, 53% davon sind Tiefseeböden und 18% flachere Meeresteile. Seitdem am 17.02.1873 im Atlantik vom englischen Forschungsschiff „*Challenger*" erstmals Manganknollen aus 2800 m Tiefe heraufgeholt wurden, hat man Kenntnis von einem Phänomen, das in den kommenden Jahrzehnten eine große ökonomische und ökologische Bedeutung gewinnen könnte. Allein im Bereich der *Clarion-* und *Clipperton-*Bruchzonen südöstlich von Hawaii werden auf einer Fläche von 13 Millionen km² etwa 6,79 Milliarden t Manganknollen vermutet. Daraus könnten u.a.

2 Milliarden t Mn, d.h. das 1,1fache,
94 Millionen t Ni (das 2,1fache),
87 Millionen t Cu (das 0,2fache) bzw.
34 Millionen t Co, d.h. das 13,4fache der terrestrischen Reserven, gewonnen werden.

Aktivitäten zum Fördern von Rohstoffen vom Meeresboden stellen jedoch in jedem Fall Eingriffe in das marine Ökosystem dar und bewirken zumindest lokale Veränderungen. (Lange wurde z.B. angenommen, daß unter den extremen Bedingungen am Meeresboden im Bereich förderwürdiger Lagerstätten, d.h. bei einem Druck von 400–600 Bar, bei ewiger Dunkelheit und bei einer Umgebungstemperatur von nur 2–4 °C, nur wenige höhere Lebewesen existieren können. Es ist eine relativ neue Erkenntnis, daß die Tiefseeebenen viele sehr unterschiedliche, hochangepaßte Organismen beherbergen. In der Tiefsee sind mittlerweile mehr als 2000 Fischarten bekannt.) Typisch für Projekte des Abbaus untermeerischer Lagerstätten ist, daß sie Auswirkungen haben können, die weit über die Grenze der Wirtschaftszonen einzelner Staaten hinausgehen und innerhalb der internationalen Zone weite Areale beeinträchtigen.

Die US-Umweltstudie „*Global 2000*" stellte fest, daß die Weltvorräte an Mangan in 164 Jahren, die von Nickel in 86 und von Kupfer in 63 Jahren erschöpft sein werden. Die Zuwachsraten weisen jedoch einen noch stärkeren als in der Studie prognostizierten Verbrauch auf, so daß dieser Zustand für die konventionellen Lagerstätten bereits in 50 bis 100 Jahren eintreten kann. Dadurch werden alternative Vorkommen immer attraktiver. Am weitesten herangereift bei der Nutzung metallhaltiger Rohstoffe sind sicherlich Projekte zum Fördern von

Erzschlämmen aus dem „*Atlantis-II-Tief*" des Roten Meeres und von Manganknollen im Bereich des tropischen Pazifik.

Hinsichtlich einer möglichen Förderung sind nach *Karbe* (1987) im wesentlichen drei Kategorien von Umwelteffekten zu unterscheiden und gesondert zu beurteilen:

a) Effekte innerhalb der Lagerstätten, bedingt durch die Zerstörung von Strukturen durch den Kollektor und mit der Aufnahme des zu fördernden Materials sowie mit der Aufnahme oder Umlagerung von Sedimenten, Porenwasser, bodennahem Wasser und den im Bereich der Lagerstätte siedelnden Benthosorganismen.

b) Effekte im näheren Umfeld der Lagerstätte, vor allem bedingt durch bodennah driftende Wolken des vom Kollektor aufgewirbelten und im Bereich des Förderstranges ausgewaschenen Materials, das die Bodenfauna und -flora überdecken und Änderungen im Chemismus der bodennahen Wasserschicht hervorrufen kann. Abschätzungen gehen davon aus, daß bei einer Aufnahme der Förderung von Manganknollen, z. B. mit dem gegenwärtig favorisierten „air-lift"-System, etwa 10 Millionen Tonnen Schlamm jährlich aufgewirbelt werden würden. Der Feinschlammanteil des Sediments würde sich auf ein Riesenareal verteilen.

c) Effekte in der Wassersäule, bedingt durch die Rückführung eines Teils des geförderten Rohmaterials, möglicherweise angereichert mit Rückständen aus der Erzaufbereitung an Bord der Förderschiffe. Gleiches trifft für die auf dem Förderschiff abgetrennten Verarbeitungsrückstände wie Feinschlamm, Knollenabrieb, Organismenreste und nährstoffreiches Tiefenwasser zu, die nach bisherigen Vorstellungen in Tiefen von $\geq 800-1000$ m eingeleitet würden. Trübstoffwolken könnten Jahre bis Jahrzehnte mit Geschwindigkeiten von 0,5 bis 4,3 km/h durch das Weltmeer driften.

Aber auch Sekundäreffekte infolge der Verarbeitung der Knollen in Verhüttungsanlagen an den Meeresküsten gilt es zu beachten. Etwa 68% der Knollen sind Abfall, und auch metallreiche Laugen gilt es zu entsorgen.

Effekte der Kategorie a) sind unvermeidbar. Hinsichtlich der Manganknollenfelder wird allerdings erwogen, Teilbereiche der Lagerstätte beim Abbau auszusparen, um sie z. B. als Forschungsobjekte zu erhalten und ein Ausbreitungszentrum für eine spätere Wiederbesiedelung des Areals mit der ursprünglichen Tiefseefauna zu sichern. Die Effekte der zweiten und dritten Kategorie sind durch technische Maßnahmen begrenzbar. Um einzuschätzen, ob die vom „Vorsorgeprinzip" her „beste verfügbare Förder- und Aufbereitungstechnologie" aus Sicht des marinen Umweltschutzes den Anforderungen genügt, ist ein Mindestmaß an Kenntnissen über solche Technologien, über die Eigenschaften und Mengen von Stoffen, die im Zusammenhang mit dem jeweiligen Vorhaben umgelagert oder in das marine Milieu eingebracht werden, sowie über die für das jeweilige Seegebiet charakteristischen Randgrößen erforderlich. Dem dienen beispielsweise die im

Pazifik zur Manganknollenförderung durch die US National Oceanic and Atmospheric Administration (NOAA) koordinierten „Deep Ocean Mining Environmental Effect Studies" (DOMES I und II). Die Auswahl des Untersuchungsstandortes berücksichtigte, daß das Hauptgebiet für eine mögliche Förderung südöstlich von Hawaii bei Wassertiefen um 5000 m liegen dürfte, d.h., zwischen der *Clarion-* und *Clipperton-*Bruchzone (5–20 °N und 115–160 °W). Das 1988 bis 1990 vom BMFT der Bundesrepublik Deutschland geförderte Projekt „DISCOL" (Disturbance and Re-Colonization Experiment) hat das Ziel, eine Bestandsaufnahme der Lebensgemeinschaften in potentiellen Fördergebieten von Manganknollen durchzuführen und Hintergrunddaten zur möglichen Einwirkung der Förderaktivitäten auf die Meeresbodenbesiedelung zu erstellen.

Die in naher Zukunft mit größter Wahrscheinlichkeit zuerst auf kommerzieller Basis ausgebeuteten Mineralvorkommen der Tiefsee sind die Erzschlämme des Roten Meeres. Das betrifft insbesondere das *„Atlantis-II-Tief"*, ein etwa 200 km² großes Meeresbodenareal mit einer Tiefe um 2000 m, das Sedimente mit u.a. hohen Zink-, Kupfer- und Silbergehalten beherbergt. Im Roten Meer wurden deshalb auf Initiative der „Saudi-Sudanese Red Sea Joint Commission" zielgerichtet ebenfalls Umweltuntersuchungen im Rahmen des „Atlantic II Deep Metalliferous Sediments Development Program" (MESEDA I-III) von Spezialisten aus verschiedenen Instituten Saudi-Arabiens, des Sudans, aus Frankreich, Großbritannien, den USA und aus der BRD aufgenommen.

Schätzungen sagen aus, daß bei einer jährlichen Zinkproduktion von etwa 40000 t zur Förderung und Vorverarbeitung der auf dem Grund des *„Atlantis-II-Tiefs"* lagernden metallhaltigen Sedimente etwa 96000 t des Rohmaterials täglich abgebaut werden müssen, die nach „Verdünnen" auf 200000 t zum Förderschiff gelangen. Um dann täglich etwa 1650 t angereichertes Erz für den Transport zur landseitigen Verhüttung bereitstellen zu können, fallen auf See etwa 367000 t zu beseitigende Abfallschlämme an. Das Einbringen dieser Abprodukte, die auch nach Abtrennen des Hauptteils der Wertmetalle noch beträchtliche Mengen an Eisen, Nickel, Chromium, Cadmium, Quecksilber und Arsen enthalten, könnte Auswirkungen auf den Bestand und die Nutzbarkeit der lebenden Ressourcen im Roten Meer haben. Die komplexe „Umweltverträglichkeitsprüfung" mit diesen Abfallschlämmen umfaßte u.a. toxikologische, Bioakkumulations- und Laugungsexperimente, sowohl im Labor als auch – in Folientanks – im Feld. Darüber hinaus wurden Untersuchungen zur Ausbreitung und Sedimentation eingebrachter Schlammengen durchgeführt und mit den Ergebnissen von Modellrechnungen verglichen. Vorläufige Aussagen zur Umweltverträglichkeit der voraussichtlich einsetzbaren Förder- und Aufbereitungstechnologien für das System „Rotes Meer" waren jedoch erst nach Durchführung umfangreicher ozeanographischer Untersuchungen zwischen dem Golf von Suez und dem Golf von Aden möglich. Daraus wurde ersichtlich, daß das Einbringen der Abfallschlämme in die obere oder mittlere Schicht der Wassersäule (Epi- bzw.

Mesopelagial) nicht zu akzeptierende Risiken beinhalten würde, und zwar sowohl für den ozeanischen Lebensraum des freien Wassers wie auch für das empfindliche Ökosystem der den Küsten vorgelagerten Riffe. Akzeptabler erscheint dagegen nach dem derzeitigen Kenntnisstand das Einbringen über Rohrleitungen in Wasserschichten tiefer als 1000 m, d.h. in das Bathypelagial des Nord/Süd-Axialgrabens, der sich durch Besiedelungsarmut und geringe horizontale Strömungen auszeichnet. Durch die Ausbeutung der Erze des „*Atlantis-II-Tiefs*" würden im ungünstigsten Falle 2 bis 5% der zentralen Senke beeinflußt, wobei nach *Davies* (1985) keine der im Roten Meer anzutreffenden Arten und Gemeinschaften irreversibel geschädigt würden. Zur Verifizierung dieser Ergebnisse wäre als nächster Schritt, vor Beginn einer Förderung im technischen Pilotmaßstab, ein entsprechender Förder- und Aufbereitungstest erforderlich, der von einem Umweltprogramm zur Analyse kumulativer Langzeiteffekte begleitet werden sollte.

Die Aufnahme der Förderung von Manganknollen von dem zumeist internationaler Jurisdiktion unterliegenden Tiefseemeeresboden, d.h. außerhalb der mindestens 200 Seemeilen breiten ökonomischen Zonen der Küstenstaaten, wird sich noch etwa bis zur Jahrtausendwende verzögern. Das weicht deutlich von den Förderaussichten für die als Riftzonenvorkommen einzustufenden hydrothermalen Erzschlämmen des Roten Meeres und für die Schelflagerstätten von Kohlenwasserstoffen (Erdöl, Erdgas, Asphalt...), Phosphoritkonkretionen, Seifen (Diamanten, Sn, Zr, Ti, Th, Ce...), silikatischen Rohstoffen (Kiese, Sande, Kalke, Tone) sowie von Schwefellagerstätten ab. Auch in potentiellen Manganknollen-Fördergebieten wäre nach erfolgreichem Abschluß von Fördertests und begleitenden Umweltprogrammen als nächster Schritt ein Pilotprojekt mit dem Abbau eines größeren Areals als großflächiger Eingriff in das Tiefsee-Ökosystem möglich. Darin integriert wären Experimente zur Verifizierung der Ergebnisse von Computersimulationen zur Ausbreitung von Trübungswolken und zur Sedimentation des in ähnlicher Größenordnung wie bei der Erzschlammförderung anfallenden Abfalls denkbar.

Die folgende Abschätzung soll kurz das Ausmaß möglicher künftiger Gefährdungen charakterisieren:

Ein Förderschiff könnte jährlich rund 3 Millionen t Knollen von etwa 780 km² Meeresboden bergen. Dabei würden gleichzeitig 3,2 Millionen t Sedimentpartikel mit einem mittleren Durchmesser von 3,2 µm aufgerührt. Weitere 1,1 Millionen t Sedimente und Manganknollenfragmente müßten vom Förderschiff unmittelbar in das Meer verklappt werden.

10. Verbrennen gefährlicher Abfälle auf See

Die Technologie zum Verbrennen gefährlicher Abfälle, insbesondere flüssiger Rückstände von Chlorkohlenwasserstoffen, wurde 1969 in Europa entwickelt, als dort das Verklappen bestimmter Abfälle in der Nordsee verboten wurde. 1972 baute die niederländische Firma „*Ocean Combustion Service BV*", Rotterdam, einen Trockenfrachter in ein Verbrennungsschiff mit dem Namen „*Vulcanus*" um. Bis 1980 arbeitete dieses Schiff vorwiegend in der Nordsee, war jedoch auch im Golf von Mexiko (1974/75 4 Einsätze, davon einmal PCBs) und im Südpazifik nahe dem Johnston Atoll (1977, Herbizid „*Orange*") tätig. Die 1983 modernisierte „*Vulcanus I*" erhielt 1982 ein Schwesternschiff („*Vulcanus II*"), das vorwiegend für den Einsatz in den USA vorgesehen war. Die Schiffe haben je etwa 4000 BRT und eine Tankkapazität von 3200 m³. Etwa 25 t bzw. 35 t („*Vulcanus II*") chlorhaltiger Abfälle können pro Stunde verbrannt werden.

Die Verbrennungseffizienz der beiden genannten Schiffe und der „*Vesta*" (1300 m³ Tankkapazität, 12,5 t/h), die sich Ende der 80er Jahre alle im Nordseeeinsatz befanden, über Antwerpen beladen wurden und etwa 100000 t Abfälle pro Jahr aus 11 Staaten entsorgt haben, liegt um 99,99%, d.h. daß jährlich nur ein Rückstand von etwa 10 t verbleibt. Dieser Wert unterschreitet um eine Zehnerpotenz das bisher vorgeschriebene Minimum von 99,9%. Die mittlere Zusammensetzung der Verbrennungsgase umfaßt etwa 70% N_2, je 10% O_2 und CO_2, je 5% H_2O und HCl sowie Spuren von CO (5–30 ppmv), NO_x (100 ppmv), Chlorgas (100–6000 mg/m³), SO_2, SO_3, feste Rückstände, Metalle, z. B. Cd, As und Hg mit je maximal 0,5 mg/m³, sowie Spuren von unverbrannten Rückständen. Enthalten sind darin allerdings auch im Verbrennungsreaktor neu geformte Chlorkohlenwasserstoffe wie HCB, OCS oder die hochtoxischen PCDDs und PCDFs. Bei Aufnahme der Seeverbrennung im Jahre 1972 stammten praktisch 100% der Abfälle aus der Produktion von Chlorkohlenwasserstoffen und ihren Derivaten wie Vinylchloridmonomere, Ethylendichlorid und Pestizide. Sie enthielten 40–70% Chlor und weniger als 5% Wasser. Bis 1987 wurde die Abfallpalette breiter, und die Zahl der Kunden aus der chemischen Industrie stieg an (1986: ca. 2200 in Europa). Die Abfälle enthielten nun im Mittel nur noch 27% Chlor, dafür jedoch etwa 40% Wasser. Durch verbesserte Technologien konnten jetzt auch solche Abfälle effektiv behandelt werden. Zweifel über die möglicherweise unvollständige Verbrennung von PCBs konnte man mittlerweile ebenfalls ausräumen.

Ein aus statistischer Sicht sehr geringes, aber doch permanentes Risiko stellt der Seetransport der zu verbrennenden Chlorkohlenwasserstoff-Rückstände dar. Eine Studie der IMO weist aus, daß die Möglichkeit für einen Zwischenfall/Unfall des Verbrennungsschiffs bei 1:68 000 liegt.

Viele der aus der Abgasfahne in das Meer über trockenen Niederschlag, Gasaustausch und Ausregnen eingetragenen Rückstände können sich in der Oberflächenmikroschicht des Meeres anreichern und das dort lebende Neuston gefährden. Von den Abgasbestandteilen verdienen besonders das Chlor, der Chlorwasserstoff (HCl) sowie metallische und organische Emissionen Beachtung. Das HCl ist in der Abgasfahne fast ausschließlich gasförmig anzutreffen und hat eine Lebensdauer von 30–40 Minuten. Es schlägt sich hauptsächlich auf dem Meer nieder und trägt offenbar nicht zum „sauren Regen" auf dem Festland bei. Eine zeitweilige Erniedrigung des pH-Wertes des Meerwassers unterhalb der Abgasfahne, besonders in der Mikroschicht, ist nicht ausgeschlossen.

Von den organischen Emissionen verdienen die chlorhaltigen flüchtigen niedermolekularen Verbindungen nur geringe Beachtung, da für diese bei einer Zersetzungseffizienz von 99,998% nur relativ geringe Einträge in die Meeresumwelt möglich sind. Bei den halbflüchtigen persistenten Verbindungen stehen dagegen chlorierte Dibenzodioxine und -furane als Reaktionsprodukte und unverbrannte Abfallrückstände im Mittelpunkt der öffentlichen Kritik. Sporadische Messungen ergaben, daß in den Abgasen der Verbrennungsschiffe die mit 4 Chloratomen substituierten und toxisch relevantesten TCDDs und TCDFs von nicht nachweisbaren Spuren bis maximal 324 ng/m^3 (Verbrennung des Herbizids „*Orange*") vorkommen. Das liegt teilweise mehr als eine Größenordnung unter dem mittleren Gehalt dieser Substanzen in Abgasen von Müllverbrennungsanlagen erster Generation auf dem Festland (400 ng/m^3). In den Abgasen der Seeverbrennung wurde allerdings das Pestizid Hexachlorbenzen (HCB) in Konzentrationen nachgewiesen, die auf Neubildungen beim Verbrennungsprozeß hindeuten. In einigen Meeresorganismen aus dem Verbrennungsgebiet wurden höhere HCB- und OCS-Gehalte angetroffen als in Tieren aus Referenzgebieten. Beim OCS war diese Zunahme hochsignifikant, d.h., die mittleren Gehalte wurden etwa verdreifacht.

Gegenwärtig gibt es noch zu viele Kenntnislücken hinsichtlich der Zusammensetzung, Persistenz, Toxizität und zu den Konzentrationsniveaus organischer Emissionen, die bei den einzelnen Verbrennungsanlagen auftreten, um einer Verbrennung an Land oder auf See eindeutig den Vorrang einräumen zu können in Hinsicht auf die möglichst minimale Freisetzung potentieller Schadstoffe in die Meeresumwelt und unter Berücksichtigung der daraus resultierenden Gesundheits- und Umweltrisiken. Die latente Gefahr von Transportunfällen beim Verbringen der aus vielen Staaten für die Seeverbrennung vorgesehenen Abfälle auf wenige von Havarien bedrohte Spezialschiffe sowie die bessere Kontrollierbarkeit der Verbrennungstechnologie, einschließlich einer Überwachung der Abgaszusammensetzung, bevorzugen aus Sicht des maritimen Umweltschutzes Verbrennungsanlagen auf dem Festland, möglichst in Nähe der hauptsächlichen Abfallproduzenten. Das Ergebnis wäre allerdings eine weitere Belastung für die im Bereich von Industriestandorten teilweise bereits mit gesundheitlichen Konsequenzen vorbelastete Atmosphäre. Die Alternativlösung „Deponierung an Land" erscheint aufgrund der großen Mengen zum Teil hochflüchtiger Verbindungen unrealistisch. Recycling- bzw. abproduktarme Technologien könnten mittelfristig das Entsorgungsproblem entspannen.

Am 3. Juni 1990 vereinbarten die USA und die UdSSR, bis zum Jahre 2002 ihre C-Waffen bis auf Reste zu vernichten. Zur Verbrennung von chemischen Kampfstoffen der USA soll das „Chemical Agent Disposal System" auf dem Johnston Atoll (JACADS), etwa 1500 km westlich von Hawaii im Pazifik, dienen. Aus Deutschland wurden bereits rund 100 000 mit Giftgas gefüllte Granaten in der Operation „Lindwurm" über Nordenham nach Johnston verschifft. Die möglichen Konsequenzen für betroffene Meeresgebiete, z. B. der Eintrag und die Anreicherung von Reaktionsprodukten wie chlorierte Dioxine und Furane oder von unvollständig verbrannten Giftgasrückständen in den Kompartimenten der Meeresumwelt sind aus den bisher der Öffentlichkeit vorliegenden Informationen noch nicht abschätzbar.

11. Feste Abfälle

Die vom Menschen produzierten und in die Meeresumwelt eingetragenen Gegenstände aus Holz, Metall, Glas, Gummi, Textilfasern, Papier, Plaste usw. können sich dort schwimmend, schwebend, als Sinkstoffe auf dem Meeresboden oder angeschwemmt an die Küsten aufhalten. Während der letzten 2 bis 3 Jahrzehnte wurden die Ozeane, besonders aber der Nordatlantik, durch sorgloses Hantieren, zufällige Verluste und gezieltes Verklappen zunehmend mit Plasteabfällen verunreinigt. Besonders weit verteilt sind schwimmfähige und nur extrem langsam zersetzbare Pellets aus Polyethylen oder auch Polystyren mit Durchmessern von 1 bis 3 mm, deren Anzahl auf der Meeresoberfläche und an den Stränden ständig zunimmt. In küstenfernen Regionen wurden bis zu 1500 solcher Pellets und 10000 andere Plasteteilchen pro km² von der Meeresoberfläche abgeschöpft. Das wird verständlich, wenn man Schätzungen zur mittleren Aufenthaltszeit von festen Abfällen im Meer bis zu ihrer „Assimilation" berücksichtigt (Tab. 11.1).

Tabelle 11.1. Zersetzungsdauer fester Abfälle im Meer

Busfahrscheine	2–4 Wochen
Baumwollmaterialien	1–5 Monate
Tauwerk	3–14 Monate
Wollsocken	1 Jahr
mit Farbe bestrichene Holzteile	13 Jahre
Konservendosen – verzinnt	100 Jahre
– Aluminiumbasis	200–500 Jahre
Plasteflaschen	450 Jahre
Glasflaschen	unbestimmte Zeit

An den Stränden der Bahamas, Antillen, Bermudas und der USA-Küste (Florida, Cape Cod) wurden an den Stränden mehrere Hundert bis zu 2000 Plasteteilchen pro m² abgesammelt. Systematische Untersuchungen im Mittelmeer zeigten z. B. 1986, daß der Anteil großer schwimmfähiger Abfälle beachtlich ist. 64 km von Malta entfernt wurden rund 2000 solcher Teile – zu 70% aus Plaste – pro km² Meeresoberfläche gezählt. Zu einem ähnlichen Ergebnis kam man im Juli 1988 vor der spanischen Mittelmeerküste (2086 Teile/km²).

Im USA-Staat Texas wurden 1986 und 1987 große Strandsäuberungsaktionen organisiert. 1986 sammelten 2700 Freiwillige 125 t Abfälle auf einer Küstenlänge von rund 300 km. 1987 waren es mehr als 7000 Personen, die 382878 Einzelteile mit einer Gesamtmasse von 309 t von 250 km absammelten, darunter mehr als 31000 Plasteteile, 30000 Plasteflaschen, 20000 Konservendosen, 18000 Glasflaschen, über 3000 Schaumpolystyren-Eierbehälter, 1750 Schuhe und 930 Plastespritzen.

Im Sommer 1989 sammelte eine Gruppe Jugendlicher im östlichen Mittelmeer einen 100 m breiten Streifen des Strandes ab. Das Ergebnis waren 62 Flaschen, 36 Becher, Löffel und Gabeln, 53 Tüten, 1 Paar Handschuhe und 3 Bälle (alles aus Plaste); 31 leere Kosmetikdosen, 195 Flaschenverschlüsse, 14 Zeitungen, 1 Fischnetz, 57 Metallbüchsen, 1 Lkw-Reifen sowie verschiedene Gegenstände aus Holz und Glas.

Während der Feriensaison werden im Mittelmeer von den Touristen zwischen 7 (Israel) bis zu mehr als 100 Gegenstände (Sizilien) pro Quadratmeter Strand hinterlassen.

Auf einem 60 m langen Strandabschnitt Helgolands wurden innerhalb eines Jahres 8539 Müllteile, davon 75% aus Kunststoff, mit einer Gesamtmasse von 1360 kg gesammelt.

An der Gesamtmasse an festen Abfällen, die in das Meer eingebracht werden, haben allerdings die kaum sichtbaren Plasteteilchen nur einen relativ geringen Anteil (Tab. 11.2).

Tabelle 11.2. Abschätzung zum Eintrag von festen Abfällen in das Meer (*US National Academy of Science*, 1975; in 1000 t/a)

Quelle	Masse
Handelsschiffe	
– Ladungsverluste	5600
– Mannschaft	110
Fischerei	
– Gerät	100
– Mannschaft	340
Sportboote	103
Seeunfälle	100
Marine	74
Passagierschiffe	28
Ölplattformen	4
Summe:	*6459*

Schätzungen gehen davon aus, daß etwa 1,1–2,6 kg Plaste pro Person und Tag auf See anfallen und bisher nahezu komplett über Bord gegeben wurden. Verpackungsmaterial für die Ladung gelangte in noch größeren Massen in das

11. Feste Abfälle

Meer. Hochrechnungen gehen von rund 450 000 Behältern aus Plaste, 300 000 aus Glas und 4 800 000 aus Metall aus, die pro Tag von Schiffen in das Meer gelangen. Die MARPOL 73/78-Konvention der IMO reguliert über die optional zu ratifizierende *Anlage V* die Behandlung der auf Schiffen anfallenden Abfälle, wobei das Verklappen aller Plastegegenstände, einschließlich Tauwerk und Fischnetze aus synthetischen Fasern und von Abfallsäcken, untersagt wird. Jedoch nur ein Teil der Flaggenstaaten der Weltflotte hat MARPOL 73/78 bzw. deren *Anlage V* bisher ratifiziert.

Der Übergang von relativ leicht abbaubaren Naturfasern zu solchen aus persistenten synthetischen Materialien für Fischereigeräte begann in den 40er Jahren dieses Jahrhunderts und war weltweit etwa 1970 abgeschlossen. Die jährlichen Verluste bei Fischereigeräten werden auf mehr als 100 000 t geschätzt.

Welche Effekte rufen feste Abfälle in der Meeresumwelt neben ihrem unästhetischen Eindruck hervor? Ökonomische Schäden und Gefährdungen für den Menschen betreffen z. B. das Blockieren der Schiffsschraube durch eingewickelte Seile, Kabel und Netze, das Überhitzen der Maschinen durch Blockieren des Kühlwassereintritts mit Plastefolien, die Kollision mit größeren schwimmfähigen Abfällen oder auch Netzschäden. Neben diesen physikalischen kommt es auch zu biologischen Effekten. Von 50 der 280 Arten an Seevögeln weiß man, daß sie Plasteteile aufnehmen. Es kommt zum Blockieren ihres Magen/Darm-Trakts und zu Magengeschwüren, die zur Behinderung der Nahrungsaufnahme, zu verändertem Brutverhalten und manchmal zu ihrem Tod führen können. Die Anzahl der in Driftnetzen gefangenen Seevögel hat in Bezug auf die gesamte Mortalitätsrate von 1957 (5–6%, dagegen noch 18–28% „verölt") bis 1987/89 (26–37%, nur noch etwa 15% „verölt") deutlich zugenommen.

Auch für Meeressäuger, besonders Seehunde, besteht die größte Gefahr darin, in Fischnetzabfällen gefangen zu werden. Die Netzreste können die Tiere strangulieren oder ihnen sukzessive in das Fleisch einwachsen. Andere Meeressäuger wie viele Wal- und einige Delphinarten nehmen Plasteabfälle direkt auf. Auch für Schildkröten und Seekühe (Dugongs) stellen die Ingestion von Plasteabfällen und die Gefahr, in Netzabfällen gefangen zu werden, potentielle Probleme dar. Neun Prozent von Karett-Schildkröten *(Caretta caretta)*, die vor Malta ins Netz gingen, und 15% von Lederschildkröten, die vor der französischen Küste zufällig gefangen wurden, hatten Plasterückstände in ihren Verdauungsorganen. Fische sind von solchen Gefährdungen ebenfalls nicht ausgeschlossen.

Offizielle Schätzungen besagen, daß die Zahl der jährlich im Nordpazifik „kontrolliert" in Fischnetzen mitgefangenen und dadurch getöteten Seehunde bei 50 000 liegt. Der Anteil solcher Tiere, die in außer Kontrolle geratenen und damit weiterfischenden Netzen umkommen, ist in Relation dazu sicherlich gering. Dadurch wird auch das in Bezug auf andere Formen der Meeresverunreinigung relativ geringe Gefährdungspotential fester Abfälle, sieht man von unästhetischen Wirkungen sowie von spektakulären Bildern getöteter Meeressäuger und Seevögel ab, reflektiert.

12. Verklappen von Abfällen

Etwa 80 bis 90% aller in das Meer eingebrachten Materialien sind Baggergut. Nach einer Zusammenstellung der London Dumping Convention (LDC) wurden zwischen 1980 und 1985 jährlich im Mittel 215 Millionen t, d.h. etwa 20 bis 22% des gesamten Baggerguts, auf See verklappt. Zwei Drittel dieses Materials resultieren aus Erhaltungsbaggerei, der Rest aus der Realisierung neuer Vorhaben.

Bei sachgerechter Behandlung verursacht wenig verunreinigtes Baggergut auf längere Sicht kaum Probleme für die Meeresumwelt. Eine sorgfältige Auswahl der Verklappungsgebiete ist dafür selbstverständlich Voraussetzung. Das gewonnene Material kann auch nützlichen Zwecken wie der Landgewinnung, dem Bau künstlicher Riffe und der Wiederherstellung zuvor geschädigter Küstenabschnitte dienen.

Etwa 10% des Baggerguts ist durch eine Vielzahl von Quellen wie Schiffahrt, industrielle und kommunale Abwässer oder andere Abflüsse vom Festland u.a. mit Ölrückständen, Schwermetallen, Nährstoffen und/oder Chlorkohlenwasserstoffen verunreinigt. Das Gefährdungspotential des verklappten Materials ist in erster Linie auf die absetzbaren Feststoffe zurückzuführen, die das Benthos durch physikalisches Zerstören der Habitate oder durch Ersticken schädigen. Die Bioakkumulation toxischer Substanzen in gelöster und suspendierter Form kann ebenfalls Probleme hervorrufen.

Nach seiner Ablagerung kann verunreinigtes Baggergut sukzessive schädliche Stoffe freisetzen und lokale Besiedelungsflächen gefährden. Labor- und Felduntersuchungen haben bestätigt, daß prinzipiell alle o.g. Verunreinigungen mit unterschiedlichen Raten aus dem verklappten Material wieder in das Ökosystem gelangen können.

Um Umwelteffekte zu minimieren, kann es erforderlich sein, das Baggergut zeitweise an Land zwischenzulagern oder es zum Herabsetzen der Toxizität und der Sauerstoffzehrung durch organische Bestandteile anderweitig vorzubehandeln. Das Verklappen außerhalb der Schelfkante oder die Ablagerung in Senken des Meeresbodens, gefolgt von einem Überdecken verunreinigter Materialien mit sauberem Sediment, sind international gebräuchlich.

Abfälle aus dem Erzbergbau sind besonders umweltgefährdend. Bei Minen im Küstenbereich ist es eine übliche Praxis, die Abfälle entweder direkt ins Meer zu verklappen oder sie in die Flüsse zu geben, aus denen sie bei Hochwasserereignis-

12. Verklappen von Abfällen

sen ebenfalls hinausgeschwemmt werden. Einige der Abfälle sind chemisch inert, z. B. beim Abbau von Tonmineralen. Umweltbeeinflussungen sind hier auf rein physikalische Effekte, d. h. das Überdecken von Habitaten, begrenzt. Bei der Gewinnung metallhaltiger Erze reichen die industriellen Operationen andererseits von der primären Aufkonzentrierung und Extraktion bis hin zu abschließenden Schmelz- und Raffinerierungsprozeduren. Die daraus resultierenden Abfälle sind toxisch, besonders die des zuletzt genannten Schrittes, da das gereinigte Produkt oft zur Abtrennung der Metalle und ihrer Verbindungen eine intensive chemische Behandlung erfordert. In Anlagen zur Gewinnung und Verarbeitung von Metallen im Küstenbereich werden vor allem Al, Cu, Fe, Pb, Hg, Mo, Sn oder Zn produziert.

Industrieabfälle, die auf dem Meer verklappt werden, können eine Reihe sehr verschiedenartiger Probleme aufwerfen. Sie können sowohl stark sauer als auch alkalisch, flüssig oder weitgehend partikulär und sie können hinsichtlich möglicher Effekte sowohl völlig inert als auch hoch toxisch sein. Einbezogen sind Abfälle aus der chemischen, petrolchemischen, pharmazeutischen, Nahrungsmittel-, Papier- und Zellstoffindustrie, von Metallhütten, aus Abgaswaschanlagen oder aus dem militärischen Bereich. Die Vorbehandlung der Abfälle an den Industriestandorten vor dem Verklappen wird in einer zunehmenden Anzahl von Staaten als eine notwendige Vorbedingung erachtet. Die Berichte der LDC weisen aus, daß im Zeitraum 1970 bis 1985 die Maximalmenge jährlich verklappter Industrieabfälle bei 17 Millionen t lag (1982). 1984 wurde offiziell dagegen ein Minimum von nur 6 Millionen t eingebracht.

Klärschlamm aus der Abwasserbehandlung kann als Düngemittel für landwirtschaftliche Nutzflächen oder für die Urbarmachung von Land genutzt werden. Voraussetzung ist ein geringer Verunreinigungsgrad in Hinsicht auf Schwermetalle, Erdölprodukte und organische Chemikalien. Einige Staaten, wie z. B. die USA und Großbritannien, sehen es aus ökonomischer und ökologischer Sicht als durchaus vorteilhaft an, die Klärschlämme im Meer zu verklappen. Klärschlämme aus kommunalen Klärwerken weisen im Normalfall, d. h., falls nicht toxische Industrieabfälle den häuslichen Abwässern zugemischt sind, keine gefährlich hohen Gehalte an Verunreinigungen auf. Durch einen übermäßigen Eintrag in die Meeresumwelt treten jedoch schädliche Wirkungen wie Sauerstoffzehrung oder Eutrophierung ein. Werden die Verklappungsstandorte nicht sorgfältig genug ausgewählt, kann es durch die Anwesenheit pathogener Keime zu gesundheitlichen Risiken kommen. Zwischen 1980 und 1985 wurden jährlich etwa 15 Millionen t Klärschlamm auf See verklappt. Allerdings gibt es sowohl in den USA als auch in Westeuropa akzentuierte Bestrebungen für eine Einstellung dieser zweifelhaften Praxis. Dementsprechend ist dort eine abnehmende Tendenz der eingebrachten Mengen zu verzeichnen. Das trifft allerdings nicht auf jene Staaten zu, die angeblich über keine ausreichenden Möglichkeiten zur Entsorgung an Land, z. B. durch Deponieren oder Verbrennen, verfügen. In den Entwicklungsländern ist außerdem mit einer noch deutlichen Zunahme der verklappten Klärschlammengen zu rechnen.

13. Thermale „Verunreinigung" des Meeres

In erster Linie Kühlwasser aus der Energieerzeugung, aber auch die Abwässer anderer Betriebe wie Erdölraffinerien, Kokereien oder Abwässer aus der Stahlindustrie können die punktuelle Erwärmung von Küsten- und Ästuarbereichen verursachen. In den USA liegen z. B. etwa 10 Kernkraftwerke direkt an der Küste. Eine nuklear betriebene 1000-MW-Anlage gibt etwa 30–60 m³ Kühlwasser pro Sekunde an die Umwelt ab, dessen Temperatur bei einfachem Durchlauf um ca. 10 °C erhöht wird. Kernkraftwerke mit Kühlwassertemperaturen bis zu 15 °C Erhöhung sind in der Regel weniger effizient (Tab. 13.1), d. h., sie emittieren mehr Wärme.

Tabelle 13.1. Wärmeabgabe durch verschiedene Energieerzeugungs-Systeme

System	Effizienz (%)	Wärmeverlust (%) in die Luft	in das Wasser
Kernkraft	30–40	2	58–68
Konventionelles Kraftwerk	40	10	50
Gasturbinen	36	67	0
Gas-/Dampfturbinen	45	20	35

In tropischen Gebieten fällt der Hauptenergiebedarf (Klimaanlagen) mit den höchsten Wassertemperaturen zusammen. Da die Maximaltemperaturen (30–35 °C) für viele Organismen bereits deren Hitzetod nahekommen, kann die zusätzliche Wärmezuführung über Kühlwasser letale Wirkungen hervorrufen. Diese Gefahr besteht für Seegebiete der gemäßigten Klimazonen mit kälterem Wasser nicht.

Die aktuelle Temperaturerhöhung und der von der Thermalbelastung betroffene Bereich hängen selbstverständlich von der Energieerzeugungsleistung, aber auch vom Austauschverhalten des die mindestens 10 °C wärmere Kühlwasserwolke aufnehmenden Wasserkörpers ab. Die von deutlichen Temperaturerhöhungen und quantifizierbaren Effekten betroffenen Gebiete können im Bereich von etwa 0,01 bis 1 km² schwanken. Es wurde festgestellt, daß tropische Organismen nicht in der Lage sind, Temperaturerhöhungen von mehr als 2 bis

3 Grad zu überstehen, und daß die meisten Schwämme, Mollusken und Crustaceen bei Temperaturen über 37 °C absterben. Besonders empfindlich sind benthische Arten.

In gemäßigten Breiten kommt es in der Regel zu keinen Primärschädigungen von Organismen. Im Gegenteil, das Wachstum von Fischen und Schalentieren wird sogar gefördert, wovon man im Rahmen der Marikultur regen Gebrauch macht. Während die lichtinduzierte Blüte des Phytoplanktons durch Temperaturänderungen kaum beeinflußt wird, kann die massenhafte Entwicklung des Zooplanktons temperaturgefördert bis zu zwei Monate eher einsetzen als unter natürlichen Bedingungen.

Die Effekte im unmittelbaren Bereich der Kühlwassereinleitung blieben allerdings bei solcher Einschätzung ausgeklammert, da sie aus quantitativer Sicht völlig unerheblich sind. Die direkten thermischen Effekte bei etwa 7 °C Temperaturzunahme können nach Untersuchungen verschiedener Autoren zu
- einer 60%igen Abnahme von Phytoplanktonzellen,
- maximal 16%iger Mortalität von Zooplankton,
- Veränderungen in der Phytobenthospopulation und
- veränderten, d. h. verlängerten Laichzyklen des Zoobenthos führen.

Beim Betrieb von energieerzeugenden Anlagen im Küsten- und Ästuarbereich sind neben den unmittelbaren Auswirkungen der Temperaturerhöhung auch andere Effekte zu berücksichtigen:

a) Forderungen zur Reduzierung der Schwefeldioxidemissionen in die Umwelt können zu Abgaswaschanlagen auf Meerwasserbasis führen. Ohne Neutralisierung würde das Waschwasser einen relativ niedrigen pH-Wert aufweisen, der direkte schädigende Wirkungen für Meeresorganismen hervorrufen könnte. Als indirekter Effekt wäre die Freisetzung toxischer Metallspezies von gleichfalls ausgewaschenen Flugstäuben zu beachten, die z. B. bei Ölfeuerungen mehr als 5% Vanadium und 1–2% Nickel enthalten können.

b) Zur Bewuchskontrolle wird das Kühlwasser häufig chloriert oder mit anderen Bioziden versetzt. Die Form der Chlorapplikation (Chlorgas, Hypochlorit, Chlordioxid, elektrolytische Chlorerzeugung) bestimmt dabei die Wirkungsszenarien, die neben der gewünschten Reaktion eine Reihe direkter und indirekter Nebenwirkungen umfassen. So kann die Chlorierung natürlicher organischer Wasserinhaltsstoffe zu persistenten, akkumulierbaren und sogar toxischen Verbindungen führen.

Soll z. B. der Bewuchs in dem Kühlsystem eines 1 000 MW-Kernkraftwerks mit einem Kühlwasserbedarf von 45 m³/s durch die Zugabe von Chlor verhindert werden, wozu 1 mg Cl_2/l eine relativ billige Option darstellt, ist mit einem jährlichen Chlorverbrauch um 500 t zu rechnen. Das ist die gleiche Menge, die in einer Abwasserbehandlungsanlage für 2 600 000 Einwohnergleichwerte eingesetzt werden würde.

c) Aufgrund der Biozidwirkungen und des Temperatur- und mechanischen Stresses überleben nur wenige der durch die Netze des Einlaufkanals in das Kühlsystem eingesaugten Organismen eine Passage. Bakterien und Phytoplankter werden praktisch völlig abgetötet, gleiches betrifft die Fischlarven. Andere Zooplankter werden zu 15–100% beeinflußt, wobei teilweise Wirkungsverzögerungen zu beachten sind. Der an die Filter des Kühlsystems gesaugte Anteil von Fischen ist zumeist nicht quantifizierbar, bleibt also ohne Einfluß auf Fischereierträge.

14. Zum Zustand ausgewählter Meeresregionen

Zu den im Rahmen von UNEP-Regionalprogrammen als vorrangig zu untersuchenden und zu schützenden Meeresgebieten zählen Küstenregionen und küstenferne Teile des Südpazifik, der ost- und südasiatischen Meere, des Südostpazifik, des Indik vor Ostafrika und des Atlantik vor Südamerika sowie vor West- und Zentralafrika, außerdem das Mittelmeer, das Schwarze Meer, das Rote Meer einschließlich des Golfs von Aden, die Karibik, der Persische Golf und die Polarmeere. In fast allen diesen Regionen wurden auch von der Zwischenstaatlichen Ozeanographischen Kommission (IOC) der UNESCO Untersuchungsprogramme zur Erforschung und Überwachung der Meeresverunreinigung etabliert. UNEP und IOC kooperieren relativ eng miteinander, um eine Koordinierung der jeweiligen Aktivitäten zu sichern.

Diese Initiative wird von etwa 130 Staaten, von 14 UN- und rund 40 anderen internationalen sowie regionalen Organisationen getragen und durch das „UNEP Programme Activity Centre for Oceans and Coastal Seas" (OCA/PAC) in Nairobi/Kenia koordiniert. In einer Reihe von Konventionen verpflichteten sich bereits viele der Anliegerstaaten zu Überwachungs- und Schutzaktivitäten, die auszugsweise aufgelistet werden sollen:

Mediterranean Action Plan
- Convention for the Protection of the Mediterranean against Pollution (Barcelona, 16. Februar 1976)
- Protocol for the Prevention of Pollution of the Mediterranean by Dumping from Ships and Aircrafts (Barcelona, 16. Februar 1976)
- Protocol concerning Co-operation in Combating Pollution of the Mediterranean Sea by Oil and Other Harmful Substances in Cases of Emergency (Barcelona, 16. Februar 1976)
- Protocol for the Protection of the Mediterranean Sea against Pollution from Land-Based Sources (Athen, 17. Mai 1980)
- Protocol Concerning Mediterranean Specially Protected Areas (Genf, 3. April 1982)

Kuwait Action Plan
- Kuwait Regional Convention for Co-operation on the Protection of the Marine Environment from Pollution (Kuwait, 23. April 1978)
- Protocol concerning Regional Co-operation in Combating Pollution by Oil and Other Harmful Substances in Cases of Emergency (Kuwait, 23. April 1978)

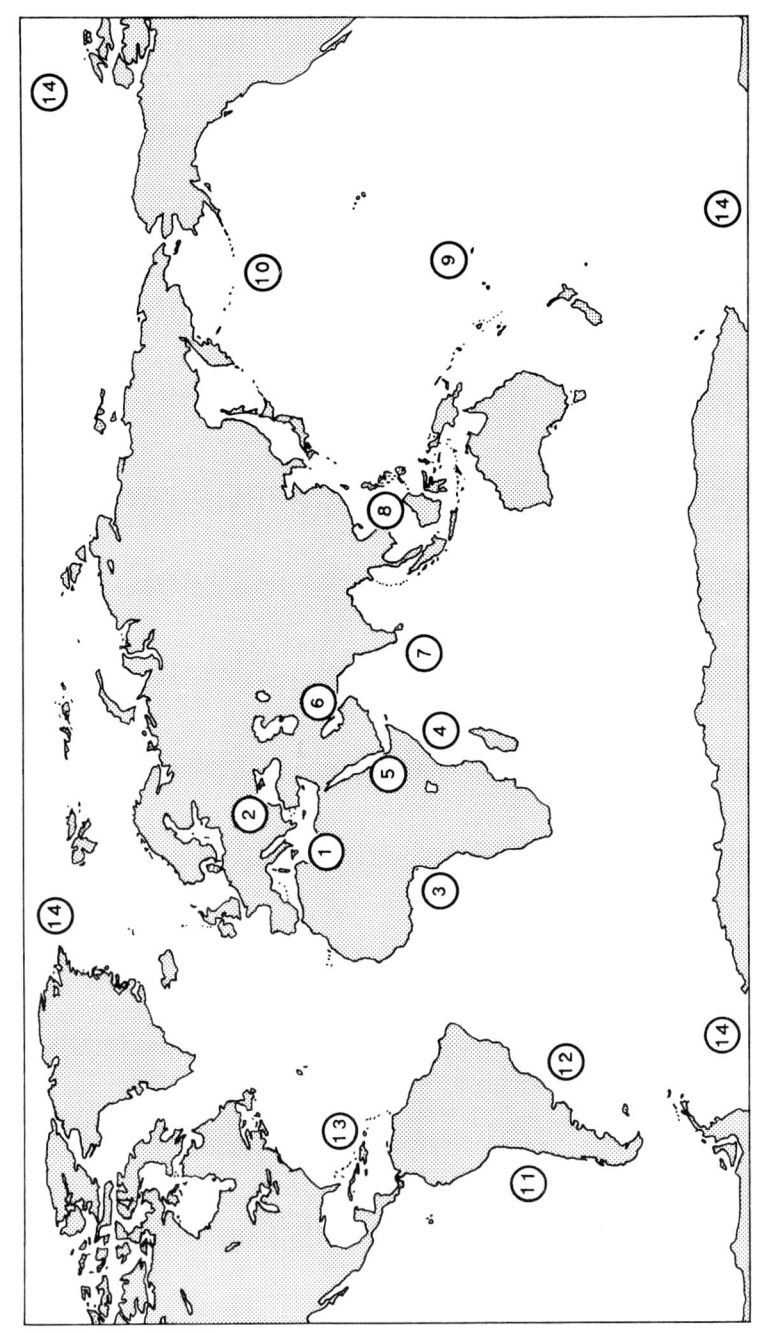

Abb. 13. Das UNEP-Programm „Regionale Meere" (1 – Mittelmeer, 2 – Schwarzes Meer, 3 – Atlantik vor West- und Zentralafrika, 4 – Indik vor Ostafrika, 5 – Rotes Meer und Golf von Aden, 6 – Kuwait-Region, 7 – Südasiatische Meere, 8 – Ostasiatische Meere, 9 – Südpazifik, 10 – Nordpazifik, 11 – Südostpazifik, 12 – Südwestatlantik, 13 – Karibik und Golf von Mexiko, 14 – Polarmeere)

West and Central African Action Plan
− Convention for Co-operation in the Protection and Development of the Marine and Coastal Environment of the West and Central African Region (Abidjan, 23. März 1981)
− Protocol concerning Co-operation in Combating Pollution in Cases of Emergency (Abidjan, 23. März 1981)

South-East Pacific Action Plan
− Convention for the Protection of the Marine Environment and Coastal Area of the South-East Pacific (Lima, 12. November 1981)
− Agreement on Regional Co-operation in Combating Pollution of the South-East Pacific by Hydrocarbons or Other Harmful Substances in Cases of Emergency (Lima, 12. November 1981)
− Supplementary Protocol to the Agreement on Regional Co-operation in Combating Pollution of the South-East Pacific by Hydrocarbons or Other Harmful Substances (Quito, 22. Juli 1983)
− Protocol for the Protection of the South-East Pacific against Pollution from Land-Based Sources (Quito, 22. Juli 1983)

Red Sea and Gulf of Aden Action Plan
− Regional Convention for the Conservation of the Red Sea and Gulf of Aden Environment (Jeddah, 14. Februar 1982)
− Protocol concerning Regional Co-operation in Combating Pollution by Oil and Other Harmful Substances in Cases of Emergency (Jeddah, 14. Februar 1982)

Caribbean Action Plan
− Convention for the Protection and Development of the Marine Environment of the Wider Caribbean Region (Cartagena de Indias, 24. März 1983)
− Protocol concerning Co-operation in Combating Oil Spills in the Wider Caribbean Region (Cartagena de Indias, 24. März 1983)

East African Action Plan
− Convention for the Protection, Management and Development of the Marine and Coastal Environment of the Eastern African Region (Nairobi, 21. Juni 1985)
− Protocol concerning Protected Areas and Wild Fauna and Flora in the Eastern African Region (Nairobi, 21. Juni 1985)
− Protocol concerning Co-operation in Combating Marine Pollution in Cases of Emergency in the Eastern African Region (Nairobi, 21. Juni 1985)

South Pacific Environment Programme
− Convention for the Protection of the Natural Resources and Environment of the South Pacific Region (Noumea, 25. November 1986)
− Protocol concerning Co-operation in Combating Pollution Emergencies in the South Pacific Region (Noumea, 25. November 1986)
− Protocol for the Prevention of Pollution of the South Pacific Region by Dumping (Noumea, 25. November 1986).

Meeresgebiete bzw. Meere, die den UNEP-Kriterien hinsichtlich einer potentiellen Gefährdung genügen und deshalb vorrangig spezieller Untersuchungen und des Schutzes bedürfen, sind besonders die Nord- und Ostsee. Beide werden jedoch von den Anliegerstaaten bereits seit Jahrzehnten intensiv erforscht, ihre Umwelt-

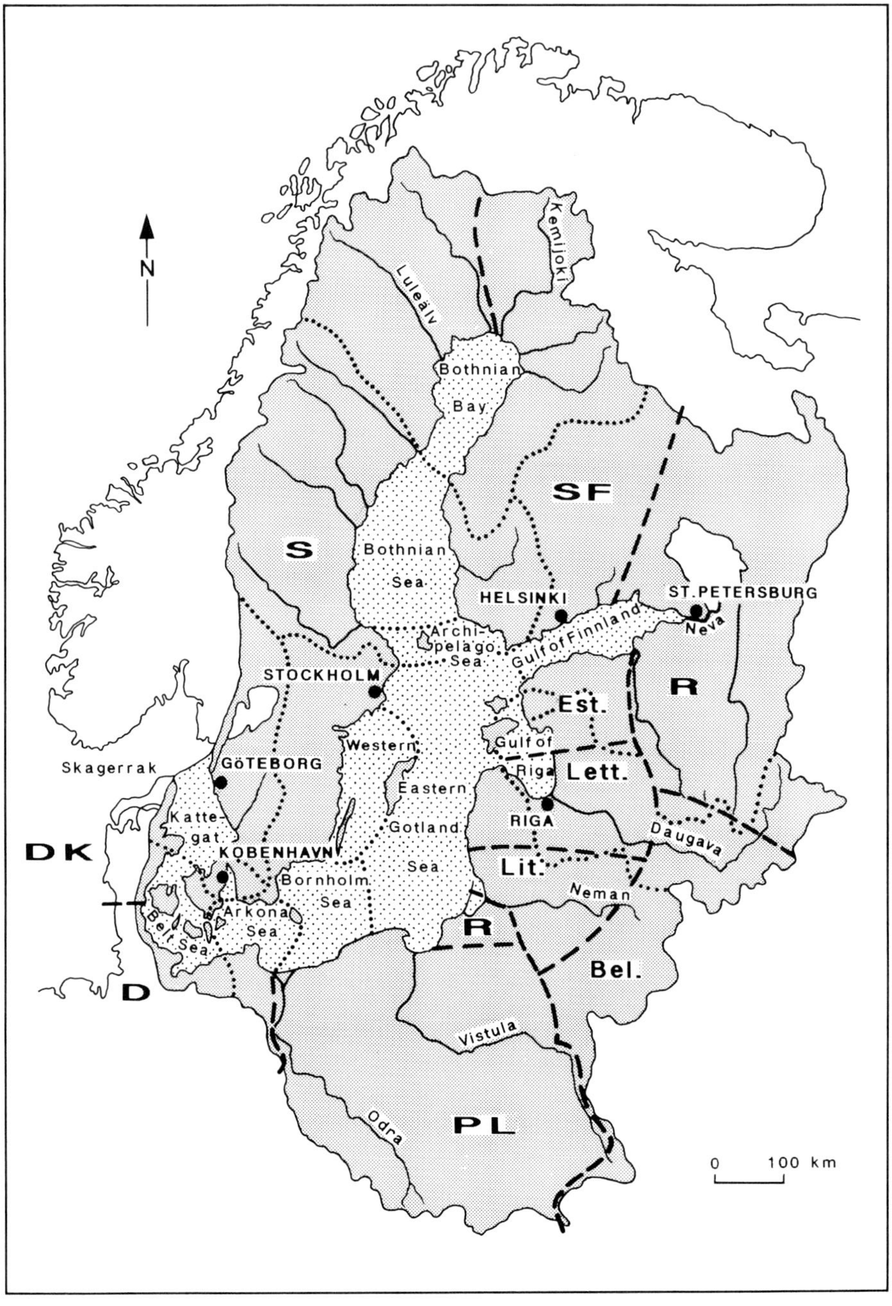
N
Kemijoki
Luleälv
Bothnian Bay
SF
S
Bothnian Sea
HELSINKI
ST. PETERSBURG
Neva
Archipelago Sea
Gulf of Finnland
STOCKHOLM
R
Est.
Western
Gulf of Riga
Lett.
Skagerrak
GÖTEBORG
Eastern
RIGA
Kattegat
Gotland
Daugava
DK
KOBENHAVN
Sea
Lit.
Bornholm Sea
Neman
Arkona Sea
Belt Sea
R
Bel.
D
Vistula
PL
Odra
0 100 km

14. Zum Zustand ausgewählter Meeresregionen 157

probleme sind weitgehend offengelegt, und konkrete Maßnahmen zu ihrem Schutz werden schrittweise implementiert. Einer zusätzlichen Anregung durch das weitaus später, d. h., nach der Stockholmer Weltumweltkonferenz von 1972 ins Leben gerufene UNEP „Regional Seas Programme" bedurfte es hier nicht.

In den folgenden Kapiteln werden in zusammengefaßter Form spezifische Meeresumweltprobleme einzelner Meeresregionen wiedergegeben. Entsprechend der qualitativen und quantitativen Wertigkeit der Belastungen, und basierend auf relativ umfangreichen Untersuchungen sowie daraus resultierenden Erkenntnissen, wird der Situation in Ost- und Nordsee, im Mittelmeer, in der Irischen See sowie im Schwarzen Meer durch detailliertere Darstellung Rechnung getragen.

Abb. 14. Die Ostsee, Wassereinzugsgebiet und Gliederung.
Der Bottnische Meerbusen umfaßt die Bottenwiek, die Bottensee und das Schärenmeer. Marginalgebiete sind der Finnische und Rigaer Meerbusen. Die „eigentliche Ostsee" umfaßt die östliche und westliche Gotlandsee sowie Bornholm- und Arkonasee. Beltsee und Kattegat bilden das Übergangsgebiet zum Skagerrak (Nordsee)

Übersetzung der geographischen Begriffe und verwendete Abkürzungen

Bothnian Bay	Bottenwieck
Bothnian Sea	Bottensee
Archipelago Sea	Schärenmeer
Gulf of Finland	Finnischer Meerbusen
Gulf of Riga	Rigaer Meerbusen
Eastern Gotland Sea	Östliche Gotlandsee
Western Gotland Sea	Westliche Gotlandsee
Bornholm Sea	Bornholmsee
Arkona Sea	Arkonasee
Belt Sea	Beltsee
S	Schweden
DK	Dänemark
D	Deutschland
PL	Polen
R	Rußland
Bel	Belorußland
Lit	Litauen
Lett	Lettland
Est	Estland
SF	Finnland

14.1 Ostsee

Die Ostsee, als Nebenmeer des Nordostatlantik, stellt ein intrakontinentales europäisches Mittelmeer dar. Sie umfaßt vom Kattegat bis zur Bottenwieck eine Fläche von 415 266 km² und ist mit 21 721 km³ der größte Brackwasserkörper der Erde.

Die heutige Ostsee wurde vorwiegend postglazial geprägt und ist mit einem Alter von nur etwa 12 000 Jahren relativ jung. Die generalisierte Küstenlänge liegt bei rund 7 000 km, bei Einbeziehung aller Buchten, Bodden, Förden etc. kommen allerdings 22 000 km zusammen. Mit einer mittleren Wassertiefe von 56 m ist die Ostsee als Flachmeer einzustufen. 17% der Ostsee sind flacher als 10 m. Als nördliche Grenze des Übergangsgebietes zur Nordsee wird häufig die Linie Skaw-Marstrand definiert, die Kattegat und Skagerrak trennt. Die eigentliche Ostsee beginnt vereinbarungsgemäß hinter der Linie Gedser Rev-Darßer Ort (Abb. 14).

Der Wasserhaushalt der Ostsee („H") läßt sich im langjährigen Mittel nach *Brogmus* etwa wie folgt formulieren:

$$Z + N - V - A + E = dH$$
$$(479 + 183 - 183 - 1216 + 737 = 0 \text{ km}^3/\text{Jahr}),$$

wobei Z die Flußwasserzufuhr einschließlich des Zuflusses von Grundwasser, N den Niederschlag, E den Einstrom von Nordseewasser, V die Verdunstung und A den Ausstrom von Ostseewasser in die Nordsee darstellen. Von den etwa 200 in die Ostsee einmündenden Flüssen sollen in der Tabelle 14.1 die bedeutendsten einschließlich ihrer Stickstoff- und Phosphorfracht zusammengefaßt werden.

Tabelle 14.1. Wasserführung sowie N- und P-Frachten von Ostseezuflüssen (*Wulff et al.*, 1990)

Fluß	km³/a	10³ t N/a	10³ t P/a
Bottenwieck			
Kemijoki	18,29	7,6	0,47
Lule älv	16,08	3,8	0,2
Tornionjoki/Torne älv	11,67	4,3	0,30
Kalix älv	9,15	10,5	0,2
Oulujoki	7,25	3,4	0,19
Iijoki	5,68	2,4	0,18
Pite älv	5,05	1,5	0,1
Skellefte älv	5,05	1,3	0,1

14.1 Ostsee

Tabelle 14.1. (Fortsetzung)

Fluß	km³/a	10³ t N/a	10³ t P/a
Kyrönjoki	⎫	3,0	0,16
Lapuanjoki	⎪ 6,31	2,2	0,12
Kalajoki	⎬	2,1	0,16
Siikajoki	⎭	1,5	0,13
Bottensee			
Angermanl älv	15,14	4,5	0,2
Indals älv	13,88	3,8	0,1
Ume älv	13,25	3,3	0,15
Dalälven	10,72	5,2	0,2
Ljusnan	10,41	3,8	0,15
Kokemäenjoki	6,94	9,0	0,57
Ljungan	4,42	2,2	0,06
Öre älv	0,95	0,5	0,02
Karvianjoki	?	1,4	0,12
Zentrale („eigentliche") Ostsee/Finnischer und Rigaer Meerbusen			
Oder	230,21	72	7,3
Weichsel	211,29	125	6,6
Newa	81,99	49	3,2
Kymijoki	81,99	6,3	0,3
Daugawa	21,76	?	?
Neman	21,13	?	?
Narva	12,61	>9	0,7
Norrström	5,05	9,2	0,28
Motala ström	2,84	4,5	0,14
Luga	1,26	7,0	0,3
Södertälje k	0,63	0,9	0,01
Nyköping älv	0,63	1,2	0,04
Paimionjoki	⎫		
Kiskonjoki	⎬ 6,31	1,5	0,15
Aurajoki	⎭		
Ostsee vor Mecklenburg-Vorpommern			
Peene	0,76	1,5	0,19
Uecker	0,19	0,5	0,08
Zarow	0,11	0,1	0,02
Barthe	0,05	0,5	0,01
Ryck	0,03	0,1	<0,01
Warnow	0,66	1,4	0,11
Wallensteingraben	0,06	0,1	0,01

Der Gütertransport über die Ostsee lag 1987 mit 260–270 Millionen t bei etwa 8% des jährlichen weltweiten Handelsaustausches über die Meere. 155 bis 165 Millionen t/Jahr entfielen davon auf den externen Austausch, ca. 105 Millionen t des Güterstroms vollzogen sich innerhalb der Ostsee, davon rund 40% durch Fähren. Die skandinavischen Staaten wickelten 1984 80–95% ihres Imports und 60–90% des Exports über See ab.

Dem Wasseraustausch der Ostsee mit dem Atlantik stellen sich flache Schwellen mit Satteltiefen von 22 bis 25 m (Großer Belt), 18 m (Darßer Schwelle) bzw. 8 m (Drodgenschwelle/Öresund) entgegen. Im zentralen Teil, der „eigentlichen Ostsee", befinden sich Becken und Tiefs mit maximalen Wassertiefen um 250 m (östliches Gotlandbecken) bzw. sogar 459 m (Landsorttief). Der Süßwasserzustrom von gegenwärtig im Mittel um 470–480 km^3/Jahr kommt aus einem Einzugsgebiet von mehr als 1,67 Millionen km^2, in dem rund 80 Millionen Menschen leben, eine zumeist intensiv betriebene Landwirtschaft sowie umweltrelevante Industriezweige wie die Papier- und Zellstoffindustrie (vorwiegend Schweden, Finnland und frühere UdSSR) oder Betriebe aus der Metallurgie angesiedelt sind. Der Wasserüberschuß fließt als *Baltischer Strom* an der schwedischen Westküste durch das Kattegat nordwärts und ist noch im nördlichen Skagerrak, das geographisch bereits zur Nordsee zählt, durch seinen im Vergleich zum darunterliegenden Wasser deutlich geringeren Salzgehalt als Oberflächenphänomen nachweisbar.

Die Ostsee wäre ein Süßwassermeer, wenn nicht permanent und fallweise große Mengen salzreichen Wassers über Skagerrak und Kattegat durch Einstrom am Boden zugemischt würden. Dieser Einstrom verläuft vorwiegend über den Großen Belt und füllt zuerst die relativ flachen Becken der Beltsee einschließlich Kieler, Mecklenburger und Lübecker Bucht mit salzreichem Wasser. Erst nach Passieren der Darßer Schwelle wird mit dem Arkonabecken (max. 50 m) die eigentliche Ostsee erreicht. Ist die einfließende Salzwassermenge umfangreich und salzreich genug, kann sie kaskadenartig über das Bornholmbecken (105 m) in das Danziger (110 m) und in das östliche Gotlandbecken (250 m) gelangen. Es kann Jahre dauern, bis hier ein Austausch des „alten" und zumeist anoxischen Tiefenwassers gegen das zumeist noch gelösten Sauerstoff enthaltende Mischwasser erfolgt ist. Die weitere Route des Einstroms verläuft über das nördliche zentrale Becken entgegen dem Uhrzeigersinn um die Insel Gotland und erreicht dabei schließlich das Landsorttief und das westliche Gotlandbecken. Die drei Meerbusen (Rigaer, Finnischer und Bottnischer) bleiben von Einstromereignissen weitgehend unbeeinflußt. Während das im Skagerrak zum Einstrom bereitstehende Wasser noch Salzgehalte von 30–34 PSU aufweist, sind es im westlichen Gotlandbecken nur noch rund 10 PSU. Seit etwa Beginn dieses Jahrhunderts wurden rund 90 Einstromereignisse gezählt, die sich zeitlich auf 12 Gruppen verteilen lassen und z. B. 1913, 1921, 1951 und 1976 teilweise 50 km^3 deutlich überschritten. Das bisherige Maximum wurde im November/Dezember 1951 registriert, als etwa 200 km^3 mit rund 22 PSU Salinität im Verlaufe von 3 Wochen über die Darßer Schwelle einströmten.

Um das gesamte Ostseewasser auszutauschen, bedarf es etwa 25 bis 40 Jahre. Aufgrund ihrer besonderen ozeanologischen Verhältnisse weist die Ostsee starke vertikale und horizontale Salzgehaltsgradienten auf. So nimmt an der Oberfläche der Salzgehalt von mehr als 20 PSU im nördlichen Kattegat bis auf Werte um 3 PSU und darunter in der Bottenwieck ab. Der Unterschied des Salzgehalts zwischen der Oberflächenschicht und dem salzreicheren Tiefenwasser schränkt den vertikalen Austausch stark ein und verhindert auch eine winterliche Konvektion, die bei anderen Gewässern durch eine mit der Abkühlung einsetzende Dichtezunahme zumindest einmal jährlich gesichert ist. Eine „Sprungschicht" in 60 bis 80 m Tiefe, in der südwestlichen Ostsee deutlich darüber, separiert das Wasser der eigentlichen Ostsee in zwei unterschiedliche Wassermassentypen, in eine salzärmere obere Schicht, in der die zum Teil hohe organische Produktion abläuft, und in das salzreichere Tiefenwasser mit wenig Sauerstoff oder sogar Schwefelwasserstoff. Das letzte effektive Salzwasser-Einstromereignis datiert auf den Herbst 1976 zurück. Zwar kam es zu Einstromepisoden im Frühjahr 1980, im Winter 1982/83, im Frühjahr 1986 und im Herbst 1988, diese erzielten jedoch keine durchgreifenden Wirkungen, so daß die Ostsee weiterhin aussüßte. Im stagnierenden Tiefenwasser verschlechterten sich die Sauerstoffbedingungen bei gleichzeitiger Schwefelwasserstoff- und Phosphatanreicherung in den Tiefs der Becken. Die geringen Salzgehalte im Tiefenwasser führten jedoch gleichzeitig zu einer Schwächung und Absenkung der Dichtesprungschicht und damit zu einer Verbesserung der Zufuhr von Sauerstoff in die Bereiche unterhalb dieser Sprungschicht bzw. generell zum verstärkten vertikalen Wasseraustausch. Zwischen 1983 und 1987 nahm deshalb einerseits die Fläche des Meeresbodens mit nur noch geringen Sauerstoffkonzentrationen (<2 ml/l) im Bodenwasser ab, während sich andererseits die mit schwefelwasserstoffhaltigem Wasser bedeckten Flächen leicht vergrößerten.

In den nur bis etwa 30 m tiefen Gebieten der Beltsee gibt es keine ausgeprägte Salzgehaltssprungschicht (Halokline). Im Sommer bildet sich jedoch durch die Erwärmung der Wasseroberfläche bei Ausbleiben von mit Starkwind induzierter Vermischung bei rund 20 m eine relativ stabile Temperaturschichtung aus. Sie führt ebenfalls zur Stagnation des darunterliegenden Wassers und damit zu einer Belastung des Sauerstoffhaushalts. Zehrungsprozesse durch die biochemische Reoxydation abgelagerten organischen Materials verursachen seit Beginn der 80er Jahre im Spätsommer bzw. Frühherbst fast regelmäßig ein Absterben der Benthosorganismen und bodenständiger Fische durch Sauerstoffkonzentrationen unter 1 ml/l oder sogar anoxisches Milieu.

Stagnationsperioden mit abnehmenden Sauerstoffkonzentrationen im Tiefenwasser sind allerdings ein seit fast einem Jahrhundert bekanntes Phänomen für die Ostsee. Die nur kurzzeitig unterbrochene Abnahme des Salzgehalts im Gotlandtief unterhalb von 200 m von 14 PSU (1952) auf etwa 11,7 PSU (1990) zeigt an, daß natürliche hydrographische Veränderungen in der Ostsee ablaufen. Der für Benthoslebewesen nicht mehr nutzbare Anteil des Meeresbodens der Ostsee wird gegenwärtig auf ein Viertel, d.h. rund 100 000 km², geschätzt.

Einer der zumeist für die Belastung des Sauerstoffhaushalts verantwortlich gemachten Prozesse ist die Eutrophierung, d.h. die zunehmende organische Produktion durch vermehrte Nährstoffzufuhr. Seit Beginn relativ zuverlässiger Messungen anorganischer Phosphor- und Stickstoffverbindungen in der Ostsee (etwa 1958) wurden etwa auf das Dreifache zunehmende winterliche Konzentrationen für diese Stoffe registriert. Eine besonders starke Zunahme war in den 60er und 70er Jahren zu verzeichnen. Seit etwa 1978 scheinen die nun bereits relativ hohen Winterwerte für Phosphat und Nitrat zu stagnieren. Ausnahmen sind das Kattegat und der Rigaer Meerbusen, wo 1988 für beide Verbindungen weiterhin ein Anstieg zu beobachten war. Weiterhin ansteigende Nitratkonzentrationen wurden in der Danziger Bucht, im Bottnischen und im Finnischen Meerbusen registriert. Der jährliche Nährstoffeintrag mit Zuflüssen vom Festland und aus der Atmosphäre wurde 1990 auf 979 400 t Stickstoff- und 50 000 t Phosphorverbindungen geschätzt. Er wurde dabei auch auf die einzelnen Quellen bzw. Anrainer aufgeschlüsselt (Tab. 14.2).

Tabelle 14.2. N- und P-Eintrag in die Ostsee 1990

	P		N	
	%	10^3 t	%	10^3 t
Direkteinleitungen				
Polen	38,2	19,1	11,2	109,9
„UdSSR"	11,8	5,9	13,3	130,3
Schweden	8,8	4,4	10,1	98,8
Dänemark	15,8	7,9	5,2	51,0
Finnland	9,0	4,5	7,2	70,4
Deutschland	5,6	2,8	2,0	20,0
Zwischensumme	*89,2*	*44,6*	*49,0*	*480,4*
Atmosphärische Deposition	10,8	5,4	37,7	369,0
N_2-Fixierung durch Organismen	–	–	13,3	130,0
Summe	*100,0*	*50,0*	*100,0*	*979,4*

An der über die Atmosphäre eingetragenen Stickstoffbelastung der Ostsee haben nach EMEP-Abschätzungen Deutschland (38%, davon etwa ein Drittel die ehemalige DDR), Polen (14%), die „UdSSR" (13%), Dänemark und Großbritannien (je 7%), Frankreich und Schweden (je 5%), die Niederlande (4%), die CSFR und Finnland (je 3%), Belgien (2%) sowie Norwegen, Ungarn, Österreich und Rumänien mit jeweils bis zu maximal etwa 1%, einen signifikanten Anteil.

Bei deutlich angestiegenen Stickstoff- und Phosphoreinträgen nahm gleichzeitig das molare N/P-Verhältnis in der eigentlichen Ostsee von Mitte der 50er Jahre bis 1990 von etwa 50:1 auf Werte ab, die weit unterhalb der für die Planktonentwicklung aus stöchiometrischer Sicht optimalen Relation (16:1) liegen. In der Regel wird demzufolge die Planktonentwicklung in der Ostsee gegenwärtig durch das Vorhandensein assimilationsfähiger Stickstoffverbindungen limitiert. (Eine Ausnahme bildet die Bottenwieck. Hier wirken die Phosphate limitierend.) Diese stark vereinfachende Feststellung hat praktische Konsequenzen für Sanierungskonzepte. Eine weitere Reduzierung des Stickstoffeintrags über die Atmosphäre und Zuflüsse ist durch entsprechende Maßnahmen, u.a. in der Landwirtschaft (z. B. durch bedarfs- und saisongerechte Düngung, Reduzierung der Großtierhaltung und Güllewirtschaft), in der Energiewirtschaft (z. B. durch verbesserte Brennersysteme und Rauchgasreinigung) und im Verkehr (z. B. durch den Einbau von Katalysatoren in die Kraftfahrzeuge und eine generelle Verringerung des spezifischen Kraftstoffverbrauchs) möglich.

In den letzten Jahren wurde eine Abnahme der Silikatkonzentrationen im Oberflächenwasser der Ostsee registriert. Dieses wird mit unterschiedlichen Ursachen erklärt:

a) Die durch die Nährstoffanreicherung erhöhte Produktion von Diatomeenalgen, einschließlich der Verlängerung der Frühjahrsblüte, entzieht dem Oberflächenwasser vermehrt Silikat und deponiert es in den Sedimenten.

b) Die Silikatzehrung hat aufgrund der Eutrophierung bereits in den Ostseezuflüssen stark zugenommen. Da der Eintrag des Silikats praktisch ausschließlich natürlichen Verwitterungsprozessen zuzuschreiben ist, kann es demzufolge durch die anthropogen bedingte Zunahme von Stickstoff- und Phosphorverbindungen zu einer Verschiebung des Verhältnisses Si:N:P zu Ungunsten des Silikats kommen. (Es ist jedoch nicht auszuschließen, daß die Absenkung des pH-Wertes von Niederschlägen [„saurer Regen"] zu anthropogen verursachten Änderungen der Silikatfreisetzung auf dem Festland im Einzugsbereich der Ostsee geführt hat.)

Auswirkungen auf das Artenspektrum des Phytoplanktons in der eigentlichen Ostsee hatten diese Prozesse jedoch offenbar noch nicht. Das trifft teilweise auch auf Küstengewässer, Bodden und Haffe zu. Allerdings ändert sich nach der (Diatomeen-) Frühjahrsblüte aufgrund des dadurch veränderten Nährstoffangebots die Artenzusammensetzung. Das betrifft u.a. das Auftreten Stickstoff(N_2)-fixierender Cyanobakterien, der „blaugrünen Algen", und die Zunahme von Dinoflagellaten während der Sommerblüte.

Die mittlere Primärproduktion in der zentralen Ostsee wird mit 100 g C/m²/a angegeben, in der Bottenwieck sind es aufgrund der Phosphorlimitierung und der winterlichen Eisbedeckung nur etwa 20 g C/m²/a. Für eine – als Reaktion auf das vermehrte Nährstoffangebot – Zunahme der Phytoplankton-Primärproduktion in der Ostsee gibt es eine Reihe von Indizien, insbesondere für das Kattegat und die westliche Ostsee. In anderen Gebieten, insbesondere in der zentralen Ostsee, fehlt eine klare Korrelation zwischen gestiegenem Nährstoffangebot und der

Höhe der Primärproduktion. Das wird von mehreren Autoren damit erklärt, daß nach den Frühjahrsblüten, die von dem während des Winters angereicherten Nährstoffvorrat profitieren, die weitere Produktion nach einem weitaus komplizierteren Mechanismus abläuft. Dieser ist u. a. vom Freßdruck des nun entwickelten Zooplanktons, von der Rezirkulation der Nährstoffe, von der Stickstoffbindung und von saisonalen Nährstoffeinwaschungen geprägt.

Als Anzeichen für eine vermehrte Primärproduktion in der Ostsee wird auch die Tendenz einer Zunahme der Zooplanktonbiomasse gewertet. In den letzten 50 Jahren verzehnfachten sich außerdem die Fänge an Hering, Sprott und Dorsch, die gegenwärtig zusammen etwa 80–90% des Gesamtfangs bilden. Dieses wird vorwiegend der intensivierten Fischerei, aber auch der Eutrophierung und der verringerten „Konkurrenz" durch Seehunde zugeschrieben. Für die letzten 20 Jahre ist eine Verdoppelung des Fischfangs auf etwa 1 Million t/a zu verzeichnen. Die Eutrophierung wirkt sich auf den Fischbestand sowohl positiv, durch das vermehrte Nahrungsangebot im Freiwasser und am Meeresboden oberhalb der Salzgehaltssprungschicht, als auch negativ, durch die vermehrte Sauerstoffzehrung im Tiefenwasser, die den „Weideraum" und die Rekrutierung einschränken, aus. Im südlichen Kattegat führte der Sauerstoffmangel in Grundnähe beispielsweise dazu, daß 1988 und 1989 der kommerzielle Fang für den Norwegischen Hummer eingestellt werden mußte. Der vermehrte Umweltstreß eines reduzierten Sauerstoffangebots für die Atmung der Fische wird mit dafür verantwortlich gemacht, daß die Krankheitsrate bei der Kliesche *(Limanda limanda)* im Kattegat von weniger als 5% (1984) auf mehr als 17% (1989) anstieg. Bei den Krankheiten dominierte *Lymphocystis*. In der Belt- und Arkonasee wurde die kommerzielle Bodenfischerei wegen der niedrigen Sauerstoffkonzentration im Sommer und Herbst in Grundnähe auf die Zeit zwischen Dezember und April beschränkt. Da jedoch die Laichzeiten von Dorsch, Flunder und Scholle auf die Zeit zwischen Februar und April fallen, wo es in der Regel keine Sauerstoffprobleme gibt, war das Überleben von Fischeiern und Larven bisher nicht beeinträchtigt. Aufgrund des kontinuierlich abnehmenden Salzgehalts und niedriger Sauerstoffkonzentrationen sind die Laichbedingungen für den Dorsch im Bornholm- sowie im Danziger und Gotlandtief deutlich gefährdet. Die Dorscheier benötigen zum Überleben mindestens 11 PSU Salz und 2 ml O_2/l.

Der Hering hat mit rund 400 000 t den größten Masseanteil am jährlichen Fang (Abb. 15). Für ihn gibt es in der Regel keine Rekrutierungsprobleme in Verbindung mit Sauerstoffdefiziten in den Tiefenbecken, da er in der Littoralzone laicht. Lediglich das vermehrte Auftreten filamentöser Algen könnte durch toxische Exsudate negative Effekte ausüben. Durch einen von der Eutrophierung über die Lichtschwächung verursachten Rückgang von Makrophyten, z. B. im Greifswalder Bodden, nimmt außerdem das Laichsubstrat des Herings deutlich ab. Unterschiede in den beobachteten Wachstumsraten werden häufig im Zusammenhang mit den Freßgewohnheiten des Herings erklärt. Jungfische ernähren sich hauptsächlich von Zooplankton, das durch die Eutrophierung gefördert wird. Ältere Fische beweiden daneben stärker den Meeresgrund auf Crustaceen, deren Häufigkeit wegen des Sauerstoffmangels in einigen Seegebieten zurückgegangen ist.

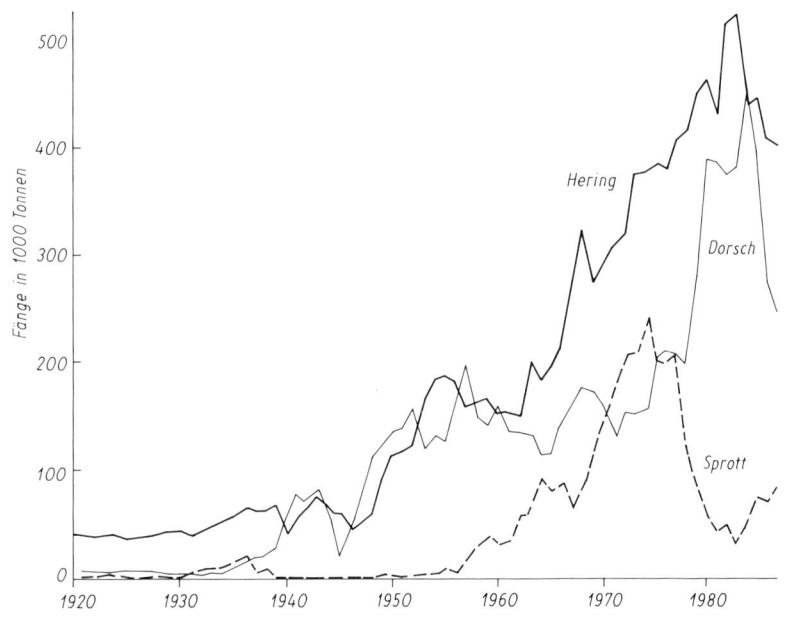

Abb. 15. Fischfang in der Ostsee (Hering, Dorsch und Sprott, 1920–1987)

Der Sprott ist ein typischer Planktonfresser und sollte daher am deutlichsten von der Eutrophierung profitieren. Seine Bestände werden jedoch stark vom Dorsch beweidet, so daß die bis Mitte der 70er Jahre auf nahezu 200 000 t/a angestiegenen Fänge mit der dort einsetzenden deutlichen Zunahme der Dorschbestände – von 200 000 t auf kurzzeitig rund 400 000 t – wieder rückläufig wurden. Der gegenwärtig zu beobachtende extrem schwache Dorschbestand, der auf die rigorose Überfischung und die veränderten Salz- und Sauerstoffbedingungen zurückzuführen ist, könnte eine erneute Zunahme des Sprotts bewirken.

Die wenigen Beispiele zum Zusammenhang zwischen Fischfang und Umweltbedingungen zeigen bereits, daß ein umfassendes kausales Verständnis der komplexen Prozesse, die in der Ostsee wirksam werden, noch aussteht. Das betrifft insbesondere die Wechselbeziehungen zwischen der Befischung der einzelnen Arten, ihren Ernährungsgewohnheiten, ihren biologischen Entwicklungszyklen sowie kurz-, mittel- und langfristigen Veränderungen natürlicher hydrographischer Hintergrundbedingungen einschließlich des „biogeochemischen Status" der Ostsee und der anthropogen verursachten Zusatzbelastungen.

Die Ostsee wird von drei Robbenarten bewohnt, von der Ringelrobbe *(Pusa hispida)* in den nördlichen und östlichen Teilen, vom gemeinen Seehund *(Phoca vitulina)* im südlichen Teil der eigentlichen Ostsee einschließlich der Übergangsgebiete zur Nordsee sowie von der Kegelrobbe *(Halichoerus grypus)*, die in allen Seegebieten anzutreffen ist. Für die letzte Jahrhundertwende wurden die Bestände von Ringel- und Kegelrobbe auf jeweils 100 000 Individuen geschätzt. Andere Schätzungen gehen davon aus, daß um 1900 der jährliche Fischkonsum der Robben bei 300 000 t lag. Die Abnahme der Robbenpopulationen verringerte diesen Wert bis heute auf etwa 10 000 t/a. Gegenwärtig wird der Bestand der Ringelrobbe bei nur noch wenig abnehmender Tendenz auf 5500 bis 6000 Tiere geschätzt. Bei der Kegelrobbe (3000 Individuen) gibt es Anzeichen für eine Erholung der Bestände. Vor 10 Jahren wurden nur etwa halb so viel gezählt. Von *Phoca vitulina* existierten 1990 nur noch 250 Individuen. Das entspricht gegenüber 1988 einem etwa 50%igen Rückgang, der auf das „Seehundsterben 1988" im Kattegat und in der Beltsee durch PDV *(Phocine Distemper Virus* = Robbenstaupevirus) zurückzuführen ist.

Die Robben sind das letzte Glied einer marinen Nahrungskette. Sie können dadurch in ihrem bis zu 40 Jahre langen Leben viele Schadstoffe, besonders lipophile, akkumulieren und damit gleichzeitig eine Indikatorfunktion für den Belastungszustand eines von ihnen bewohnten Meeres ausüben. Die noch vor wenigen Jahren ausgeübte Jagd, das ungewollte Abfischen, die Zerstörung von Habitaten und die Störung der Fortpflanzung durch menschliche Tätigkeiten, einschließlich Baumaßnahmen, Urbanisierung und Seeverkehr im Küstenbereich, trugen sicherlich signifikant zur Dezimierung der Robbenbestände bei. Daneben wird für die verminderte Rekrutierung der Robben, angezeigt u. a. durch hormonelle Störungen und eine Verminderung der Immunabwehr, wie auch für den Rückgang von Seevögeln (z. B. Seeadler, *Haliaetus albicilla*), die Anreicherung von Substanzen wie PCBs und DDT-Metabolite verantwortlich gemacht. Wie die Tabelle 14.3 ausweist, werden in Robben aus der Ostsee ähnlich hohe PCB-Gehalte wie in Tieren aus der Deutschen Bucht und mehrfach höhere als in Robben aus anderen Seegebieten des Nordatlantik und dessen Randmeeren gemessen. Beim DDT ist die Belastung der Ostseerobben etwa doppelt so hoch wie von Tieren aus der ebenfalls stark verunreinigten Deutschen Bucht. Bereits relativ junge Tiere enthalten hohe CKW-Rückstände.

Die im Pelagial der Ostsee ablaufenden natürlichen und anthropogen verursachten Veränderungen sind starken Fluktuationen unterworfen. Das erfordert zu allen Parametern langjährige Meßreihen, um statistisch gesicherte Trendaussagen zu erlangen. Anzeichen für mögliche Veränderungen des ökologischen Zustands der Ostsee werden dagegen am Meeresboden eher sichtbar. Der Grund dafür sind oft dramatische Einschnitte im Ökosystem und die im Vergleich zum Phyto- und Zooplankton viel längere Lebensdauer von Muscheln, Crustaceen und der im Sediment lebenden Würmer. Die Zunahme der Ablagerung organi-

Tabelle 14.3. Chlorkohlenwasserstoffe in Meeressäugern (in ng/g Fett)

	DDT[1])	PCB[1])	n^2)
Halichoerus grypus			
– Ostsee/Finnischer Meerbusen[3])	32 600	33 900	22
– Ostsee/Finnischer Meerbusen	51 600	65 800	9
– Nordsee/Nordostenglische Küste	4 200	18 000	3
Phoca vitulina			
– Nordsee/Deutsche Bucht	3 200	79 100	21
– Nordsee/Ostenglische Küste	4 700	2 300	10
Arktis/Spitzbergen	1 200	2 400	11
Phocoena phocoena			
– Ostsee/Bornholmbecken	16 500	50 300	20
– Nordsee/Deutsche Bucht	8 700	55 900	13

[1]) Summenwerte für die Metabolite bzw. Congeneren
[2]) Anzahl der untersuchten Tiere
[3]) Tiere jünger als 3 Monate (1986–88)

schen Materials hat zu Beginn der 80er Jahre im nördlichen Teil des Kattegats, im Finnischen und Rigaer Meerbusen sowie in der Archipelagosee zu einer deutlichen Zunahme der Zoobenthosbiomasse geführt. Oft wird letztere vorwiegend von den Muscheln *Mytilus edulis* und *Macoma balthica*, von den Amphipoden *Pontoporeia affinis* und *Pontoporeia femorata* sowie dem Isopoden *Mesidotea entomon*, in der Beltsee und im Kattegat auch vom Seestern *Asterias rubens*, gebildet und liegt in der Größenordnung von 100–400 g/m². (Dabei muß angemerkt werden, daß vom Kattegat in Richtung auf die eigentliche Ostsee hin, mit der natürlichen Verminderung des Salzgehalts im Tiefwasser also, die Artenzahl des Makrozoobenthos drastisch abnimmt, d. h. von etwa 836 auf 77, auf weniger als ein Zehntel also.) In den südlichen, tieferen Teilen des Kattegats und in der Beltsee sowie in der eigentlichen Ostsee unterhalb der Salzgehaltssprungschicht nahm die Makrofauna dagegen fallweise deutlich ab, eine Wiederbesiedelung erfolgte äußerst zögernd oder blieb ganz aus. Für das östliche Gotlandbecken wurde im Tiefbereich 80–130 m für die zurückliegenden 25 Jahre eine signifikante Abnahme sowohl der Häufigkeit als auch der Biomasse des Makrozoobenthos registriert.

Untersuchungen über einen Zeitraum von etwa 100 Jahren in 300 m Tiefe des Landsorttiefs reflektieren beeindruckend die zunehmende Nährstoffbelastung der Ostsee und die damit korrelierte Abnahme der Sauerstoffkonzentrationen (Tab. 14.4, Abb. 16).

Eine ähnliche Entwicklung der Sauerstoffkonzentrationen läßt sich anhand von Messungen im Gotlandtief in 200 m Tiefe für den Zeitraum 1893–1987 nachweisen.

In den 80er Jahren wurden in den tieferen Teilen des Arkonabeckens ebenfalls drastische Veränderungen festgestellt. Nach unübersehbaren Eutrophierungsef-

Tabelle 14.4. Langzeitveränderungen im Landsorttief (300 m)

		1890–1910	1950	1980–1990
Salzgehalt	(PSU)	10– 10,5	11	10– 10,5
Sauerstoff	(ml/l)	2,75	1,50	0,25
Stickstoffeintrag	(10^3 t/a)	240	440	960
Phosphoreintrag	(10^3 t/a)	7,7	15,6	59,0

fekten, d.h. nach einer Zunahme der Zoobenthosbiomasse, kam es gleichzeitig und nachfolgend zu einer deutlichen Abnahme der Artenvielfalt unter Bevorzugung von Opportunisten. An der BMP-Monitoringstation „*BY1*" wurde dann 1989 erstmals ein Absterben der Makrofauna beobachtet. Begleitet wurde dies durch das Auftreten von Schwefelbakterien *(Beggiatoa)*, die nur an der Kontaktfläche zwischen schwefelwasserstoffhaltigem Schlick und zumindest Sauerstoffreste enthaltendem Bodenwasser existieren können. Stürbe die Makrofauna, vor allem Mollusken, in größeren Bereichen des Arkonabeckens ab, würde damit die Nahrungsgrundlage für einige Fischarten deutlich vermindert.

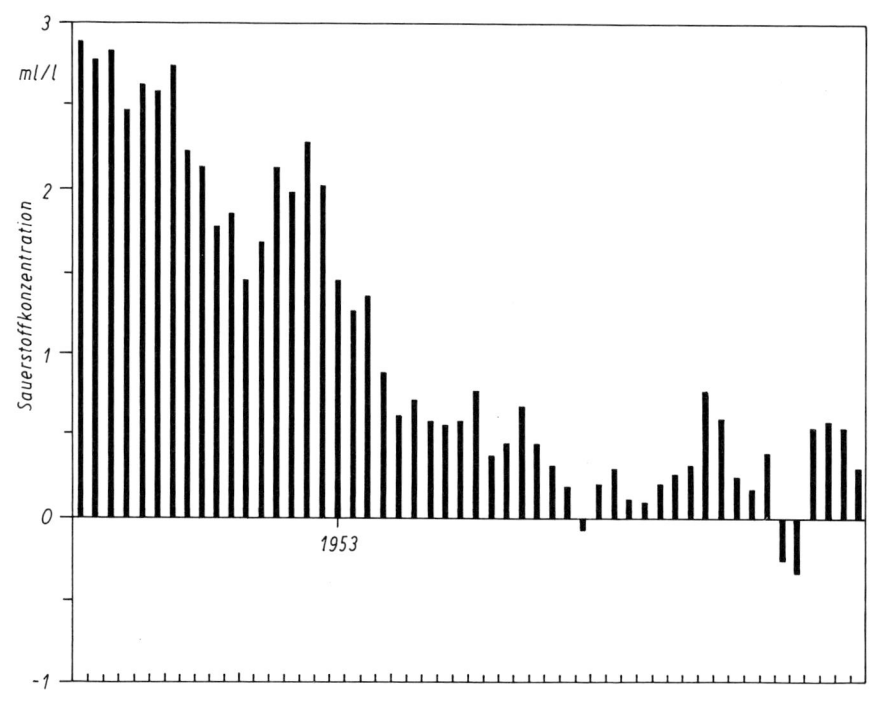

Abb. 16. Sauerstoffkonzentrationen im Landsorttief (300 m, 1893–1987, ab 1953 jährliche Mittelwerte)

14.1 Ostsee

Generell läßt sich also zum gegenwärtigen (1990) Besiedelungsgrad der Ostsee feststellen, daß in ihren zentralen Teilen oberhalb der Halokline die Bodenfauna zu- und darunter abgenommen hat. (Für die flachen südwestlichen Teilgebiete ohne Halokline gilt dies sinngemäß hinsichtlich einer Charakterisierung der flachen und dichtbesiedelten Marginalbereiche gegenüber den zentralen Bereichen der Buchten und Becken.) Oberhalb von 70 m wurden im Vergleich zu den 20er Jahren dieses Jahrhunderts vier- bis fünfmal mehr Individuen und eine dreifach höhere Biomasse registriert. Unklar bleibt gegenwärtig, inwiefern die Beweidung durch Bodenfische diesen Trend mitbeeinflußt haben könnte.

Die Konzentrationen von Spurenmetallen im Ostseewasser hängen sowohl von externen – atmosphärische Eintragsmuster und Zuflüsse vom Festland – als auch internen Faktoren – biogeochemische Prozesse im Wasserkörper – ab. Das erfordert eine differenzierte elementbezogene Betrachtungsweise und schließt z. B. Verallgemeinerungen solcherart aus, daß die Metallgehalte im Ostseewasser in jedem Fall sehr viel höher als im Atlantik seien. Metalle wie Mo, U und V, die im Ozean weitaus häufiger sind als im Flußwasser, liegen beispielsweise in der Ostsee – übereinstimmend mit den entsprechenden Mischungskurven von Salz- mit Süßwasser – in geringeren Konzentrationen vor als im Atlantik. Eine ähnliche Feststellung trifft für stagnierendes, d.h. permanent oder häufig schwefelwasserstoffhaltiges Tiefenwasser der Ostsee zu. Metalle wie Cu, Cd und Pb sind darin teilweise nur noch in extrem geringen Konzentrationen vertreten. Im Oberflächenwasser spiegelt sich dagegen für eine Reihe von Elementen, u.a. für Cd, Cu, Ni und Zn, die hohe Belastung der Ostsee durch die Anrainer über Zuflüsse und die Atmosphäre wider.

Die Verweilzeit der eingetragenen Metalle im Wasser ist gering. Sie liegt bei Werten unter einem Jahr bis zu etwa 6 Jahren. Damit ist eine übermäßige Anhäufung im Wasserkörper ausgeschlossen. Die Metalle werden demgegenüber im Sediment – mehr oder weniger beständig – akkumuliert.

Der Anteil des Eintrags aus der Atmosphäre an der gesamten anthropogen verursachten Metallbelastung der eigentlichen Ostsee wird für Ni, Pb, Cr und As als dominierend (95-98%), bzw. für Cu (36%), Cd (48%), Hg (50%) und für Zn (56%) als signifikant angesehen. In einigen Seegebieten können sich diese Relationen verschieben, u.a. für die Bottenwieck, wo z.B. der atmosphärische Anteil des As-Eintrags aufgrund der relativ hoch belasteten Abwässer der schwedischen *Rönnskar*-Metallwerke auf 31% zurückgeht.

Gegenüber dem natürlichen präzivilisatorischen Metalleintrag in die Ostsee liegen die gegenwärtigen Werte aufgrund anthropogener Einflüsse etwa 7fach (Cd, Pb), 5fach (Hg) bzw. 2- bis 3fach (Cu, Zn) höher. Der Eintrag von Co, Ni, Cr oder As hat sich dagegen nur um größenordnungsmäßig 10 bis 40% erhöht. Die Basis für solche Abschätzungen lieferten Untersuchungen zur Elementanreicherung in Aerosolen und in datierten Sedimentkernen.

Abschätzungen zum anthropogenen Metalleintrag vom Festland sind aufgrund der unvollständigen Datenbasis noch äußerst unsicher. Eine erste Bestandsaufnahme der HELCOM kam 1987 zu folgendem Resultat (in t/a):
Cr > 0,2; Hg > 5; Cd 60; Ni 110; As 180; Pb 300; Cu 4200; Zn 9000.

Dabei blieb unklar, welcher Anteil davon die hohe See erreicht und wieviel bereits in der Nähe der Einleiter abgelagert wird. Eine zweite Belastungseinschätzung, von der ein realistischeres Bild zu erwarten ist, wird in nächster Zeit vorliegen. Sie basiert auf monatlichen Messungen, die 1990 an allen wichtigen Zuflüssen erfolgten.

Eine Abschätzung des atmosphärischen Metalleintrags in die Ostsee für 1986 auf der Basis von Messungen an Niederschlägen führte zu dem in Tabelle 14.5 wiedergegebenen Resultat. Daraus wird der überwiegende Anteil feuchter Niederschläge am Eintrag von Metallen aus der Atmosphäre deutlich.

Tabelle 14.5. Atmosphärischer Metalleintrag in die Ostsee 1986 (in t/a)

	feucht	trocken	gesamt
Cd	31	4	35
Cu	445	20	465
Pb	1305	255	1560
Zn	3090	310	3400

Typische Konzentrationen gelöster Spurenmetalle in der durchmischten Deckschicht der Ostsee überdecken teilweise einen weiten Bereich (Tab. 14.6).

Tabelle 14.6. Spurenmetalle im Oberflächenwasser der Ostsee (in ng/l)

As	600–1300	Hg	1–10
Cd	20–70	Mn	150–1500
Co	6–12	Ni	700–850
Cr	100–200	Pb	25–80
Cu	500–800	Zn	700–1400
Fe	300–1500		

In anoxischen Tiefenbecken kommt es allerdings zu starken Anreicherungen (Fe, Mn, Co) bzw. Abreicherungen (Cu, Cd, Pb, Zn). In der Oberflächenmikroschicht werden etwa 5- bis 10fach höhere Konzentrationen akkumuliert. Der partikuläre Anteil ist außerhalb der Küstengewässer für die meisten der oben erwähnten Metalle, insbesondere für Ni, Cd oder Cu, vernachlässigbar gering. Beim Eisen und Blei können dagegen partikuläre Fraktionen einen relativ hohen Anteil an den Gesamtkonzentrationen haben.

Die bisher nur kurzen Beobachtungsreihen analytisch zuverlässiger Spurenmetallkonzentrationen, die überdies jahreszeitlichen und anderen Einflüssen unterworfen sind, lassen gegenwärtig für das Ostseewasser noch keine sicheren Aussagen über zeitliche Trends zu. Anders ist die Situation in Hinsicht auf die Spurenmetallgehalte in Organismen. Die im Vergleich zur Nordsee nur noch geringfügig höheren Bleigehalte in Fischen aus dem Kattegat und aus der Beltsee gehen offenbar auf die Einschränkung des Gebrauchs bleihaltiger Kraftstoffe in den betreffenden Anliegerstaaten zurück. Beim Kupfer und Zink als biologisch weitgehend „kontrollierte" Elemente lassen sich keine signifikanten Unterschiede zu den Metallgehalten gleicher Organismen aus der Nordsee feststellen. Die statistische Analyse schwedischer Daten ergab für den Zeitraum 1981–86 eine Zunahme der Cd-Gehalte in Heringsleber aus der Bottenwieck auf das Doppelte, d.h. von etwa 1 auf 2 µg/g Trockenmasse. Der Grund für die gegenüber der übrigen Ostsee hier deutlich höheren Werte wird in der Spezifizierung dieses Elements in Abhängigkeit vom Salzgehalt und der daraus resultierenden besseren Bioverfügbarkeit gesucht.

Die Quecksilbergehalte im Muskelgewebe von Heringen liegen für viele Ostseeregionen im Bereich von Hintergrundwerten, wie sie auch in der Nordsee und in anderen Meeren gemessen wurden. Vier- bis zehnfach erhöhte Gehalte wurden in Fischen aus dem Öresund und aus der südlichen Bottensee angetroffen. Allerdings sollte hinzugefügt werden, daß in dem zuletzt genannten Gebiet in den 80er Jahren bereits eine deutliche Abnahme der Hg-Gehalte zu verzeichnen war.

In bezug auf das Vermeiden einer Verunreinigung mit Öl ist die Ostsee gegenüber der Nordsee in einer weitaus günstigeren Situation. Die Aktivitäten zur Erdölerkundung in der Ostsee sind relativ begrenzt. Ostseeöl steht im Gegensatz zum Nordseeöl nicht unter Druck und muß abgepumpt werden. Damit ist die Gefahr von „blow outs" und anderen Havarien auf den Erkundungs- und Förderplattformen weitaus geringer. (Die an den Betrieb der deutschen Förderplattform „Schwedeneck" angelegten Sicherheitsmaßstäbe sind außerdem international beispielgebend, sowohl in Hinsicht auf die Absicherung eines havariefreien Betriebs als auch in bezug auf die technologisch bedingte Restabgabe von Abfällen in die Meeresumwelt. Förderaktivitäten und -absichten anderer Staaten wurden offenbar teilweise an solchen Maßstäben gemessen und entsprechend verringert bzw. zurückgestellt.)

Von den rund 21 000 bis 66 000 t Öl, die nach HELCOM-Schätzungen jährlich in die Ostsee eingetragen werden, stammt der größte Teil mit mehr als 50% aus Zuflüssen vom Festland, sowohl mit den Flüssen als auch mit direkten kommunalen Einleitungen (Tab. 14.7). Diese chronische Ölverunreinigung verteilt sich relativ gleichmäßig über das Ostseegebiet und ist häufig ohne spezielle Hilfsmittel kaum nachweisbar.

Die infolge spektakulärer Schiffskatastrophen eingetragenen Ölmengen können in Jahresbilanzen dominieren, fallen jedoch über längere Zeiträume quantitativ nicht so sehr ins Gewicht. Lokal sind sie dann sicherlich für die akut-toxische Ölpest mit verölten Seevögeln und anderen geschädigten Organismen sowie verschmutzten Stränden verantwortlich. Der bisher größte Ölspill ereignete sich vor Klaipeda (Lettland), wo am 19. November 1981 die „*Globe Asimi*" mit 16 493 t Schweröl *("Masut")* an Bord bei schwerem Sturm havarierte. Rund 8 400 t des Öls konnten noch im Hafenbereich als Wasser/Öl-Gemisch aufgenommen werden. Etwa 8 100 t verteilten sich jedoch in der Umwelt. Ein großer Anteil davon wurde glücklicherweise auf den Strand gespült und konnte dort, allerdings mit hohen Kosten und unter Küstenrückgang, beseitigt werden.

Tabell 14.7. Schätzungen zu den Quellen der Ölverunreinigung der Ostsee (in t/a)

Flüsse	14 000 – 25 000
kommunale Abwässer	3 000 – 9 000
Atmosphäre	1 000 – 10 000
Schiffskatastrophen	200 – 9 000
Schiffahrt	160 – 6 500
Abspülungen mit starken Niederschlägen	1 000 – 5 000
Ölterminals	100 – 200
Industrie, ohne Stahlwalzwerke	400 – 1 000
Stahlwalzwerke	307
Raffinerien	163
Ölplattformen	< 5

Über die möglichen Auswirkungen von Ölverunreinigungen durch Tankerhavarien in der Ostsee weiß man mehr, seitdem der Tanker „*Tsesis*" 1977 südlich von Stockholm bei der Einfahrt nach Södertälje auf Grund lief und etwa 1 000 t Dieselöl verlor. Beträchtliche akute Schädigungen für Flora und Fauna wurden zwar beobachtet, jedoch verlief die Wiederbesiedelung relativ rasch, auch durch Benthosorganismen, trotz noch verbliebener Ölrückstände im Sediment. Das Zooplankton benötigte nur einige Wochen, die Makrophyten etwa ein Jahr, und die Crustaceen wanderten in das betroffene Gebiet wieder ein, nachdem die akute Gefährdung vorüber war. Die Ostseeheringe schienen die verunreinigten Gebiete kaum zu meiden. Eine verringerte Reproduktion im nächsten Jahr konnte nicht sicher als Folge des Ölspills eingeordnet werden.

Diese insgesamt erfreulichen Beobachtungen sollten jedoch nicht dazu genutzt werden, das Problem einer potentiellen Gefährdung der Ostseemeeresumwelt durch Ölverschmutzungen über Tankerhavarien zu negieren. Weite Teile der nördlichen Ostsee, insbesondere die Meerbusen, Schärengebiete und andere Küstengewässer sind im Mittel mehrere Monate pro Jahr mit Eis bedeckt. Ein Ölspill hätte unter diesen Bedingungen verheerende Auswirkungen, da eine effektive Bekämpfung bisher kaum möglich ist und natürliche „Hilfsprozesse" wie Verdunstung oder biochemischer Abbau äußerst langsam erfolgen. Die Ostsee kann über ihre Schwellen mit Tankern bis zu etwa 150 000 bzw. 200 000 t Tragfähigkeit befahren werden. Der Totalverlust solch einer Ladung würde nicht vorhersagbare Auswirkungen auf das Ökosystem haben, das sich sicherlich erst nach relativ langer Zeit, das heißt frühestens nach größenordnungsmäßig 10 Jahren, wieder einigermaßen erholt hätte.

Die IMO hat die Ostsee als ein gegenüber Verunreinigungen besonders sensitives Gebiet eingestuft. Das betrifft besonders verschärfte Richtlinien in bezug auf den Eintrag von Verunreinigungen durch Schiffe. Das absolute Verbot von Tankwaschoperationen auf dem Meer, Limits zum Ölgehalt von Ballast- und Bilgenwasser, der schrittweise Aufbau luftgestützter Überwachungsmaßnahmen und der Ausbau von Entsorgungskapazitäten in den Häfen haben dazu geführt, daß der in Tabelle 14.7 für die „Schiffahrt" ausgewiesene Öleintrag allmählich zurückgeht.

Das gegenwärtige Ölbudget des Ostseewassers wird häufig auf etwa 50 000 t geschätzt. Dieser Wert beruht auf Ölmessungen mittels UVF, die eine relativ gleichmäßige Hintergrundkonzentration um 1 µg/l für die hohe See ausweisen. Da das UVF-Summensignal vorwiegend vom Gehalt der im Wasser anwesenden aromatischen Kohlenwasserstoffe gebildet wird und da der im Wasser gemessene Wert relativ wenig von lokalen Quellen beeinflußt erscheint, wird er zumeist der Auswirkung einer relativ gleichförmigen atmosphärischen Belastung zugeschrieben. Ein überzeugender Beweis für diese Hypothese steht allerdings noch aus. In Küstengewässern, und besonders in der Nähe von Ballungszentren der Bevölkerung und Industrie, werden deutlich höhere Konzentrationen als 1 µg/l registriert. Messungen zu typischen aliphatischen und aromatischen Einzelverbindungen weisen für diese jeweils Konzentrationen im Bereich weniger Nanogramm pro Liter aus.

Die Frage nach möglichen chronischen Effekten durch die gegenwärtig im Wasser und in den Sedimenten der Ostsee beobachteten Ölverunreinigungen kann bisher ebenfalls nicht eindeutig beantwortet werden. Es fehlen dazu noch zuverlässige Informationen über die qualitative/quantitative Zusammensetzung des im Wasser gelösten bzw. dispergierten Kohlenwasserstoffgemisches, um dann mit solchen Gemischen unter Ausschluß anderer Streßfaktoren entsprechende Bioassays unter kontrollierten Bedingungen durchführen zu können. Letale Effekte für Meeresorganismen werden bei erwachsenen Tieren erst bei 1–100 mg/l und für deren Larvenstadien bei 0,01–1 mg/l beobachtet. Subletale Wirkungen werden in der Literatur allerdings schon für Konzentrationen zwischen 1 und 10 µg/l beschrieben. Das würde teilweise auf die Ostsee zutreffen, bedarf jedoch der Überprüfung. Die untere Wirkschwelle von PHs wurde z. B. bisher um bzw. etwas unter 1 µg/l angesetzt. Bereits bei solch geringen Konzentrationen konnte nach 24 h beim Pazifikhering *(Clupea harengus pallasi)* eine verzögerte Entwicklung der Embryos festgestellt werden.

Restriktionen zur DDT-Anwendung in den Anliegerstaaten führten seit Beginn der 70er Jahre zu einer deutlichen Abnahme dieses Pestizids in der Ostseefauna. Eine nochmalige Zunahme der DDT-Gehalte in Organismen und im Wasser der südlichen Ostsee, im Zeitraum von etwa 1983 bis 1985, ist vermutlich auf die Anwendung von Präparaten mit diesem Wirkstoff zur Schädlingsbekämpfung in der Land- und vor allem Forstwirtschaft zurückzuführen. (In der ehemaligen DDR wurden z. B. auf dem Territorium des jetzigen Mecklenburg-Vorpommerns 1983 nach bisher allerdings unbestätigten Berichten schätzungsweise bis zu 61 t und 1984 noch einmal bis zu 57 t DDT als 17%iges Präparat von Flugzeugen zur Schädlingsbekämpfung versprüht. Im Land Brandenburg lag die entsprechende DDT-Menge 1984 möglicherweise sogar bei über 300 t.)

Aufgrund des Verbots technischen *Lindans* nahm die Konzentration des α-HCH als dem Hauptbestandteil des früher eingesetzten Isomerengemisches im Ostseewasser deutlich ab. Das γ-HCH ist als Insektizid weiterhin in Anwendung und wird aufgrund seiner relativ guten Wasserlöslichkeit leicht in die Ostsee gewaschen. Es bleibt dort in der Wassersäule mit Konzentrationen von 3 bis 6 ng/l ohne erkennbaren temporären Trend weiterhin präsent. Ernstere Bedenken gibt es hinsichtlich der ebenfalls noch als Pestizid im Einsatz befindlichen PCCs („*Toxaphen*"), die geringe Abbauraten aufweisen, lipophil, bioakkumulierbar und mittlerweile ubiquitär sind. Risikoeinschätzungen scheitern gegenwärtig daran, daß sich das äußerst komplexe Gemisch analytisch schwierig fassen läßt.

In den vergangenen mehr als zwei Jahrzehnten nahmen die PCB-Gehalte in Organismen der Ostsee ebenfalls deutlich ab und scheinen sich nun auf einem weitaus niedrigeren Niveau einzupendeln. Bei Eiern von fischfressenden Seevögeln ist ein Rückgang von etwa 300 µg PCBs/g Fett auf rund 100 µg/g zu verzeichnen. Im Heringsfett gingen die Werte von etwa 20 auf 5–10 µg/g zurück.

Zu anderen Halogenkohlenwasserstoffen in der Meeresumwelt der Ostsee liegen nur wenige zuverlässige Angaben über ihre Konzentrationen im Wasser vor. Verteilungsmuster und Trendaussagen können deshalb für sie nicht erstellt werden. Als Beispiel für Verbindungen, die bisher bereits identifiziert wurden, über deren Gefährdungspotential für die Umwelt gegenwärtig jedoch kaum Aussagen möglich sind, zählen u. a. polybromierte Biphenyle (PBBs) und Diphenylether (PBDEs), chlorierte Thiophene und Naphthalene (PCNs).

Durch die Untersuchung datierter Sedimente konnte z. B. nachgewiesen werden, daß die PBDE-Konzentrationen in der Ostseeumwelt zwischen 1973 und 1990 deutlich angestiegen sind. Der gleiche Trend wurde auch aus der Analyse von Seevögeleiern sichtbar.

PBBs und PBDEs bestehen aus zwei Phenylringen, in denen ein bis zehn Wasserstoffatome durch Brom substituiert wurden. Im Falle der PBDEs sind beide Phenylringe nicht wie bei den PBBs direkt, sondern über eine Sauerstoffbrücke verbunden.

PBBs und PBDEs werden vorwiegend als Flammschutzmittel in Plaste- und Baumaterialien sowie in Fußbodenbelägen verwendet. Jährlich werden von einigen Staaten bis zu mehreren tausend Tonnen dieser Substanzen eingesetzt. In Japan nahm der Verbrauch zwischen 1975 und 1987 beispielsweise von 2 500 auf 22 100 t zu. Die kommerziellen

Produkte sind Gemische verschiedener Congenere. Der häufig verwendete „Firemaster BP-6" besteht zu 60% aus Hexa- und zu 27% aus Octabrombiphenyl.

PBBs und PBDEs mit coplanarer Struktur, d.h. ohne Substitution in Ortho-Position, ähneln in ihrer Toxizität den Dioxinen. Sie stellen zwar nur einen geringen Bruchteil der Gesamtmischung bromierter Kohlenwasserstoffe dar, tragen jedoch möglicherweise zum gesamten Toxizitätspotential halogenierter Verbindungen in der Meeresumwelt bei.

In der Tabelle 14.8 sind die Gehalte einiger halogenierter organischer Verbindungen, die 1988 in Heringen aus der Bottensee, aus der eigentlichen Ostsee und aus dem Skagerrak gemessen wurden, zusammengestellt.

Tabelle 14.8. Halogenkohlenwasserstoffe in Heringen verschiedener Seegebiete (nach „Marine Pollution90", SNV, 1990; in ng/g Fett)

	Bottensee	eigentliche Ostsee	Skagerrak	Ostsee/ Skagerrak
PCBs, davon	4700	6600	1900	3,5
– planare Congenere	13	27	8	3,4
DDT-Metabolite	2000	4300	570	7,5
PCCs	2200	2100	620	3,4
CPs	1400	1500	1600	0,9
Chlordan	190	180	40	4,5
PBDE	130	530	73	7,3
HCB	120	140	41	3,4
γ-HCH	55	58	35	1,7
PCNs	17	35	20	1,8
PCDDs*)	0,15	0,09	<NG	4,5

*) in 2,3,7,8 TCD-Äquivalenten

Die Aussagefähigkeit von Fremdstoffgehalten in nicht standorttreuen Organismen als Mittel für Belastungseinschätzungen von Gewässern ist sicherlich begrenzt. Es bieten sich allerdings für eine Interpretation der in Tabelle 14.8 aufgezeigten Ergebnisse einige qualitative Schlußfolgerungen an, die teilweise durch Konzentrationsunterschiede der betreffenden Substanzen (γ-HCH, HCB, PCBs, DDT-Metabolite) zwischen Ostsee- und Skagerrakwasser gestützt werden und mit bereits durch andere Quellen belegbaren terrestrischen Emissionsmustern im Einklang stehen:

Aus den Werten wird ersichtlich, daß die Relationen zwischen den Substanzen bzw. Substanzgruppen innerhalb der einzelnen Seegebiete etwa identisch sind, die Ostsee gegenüber dem Skagerrak (Nordsee) jedoch rund zwei- bis achtfach, im Mittel vierfach höher belastet scheint. Gegenüber der Bottensee könnte die eigentliche Ostsee geringfügig stärker belastet sein. Eine Ausnahme bilden möglicherweise die Dioxine. Höhere Dioxingehalte in Heringen aus der Bottensee könnten mit den dort angesiedelten Standorten der Papier- und Zellstoffindustrie, als einer der Hauptemittenten dieser Schadstoffklasse, im Zusammenhang stehen.

1988 wurden im Ostseeraum etwa 15 Millionen t Papierbrei, d. h. etwa ein Achtel der Weltproduktion, erzeugt. Davon wurden rund 10 Millionen t gebleicht. Die Hauptproduzenten sind Schweden und Finnland, deren Industrie jährlich rund 200 000 t chlorierter Verbindungen aus dem Bleichprozeß in die Ostsee geben. Die anderen Anliegerstaaten tragen mit etwa 40 000 t zur Belastung der Ostsee durch solche Substanzen bei. Ein großer Teil davon ist in der Meeresumwelt persistent und kann ein weites Spektrum subletaler Effekte auf marine Organismen, besonders Fische, ausüben. Die Abwässer der Papier- und Zellstoffindustrie enthalten neben den zwar chlorfreien, aber sauerstoffzehrenden Verbindungen bis zu 1000 chlorhaltige Substanzen, von denen bisher nur etwa ein Viertel chemisch identifiziert und/oder hinsichtlich seiner toxischen Wirkungen eingeschätzt wurde. Es konnten u. a. bereits solche potentiell gefährlichen Verbindungen wie DDT, PCBs, PCCs, Chloroform, Tetrachlorkohlenstoff, Chlorphenole, Chlorguajakole, Chlorcatechole, bis hin zu 2,3,7,8-TCDD und -TCDF nachgewiesen werden. Chlorgas (Cl_2) wird in den letzten Jahren mehr und mehr durch Chlordioxid (ClO_2) als Bleichmittel ersetzt. Damit wird zwar der Ausstoß organischer Chlorverbindungen reduziert, der Chlorateintrag (ClO_3^-) jedoch erhöht. Chlorat wirkt als Herbizid und zerstört deshalb Kulturen von Makroalgen. Damit werden auch Fischpopulationen negativ beeinflußt, da diese Algen für viele Arten als „Kinderstube" dienen.

Die chlorhaltigen Abfälle der Papier- und Zellstoffindustrie werden in den Sedimenten großer Teile der Bottensee, aber auch der eigentlichen Ostsee abgelagert. Die von schwedischen Forschern gemessenen Gehalte extrahierbaren, d. h. organisch gebundenen Chlors (EOCl) erreichten in küstennahen Sedimenten der Bottensee in einigen Kilometern Entfernung von einer Papierfabrik am Iggesund Maximalwerte von 6 mg/g organischen Materials. Die Gehalte an 2,3,7,8-TCDF im Sediment waren auf einem von der Küste ausgehenden 150 km langen Untersuchungsabschnitt in Richtung auf die hohe See mit der EOCl-Verteilung praktisch qualitativ identisch. Maximalwerte um 1,5 ng TCDF/g organischen Materials wurden in rund 5 km Abstand von der Verunreinigungsquelle gemessen. Die Herkunft der PCBs in den Abfällen der Papierfabriken ist an die Verwendung von Altpapierfasern gebunden. Zu Beginn der 70er Jahre wurde Selbstkopierpapier mit PCB-Zusätzen hergestellt, das nun teilweise noch rezirkuliert.

Seit 1961 produziert *Vuorikemia* in Pori an der Bottensee Titandioxid-Pigmente aus *Ilmenit* ($FeTiO_3$) nach dem Sulfatprozeß. Bei einer jährlichen Produktion von 80 000 t Titandioxid werden täglich rund 10 000 m³ Abwässer einschließlich 300 t Schwefelsäure-Abfälle, 60 t Eisen sowie weitere Metalle über eine Pipeline in etwa

4,5 km Entfernung von der Küste bei 17 m Wassertiefe in das Meer gegeben. Die Verdünnung der Abfälle hängt von der Windstärke und -richtung, von der Schichtung und von Bodenströmungen ab. In 1 bis 3 km Entfernung von der Einleitungsstelle werden die Abfälle aufgrund herabgesetzter pH-Werte noch identifiziert. Gelegentlich sind sie jedoch noch bis zu 12 km nachweisbar. Effekte werden vor einem bis zu 80 km langen Küstenabschnitt in Bezug auf flokkulierende Eisenhydroxide und erhöhte Schwermetallkonzentrationen festgestellt. Die Toxizität der unverdünnten Abwässer für Meeresorganismen, besonders für Fischlarven, wird als Ursache verminderter Heringsfänge vor Pori angesehen. Sehr geringe Abwasserkonzentrationen können offenbar vom Hering noch wahrgenommen werden. Meidreaktionen wurden bis zu Verdünnungen von 1:20000, d.h. bereits bei etwa 350 µg Fe/l registriert, sind jedoch noch bis zu 1:100000 möglich. Veränderungen der Bodenfauna im Bereich der Einleitungsstelle wurden auf einer Fläche von mindestens 40 km² beobachtet. Seit etwa Mitte der 80er Jahre wurde eine Reihe von technischen Maßnahmen durch *Vuorikemia* eingeleitet, die den Eintrag von Säure, Eisen und anderen Metallen schrittweise verringerten.

Die Atombombentests der 50er und 60er Jahre waren bis zum April 1986 für das Inventar künstlicher Radionuklide wie ^{3}H, ^{90}Sr und ^{137}Cs im Ostseewasser verantwortlich. Durch atmosphärische Niederschläge und Einwaschungen vom Festland nahm das Radionuklidbudget bis etwa 1967 kontinuierlich zu, sowohl beim ^{137}Cs als auch beim ^{90}Sr auf etwa 740 TBq. Danach machten sich trotz fortdauernden Eintrags aus der Atmosphäre und vom Festland der physikalische Zerfall und der Ausstrom zur Nordsee zunehmend bemerkbar. Für 1983 wurde ein ^{137}Cs-Inventar von 324 TBq geschätzt, beim ^{90}Sr waren es 416 TBq. Dabei gingen die ^{137}Cs-Aktivitäten im Wasser aufgrund leichterer Adsorption an partikulärem Material schneller zurück als die des ^{90}Sr. Es wurden Aufenthaltszeiten im Wasserkörper von 9 (^{137}Cs) bzw. 15 Jahren (^{90}Sr) berechnet.

Von der Chernobyl-Katastrophe freigesetzte Emissionen haben das Inventar einiger Radionuklide in der Ostsee drastisch verändert. Beim ^{137}Cs wurde für den

Tabelle 14.9. Radionuklide in Ostseefischen nach der Chernobyl-Katastrophe (in Bq/kg Frischmasse)

		^{137}Cs	^{134}Cs
Dorsch (Filet)	12/86	5,9 (4,4– 9,3)	1,4 (0,7–2,6)
(*Gadus morhua*)	12/87	13,8 (6,5–23,8)	4,0 (1,7–7,6)
	12/88	16,7 (7,7–20,9)	3,8 (1,4–4,8)
Hering (Filet)	12/86	3,9 (3,5– 4,3)	0,9 (0,8–1,1)
(*Clupea harengus*)	12/87	6,8 (3,2– 8,9)	1,8 (0,4–2,6)
	12/88	5,8 (2,4–10,8)	1,2 (0,3–2,5)

September 1986 eine summarische Aktivität von 4620 TBq, für August 1987 von 3700 TBq gemessen, d. h. praktisch eine Erhöhung früherer Werte auf das etwa 15fache. Beim ^{90}Sr wurde das Inventar durch Chernobyl kaum verändert. Mehr als 25% des eingetragenen ^{137}Cs gingen innerhalb eines Jahres, von 1986 bis 1987, wahrscheinlich durch Ablagerung am Boden, vor allem in Randzonen der Sedimentationsbecken, verloren. Das ^{137}Cs-Inventar in Sedimenten wurde 1987 auf 1466 TBq geschätzt. Fast 60% davon wurden dem Chernobyl-Eintrag zugeordnet.

Wie im Wasserkörper und in den Sedimenten der Ostsee wird auch in Organismen, wie z. B. Fischen, die Chernobyl-Belastung vorwiegend durch die ^{137}Cs- und ^{134}Cs-Aktivitäten reflektiert (Tab. 14.9).

Die höheren Aktivitäten im Dorschfilet gegenüber dem Filet des Herings lassen sich möglicherweise durch die unterschiedlichen Trophieniveaus beider Fischarten erklären. 1988 war die Tendenz der Aktivitäten von Radionukliden des Cs teilweise noch leicht zunehmend. Andererseits war darüber hinaus bereits auch ein abnehmender Trend spürbar.

Die durch den Menschen mit Fisch aufgenommene Strahlendosis wird ebenfalls durch die Cs-Nuklide bestimmt. Finnische Forscher schätzten die entsprechende jährliche Dosis bei Verzehr von 7,7 kg Hering und 5,8 kg anderer Fische aus der Ostsee ab. Sie kamen für den Zeitraum 1986–88 zu folgenden Werten:

1986 0,005 mSv
1987 0,008 mSv
1988 0,009 mSv

Im Vergleich zur generellen Hintergrundbelastung des Menschen (2 mSv/Jahr) liegt danach der zusätzliche Betrag aus der radioaktiven Belastung der Fische unter 1%.

Die Ostsee ist in Hinsicht auf die ausschließlichen Hoheitsrechte in den Territorialgewässern und die Rechte auf die Ausbeutung mineralischer und lebender Ressourcen zwischen den Anliegerstaaten praktisch aufgeteilt (Tab. 14.10). Diese Rechte implizieren jedoch proportional auch die konkrete Pflicht, vorsorglich alle erforderlichen Maßnahmen zu treffen, um drastische Veränderungen der Ökosysteme zu verhindern. Warnsignale gibt es dafür bereits mehr als genug. Ungeklärt bleibt nach wie vor die Frage nach der Hauptursache für die gegenwärtig in der Ostsee beobachteten Veränderungen. Sind es vorwiegend natürliche Prozesse, die zur Veränderung des Zustands beitragen, sind die Einflußmöglichkeiten des Menschen begrenzt. Sollte es sich jedoch später erweisen, daß der Faktor „Mensch" die dominierende Rolle spielte, könnten Maßnahmen des Umweltschutzes die Ostsee als oligotrophes Brackwassermeer erhalten.

Tabelle 14.10. Ansprüche der Ostseestaaten auf Meereszonen (*Law of the Sea Bulletin*, 1986; in Seemeilen)

Staat	Küsten-meer[1])	Festland-sockel[2])	Fischerei-zone[3])	Wirtschafts-zone[4])	Anteil an Ostsee (%)
Dänemark	3	ja	ja	nein	10
Deutschland	3 (12)[5])	ja	ja	nein	3
Finnland	4	ja	ja	nein	16
Polen	12	ja	ja	nein	10
Schweden	12	ja	ja	nein	37
UdSSR	12	ja	ja	200	23

[1]) Territorialgewässer, von der Basislinie aus gerechnet
[2]) bis zur 200-m-Tiefenlinie bzw. bis zur Grenze der Ausbeutbarkeit gem. Festlandsockel-Konvention von 1958, praktisch aber nur bis zur Mittellinie
[3]), [4]) theoretisch bis zur 200-sm-Grenze, praktisch bis zur Mittellinie bzw. bis zu einer vereinbarten Grenze
[5]) Territorialgewässer der ehemaligen DDR wurden in ihrer Breite von 12 sm in das vereinte Deutschland übernommen

14.2 Nordsee

Die Nordsee ist ein Randmeer des Atlantischen Ozeans mit einer Fläche von 575 000 km², einem Volumen von etwa 47 000 km³ und einer mittleren Tiefe von rund 80 m. Im Vergleich zur Ostsee stellt sie ein sehr altes Schelfmeer dar, das bereits im Zechstein vor ca. 180 Millionen Jahren überflutet war. Zum Nordseegebiet (Abb. 17) wird definitionsgemäß in der Regel
a) die eigentliche Nordsee südlich 62°N,
b) das Skagerrak mit seiner südlichen Begrenzung bei 57°44,8'N und
c) der Ärmelkanal mit seinen Eingangsgewässern östlich von 5°W gerechnet.

Der Wasserhaushalt der Nordsee wird etwa durch die in Tabelle 14.11 zusammengefaßten Größen bestimmt.

Die Strömungen in der Nordsee werden durch die Gezeiten (Restströme als Differenz von Flut- und Ebbstrom), den Wind sowie durch horizontale und vertikale Dichtegradienten angetrieben. Die Gezeitenwellen treten durch den Ärmelkanal sowie von Norden ein und laufen entgegen dem Uhrzeigersinn um. Die mittlere Verweilzeit des Wassers in der Nordsee liegt zwischen einem halben Jahr für die nördliche Nordsee und drei Jahren für die Deutsche Bucht. Mit 2,5–5 km/Tag fließt ein Gürtel von Wasser verminderten Salzgehalts vor den Küsten Belgiens, der Niederlande, Deutschlands und Dänemarks nordostwärts. Dadurch können Teile der dort durch Flüsse eingetragenen Verunreinigungen mit dem Jütlandstrom das Skagerrak, und als salzreiches Tiefenwasser sogar die

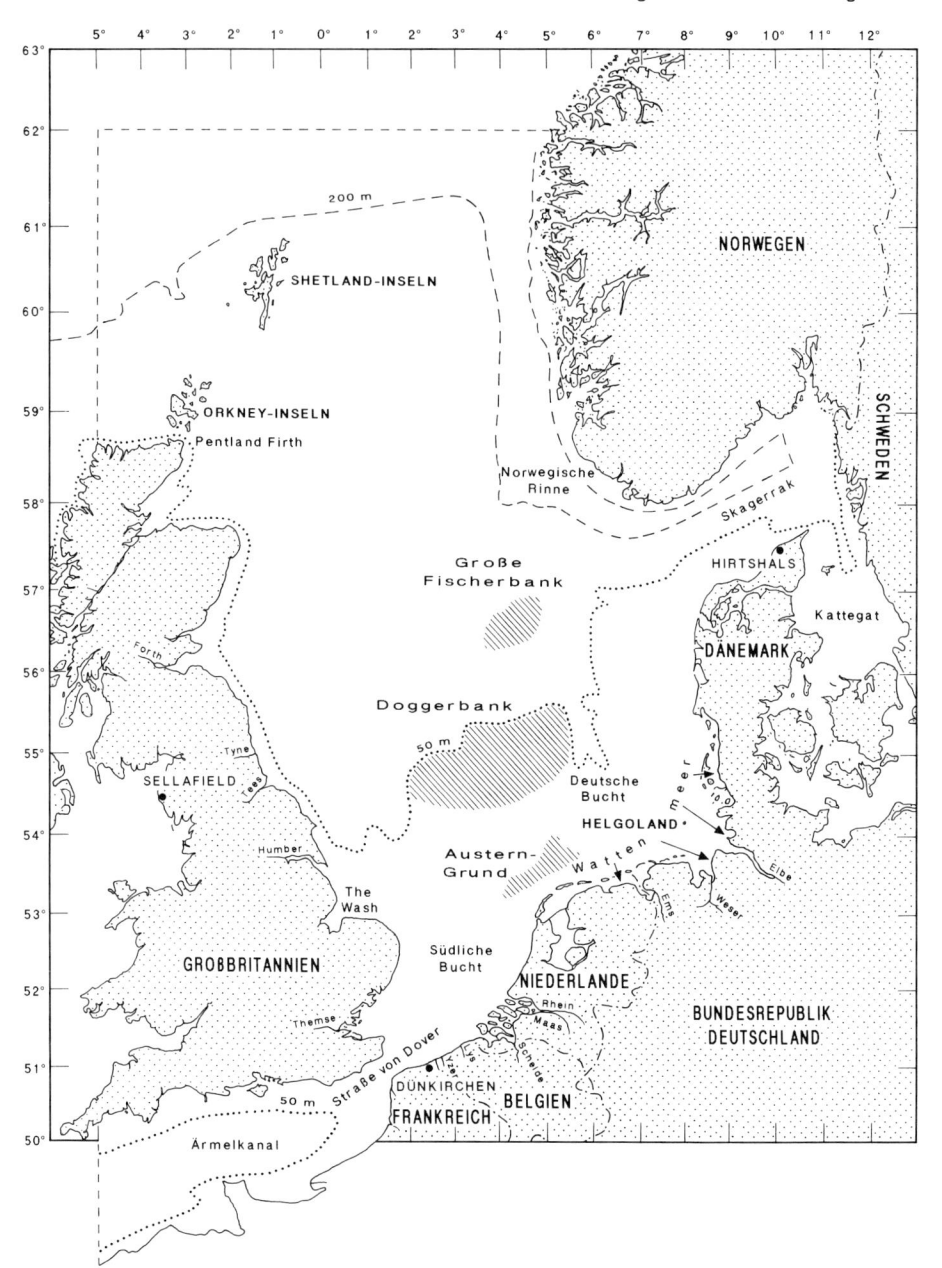

Abb. 17. Die Nordsee

Tabelle 14.11. Wasserhaushalt der Nordsee

Quellen	km³/Jahr
– Atlantikwasser	
* aus dem Norden zwischen den Shetlands und Norwegen	40 000
* mit dem Fair Isle-Strom zwischen Orkneys und Shetlands	9 500
* durch den Pentland Firth zwischen Schottland und Orkneys	1 000
* durch den Ärmelkanal	4 900
– Ostseewasser (Baltischer bzw. Norwegischer Küstenstrom)	1 700
– Süßwasser mit Zuflüssen aus den 8 Anliegerstaaten (Belgien, Dänemark, Deutschland, Frankreich, Großbritannien, Niederlande, Norwegen und Schweden)	400
– Niederschläge	330
Senken	
– Ausstrom nach Norden	57 000
– sonstiger Ausstrom	580
– Verdunstung	250

Ostsee, erreichen. Verunreinigungen, die mit Flüssen von der britischen Ostküste aus die Nordsee belasten, werden unter dem Einfluß des Einstroms über den Ärmelkanal in zentrale Gebiete der Nordsee verfrachtet. In den flacheren Küstengebieten der Nordsee erfolgt durch die Gezeiten eine intensive Vermischung eingetragener Problemstoffe. Im Sommerhalbjahr bilden sich eine deutliche vertikale Temperatur- und eine schwache Salzgehaltsschichtung aus, die durch Stürme und Advektion nach Abkühlung im Herbst jedoch wieder aufgelöst werden.

Die Verunreinigung der Nordsee erfolgt über die Flüsse aus dem etwa 400 000 km² großen und von mehr als 100 Millionen Menschen bewohnten Einzugsgebiet, über die Atmosphäre, durch direktes Einleiten kommunaler und industrieller Abwässer entlang der Küsten, durch die Schiffahrt, den Betrieb von Plattformen sowie durch das Verbrennen und Verklappen von Abfällen auf See. Realistische Abschätzungen zum Beitrag der einzelnen Quellen an der Gesamtbelastung der Nordsee sind dadurch erschwert, daß
a) die Angaben zum atmosphärischen Eintrag durch lückenhafte Informationen zum Niederschlag über der offenen See weit differieren,
b) zumeist nur mit Brutto-Einleitungswerten gerechnet werden kann und
c) die Informationen aus den Anliegerstaaten für eine Gesamtbilanz bisher kaum kompatibel waren.

In Tab. 14.12 sind vor allem Eintragsdaten aus dem Zeitraum 1983–86 berücksichtigt, die auch in den *„Quality Status Report of the North Sea, September 1987"* Aufnahme gefunden hatten.

Zum Eintrag von Chlorkohlenwasserstoffen (CKWs) sind die Schätzungen hinsichtlich des atmosphärischen Anteils mit noch größeren Unsicherheiten behaftet. Etwa 10 000 t CKWs, darunter ein sehr hoher Anteil an Lösemitteln, aber auch 3 t PCBs, sollen mit Zuflüssen die Nordsee erreichen.

Tabelle 14.12. Eintrag von Verunreinigungen in die Nordsee

Quelle	Cd	Hg	Pb	As	Cu	Cr	Ni	Zn	PHs	N	P
				t/a						10^3 t/a	
Flüsse	46–52	20–21	920–980	360	1290–1330	590–630	240–270	7,36–7,37	50	1000	75
Atmosphäre	45–240	10–30	2600–7400	120	400–1600	300–900	300–950	4,90–11,0	15	500	7
Verklappung	23,3	17,8	2300	250	1260	2890	785	8,67	12	20	3
– Baggergut	20	17	2000	200	1000	2500	700	8,0			
– Klärschlamm	3	0,6	100	–	100	40	15	0,22			
– Industrieabfälle	0,3	0,2	200	–	160	350	70	0,45			
Direkteinleitung	20	5	170	220	315	490	115	1,17	35	100	25
Seeverbrennung	0,1	0,1	2	0,1	3	1,7	3	0,01			
Öl- und Gasförderung	–	–	–	–	–	–	–	–	60	–	–
Summe	134,4–335,4	52,9–73,9	5992–10852	950,1	3268–4508	4271,7–4911,7	1443–2123	22,11–28,22	172	1620	110

Etwa zwei Drittel des Stickstoffeintrags erfolgen über die Flüsse. Dabei wird für den Rhein der größte Anteil ausgewiesen (42%). Es folgen Elbe (15%) und Weser (9%), sowie mit insgesamt 34% eine Reihe anderer Flüsse, vor allem Maas, Schelde, Tyne, Firth of Forth, Themse und Humber, aber auch Abflüsse vom dänischen (2,2%) und schwedischen Festland (1,7%) sind in diesem Anteil enthalten.

Zur Phosphorbelastung der Nordsee tragen die Flüsse mit rund 70% bei. Davon geht nahezu die Hälfte auf das Konto des Rheins (49%). Es schließen sich Elbe (16%) und Weser (5%) sowie der Eintrag mit französischen und anderen deutschen bzw. niederländischen, aber auch britischen (4,5%), dänischen (3,2%), belgischen (2,1%) und schwedischen Flüssen (0,4%), mit zusammen rund 30%, an. Obgleich etwa 12% des die Nordsee erreichenden Flußwassers vom norwegischen Territorium stammen, lagen zur zweiten Nordseeschutzkonferenz noch keine Angaben zu dem dadurch verursachten Nährstoffeintrag vor. Da jedoch der Süßwassereinstrom über die Fjorde erfolgt, die eine Vorreinigungsstufe darstellen, wird die Qualität der eigentlichen Nordsee sicherlich nur geringfügig von Nährstoffauswaschungen des norwegischen Festlands beeinflußt. Bei anderen Verunreinigungen, wie Metallen oder CKWs, können die Fjorde für Schadstoffe in Abhängigkeit von der jeweiligen Verbindungsform, vom biogeochemischen Milieu sowie von der Bodentopographie und der dadurch bestimmten Hydrodynamik des Fjordwassers sowohl als effektive Senke, aber auch als Quelle dienen.

Der Versuch einer näherungsweisen Abschätzung der Belastung der Nordsee durch Stickstoff- und Phosphorverbindungen sowie mit Schwermetallen (Cd, Hg, Cu, Zn, Pb, Cr, Ni) führte unter Berücksichtigung von Daten aus der Mitte der 80er Jahre zu folgender Wichtung der dafür verantwortlichen Quellen:

Rhein/Maas (52%) > Elbe (13%) > Firth of Forth = Tyne (6%) > Schelde = Weser/Jade (5%) > Themse = Seine (4%) > Humber (3%) > Ems (3%).

Die Schwermetallkonzentrationen im Rhein, der zwar von niederländischem Territorium die Nordsee erreicht, jedoch von den Oberliegern Schweiz, Frankreich und Deutschland vorbelastet wird, sind in bezug auf die prioritären

Elemente Cd und Hg infolge von Sanierungsmaßnahmen in seinem Einzugsgebiet in den 80er Jahren deutlich vermindert worden. Im deutschen Einzugsgebiet dieses Flusses ging der Quecksilbereintrag beispielsweise von 40 t (1972) auf etwa 0,14 t (1985) zurück. Die Hg-Konzentrationen des Rheinwassers an der deutsch-niederländischen Grenze verringerten sich dementsprechend von 2000 auf weniger als 200 ng/l. Auch die Cadmiumfrachten nahmen im gleichen Zeitraum um ca. 90% ab. Bei anderen Schwermetallen wurde nach Untersuchungen der Stadt Rotterdam und der „Kommission zum Schutz des Rheins" entgegen der allgemein herrschenden Auffassung ein teilweise deutlich anderer Trend verzeichnet. Die Frachten des Rheins stiegen danach von 1985 bis 1986 von rund 4300 t auf 7600 t (Zn), von 670 t auf 1000 t (Pb), von 680 t auf 930 t (Cu) bzw. von 590 t auf 930 t (Cr) an. Das muß allerdings nicht unbedingt eine drastisch gestiegene Umweltbelastung im Einzugsgebiet reflektieren, sondern kann auch durch Fluktuationen des Abflußverhaltens verursacht worden sein. Am 1. Oktober 1987 wurde auf der 8. Ministerkonferenz der Rheinanliegerstaaten in Straßburg ein Aktionsprogramm beschlossen, das eine Reduzierung des Eintrags prioritärer Schadstoffe einschließlich Phosphat, Ammonium und AOX bis 1995, gegenüber dem Bezugsjahr 1985, um 50% absichern soll. Dazu ist eine Bilanzierung für
a) industrielle Direkteinleitungen,
b) kommunale Einleitungen und angeschlossene Industrien sowie
c) Einleitungen aus diffusen Quellen vorgesehen.
Die Liste der dafür zu überwachenden Substanzen ist relativ umfangreich. Sie umfaßt z. B. 7 Metalle (Cd, Cr, Cu, Hg, Ni, Pb, Zn), Pestizide wie die „Drine" (Aldrin, Dieldrin, Endrin, Isodrine), Endosulfan, Parathion, HCB und PCP, aber auch leichtflüchtige Halogenkohlenwasserstoffe (CCl_4, $CHCl_3$, 1,1,1-Trichlorethan, 1,2-Dichlorethan, Trichlorethen, Tetrachlorethen) und andere Chemikalien (PCBs, Benzen, Mono-Chloranilin, Hexachlorbutadien, Trichlorbenzen und Chlornitrobenzen).

Der Rhein bleibt trotz der Sanierungsmaßnahmen eine potentielle Quelle für eine schwerwiegende Verunreinigung der Nordsee. Das wurde durch eine Reihe von Havarien bereits deutlich gemacht, die sich bisher allerdings überwiegend im Oberlauf des Flusses ereigneten und, aufgrund von Vermischungs- und Abbauprozessen, in der Nordsee kaum spürbar wurden. Schätzungen gehen davon aus, daß im Einzugsgebiet des Rheins jährlich u.a. rund 3 Millionen t Chlorverbindungen, 1,3 Millionen t PVC, 160000 t Pestizide und 500000 t Methanol hergestellt werden.

Mit der Elbe wurden in den 80er Jahren der Nordsee eindeutig steigende Schwermetallasten zugeführt. Zwischen 1984 und 1987 wurde ein Anstieg auf etwa das Dreifache (Hg, Pb) bzw. das Doppelte (Cu, Zn) registriert. Beim Quecksilber (1987: 25 t) trug dieser Fluß noch vor kurzem, insbesondere über Industrieabwässer aus der ehemaligen DDR, zu etwa einem Drittel der gesamten Nordseebelastung bei. Aber auch beim Cd, Pb, Zn und Cu dominiert mittlerweile die Elbe gegenüber dem Rhein trotz eines geringeren Süßwasserabflusses. Der Eintrag von Weser und Ems ist für die genannten Metalle zwischen 1984 und 1987 praktisch gleich geblieben bis deutlich rückläufig. Beim Pb wurde in beiden Flüssen eine Abnahme auf etwa ein Sechstel früherer Werte registriert.

An dem in das Nordseewasser jährlich eingetragenen partikulären Material (< 0,125 mm) von rund 60 Millionen t haben die Flüsse mit etwa 8% nur einen geringen Anteil. Es dominieren Suspensionen, die mit dem Gezeitenstrom aus dem Ärmelkanal (45%) und aus dem Nordatlantik (18%) kommen. Etwa 19% des Materials entstammen der Erosion des Meeresbodens. Von geringerer Bedeutung als Quelle von Suspensionen werden die Abrasion der Küsten (4%), der atmosphärische Eintrag (3%), die Primärproduktion (2%) und einfließendes Ostseewasser (1%) angesehen. Mindestens 30% der Partikellast werden schließlich im Skagerrak bzw. in der Norwegischen Rinne abgelagert, die als Sinkstoffallen für die Nordsee dienen. Ein weiterer hoher Anteil der Nordseesuspensionen (14%) wird in die Ostsee eingetragen und lagert sich im Kattegat bzw. in den nachfolgenden Sedimentationsbecken ab. Neben Wash sowie dem niederländisch-deutsch-dänischen Wattenmeer (zusammen 9%), der Deutschen Bucht (5–13%), dem Austerngrund (> 3%) und den Ästuargebieten (3%) wird bereits ein signifikanter Anteil besonders belasteten Materials nach dem Ausbaggern an Land deponiert (ca. 5%). Dieses erfolgt zum Teil sogar, wie im Hamburger Hafen praktiziert, erst nach einer vorherigen Abtrennung der besonders mit Schadstoffen beladenen und daher auf Sonderdeponien zu verbringenden Feinfraktion. Auch im Elbe-Urstromtal lagern sich möglicherweise große Mengen der Schwebstofffracht der Nordsee ab. Hierzu liegen allerdings noch keine genaueren Angaben vor.

In den letzten 10 000 Jahren bildeten Schwebstoffe aus der Nordsee im Skagerrak eine 10 bis 20 m mächtige Schicht, die im oberen Bereich deutlich mit Verunreinigungen angereichert ist. Die gegenwärtige lineare Sedimentationsrate liegt um 2 mm/Jahr, kann jedoch infolge großer Sturmereignisse bis auf 5 mm/Jahr ansteigen, wie es z. B. nach der großen Sturmflut von 1906 zu beobachten war. Die Transportzeit von Partikeln, die z. B. mit Zuflüssen vom deutschen oder niederländischen Territorium die Nordsee erreichen, bis zur endgültigen Deposition im Bereich Skagerrak/Norwegische Rinne bei Bodentiefen von mehr als 200 m kann einschließlich Zwischenablagerungen und erneuter Resuspension mehrere Jahrzehnte in Anspruch nehmen. Daraus wird bereits das Dilemma ersichtlich, das hinsichtlich der Nutzung von Sedimenten als chronologischem Beleg für die Umweltverunreinigung in der Nordsee besteht.

1985 wurde ebenfalls der Eintrag von Abfällen, aufgeschlüsselt auf die Anliegerstaaten und die Abfalltypen, eingeschätzt (Tab. 14.13).

Großbritannien ist danach der einzige Nordseeanlieger, der Klärschlamm mit Schiffen einbringt. Rund ein Viertel des anfallenden Klärschlamms wird von den Briten auf diese Weise „entsorgt". Bei den 1,7 Millionen t fester Industrieabfälle

Tabelle 14.13. Abfalleintrag in die Nordsee durch die Anrainerstaaten (in 10^3 t/a)

	Industrieabfälle		Klärschlamm	Baggergut	Verbrennung
	flüssig	fest			
Belgien	620	–	–	28 300	13
Deutschland	1 271	–	–	3 600	58
Dänemark	–	–	–	700	–
Frankreich	–	–	–	5 500	10
Großbritannien	243	1 658	5 000	8 400	2
Niederlande	2	–	–	18 700	3
andere Staaten	–	–	–	–	20
Summe	*2 136*	*1 658*	*5 000*	*65 200*	*106*

Großbritanniens handelt es sich um Grubenabfälle und Flugaschen, die teilweise hohe Schwermetallrückstände aufweisen.

Beim Baggergut ist besonders der Anteil umweltrelevant, der aus dem Bereich von Seehäfen stammt. Das betrifft in erster Linie Länder mit größeren Seehäfen wie Belgien, Niederlande und Großbritannien. Viele der in Statistiken ausgewiesenen Mengen beziehen sich jedoch auf eine reine Umlagerung wenig verunreinigten Meeresbodens als Ergebnis von Erhaltungs- oder Neubaggerung.

Für Strandaufschüttungen und die Bauwirtschaft werden der Nordsee, vor allem in ihren südlichen Teilen vor den Küsten Englands, Belgiens und der Niederlande, jährlich etwa 30 Millionen m³ Sand und Kies entnommen. Während in Gebieten der Sandgewinnung ein relativ schnelles „Ausheilen" des Meeresbodenreliefs zu verzeichnen ist, hinterläßt die Entnahme von Kies bleibende Strukturveränderungen und kann die Küstenstabilität negativ beeinflussen. Besorgnisse betreffen auch mögliche Auswirkungen auf das Benthos und auf die Fischbestände, z. B. durch die Einschränkung der Laichgründe für den Hering.

1985 wurden rund 2,1 Millionen t flüssiger Industrieabfälle in die Nordsee verklappt. Das meiste davon stammte aus der Titandioxid-Pigmentindustrie Deutschlands und Belgiens. Das Verklappen von „Grünsalz" wurde in Deutschland von 1984 an abgesetzt. Auch das Verklappen der schwefelsauren und stark eisenhaltigen Abfälle, die seit 1969 etwa 12 Seemeilen nordwestlich von Helgoland in die Deutsche Bucht, in ein Areal mit den Eckpunkten 54°20′N/07°35′E, 54°25′N/07°35′E, 54°20′N/07°42,5′E und 54°25′N/07°42,5′E eingebracht wurden, stellte man 1989 nach Einführen von Technologien zur umweltverträglichen Entsorgung an Land ein. Die von den Aufsichtsbehörden zur Einleitung in die Nordsee erlaubten Dünnsäuremengen nahmen zuvor von 1983 bis 1988 schrittweise von rund 1,36 auf 0,88 Millionen t/Jahr ab.

Von den für 1986 zur Verbrennung auf See ausgewiesenen 117 159 t Abfällen stammten rund 46% aus Deutschland, 39% aus fünf anderen Nordseeanliegern und die restlichen 15% aus 4 Staaten außerhalb der Region, von denen die

Schweiz mit 12 404 t den größten Anteil beisteuerte. Die Nordseeanrainer haben vereinbart, die zur Seeverbrennung erlaubten Mengen stufenweise zu verringern – bis zum völligen Einstellen dieser Praxis.

Der Eintrag von Erdölkohlenwasserstoffen (petroleum hydrocarbons – PHs) in die Nordsee wird auf rund 100 000 bis 150 000 t pro Jahr geschätzt. Nach zum Teil stark voneinander abweichenden Angaben erreichen davon die Nordsee jeweils etwa 10–20% über die Atmosphäre und aus der Schiffahrt, 20–50% durch das Erschließen und Ausbeuten von Öl- oder Gasvorkommen – vor allem durch Großbritannien und Norwegen, aber auch durch die Niederlande, Dänemark und Deutschland – und mehr als 30% mit Zuflüssen vom Festland.

Nach dem MARPOL-Abkommen ist das Lenzen von Abfallwasser mit maximal 100 mg Öl/l außerhalb, und mit bis zu 15 mg/l innerhalb der 12-Seemeilenzone gestattet. Bei etwa 200 000 Schiffsbewegungen in der Nordsee pro Jahr, davon rund die Hälfte mit deutschen Nordseehäfen als Ziel bzw. in Richtung auf den Nord/Ostsee-Kanal, wurden 10 000 t Öl als jährliche „legale Einleitung" abgeschätzt. Hinzu kommt jedoch noch der illegale Eintrag aus der Schiffahrt. Häufigkeitsverteilungen zeigen den dominierenden Anteil solcher Ölspills, die eine Fläche von etwa 1 km² verunreinigen und bei einer mittleren Schichtdicke von 5 µm damit einem Eintrag von 5 t entsprechen. Bei rund 1 200 Ölverschmutzungen, die von Anliegerstaaten 1984 durch Luftüberwachung entdeckt wurden, ergäbe sich eine abgelassene Menge von 6 000 t/a. Da erfahrungsgemäß nicht viel mehr als 10% der Ölverschmutzungen erfaßt werden, könnte die illegale Öleintragsrate zwischen etwa 6 000 und 60 000 t/Jahr liegen.

Teilweise erfolgen die durch die Schiffahrt hervorgerufenen Öleinleitungen in der unmittelbaren Nähe empfindlicher Ökosysteme wie die des Wattenmeeres. Die Registrierung verölter Seevögelkadaver an der helgoländischen Küste seit 1960 weist bis etwa 1978 in der Regel weniger als 100 Ölopfer pro Jahr aus. Mit dem verstärkten Einsatz minderwertiger „Bunker-C-Öle" im Schiffsbetrieb, die einen höheren Ölschlammanteil in dem häufig illegal abgelassenen Schmutzwasser hervorrufen, nahm diese Zahl auf das etwa Dreifache zu und ging erst nach dem Inkrafttreten von MARPOL I (02. 10. 1983) und nach dem kostenlosen Entsorgungsangebot in deutschen Seehäfen (seit 01. 06. 1988) wieder zurück. Die schweren Bunkeröle wurden für etwa 90% der in der Deutschen Bucht aufgefundenen verölten Seevögel verantwortlich gemacht.

Schätzungen zu den jährlich insgesamt an den Nordseeküsten angeschwemmten Seevögel-Ölopfern werden durch die Maschendichte des jeweiligen Beobachtungsnetzes und durch natürliche Randbedingungen stark beeinflußt. Als bisheriges Maximum wurden für den Winter 1982/83 mehr als 13 000 verölte Seevögel auf einem 450 km langen Strandabschnitt ausgewiesen. An den deutschen Nordseeküsten wurden im Zeitraum 1983–88 etwa 3 350 Tiere, d. h. 5 bis 6 Individuen pro km, aufgefunden. Die Gesamtzahl der Ölopfer ist etwa fünffach höher anzusetzen als die Fundrate an den Stränden. Daraus ergibt sich

14.2 Nordsee

wahrscheinlich zwar bisher für keine der betroffenen Arten, die nur zum Teil ständig in der Nordsee angesiedelt sind, eine Bestandsgefährdung. Ein substantieller Eingriff in das Ökosystem ist jedoch unverkennbar.

Hauptquelle der aus der Ausbeutung der Öl- und Gasvorkommen resultierenden Ölverunreinigung ist mit rund 90% der Bohrbetrieb. Geht man davon aus, daß 1990 in der Nordsee rund 90 Bohranlagen aktiv waren, von denen etwa 580 Bohrungen ausgeführt wurden, daß pro Bohrung zwischen 300 und 600 t mineralölhaltige Spülmittel eingesetzt werden und daß der Jahresverbrauch an solchen Mitteln 50 000–150 000 t beträgt, wird die Dimension möglicher Probleme für die Umwelt ablesbar. Die Verwendung des relativ toxischen Bohrschlamms auf Dieselölbasis wurde allerdings 1987 verboten, und umweltfreundlichere Spülsysteme werden schrittweise eingeführt. Umweltschützer weisen häufig darauf hin, daß die von der Öl- und Gasindustrie veröffentlichten Daten über die von ihnen verursachten Öleinleitungen stark manipuliert sind. Die Ergebnisse der Luftüberwachung von Offshore-Produktionsstätten zeigten z. B., daß nicht alle Öleinleitungen von der Industrie gemeldet werden.

In der offenen Nordsee werden Ölkonzentrationen zwischen 0,5 und 3,0 µg/l gemessen. Diese Konzentrationen nehmen in der Nähe von Flußmündungen zu. Gegenüber der zentralen Nordsee (0,4–0,6 µg/l) sind z. B. vor der Elbe mehr als 10fach höhere Werte zu verzeichnen (5–25 µg/l). Von der hohen See (1–3 µg/l) in Richtung auf die Mündungen von Firth of Forth oder Themse (40–60 µg/l) sind ähnliche Gradienten zu beobachten. Ebenfalls weit gefächert sind die PH-Gehalte der Sedimente auf Schnitten von den Mündungsbereichen der Flüsse (Firth of Forth, 4150 µg/g) bis in küstenferne Regionen (ca. 4–25 µg/g). Allerdings läßt sich aufgrund der unterschiedlichen Methoden, die in den einzelnen Labors eingesetzt werden, noch kein flächendeckendes Abbild der Belastungssituation vermitteln. In der Nähe von Bohrinseln, auf denen mineralölhaltiger Bohrschlamm eingesetzt wird, können in einem Radius von etwa 200 m 1 000fach bis 10 000fach höhere Ölgehalte in den Sedimenten angetroffen werden.

Hauptquellen der künstlichen Radioaktivität in der Nordsee sind die mit einströmendem Atlantik- bzw. Ärmelkanalwasser herangeführten Nuklide aus den Wiederaufbereitungsanlagen von Sellafield, Dounreay und Cap de la Hague. Andere Einträge aus dem Ärmelkanal, z. B. von Atomkraftwerken in Winfrith, Dungeness, Gravelines, Paluel oder Flamanville, und aus der Ostsee, vorwiegend von den schwedischen Kraftwerken Ringhals und Barsebäck im Kattegat bzw. Öresund, sind dagegen gering. Vom Nordausgang der Irischen See bis zum Eintritt in die Nordsee beim Pentland Firth unterliegen die Sellafield-Abfälle in den zum Transport erforderlichen zwei Jahren einem Verdünnungsfaktor von etwa fünf. Ein bei La Hague radioaktiv verunreinigter Wasserkörper benötigt von Dover/Calais bis zur Deutschen Bucht dagegen nur rund ein Jahr und wird nur geringfügig durch Zumischen von Wasser aus Maas und Rhein verdünnt.

Die zeitliche Entwicklung der Kontamination der Nordsee mit ^{137}Cs und ^{90}Sr im Zeitraum 1980–88, die am DHI (jetzt BSH) Hamburg erstellt wurde, zeigt, daß auch nach dem Reaktorunfall in Chernobyl weite Gebiete der Nordsee von den Sellafield-Abfällen und deren raum-zeitlichen Mustern geprägt bleiben. In der südlichen Nordsee, besonders aber in der Deutschen Bucht und im Skagerrak, kam es allerdings beim ^{137}Cs zu einem deutlichen Anstieg der Aktivität im Oberflächenwasser auf teilweise mehr als 100 mBq/l. Diese mehrfache Erhöhung früherer Werte ging jedoch entsprechend der Vermischungsrate bereits 1987 deutlich zurück und war 1988 praktisch nicht mehr spürbar. Da außerdem, hervorgerufen besonders seit etwa 1982/83 durch das Ausbleiben von Havarien und größeren Unregelmäßigkeiten beim Betrieb von Sellafield, ein genereller Trend abnehmender externer Belastung für die Nordsee aus der Irischen See registriert werden konnte, wiesen die Werte 1988 ein Minimum von etwa 20–30 mBq/l, sowohl für die Aktivität des ^{137}Cs als auch für die des ^{90}Sr, aus. Die Aktivitäts-Verteilungsmuster des ^{90}Sr werden vorwiegend von Cap de la Hague bestimmt. In der südlichen Nordsee werden deshalb Werte im Bereich der ^{137}Cs-Aktivität gemessen. Der Reaktorunfall in Chernobyl hatte, auch zwischenzeitlich, offenbar kaum Einfluß auf das Inventar des ^{90}Sr in der Nordsee.

Im Vergleich zur natürlichen Radioaktivität, deren Inventar über das ^{40}K auf etwa 5×10^{17} Bq geschätzt wird, tragen künstliche Nuklide einschließlich Tritium nur zwischen 0,1 und 1 Prozent zur gesamten radioaktiven Belastung der Nordsee bei. Bei einer jährlichen Aufnahme von 14 kg Meeresfisch, d.h. dem Durchschnittswert für die deutsche Bevölkerung, liegt die dadurch ingestierte zusätzliche Strahlenbelastung bei weniger als 1% der natürlichen Belastung.

Im Vergleich zu den Frachten, die mit dem Wasser aus benachbarten Meeresgebieten in die Nordsee getragen werden, machen die über die Atmosphäre und mit dem Flußwasser sowie durch andere anthropogene Quellen, z.B. durch das Verklappen von Klärschlämmen, zugeführten Nährstoffmengen bereits um 40% aus. Für die Deutsche Bucht und die Küstengewässer der südöstlichen Nordsee ist dieser Anteil noch weit höher, d.h., er liegt über 50%. Langfristige Beobachtungen zu Nährstoffkonzentrationen in der Nordsee und zu deren Folgen für die Bioproduktion sind relativ selten. Die vereinzelt vorliegenden Meßreihen zeigen offenbar die erwarteten Trends auf, sind allerdings zumeist nur schwierig interpretierbar. Das betrifft sowohl eine von britischer Seite im Ärmelkanal südwestlich von Plymouth seit 1922 betriebene Dauerstation als auch eine Station vor Helgoland, die von der Biologischen Anstalt seit 1962 betreut wird. Die Station bei Helgoland ist nur begrenzt repräsentativ für die eigentliche Nordsee. Die Phosphor- und Stickstoffkonzentrationen nahmen dort seit 1962 auf das 3,8fache (Nitrat) bzw. 1,6fache (Phosphat) zu. Berücksichtigt man alle Jahreszeiten, erhöhte sich die Phytoplanktonbiomasse auf das 4fache. Das ist vor allem auf einen starken Anstieg bei den Flagellaten (10fach) zurückzuführen, die 1962 nur rund 30%, 1984 jedoch bereits fast 70% der gesamten Biomasse bildeten. Die

Biomasse der Diatomeen blieb über diesen Zeitraum dagegen fast unverändert. Zu Beginn der Frühjahrsblüte liegt noch ein N/P-Atomverhältnis von rund 40 : 1 vor. Vor allem die Diatomeen brauchen dann das Phosphat, teilweise auch das Silikat, schnell auf. Nach der Remineralisierung mit zunehmender Erwärmung des Wassers im Frühsommer sinkt das N/P-Verhältnis auf Werte um und sogar unter 16 : 1. Die oftmals toxischen Dinoflagellaten können im Sommer auch bei niedrigen Nährstoffkonzentrationen im Wasser eine hohe Produktivität aufrecht erhalten.

Die Situation in der Deutschen Bucht war beispielsweise 1989 dadurch gekennzeichnet, daß es im Spätsommer am Boden des nordöstlichen Teils durch die hohen Zehrungsraten bei der Mineralisierung der Planktonrückstände zu Sauerstoffmangel kam. Die Folge war der Erstickungstod von ca. 12 Millionen (190 t) Herzigeln *(Echinocardium cordatum)*. Im Wattenmeer verursachten die Nährstoffzufuhr und das sonnenreiche Jahr, ähnlich wie bereits 1981 und 1983, das Auftreten von Algenteppichen. Seit 1970 hat sich allerdings die Verbreitungsgrenze der Makroalgen nicht weiter verringert.

Unabhängig davon, ob die vermehrte Produktion von Phytoplanktonbiomasse durch vermehrtes Nährstoff- oder Lichtangebot, durch veränderte hydrographische Bedingungen (im Zeitraum 1962–83 wurden vor Helgoland auch ein Anstieg der Oberflächenwassertemperaturen um mehr als 1 £C und eine Verringerung des sommerlichen Salzgehalts um 0,56 PSU registriert) oder auf einen verringerten Wegfraß durch das Zooplankton zurückzuführen ist, wird schließlich mehr organisches Material im Wasserkörper produziert, das bei seiner Remineralisierung Sauerstoff konsumiert. Dementsprechend häufiger wurde Sauerstoffmangel im bodennahen Wasser der Deutschen Bucht beobachtet. Gleichzeitig sorgt die erhöhte organische Produktion im Pelagial für mehr Nahrung am Meeresboden. Zwischen 1970 und 1984 hat im westlichen Teil des niederländischen Wattenmeers die Zoobenthosbiomasse deutlich, d.h. von 27 auf 40 g/m², zugenommen.

Klammert man die Nährstofffrachten aus, die durch den Wasseraustausch mit den angrenzenden Meeren realisiert werden, werden heute nach Schätzungen von *Gerlach* unter Einbeziehung der Klärschlammverklappung gegenüber vorindustriellen Bedingungen viermal mehr Stickstoff- und siebenmal mehr Phosphorverbindungen in die Nordsee eingetragen. Davon ist vor allem ein etwa 100 bis 150 km breiter Küstenstreifen betroffen, insbesondere zwischen Belgien und Dänemark.

Die etwa 220 in der Nordsee lebenden Fischarten, von denen mehr als 30 Arten vermarktet werden, bilden die wichtigste biologische Ressource dieses Meeres. Für über 11 Nutzfischarten (Stintdorsch, Hering, Sandaal, Makrele, Wittling, Sprott, Kabeljau, Schellfisch, Seelachs, Seezunge, Scholle), die mit über 5 Millionen t etwa 55% der Fischbiomasse bilden und von denen jährlich mehr als 2 Millionen t gefangen werden, liegen bereits umfassende Kenntnisse durch intensive fischereibiologische Forschung vor. Von mehr als 200 anderen Arten fehlen dagegen Informationen über ihre Biologie, Häufigkeit, ökologische Bedeutung und über langfristige Veränderungen der Populationen.

Von 1950 bis 1970 nahmen die Fangmengen fast aller Nutzfische stark zu. Danach gingen die Anlandungen wieder zurück. Dies betraf besonders die Heringsbestände, die von etwa 2 Millionen t (1970) drastisch auf rund 200 000–300 000 t (1977/78) abnahmen. Ein Fangverbot (1977–81) war die Hauptursache für eine schnelle Erholung der Bestände, die auf über 3 Millionen t (1986) anstiegen.

Die Lebensbedingungen für die Flunder, deren Juvenilformen in den Süßwasserbereich eindringen, haben sich – u. a. mit der zunehmenden Verschmutzung der Flüsse – stark verschlechtert. Auch in der eigentlichen Nordsee zeigte sich eine Abnahme der Flundernfänge von etwa 4 000 t (1974) auf rund 700 t (1987).

Mit über 200 000 t Miesmuscheln, die Ende der 80er Jahre für den menschlichen Konsum jeweils angelandet wurden, erbrachte die Nordsee mehr als 50 % der jährlichen Weltproduktion. Gegenüber 1950 bedeutete dies eine Verdreifachung. Andererseits war ein deutlicher Niedergang der Austern- und Herzmuschelfischerei zu verzeichnen. Bei der flachen Auster *(Ostrea edulis)* trat ein Rückgang von fast 20 000 t (1970) auf rund 3 000 t (1986) ein. Diese relativ sensiblen Organismen wurden in der Vergangenheit stark überfischt, durch die Fangtechniken der Garnelenfischerei (1985 mehr als 50 000 t Krebse, davon fast 30 000 t Nordseegarnelen) in ihrer Rekrutierung beeinträchtigt und von den Miesmuscheln schließlich durch Besiedelung historischer Austernbänke verdrängt.

Mißbildungen bei Fischembryos der südlichen Nordsee und in der Deutschen Bucht werden als möglicher Indikator für den gestiegenen Belastungsgrad des Meeres angesehen. Bei Kliesche und Flunder wurde in der ersten Phase der Embryonalentwicklung im Mittel eine mehr als 40%ige Mißbildungsrate registriert. Die meisten Mißbildungen bei der Kliesche traten 1987 vor den Mündungen von Weser und Ems, entlang den Schiffahrtswegen an den Küsten, aber besonders vor der Rheinmündung (80 %) auf. Die Untersuchungen wiesen außerdem sowohl für die Flunder als auch für die Kliesche einen zeitlichen Trend aus, d. h. etwa eine Verdoppelung der Mißbildungsraten von 1984 bis 1987. Mindestens 85 % aller als mißgebildet diagnostizierten Embryos sterben vor dem Schlüpfen ab oder entwickeln sich zu nicht lebensfähigen Larven. Deshalb haben diese Beobachtungen Bedeutung im Hinblick auf die Rekrutierungschancen der betroffenen Arten. In Gebieten mit erhöhten Mißbildungsraten bei Fischembryos wird in der Regel auch ein vermehrtes Auftreten von Krankheiten wie *Papillomen*, *Lymphocystis* und Geschwüren, z. B. bei adulten Klieschen, gefunden. Während direkte Schadwirkungen durch die im Wasser zumeist geringen Konzentrationen der Verunreinigungen auszuschließen sind, werden die durch Bioakkumulation in den Eiern und/oder Gonaden der Elterntiere beobachteten Schadstoffgehalte als mögliche Ursache der Mißbildungen diskutiert. Die pelagischen Fischeier haben außerdem Kontakt mit dem Oberflächenfilm, in dem lipophile Verunreinigungen angereichert sind.

Daß die Verunreinigung der Küstengebiete und Ästuarbereiche vieler in die Nordsee einmündender Flüsse zum Auftreten von Mißbildungen, Entwicklungsstörungen, Krankheiten und Gewebsneubildungen (Tumoren) bei Fischen beiträgt, ist eine bereits seit längerer Zeit akzeptierte Erkenntnis. Experimente haben gezeigt, daß Schwermetalle, PCBs, PAHs und Pestizide den Ausbruch von Virusinfektionen bzw. Tumoren fördern. Inwieweit solche Effekte auch für die eigentliche Nordsee Signifikanz haben, wird gegenwärtig zum Teil noch kontrovers diskutiert. Die verfügbaren Meßreihen können in bezug auf die durch andere Faktoren ausgelöste hohe natürliche Variabilität der Krankheitsrate bei Nordseefischen zwar deutliche Indizien und Warnsignale, aber noch keinen überzeugenden Beweis für einen kausalen Zusammenhang mit der Meeresverunreinigung beisteuern.

Die Konzentrationen gelöster Spurenmetalle sind im Nordseewasser gegenüber ozeanischen Mittelwerten mindestens etwa 10fach (Pb), 5fach (Zn), 2fach (Cd, Cu) oder 1,5fach (Ni) höher. Die Quecksilberkonzentrationen sind nach den bisher vorliegenden Messungen zum Teil identisch. Innerhalb der Nordsee gibt es jedoch für die meisten der erwähnten Metalle deutliche graduelle Abstufungen, etwa in der Reihenfolge

zentrale Nordsee < britische Küste < Deutsche Bucht < niederländische Küste.

Werden für die zentrale Nordsee Konzentrationen von 0,6 (Zn), 0,3 (Ni), 0,2 (Cu), 0,03 (Pb), 0,02 (Cd) bzw. 0,001 µg/l (Hg) als typisch vorgegeben, läßt sich diese Abstufung etwa wie in Tabelle 14.14 vorgeschlagen quantifizieren.

Tabelle 14.14. Relative Belastung einzelner Nordseeregionen mit Schwermetallen

	Zn	Ni	Cu	Pb	Cd	Hg
zentrale Nordsee	1	1	1	1	1	1
britische Küste	7	2	2	2	2	10
Deutsche Bucht	3	3	3	2	3	10
niederländische Küste	8	3	3	2	5	10

Abgesehen von diesen in Richtung auf die Küsten und die Deutsche Bucht von der zentralen Nordsee aus zunehmenden Konzentrationen, ist in dem wenig produktiven Winterhalbjahr die Verteilung der meisten Elemente in solchen Wassertiefen, die vom Austausch mit der Atmosphäre oder mit dem Meeresboden nicht unmittelbar beeinflußt werden, relativ gleichförmig. Eine Ausnahme bildet das Blei, für das in der zentralen Nordsee, bei der großen Fischerbank, ebenfalls deutliche Maxima während wiederholter Großaufnahmen im Rahmen des „ZISCH"-Projekts durch das DHI (BSH) Hamburg angetroffen wurden.

Untersuchungen an datierten Sedimentkernen, z. B. aus dem Schlickgebiet vor Helgoland, weisen auf die Größenordnung der anthropogenen Belastung hin. Gegenüber Hintergrundwerten von Kernsegmenten, die vor mehr als 130 Jahren abgelagert wurden, trat in rezentem Material eine mehr als 9fache (Hg, Pb), 6fache (Cd) bzw. 4fache Belastung (Zn) zutage. Für die zentrale Nordsee liegen solche Informationen nicht vor, vor allem aufgrund der bereits erwähnten Sedimentationsmuster. Werden die Feinkornfraktionen ($<0,02$ mm) aus Oberflächensedimenten isoliert und auf ihren Metallgehalt analysiert, ergeben sich erneut typische, d. h. den Konzentrationsgradienten der gelösten Metalle in etwa folgende Verteilungsmuster. Das schließt auch den Anstieg der Bleigehalte in der Tonfraktion von Oberflächensedimenten aus der zentralen Nordsee ein. Eine überzeugende Deutung dieses Sachverhalts steht noch aus. Ein Zusammenhang mit den Depositionsmustern der mit Blei angereicherten Aerosole über der Nordsee ist nicht auszuschließen.

Bei Fischen wie Kabeljau, Scholle, Seehecht, Schellfisch oder Hering werden im Muskelgewebe Quecksilbergehalte zwischen 40 und 100 ng/g Frischmasse als für die Nordsee typisch angesehen. Beim Cadmium liegen die Gehalte, anscheinend unabhängig von der Art und Herkunft der Fische, unter 10 ng/g und beim Blei sogar im Bereich von nur 0,5 bis 9 ng/g Frischmasse. Auch in Regionen, die einem anthropogen bedingten deutlich höheren Blei- bzw. Cadmiumeintrag unterliegen, bleiben die Gehalte dieser Elemente im Muskelgewebe so extrem niedrig. (Dadurch wird andererseits die Anzahl analytisch verläßlicher Meßwerte weiterhin minimiert.) Während stoffwechselbedingte Regelmechanismen offenbar eine Anreicherung im Muskelgewebe verhindern, kommt es in Leber, Nieren und Knochen zu um ein bis zwei Größenordnungen höheren Gehalten, die Beziehungen zur Belastung des jeweiligen Umweltmilieus erkennen lassen. Die aus der Analyse solcher Organe abgeleiteten Verteilungsmuster decken sich erneut mit den regionalen Konzentrationsverteilungen im Wasser bzw. Sediment. Noch deutlicher wird dieser Zusammenhang bei Benthosorganismen, z. B. bei *Mytilus edulis* oder beim Einsiedlerkrebs *(Pagurus bernhardus)*. Letzterer reflektiert durch seine Hg-, Pb- oder Zn-Gehalte den Einfluß landseitiger Quellen, aber möglicherweise auch atmosphärische Depositionsmuster. Beim Cd sind die Gehalte in Einsiedlerkrebsen aus der zentralen und nördlichen Nordsee zum Teil allerdings deutlich höher als in den durch Flußeinträge stärker kontaminierten Küstengebieten. Gleiches betrifft die Cadmiumgehalte in Seesternen *(Asterias rubens)*, die in Tieren nördlich bzw. nordöstlich der Doggerbank Maxima gegenüber anderen Seegebieten, auch solchen in Küstennähe, aufwiesen. Dieses unerwartete Verhalten wird zum Teil mit dem Auftrieb Cd-reicheren Tiefenwassers aus dem Nordatlantik in Zusammenhang gebracht. Aber auch Verfrachtungen über die Atmosphäre und mit den Wassermassen, zusammen mit Besonderheiten der physikochemischen Spezifizierung dieses Elements im Wasser, im suspendierten Material und in den Oberflächensedimenten, könnten zu diesen bisher nicht überzeugend interpretierten Besonderheiten der Akkumulation in Organismen beitragen.

Der Eintrag von CKWs in die Nordsee durch Zuflüsse, über die Atmosphäre, durch Verklappen von Klärschlämmen und Baggergut sowie durch die Seeverbrennung ist gegenwärtig aufgrund fehlender oder bisher zum Teil noch fragwürdiger Daten nur in relativ unscharfen Grenzen abschätzbar. Flächendeckende Untersuchungen zur Konzentration dieser Verunreinigungen im Nordseewasser durch das DHI (BSH) Hamburg weisen aufgrund des häufig mindestens 50%igen Anteils der Flüsse an den Verunreinigungen die erwarteten Maxima im Bereich der Einmündungen von Elbe, Rhein, Weser oder auch anderer Flüsse aus. Während in den 80er Jahren bei PCBs, HCB ($>0,2$ ng/l) oder α-HCH (>2 ng/l) dabei keine statistisch signifikanten Trends zu beobachten waren, gab es beim *Lindan* für den Bereich der deutschen Nordseeküste eine Zunahme von 1981 (1 ng/l) auf Werte um 3 ng/l (1986). Im küstenfernen Bereich verschob sich die 1-ng/l-Isolinie weiter seewärts. Andererseits wurde für das Weserästuar im Zeitraum 1977–85 ein drastischer Rückgang der *Lindan*-Belastung verzeichnet.

Eine erste großräumige Untersuchung der Nordseesedimente auf CKWs im Zeitraum 1984–88 ergab bei den Meßwerten folgende Variationsbreite (in pg/g Trockenmasse):

3 PCBs (IUPAC-Nr. 138, 153, 180)	10– 28 000
Summe der DDT-Metabolite	<NG– 2 100
Lindan (γ-HCH)	5– 3 100
HCB	2– 3 000
Dieldrin	2– 270
α-HCH	2– 270

Werden diese Werte auf den jeweiligen Gehalt an organischem Kohlenstoff in den gleichen Proben bezogen, zeigen sich

a) eine relativ gleichförmige Belastung der Sedimente mit CKWs,
b) der durch die Flüsse hervorgerufene hohe Eintrag und
c) Anzeichen für erhöhte Gehalte durch das Verbrennen (HCB, OCS) und/oder das Verklappen von Abfällen auf See.

Untersuchungen an segmentierten Sedimentkernen lassen noch keine Tendenz einer Abnahme der Belastung mit PCBs oder Pestiziden erkennen, für die seit fast 20 Jahren Produktions- und Anwendungsbeschränkungen existieren.

Der Gehalt von Chlorkohlenwasserstoffen im Zoo- und Phytoplankton der Nordsee weist sowohl jahreszeitliche als auch regionale Unterschiede auf. In Bereichen hoher Primärproduktion kommt es durch den „Verdünnungseffekt" im Sommer, ähnlich wie bei den Spurenmetallen Blei und Cadmium, zu deutlich niedrigeren Gehalten als im Winter. Belastungsschwerpunkte werden durch flächendeckende Untersuchungen sichtbar. Sowohl PCBs (220–8 300) als auch *Lindan* (2–130), DDE (4–115) und HCB (1–49 ng/g mit n-Hexan extrahierbarer Lipide) weisen bis zu 10fach höhere Gehalte vor der deutschen und niederländischen Küste gegenüber der nördlichen Nordsee bzw. dem Nordostatlantik auf.

Die Gehalte der CKWs in Benthosorganismen wie dem Einsiedlerkrebs korrespondieren weitgehend mit den regionalen Trends von CKW-Gehalten in Sedimenten. Die Belastungsschwerpunkte in Fischen entsprechen dagegen erwartungsgemäß eher denen des Planktons. Die Leber von Flundern aus dem Mündungsgebiet der Elbe enthält 5- bis 10fach (PCBs, DDE, PCP) bzw. 20- bis 90fach (HCB, OCS) höhere Gehalte als die von Kliesen aus der zentralen südlichen Nordsee. Nur in Hinsicht auf die Belastung der Fische mit DDT und seinen Metaboliten gibt es Anzeichen für eine Abnahme. Für die anderen untersuchten Chlorkohlenwasserstoffe sind, auch aufgrund der großen Schwankungsbreite der wenigen vorhandenen Daten, keine Trendaussagen möglich.

Ein Netzwerk von nationalen, internationalen und supranationalen Regeln bildet den Gesetzesrahmen für den Schutz der Nordseeumwelt. Theoretisch wird sie damit weltweit zu einer der am besten geschützten Regionen. Probleme gibt es jedoch hinsichtlich der Umsetzung internationaler Konventionen in nationales Recht der Anrainer und in bezug auf die Durchsetzung der eingeführten Regeln. Neben den Konventionen im Rahmen der UN, IMO, UNEP, MEPC und ECE, den Abkommen von London (LDC) und Bonn sowie den Konventionen von Oslo und Paris haben die Internationalen Nordseekonferenzen (INK) 1984 (Bremen), 1987 (London) und 1990 (Den Haag) eine Reihe von Forschungsaktivitäten sowie Schutzmaßnahmen initiiert und damit dazu beigetragen, die praktische Einführung bestehender Konventionen zu beschleunigen. Auf der „Third International Conference on the Protection of the North Sea" (Den Haag, 07./08. 03. 1990) vereinbarten die anwesenden Minister der Anliegerstaaten eine Deklaration, die u. a. vorsieht,

a) den Eintrag von mehr als 30 Stoffen bzw. Stoffgruppen durch Zuflüsse bis 1995 auf mindestens 50% des Niveaus von 1985 zu senken,

b) bis 1995, spätestens jedoch bis 1999, ebenfalls den atmosphärischen Eintrag solcher Verunreinigungen um mindestens 50% zu reduzieren, vorausgesetzt, der „Stand der Technik" läßt dies zu,

c) den Gesamteintrag sehr gefährlicher Stoffe, zumindest bei Dioxinen, Hg, Cd und Pb, bis 1995 um mindestens 70% zu vermindern (erneut Vorbehalt in bezug auf den „Stand der Technik"),

d) den Eintrag von Pestiziden bis Ende 1992 deutlich zu reduzieren und umweltverträgliche Ersatzstoffe für die PCBs einzuführen,

e) daß Großbritannien spätestens bis Ende 1998 das Einbringen von Klärschlämmen und bereits bis Ende 1992 das Verklappen von Industrieabfällen in die Nordsee endgültig einstellt,

f) die Seeverbrennung von Abfällen bis zum 31. 12. 1991 einzustellen und

g) umgehend verbindliche Richtlinien über das Einbringen von Baggergut zu erarbeiten.

Die 4. INK wird voraussichtlich 1995 in Dänemark stattfinden. Als Basis für qualifizierte Entscheidungsfindungen soll dazu bis 1993 ein neuer Qualitäts-Zustandsbericht zur Nordsee erstellt werden.

Die von den zur Europäischen Gemeinschaft zählenden Anliegerstaaten in der Nordsee beanspruchten Wirtschafts- (EEZs) und Fischereizonen (EFZs) umfassen etwa 75% des Meeres. Daher wird die Nordsee häufig auch als ein „EG-Meer" bezeichnet. Die EG hat mittlerweile weit über 100 Direktiven herausgegeben, die einen direkten oder indirekten Bezug zum Meeresumweltschutz haben. An vorderer Stelle ist sicherlich das 4. Aktionsprogramm zur Umwelt (1987–92) zu nennen, aber auch Direktiven und Regeln zur Abgabe gefährlicher Substanzen wie Quecksilber, Cadmium, *Lindan*, DDT, Tetrachlorkohlenstoff und Pentachlorphenol, zur Kontrolle über die Industrie (Titandioxid) und ihre Produkte (Detergenzien), zur Wasserverwendung (Qualität für Zwecke des Badens und der Schalentierproduktion), zur Ölverunreinigung des Meeres und zu einem effektiven Informationssystem bei Umweltschäden.

14.3 Irische See

Die Irische See ist mit einer Fläche von 48 200 km² und einem Volumen von 2430 km³, d.h. etwa 6% der Nordsee bzw. 10% der Ostsee, ein relativ kleines und flaches Meer, das in der Mitte von einem 300 km langen und bis zu 50 km breiten Graben mit Tiefen um 80 m – maximal mehr als 275 m – in Nord/Süd-Richtung durchzogen wird. Typisch für die Irische See sind relativ kurze Verweilzeiten des Wassers in der Größenordnung von 1,4 bis 7 Monaten für die einzelnen Seegebiete und von etwa einem Jahr für das Gesamtgebiet. Ursache dafür ist ein nordwärts gerichteter Ausstrom mit 3–8 km³/Tag. Der Nettoeintrag des Süßwassers aus Zuflüssen und Niederschlägen (11 km³/Jahr) liegt bei 42 km³/Jahr.

Einer der wesentlichen Eingriffe in das Ökosystem erfolgt durch das Verklappen von Baggergut, Klärschlämmen und Industrieabfällen in der Größenordnung von 3,8, 1,3 bzw. 0,03 Millionen Tonnen pro Jahr. Während es sich beim Baggergut häufig um nur wenig verunreinigtes Material handelt, das beim Freihalten der Zufahrtswege zu den Häfen anfällt, tragen Klärschlämme und andere Abfälle zur Belastung dieses Meeres signifikant bei. Die Entnahme von etwa 0,5 Millionen t Sand und Kies pro Jahr vom Meeresgrund hat bisher für die Fischerei oder andere Umweltinteressen wenig Störungen verursacht. Untermeerische Lagerstätten von Bitumenkohle in der Dublin Bay oder Vorkommen von Schwermineralsanden werden in absehbarer Zeit sicherlich nicht ausgebeutet.

Der Fischfang in der Irischen See lag 1988 in der Größenordnung von 4000 t für pelagische Arten (Hering) und 30 000–55 000 t/Jahr für Bodenfische (Dorsch, Wittling, Seezunge, Scholle). Jährlich werden außerdem rund 9000 t Garnelen *(Nephrops norvegicus)* angelandet. Der Nachweis anderer anthropogener Einflüsse auf das Populationsniveau als durch die Fischerei selbst ist schwierig, da Abschätzungen besagen, daß jährlich etwa 30–60% der adulten Bodenfische entnommen werden. Da die Meeresbodenfläche der Irischen See durch Schleppnetzfischerei dabei etwa zweieinhalb Mal pro Jahr überstrichen wird, sind Effekte für pelagische und benthische Arten durch Resuspension von Sedimenten, durch Trübungswolken, das Zerstören der Bodenflora und durch deren Überdecken mit Sediment zu erwarten. Die Erträge der pelagischen Fischerei nahmen von 1974 (etwa 40000 t) bis zur Gegenwart, vermutlich durch Überfischen des Herings, kontinuierlich ab.

Umfangreiche Untersuchungen wurden besonders in den 70er und 80er Jahren zur Häufigkeit des Auftretens von Fischkrankheiten durchgeführt. 1986 wurden z. B. relativ hohe Anteile von Plattfischen mit Hauterkrankungen registriert, wobei Maxima in anthropogen stark belasteten Gebieten auftraten. Aussagen zu Trends oder zu kausalen und statistisch signifikanten Zusammenhängen zwischen anthropogener Belastung und Fischkrankheiten werden jedoch gegenwärtig nicht getroffen, da sich natürliche raum-zeitliche Variationen des Auftretens von Krankheiten aufgrund unzureichenden Datenmaterials und des noch zu kleinen „Beobachtungsfensters" nicht quantifizieren lassen.

Probleme gibt es offenbar für Meeressäuger, vor allem Seehunde, in Verbindung mit epidemischen Krankheiten und der Anreicherung von Schadstoffen, besonders der persistenten Chlorkohlenwasserstoffe, im Fettgewebe. Bei Seevögelpopulationen wurden bereits häufig Massensterben registriert, z. B. am Ende der 70er Jahre im Mersey-Ästuar aufgrund von Bleivergiftungen durch einen Antiklopfmittel produzierenden Betrieb. Der höchste Prozentsatz ölverschmutzter Seevögel wurde an der Südostküste der Irischen See mit 0,4/km angetroffen. Die Entenpopulationen nahmen in den letzten 15 Jahren leicht zu. Das vermehrte Auffinden toter Möven im Sommer mit Krankheitssymptomen wurde mit *Botulismus*, verursacht durch die Aufnahme von Nahrung aus in Plastesäcken verklappten Abfällen, erklärt.

Einen Verunreinigungsschwerpunkt, besonders hinsichtlich der Quecksilberbelastung, stellt die Liverpool Bay dar. Diese ist ein relativ flaches Teilgebiet mit einer geringen Wasseraustauschrate, mit hoher Adsorptionskapazität des Sediments für Verunreinigungen und mit einer küstenwärts gerichteten Zirkulation. Beispielsweise wurden die Hg-Mengen abgeschätzt, die dort 1985 über verschiedene Routen eingetragen bzw. mobilisiert wurden (Tab. 14.15).

In der Vergangenheit war der Eintrag z. T. noch beträchtlich höher. Folgerichtig werden in den Sedimenten der Liverpool Bay gegenwärtig Quecksilbergehalte bis zu 2 µg/g angetroffen. Die mit Hg stark verunreinigten Sedimente werden vermutlich auch nach starker Reduzierung des oben aufgelisteten externen Eintrags noch lange Zeit als Verunreinigungsquelle für das Benthos, den Wasserkörper und die Fische wirken. Gegenwärtig liegt der Quecksilbergehalt in Fischen dieses Seegebietes im Mittel gerade noch unter den von der EG

Tabelle 14.15. Hg-Eintrag in die Liverpool Bay 1985

	kg/Tag
Industrielle Abwässer	3,8
Klärschlammverklappung	1,1
Baggergutverklappung	6,6
Mersey River-Eintrag	0,5
Abwässer	0,2–0,5
Summe	*ca. 12,5*

vorgegebenen Umweltqualitätsstandards (0,3 µg/g Frischmasse) und damit etwa zehnfach höher als Werte aus wenig belasteten Gebieten. Es wird als wahrscheinlich angesehen, daß einige Bevölkerungsgruppen aus den angrenzenden Küstenregionen in Abhängigkeit von ihren Ernährungsgewohnheiten den von der FAO/WHO definierten PTWI-(„provisional tolerable weekly intake")-Wert für Hg überschreiten.

Im Regelfall wird der Wasserkörper der Irischen See gut mit Sauerstoff durchlüftet. Nur während des Sommers, d. h. bei geringer Durchmischung und bei Vorliegen einer thermalen Schichtung, kommt es zur deutlichen Sauerstoffabnahme in Bodennähe durch Zehrungsprozesse, insbesondere im Bereich von Klärschlamm-Verklappungsgebieten in der Liverpool Bay oder in der Dublin Bay.

Die winterlichen Nitratkonzentrationen im Wasser der offenen Irischen See liegen bei 5 bis 7 µmol/l, nehmen in Richtung auf das Festland auf etwa 10 und in Ausnahmefällen (Liverpool Bay und Dublin Bay) auch auf mehr als 30 µmol/l zu. Ein ähnliches Verteilungsmuster weist das Phosphat mit 1–1,3 µmol/l im Offshore-Bereich und etwa 2 µmol/l in der Nähe o.g. Buchten auf.

Zuverlässige Daten zum Spurenmetallgehalt des Wassers gibt es kaum, jedoch sind in den küstenfernen Gebieten trotz des deutlichen landseitigen Eintrags mit dem Süßwasser keine Anzeichen für eine stärkere Belastung erkennbar. Eine Ausnahme bilden erwartungsgemäß die Ästuarien und Buchten. Die in Tab. 14.16 für ausgewählte Elemente angegebenen Konzentrationen tragen orientierenden Charakter.

Der Metallgehalt des partikulären Materials liegt in der Regel im Bereich natürlicher Hintergrundwerte. Das trifft auch auf die prozentualen Anteile suspendierter Metallformen (z.B. Cd <5%, Cu 10% und Pb 75%) an den jeweiligen Gesamtgehalten zu. Die Zusammensetzung der Sedimente reflektiert die Nutzung einiger Gebiete der Irischen See zur Verklappung von Klärschlämmen. Der Anteil der feinen Schluff- und Tonfraktionen in solcherart beeinflußten Sedimenten ist deutlich höher. Die Metallgehalte in dem vom Sand und anderen Grobfraktionen abgetrennten Feinmaterial steigen parallel ebenfalls an. Maximal wurden so bis zu 230 (Cr), 100 (Ni), 130 (Cu), 490 (Zn), 1,7 (Cd), 2,6 (Hg) bzw. 570 µg/g Trockenmasse (Pb) registriert.

Tabelle 14.16. Schwermetallkonzentrationen in der Irischen See (in ng/l, gelöste Fraktion)

	küstenfern typische Konzentrationen	küstennah typische Konzentrationen	maximale
Cd	10 – 15	20–40	140[1])
Pb	15 – 20	30–40	70[1])
Hg	0,5– 1,5[2])	–	75[3])
Cu	300 –400	1 000	–
Ni	um 300	–	–

[1]) Liverpool Bay; [2]) gelöst/„reaktiv"; [3]) Mersey-Ästuar

Die Metallbelastung der Irischen See wird sowohl aus den Metallgehalten der Sedimente als auch der Fische und Schalentiere ersichtlich, wie im Rahmen der 1985 im Nordatlantik und in seinen Rand- und Nebenmeeren durchgeführten Messungen feststellbar war. Dabei wurden die östlichen Teile der Irischen See erneut als „hot spots" auffällig.

Die Belastung der Irischen See mit Erdölkohlenwasserstoffen, abgeleitet aus fluoreszenzspektrometrischen Messungen gegen einen „*Ekofisk-Öl*"-Standard, liegt im Mittel zwischen etwa 2 und 5 µg/l und ist damit im Vergleich zur Nordsee, aber auch zur Ostsee deutlich höher. In der östlichen Irischen See wird diese Belastung auch durch höhere Ölgehalte in den Sedimenten reflektiert.

Die Irische See geriet insbesondere durch ihre im Vergleich zu anderen Meeren starke Belastung mit künstlichen Radionukliden wie ^{137,134}Cs, ^{239,240,241}Pu oder ^{241}Am aus Abwässern, fallweise verstärkt durch Havarien, der Aufbereitungsanlage für Kernbrennstoffe *British Nuclear Fuels Ltd.* Sellafield/Cumbria, vormals Windscale, in den Blickpunkt der Öffentlichkeit. Insbesondere das ^{137}Cs mit einer Halbwertszeit um 30 Jahre zeigt ein relativ „konservatives" Verhalten, d.h., es ist leicht löslich und wird nur langsam sedimentiert. Da die aus oberirdischen Kernwaffentests der 50er und 60er Jahre herrührende Hintergrundbelastung des Ozeans nur gering ist, kann das ^{137}Cs als fast idealer Tracer für den Wasseraustausch im Ozean verwendet werden. Die Sellafield-Radionuklidwolke tritt nach etwa einem Jahr von Norden in die Nordsee ein, wird dann in den Nordatlantik, teilweise auch in die Ostsee, weitergegeben und ist nach 6 bis 8 Jahren noch im Ostgrönlandstrom bei etwa 1000facher Verdünnung nachweisbar.

Die Mechanismen der nordwärtigen Ausbreitung der Sellafield-Abfälle werden auch durch die ^{239,240}Pu- und ^{241}Am-Gehalte in den Sedimenten angezeigt. Der größte Anteil dieser Radionuklide, deren geschätzte Gesamtaktivität mit rund 600 TBq aus globaler Sicht bereits eine signifikante Größe für die Meeresumwelt repräsentiert, wird offenbar unter oxischen Bedingungen im Feinsediment der Cumbrischen Küste in geochemisch wenig remobilisierbaren Formen, hauptsächlich in nichtdetritischen Fe/Mn-Phasen, abgelagert. Eine Remobilisierbarkeit durch mechanische Durchmischung der Sedimente (Strömungen, Wind und Wellen, Bioturbation, Schleppnetzfischerei ...), durch Änderungen des Redoxstatus und durch organische Komplexierung läßt sich jedoch nicht ausschließen. Über Meersalzspray und dessen Verfrachtung zum Festland kommt es in Küstenregionen auch zu einer Radionuklidkontamination der terrestrischen Umwelt (Luft, Boden, Süßwasser). (Ähnliche Transportwege wurden bereits für die französische Küste, im Bereich der Aufbereitungsanlage am Cap de la Hague, nahe Cherbourg, aufgezeigt.)

Werden die von der Internationalen Atomenergiebehörde (IAEA) vorgegebenen Richtlinien zur Bewertung des Gesundheitsrisikos bei einem Kontakt *mit* und bei Aufnahme *von* Radionukliden („critical pathway") zugrunde gelegt, ergeben sich nach britischen Abschätzungen für die Bewohner der betroffenen Küstenregionen der Irischen See keine Gefährdungen. Auch nach Berücksichtigung der 10- bis 1500fachen Bioakkumulation von Radionukliden – neben den bereits genannten z. B. auch von ^{95}Zr, ^{95}Nb, ^{144}Ce und ^{106}Ru – in Makroalgen aus der Nähe des Einleitungsortes, von denen die Rotalge *Porphyra umbilicalis* sogar als menschliche Nahrung („laver bread") dient, konnte diese Feststellung beibehalten werden.

14.4 Mittelmeer

Das Mittelmeer liegt mit seiner geographischen Ausdehnung (46°N bis 30°N und 6°W bis 36°E) als interkontinentales Gewässer zwischen Europa, Asien und Afrika (Abb. 18). Es bedeckt 2,5 Millionen km², hat eine mittlere Tiefe von etwa 1 500 m und besitzt ein Volumen von rund 3,7 Millionen km³. Etwa 30% der Fläche und 50% des Volumens entfallen auf Gebiete mit Wassertiefen zwischen 2 000 und 3 000 m. 20% der Fläche haben Wassertiefen von weniger als 200 m, umfassen dabei allerdings nur knapp 1,5% des Gesamtvolumens. Die maximale Ausdehnung in Ost/West-Richtung beträgt 3800 km (Gibralta-Syrien) und in Nord/Süd-Richtung 900 km (Frankreich-Algerien).

Das Mittelmeer besteht aus miteinander in Wechselwirkung stehenden Teilen und Seegebieten, wobei zwei Hauptbecken, das westliche mit rund 0,85 Millionen km² und das östliche mit 1,65 Millionen km², zu unterscheiden sind. Über die 15 km breite und nur 290 m tiefe Straße von Gibraltar ist das Mittelmeer mit dem Nordatlantik verbunden. Die Dardanellen (55 m tief, zwischen 0,45 und 7,4 km breit) stellen die Verbindung zum Marmarameer und weiter zum Schwarzen Meer her. Zum Roten Meer führt der rund 120 m breite und 12 m tiefe Suez-Kanal.

Das Mittelmeerbecken stellt das Zentrum eines sehr komplexen Mosaiks dar, das durch die Plattentektonik geformt wurde. Es ist starken seismischen und vulkanischen Aktivitäten ausgesetzt. Mit Ausnahme der Südostküste und von

14. Zum Zustand ausgewählter Meeresregionen

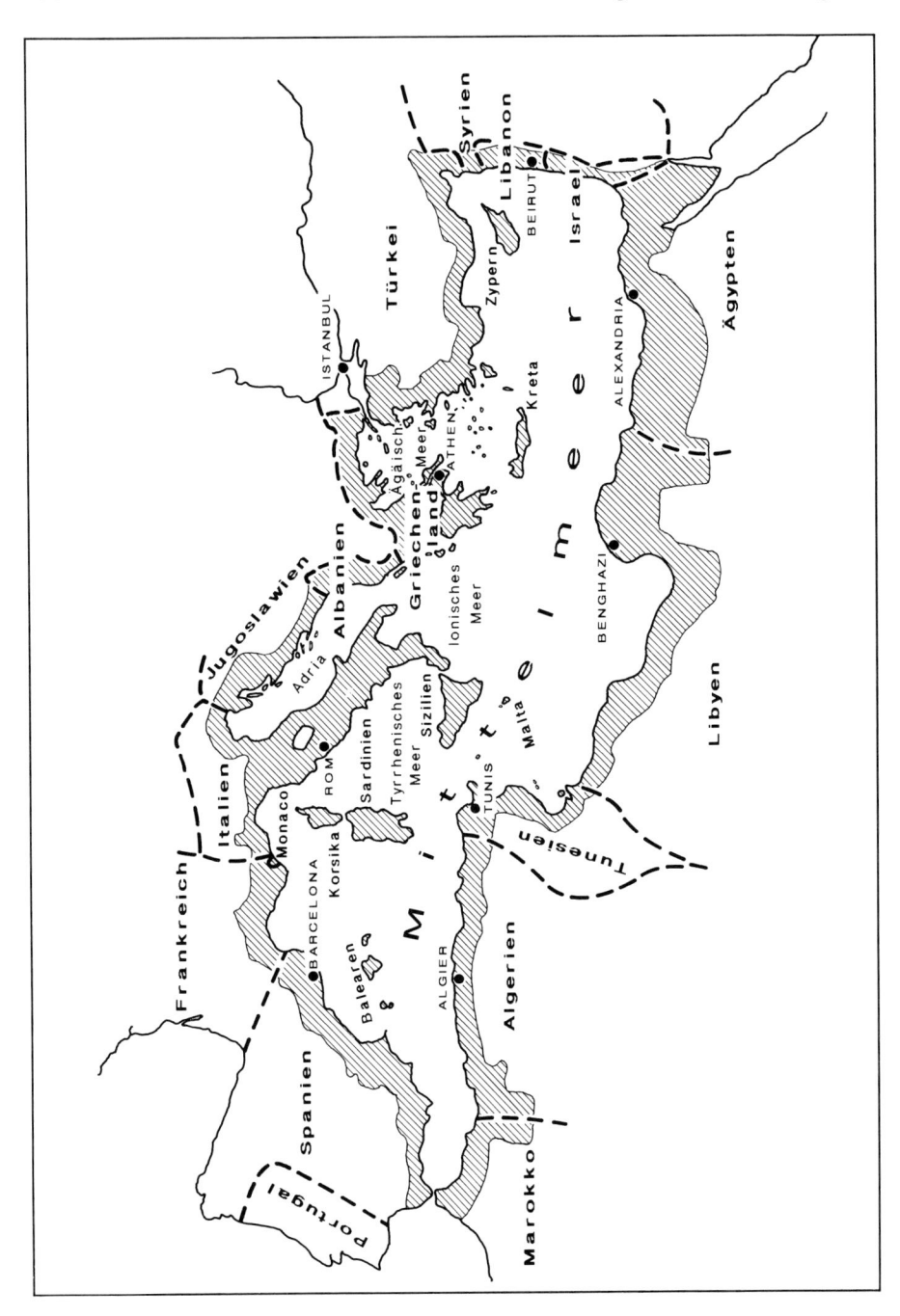

14.4 Mittelmeer

Bereichen der Küsten Libyens und Ägyptens ist das Mittelmeer fast ausschließlich von Gebirgen umgeben.

Etwa 250 Tage des Jahres sind durch das Vorherrschen trockener Winde bei Sonnenschein gekennzeichnet. Die Süßwasserzufuhr durch Niederschläge (etwa 980 km^3/Jahr) und durch Flüsse (ca. 470 km^3/Jahr), vor allem Rhône (54), Po (50), Ebro (17) und Nil (16 km^3/Jahr), wird durch die Verdunstung (ca. 2930 km^3/Jahr) mehr als kompensiert. Von den in das Mittelmeer einmündenden Flüssen wird ein Gebiet von mehr als 3,6 Millionen km^2 entwässert, davon entfallen allerdings fast 3 Millionen km^2 auf das Nil-Einzugsgebiet. Die Zirkulationsvorgänge sind durch den Nettoeinstrom atlantischen Oberflächenwassers (ca. 1290 km^3/Jahr) mit Salzgehalten um 36 PSU gekennzeichnet, wodurch das Defizit im Wasserhaushalt praktisch ausgeglichen wird. (Über die Dardanellen gelangen zusätzlich etwa 190 km^3/Jahr in das Mittelmeer.) Durch Verdunsten entsteht Wasser höherer Dichte mit Salzgehalten von 38,4 bis 39 PSU, das die Tiefseebecken ausfüllt und noch Temperaturen zwischen 12,5 und 13,5 °C im westlichen Teil bzw. zwischen 13,5 und 15 °C im östlichen Teil aufweist. Aus diesem Reservoir wird in der Tiefe ständig ein gegenüber dem angrenzenden Atlantik deutlich salzreicheres und wärmeres Wasser aus dem Mittelmeer exportiert. Dieses bleibt noch über weite Teile des Nord- und Mittelatlantik in Wassertiefen um 1000 m anhand seiner spezifischen hydrographischen Charakteristika, aber auch nach dem Gehalt an Verunreinigungen, nachweisbar.

Die Verweilzeit des Mittelmeerwassers wird auf 80 Jahre geschätzt. Ein relativ starker vertikaler Wasseraustausch, der zur Zeit der Winterstürme (mit Oberflächenwassertemperaturen im westlichen Mittelmeer um 12 °C) bis zu 2000 m Tiefe nachweisbar ist, fördert die Rezirkulation gelöster Beimengungen. Gegenüber dem Atlantik liegt der Meeresspiegel im östlichen Teil bis zu 80 cm tiefer. Der Gezeiteneinfluß ist im Mittelmeer sehr gering.

Zur chemischen Charakterisierung des Mittelmeeres gehört neben dem hohen Salzgehalt, der nur noch vom Roten und Toten Meer übertroffen wird, vor allem die geringe Konzentration an Nährstoffen. Deren Zufuhr erfolgt über das Flußwasser, Wasserauftriebsprozesse, die Atmosphäre und andere verunreinigte Abflüsse vom Festland, während das einströmende atlantische Oberflächenwasser in der Regel bereits deutlich an Nährstoffen verarmt ist. In der Tiefe wird demgegenüber sogar nährstoffreicheres Wasser in den Atlantik exportiert. Die Phosphatkonzentrationen des Oberflächenwassers liegen z. B. im Bereich von nur 0,1 bis 0,5 µmol/l mit einem ausgeprägten West/Ost-Gefälle und einer Zunahme mit der Wassertiefe. Aufgrund des geringen Nährstoffangebots ist die biologische Produktion gering – im westlichen Becken um 50 g C/m^2/a – und weist vertikale Gradienten mit einem Maximum bei etwa 100 m auf, wo offenbar optimale

Abb. 18. Das Mittelmeer, einschließlich der Küstenregion

Assimilationsbedingungen in bezug auf das Licht- und Nährstoffangebot angetroffen werden.

Entlang der Küste und im Bereich von Flußmündungen kann es im Winter jedoch zu ungewöhnlich hohen Primärproduktionsraten kommen, die mit relativ hohen Gehalten an gelöstem (0,5–1,5 mg/l) und partikulärem organischem Kohlenstoff (etwa 1 mg/l) sowie mit anoxischen Sedimenten einhergehen.

Der oligotrophe Charakter des Mittelmeeres bedingt auch eine relativ niedrige Biomasse des Zooplanktons sowie von Benthosorganismen. Dagegen ist die Artenvielfalt in der Regel bemerkenswert hoch. Mit 0,3 bis 0,4 t jährlich angelandetem Fisch/km^2, 1984 insgesamt unter 800 000 t, werden weniger als 0,1% des durch die Primärproduktion erzeugten organischen Kohlenstoffs dem Meer entnommen.

Die Besonderheiten des Wasseraustausches bedingen, daß sich das Mittelmeer als Ganzes dem Eintrag nährstoffhaltiger Verunreinigungen gut anpassen kann. Anders als in der Ostsee findet in den Tiefenbecken keine Akkumulation solcher Stoffe statt, sie werden sukzessive in den Atlantik abgegeben. Das gilt auch für die „Selbstreinigungskapazität" in bezug auf die Sauerstoffbilanz. In den Küstenzonen, insbesondere im nordöstlichen Teil sowie in der Adria mit hoher Bevölkerungsdichte und vielen Industriestandorten, kann diese Assimilationsfähigkeit für eingebrachte Verunreinigungen zeitweise, besonders im Sommer, deutlich überfordert werden. Der Abbau des organischen Materials verläuft dann über anaerobe Prozesse. Es kommt zu Trübungszonen und zu Gebieten am Meeresboden und darüber, die von den meisten Organismen nicht mehr bewohnbar sind.

Aufgrund der relativ guten Durchlüftung der Wassersäule und der relativ niedrigen Primärproduktion weisen die Sedimente des Mittelmeeres in der Regel einen nur geringen Gehalt an organischem Material auf. Im Bereich von kommunalen und industriellen Abwassereinleitungen sowie unter dem Einfluß der Flüsse kommt es zu Eutrophierungserscheinungen, von denen besonders die Benthosgemeinschaften betroffen sind. Neben den natürlichen Faktoren wie Hydrodynamik an den Küstenlinien, Besonderheiten des Substrats und des Lichtangebots, hat der Störfaktor *Mensch* bereits weitgehend diese Gemeinschaften an vielen Küsten modifiziert.

Wie für andere Gebiete des Weltmeeres auch ist die Qualität von Angaben zum Gehalt des Mittelmeerwassers an umweltrelevanten Spurenstoffen bis weit hinein in die 80er Jahre zweifelhaft. Die in den letzten Jahren gemessenen Konzentrationen überstreichen einen weiten Bereich, wobei die erwarteten horizontalen Gradienten, d.h. eine Abnahme von den Küstengewässern zum offenen Meer hin, zumeist deutlich wurden. Bei den Spurenmetallen wurden in verunreinigten Küstenzonen zum Teil erschreckend hohe Werte gemessen. Das Mittelmeerwasser weist sonst generell zwar die erwartet leicht höheren Konzentrationen im Vergleich zum angrenzenden Atlantik auf, aber bei Werten im Bereich von

14.4 Mittelmeer

1 – 4 µg/l (As),
3 –31 ng/l (Cd),
0,1 – 0,4 µg/l (Cu),
0,1 – 0,5 µg/l (Fe),
0,05– 0,8 µg/l (Mn) und
0,2 – 0,8 µg/l (Zn)

bietet es in dieser Hinsicht keinen besonderen Anlaß zur Besorgnis.

Zum Spurenmetallgehalt von Sedimenten des Mittelmeeres liegen vor allem Werte für die Küstenzone vor, die etwa folgende Bereiche überdecken:

Cd	0,02–	10 µg/g
Cr	10 –	200 µg/g
Cu	2 –	50 µg/g
Mn	50 –	2500 µg/g
Ni	5 –	120 µg/g
Pb	10 –	150 µg/g
Zn	20 –	400 µg/g

Für Hafengebiete sowie weitgehend vom Meer abgeschlossene und stark verunreinigte Lagunen wurden andererseits jedoch Maximalwerte bis zu 64 µg/g Cd, 0,2% Cu, 0,3% Pb, 0,6% Zn sowie je 600 µg/g Cr und Ni berichtet. Aber nicht nur anthropogene Aktivitäten führen zu Werten weit oberhalb des Hintergrundniveaus. Auch die mineralogische Zusammensetzung der Sedimente und die natürlichen geochemischen Bedingungen im entwässerten Territorium können dafür in Betracht kommen.

Für zwei im Rahmen des MED POL-Monitoringprogrammes häufig untersuchte Indikatororganismen, eine Muschel *(Mytilus galloprovincialis)* und einen Fisch *(Mullus barbatus)* werden in Tabelle 14.17 die Metallgehalte angegeben.

Tabelle 14.17. Metallgehalte in Organismen aus dem Mittelmeer (in ng/g Frischmasse)

	M. galloprovincialis	*M. barbatus*
Cd	120 (5– 1060)	34 (1– 590)
Cu	1300 (70– 6000)	400 (3–2700)
Pb	800 (50–16100)	70 (25– 610)
Zn	27000 (2500–97700)	3900 (100–7400)
Hg	230 (4– 7000)	695 (2–7900)

Ein besonderes Problem für das Mittelmeer stellt seine Quecksilberbelastung dar, die möglicherweise zu einem großen Teil natürlich bedingt ist. Das betrifft einerseits das Ausgasen bzw. Auslaugen dieses Metalls aus Zinnober (HgS) und andere Quecksilberverbindungen enthaltenden Gesteinen. Zum anderen wird der episodisch sehr hohe Quecksilberausstoß in die Atmosphäre über dem Mittelmeer, z. B. aus dem ständig aktiven Vulkan Ätna, für die im Vergleich zu anderen Meeren deutlich höhere Hg-Belastung verantwortlich gemacht. Diese Belastung spiegelt sich in relativ hohen Hg-Gehalten der Organismen wider, die entsprechende hygienische Limits für den Verzehr von Fisch (Frankreich: 0,5 µg Hg/g; Italien: 0,7 µg Hg/g) teilweise überschreiten. Auch erhöhte Quecksilbergehalte im Blut oder Haar häufig fischessender Personen sind Anzeichen einer Hg-Belastung. Für das offene Meer erscheinen Konzentrationsangaben zwischen 2 und 4 ng Hg/l jetzt realistisch, während in der Vergangenheit bis zu 10fach höhere Werte berichtet wurden. Bei den für Küstengebiete publizierten Angaben fällt es schwerer, zuverlässige Daten aus den in relativ großer Anzahl vorliegenden Arbeiten herauszufiltern. Möglicherweise kann hier der Hg-Gehalt in Sedimenten weiterhelfen. Während für küstenferne Bereiche des Meeresbodens 50–100 ng Hg/g Sedimenttrockenmasse als typische Hintergrundwerte angenommen werden können, kommen in der Nähe industrieller Quellen (Chloralkalielektrolyse und Petrolchemie; z. B. bis 37 µg Hg/g in Sedimenten der St. Gilla-Lagune bei Cagliari/Sardinien) und geochemischer Anomalien (Mt. Amiata- und Idriga-Region; im Sediment der Flußmündungen bis zu 50 µg Hg/g) bis zu 500fach höhere Gehalte vor. Diese Anomalien haben jedoch zumeist nur lokale Bedeutung und gehen in 10–20 km Entfernung von den Quellen bereits wieder auf Hintergrundwerte zurück.

Die erwähnten Anomalien können auch genutzt werden, um die im Vergleich zu Exemplaren derselben Art aus dem Nordatlantik bis zu 10fach höheren Quecksilbergehalte einiger pelagischer Mittelmeerfische zumindest teilweise zu erklären. Besonders deutlich wurde das von mehreren Autoren für den Thunfisch gezeigt, bei dem zwei Populationen deutlich voneinander unterschieden werden konnten, eine mit Quecksilbergehalten bis zu 1,5 µg/g und eine andere mit weitaus niedrigeren Gehalten. Als Ursache für die erhöhten Gehalte werden von den meisten Autoren höhere Konzentrationen bereits im Wasser und in der Nahrungskette angenommen, wobei den geochemischen Anomalien gegenüber möglichen anthropogenen Quellen der Vorrang eingeräumt wird. Die noch unzureichende Qualität von Analysendaten wird als Grund dafür genannt, daß Messungen an Wasser- und Planktonproben diese Hypothese gegenwärtig nur unzureichend stützen können.

Untersuchungen an Bewohnern der Mittelmeerküste scheinen die lineare Korrelation zwischen der Menge an aufgenommenem Fisch (bis zu 14 Fischmahlzeiten pro Woche) und den im Blut oder Haar angetroffenen Quecksilbergehalten zu belegen. Die von der WHO empfohlenen Maximalwerte einer wöchentlichen Aufnahme wurden zum Teil deutlich überschritten. Die Analysen wiesen teilweise, besonders für Kinder, ein hohes Gesundheitsrisiko aus und lassen nach den angetroffenen Werten bereits identifizierbare Effekte vermuten.

Die für das Mittelmeer vorliegenden Werte zum Gehalt von Chlorkohlenwasserstoffen im Meerwasser sind mit noch größeren Unsicherheiten behaftet als die

14.4 Mittelmeer

Spurenmetalldaten. Für PCBs wurden Werte zwischen 0,2 und 38 ng/l, für DDT zumeist Konzentrationen unterhalb der Nachweisgrenze (0,05 ng/l) und für *Lindan* (γ-HCH) im küstenfernen Bereich Werte zwischen 0,06 und 0,12 ng/l publiziert. In Oberflächensedimenten der offenen See wurde mit 0,8 bis 9 ng PCBs/g eine gegenüber anderen Meeren relativ niedrige Belastung registriert. Bei küstennahen „hot spots" steigen diese Werte dann allerdings bis auf das 100- bzw. sogar 1000fache an. Das betrifft insbesondere die Nähe der Abwassereinleitungen von Städten wie Marseille und Athen. Aber auch in der Umgebung von Nizza oder Neapel kommt es zu hoch mit PCBs belasteten Sedimenten. Gesamt-DDT- und -HCH-Werte lagen je nach Seegebiet im Mittel zwischen 5 und 390 (DDT) bzw. 0,1 und 2,5 ng/g Sediment (HCHs). Diese Belastungsmuster spiegeln sich auch in den Organismen wider. Hier dominiert wiederum eindeutig der Thunfisch, dessen Gehalte an DDT (340 ng/g), DDD (107 ng/g) und DDE (352 ng/g) in der Regel zehnfach höher sind als die von anderen Fischen und Schalentieren. In den MED POL-Indikatororganismen wurden die in Tabelle 14.18 zusammengestellten Rückstandswerte für Chlorkohlenwasserstoffe festgestellt.

Tabelle 14.18. CKW-Rückstände in Organismen des Mittelmeeres (in ng/g Frischmasse)

	Mytilus galloprovincialis	*Mullus barbatus*
PCBs	100 (5 – 2622)	275 (<NG – 8000)
pp'DDT	9 (<NG – 1015)	22 (<NG – 205)
pp'DDD	13 (<NG – 440)	13 (<NG – 180)
Dieldrin	0,9 (0,1 – 56)	2 (<NG – 35)

Ein UNEP/IMO/IOC-Bericht, in dem die zwischen 1973 und 1984 für das Mittelmeer publizierten Daten zum Gehalt gelöster und dispergierter Erdölkohlenwasserstoffe aufgelistet wurden, weist aus, daß die älteren Angaben in der Regel bis zu zehnfach höher liegen als rezente Werte. Die Frage, ob das als Ausdruck abnehmender Belastung gewertet werden kann oder nur Verbesserungen in bezug auf die analytische Richtigkeit und Genauigkeit widerspiegelt, läßt sich retrospektiv nicht beantworten. Es bleibt jedoch zu vermuten, daß verbesserte Förder-, Verlade- und Transporttechnologien für das Erdöl sowie auch die verschärften IMO-Vorschriften nicht ohne positiven Einfluß auf die Umweltbelastung geblieben sind. Gegenwärtig werden Hintergrundkonzentrationen zwischen 0,1 und 0,5 μg Öl/l gemessen, daneben – auch im küstenfernen Bereich – sind offenbar Werte zwischen 2 und 10 μg/l keine Ausnahme. Die meisten dieser Angaben wurden mittels der UV-Fluoreszenzmeßtechnik erhalten, jedoch lagen auch gaschromatographisch erhaltene Werte in der gleichen Größenordnung. Die fleckenhafte Verteilung auch küstenfern angetroffener Wasserkörper mit deutlich höheren Konzentrationen deutet auf Ölverunreinigungen durch die Schiffahrt (Havarien, Tankwaschen, Abpumpen ölhaltigen Wassers etc.) hin. Diese Vermutung wird durch relativ hohe Gehalte an schwimmenden Teerklumpen („tar balls") gestützt, die küstenfern mit 0,5–16 mg/m² und in Küstennähe mit 10–100 mg/m² auftraten. Gleiches gilt für das Vorkommen solcher Teerklumpen an den Stränden. In jedem Fall scheint das östliche Mittelmeerbecken von solchen Erscheinungen stärker betroffen zu sein als das westliche. In den Sedimenten vor der spanischen Küste wurden 1–62 µg aliphatische und 2–66 µg aromatische Erdölbestandteile pro Gramm Trockenmasse nachgewiesen. Im küstenfernen westlichen Becken lagen die Werte bei 1,2 µg Aliphaten und 0,6 µg Aromaten/g Sediment. Zur Ölbelastung der Organismen ist nur sehr wenig bekannt.

Der Gesamteintrag von Öl in das Mittelmeer wurde 1987 auf 635000 t geschätzt, wobei als Quellen die Atmosphäre (35000 t), industrielle und kommunale Abwässer (270000 t) sowie der Tanker- und andere Schiffsverkehr (330000 t) Berücksichtigung fanden. Dieser Wert liegt in bezug auf Schätzungen zum globalen Öleintrag in das Weltmeer (3,25 Millionen t; *NAS*, 1985) in der Größenordnung von 20%. Im Zeitraum zwischen August 1977 und Dezember 1987 kam es zu mindestens 101 Zwischenfällen auf und am Mittelmeer, bei denen Öl in die marine Umwelt gelangte. Während bei 46 Betriebsstörungen nur Mengen bis maximal 1000 m³ freigesetzt wurden, kamen bei 10 der 55 ernsteren Schiffshavarien (Feuer, Explosion, Kollision, Sinken, Grundberührung ...) jeweils mehr als 1000 m³ in das Meer. Das betraf insbesondere die Havarien der „Independenta" am 15. 11. 1979 (Bosporus, 94600 t), *Irenes Serenade* am 23. 02. 1980 (Navarino Bay, 40000 t), „*Juan A. Lavalleja*" am 28. 12. 1980 (Arzew/Algerien, 39000 t) und der „*Cavo Cambanos*" am 05. 07. 1981 (vor Korsika, 18000 t).

Auf ihrem Festlandsockel führten 1985 acht der Mittelmeeranrainer Erkundungs- und Förderungsbohrungen auf Öl und Gas aus. Nach der aufsummierten Länge der dabei abgeteuften Bohrungen ergab sich folgende Reihe mit abnehmender Tendenz von Italien (130 km) über Spanien, Tunesien, Ägypten, Libyen, Griechenland, Türkei bis Jugoslawien (2,6 km). Daraus ergeben sich Anhaltspunkte für die durch solche Aktivitäten ausgeübten Einflüsse auf die Meeresumweltqualität.

Erste Trendanalysen scheinen auszuweisen, daß nach Inkrafttreten der Anlage I der MARPOL 73/78-Konvention (02. 10. 1983), mit der u. a. die durch Öltanker verursachte Meeresverunreinigung reduziert werden soll (geschützte Anordnung von Ballasttanks, Limitierung der Tankgrößen etc.) bereits eine Reduzierung der Gefährdung durch Zwischenfälle einsetzte. Zwar blieb die Anzahl der Ölverlustfälle fast gleich, deren jeweiliger Umfang nahm jedoch deutlich ab. Während von 1977–83 noch 9 Tankerhavarien mit jeweils mehr als 1000 m³ umfassenden Ölspills gezählt wurden, war es im Zeitraum 1983–87 nur noch eine Havarie dieser Größenordnung. Allerdings ist zu berücksichtigen, daß von den 18 Mittelmeeranrainern nur die Hälfte (Ägypten, Frankreich, Griechenland, Israel, Italien, Libanon, Spanien, Tunesien, Jugoslawien) MARPOL 73/78 ratifiziert haben. 94 der insgesamt 548 Tanker über 10000 BRT werden noch von Staaten betrieben, die sich nicht an diese Regeln halten müssen. Auch an der Tatsache, daß über das Mittelmeer mehr als 20% des globalen Transittransports von Erdöl verlaufen, wird sich wahrscheinlich mittelfristig wenig ändern.

Zum Transport anderer gefährlicher Substanzen über das Mittelmeer gibt es noch keine umfassende Statistik. Es wird jedoch eingeschätzt, daß der Transport verflüssigter Gase, von Chemikalien sowie von Verbindungen wie Benzen und seinen Nebenprodukten als Massengut zur Quelle von Verunreinigungen mit ernsten ökologischen Schäden werden kann.

Da bisher nur ein geringer Anteil der in das Mittelmeer eingebrachten kommunalen Abwässer zuvor einer biologischen Behandlung unterworfen wird, überrascht es nicht, daß gerade die mikrobielle Verunreinigung des Wassers und der darin lebenden Organismen eines der hauptsächlichen Umweltprobleme darstellt. Bei der Untersuchung kommerziell genutzter Schalentierbänke wurde deutlich, daß zwar bei etwa zwei Dritteln der Stationen die Wasserqualität WHO/UNEP-Kriterien noch genügt (<10 Fäkal-Coliformbakterien – FC – pro 100 ml), die Qualität der abgeernteten Tiere jedoch nur in Ausnahmefällen das gesetzte Limit (<2 FC/g) erreicht bzw. unterschreitet. Im Ergebnis umfangreicher Untersuchungen 1976–81 an 12 500 Proben von den Küsten Italiens, Jugoslawiens und Israels war festzustellen, daß die Qualität des Wassers aus mikrobieller Sicht in rund 20% der Fälle eine Nutzung als Badewasser verbietet. Die entsprechenden Limits (<100 FC/100 ml in 50% und <1000 FC/100 ml in 90% der Proben) wurden dabei überschritten.

In bezug auf die radioaktive Belastung des Mittelmeeres ist festzustellen, daß in der gesamten Region keine Wiederaufbereitungsanlagen für Kernbrennstoffe betrieben werden. Damit entfällt eine wichtige potentielle Belastungsquelle. Nur vier der Anliegerstaaten (Frankreich, Italien, Spanien, Jugoslawien) besitzen Kernkraftwerke in der Mittelmeerregion. Die Kühl- und Abwässer von ungefähr 25 Blöcken erreichen über Flüsse wie Rhone oder Po das Meer. Vor der Chernobyl-Katastrophe lag der regionale Eintrag künstlicher Radionuklide, einschließlich des Anteils aus der Auswaschung des Bodens, bei nur 4% des Gesamteintrags. Die überwiegende Menge kam über atmosphärische Niederschläge als Rückstand von Atomwaffentests hinein. Der atmosphärische Eintrag aus dem Chernobyl-Zwischenfall beeinflußte dann signifikant das Inventar einiger Radionuklide wie ^{137}Cs. Im Verlauf des Jahres 1986 zerfielen viele kurzlebige Spaltprodukte wie ^{95}Zr, ^{95}Nb, ^{103}Ru, ^{132}Te, ^{131}I und ^{141}Ce rasch wieder. Radionuklide mittlerer Lebensdauer wie ^{110m}Ag, ^{106}Ru und ^{134}Cs nahmen durch Dispersion und Zerfall ebenfalls bald sehr stark ab. Beim ^{137}Cs verursachte Chernobyl dagegen z. B. im Oberflächenwasser vor Monaco eine Zunahme von 3 mBq/l auf 50 mBq/l. Auch der Gehalt im Seegras und in Muscheln reagierte auf dieses zusätzliche Angebot. Die ^{137}Cs-Aktivitäten nahmen darin von 0,5–1 auf 10–50 mBq/g bzw. von 1 auf 30 mBq/g zu. Während die Verweilzeit des ^{137}Cs im untersuchten Oberflächenwasser bei nur 9,5 Tagen lag, wurden dafür beim

Seegras 70–350 Tage und bei den Muscheln im Mittel 20 Tage registriert. Das Gesamtinventar des ^{137}Cs für das Mittelmeer nahm schätzungsweise um 25–40% durch den Chernobyl-"fallout" zu. Die typischen Aktivitätskonzentrations-Bereiche des ^{239,240}Pu im Wasser (0,02–0,05), Fisch (0,2–10), in Miesmuscheln (20–100), Makroalgen (100–1 000) und im Sediment (400–1 200 mBq/kg) blieben dagegen anscheinend von diesem Ereignis weitgehend unbeeinflußt.

Eine Lagerung radioaktiver Abfälle am oder unterhalb des Meeresbodens ist für das Mittelmeer nicht vorgesehen.

Erste Grobabschätzungen zum quellenbezogenen (Kommune, Industrie, Landwirtschaft, Flüsse) Festlandseintrag von Verunreinigungen, d.h. von organischem Material (BOD, COD), von Nährstoffen (P, N), organischen Spurenstoffen (Detergenzien, Phenole, Mineralöl), Metallen (Hg, Pb, Cr, Zn), suspendiertem Material, Pestiziden (Organochlorverbindungen) und von Radioaktivität (^{3}H und andere Nuklide) wurden 1984 im Rahmen eines MED POL-Projekts veröffentlicht. Danach werden 60–65% der organischen Belastung (BOD bzw. COD) küstenbezogenen Quellen zugeordnet, davon wiederum die Hälfte der Industrie und je ein Viertel den kommunalen Abwässern sowie der Landwirtschaft. Beim Phosphor und Stickstoff werden dagegen bereits 75–80%, beim Chromium 50%, beim Quecksilber 92%, beim Zink und bei den Detergenzien 66% über die Flüsse, die ein über den Küstenbereich weit hinausgehendes Gebiet entwässern, eingetragen.

Für den Eintrag von Spurenmetallen wie Pb, Zn, Cr und Hg in das Mittelmeer stellen atmosphärische Niederschläge eine Route gleicher Wertigkeit wie die der Abflüsse vom Festland dar. Anreicherungen von Ag, As, Au, Cd, Cr, Hg, Pb, Sb und Zn in der Mittelmeeratmosphäre wurden mit der Anwesenheit der in Industriegebieten Westeuropas stark geprägten Aerosole erklärt. Für Se-Anreicherungen wurden vulkanische Einflüsse, z.B. vom Ätna, verantwortlich gemacht. Auch die Gehalte an PCBs waren in Luftmassen aus industrialisierten Gebieten deutlich höher als in solchen aus anderen Regionen. Der atmosphärische Eintrag von Erdölkohlenwasserstoffen wurde auf maximal 10% des PH-Gesamteintrags in das Mittelmeer geschätzt.

Die 18 Mittelmeeranrainer weisen bekanntlich große Unterschiede in ihrer Geographie, Bevölkerungs- und Infrastruktur, in Industrie, Landwirtschaft und Politik auf. In Tabelle 14.19 wurden dazu einige Kennzahlen zusammengestellt, die direkt bzw. indirekt Einfluß auf die Qualität der angrenzenden Meeresumwelt nehmen können.

Beispielsweise lebten 1985 in den Mittelmeerländern etwa 351 Millionen Menschen, davon 132 Millionen in der rund 1,5 Millionen km² umfassenden Küstenregion, die jedoch nicht mit der in das Mittelmeer entwässernden Fläche identisch ist. Demographische Hochrechnungen gehen davon aus, daß die Gesamtbevölkerung bis zum Jahr 2000 auf 433 Millionen und bis 2025 auf 547 Millionen anwachsen wird, wobei gleichzeitig eine Verlagerung der Bevölke-

Tabelle 14.19. Charakteristik der Mittelmeerstaaten (nach *UNEP*, 1987)

	(1)	(2)	(3)	(4)	(5)	(6)	(7)	(8)	(9)	(10)
Spanien	2 580	504 782	18,9	13,9	90 (84)	57	2,5	27,1	8,9	1 637
Frankreich	1 730	547 026	8,5	5,5	85 (80)	62	3,0	34,8	20,8	5 780
Italien	7 953	301 225	75,3	41,9	99 (81)	59	2,5	22,9	20,4	2 113
Malta	137	316	100	0,4	100 (83)	70	–	0,5	0,1	1
Monaco	4	2	100	0,03	?	?	–	?	?	?
Jugoslawien	6 116	255 804	16,6	2,6	58 (81)	28	4,8	7,2	2,9	976
Albanien	418	28 748	100	3,1	?	31	4,0	?	?	94
Griechenland	15 000	131 944	76,0	8,9	?	43	1,6	5,5	1,2	651
Türkei	5 191	780 576	15,7	10,0	10 (82)	30	2,4	1,5	0,9	1 541
Zypern	782	9 251	100	0,7	100 (84)	36	–	0,7	0,1	20
Syrien	183	185 180	2,3	1,2	–	37	10,2	1,0	0,1	219
Libanon	225	10 400	100	2,7	75 (85)	40	–	?	?	51
Israel	190	20 770	21,5	2,9	95 (84)	77	–	1,1	0,6	89
Ägypten	950	1 001 449	40,3	16,5	70 (81)	43	52,0	1,6	0,9	851
Libyen	1 770	1 759 540	14,3	2,3	70 (83)	23	60,9	0,1	0,5	115
Tunesien	1 300	163 610	27,9	5,0	46 (84)	36	6,2	1,6	?	87
Algerien	1 200	2 381 741	2,9	11,5	–	30	56,9	0,4	0,6	177
Marokko	512	446 550	9,4	3,4	46 (84)	29	0,02	1,9	0,5	249
Summe	*46 214*	*8 528 914*	*17,5**	*132,1*				*107,9*		*14 651*

* 17,5% der Region entsprechen *1 491 797 km²*
(1) Mittelmeer-Küstenlänge in km
(2) Gesamtfläche der Staaten in km²
(3) Anteil der Mittelmeerregion an der Gesamtfläche der jeweiligen Staaten in %
(4) Bevölkerung in der jeweiligen Mittelmeerregion in 10^6
(5) Anschluß an ein Abwassersammelsystem in % (Jahr der Erhebung)
(6) Urbanisierungsgrad (1984) in %
(7) Ölförderung in der Mittelmeerregion (1985) in 10^6 t
(8) Anzahl der Touristen (1984) in 10^6
(9) Anzahl der Pkw (1984) in 10^6
(10) Düngemitteleinsatz (1984/85; als Summe von $N + P_2O_5 + K_2O$) in 1 000 t

rungszentren von Nordwest (Spanien-Frankreich-Italien) nach Osten und Süden (Ägypten-Türkei-Algerien) stattfindet (Abb. 19). Dabei soll der Urbanisierungsgrad von 1980 bis 2025 von 57% auf 76% ansteigen. Dieses wird von einem zunehmenden Drang, den Wohnsitz an der Küste zu nehmen, begleitet sein.

Die Zahl der Touristen (1984: 108 Millionen) wird bei hohen Steigerungsraten ebenfalls dazu beitragen, den Druck auf die Küstenregion zu verstärken. Für das Jahr 2000 gehen die Schätzungen von 268–409 Millionen und für 2025 von 378–758 Millionen Touristen/Jahr aus.

Die Küstenstaaten des Mittelmeeres und des Schwarzen Meeres (ohne UdSSR) verfügten 1988 insgesamt über eine Marine von 1 800 Schiffen unterschiedlichen Typs mit einer Verdrängung von fast 2 Millionen Tonnen. Die etwa 300 000 Mann umfassenden Besatzungen dieser Schiffe und die Seestreitkräfte der Weltmächte

UdSSR und USA mit ihrer 5. bzw. 6. Flotte trugen sicherlich zur Belastung des Mittelmeeres ebenfalls signifikant bei. Konkrete Abschätzungen zum Ausmaß dieses Faktors waren jedoch nicht verfügbar. Etwa 300 Seegebiete waren 1988 für militärische Übungen reserviert, darunter 11 im Marmarameer, 53 im Schwarzen und 5 im Asowschen Meer. Die davon betroffenen Flächen umfaßten etwa 1/30 des gesamten Mittelmeeres, 3/5 des Marmarameeres und 1/3 der Gewässer des Schwarzen und Asowschen Meeres. Es ist zu erwarten, daß die Belastung des Mittelmeeres durch die Präsenz der Marine von Anrainer- und anderen Staaten infolge des internationalen Entspannungsprozesses abnimmt. Die meisten der Mittelmeer-Küstenstaaten haben Territorialgewässer von 12 Seemeilen Breite vor ihrer Basislinie, Israel und Griechenland beanspruchen allerdings nur 6 sm, Albanien dagegen 15 und Syrien sogar 35 sm.

In einigen Gebieten des Mittelmeeres wird Sand bzw. Kies vom Meeresboden gefördert. Das betrifft insbesondere den Golf von Tunis mit ca. 10 000 m^3/Tag. In anderen Gebieten wurde mit der Ausbeutung solcher Ressourcen, vor allem aus ökologischen Gründen, noch nicht begonnen. Auch Trawlfischerei übt

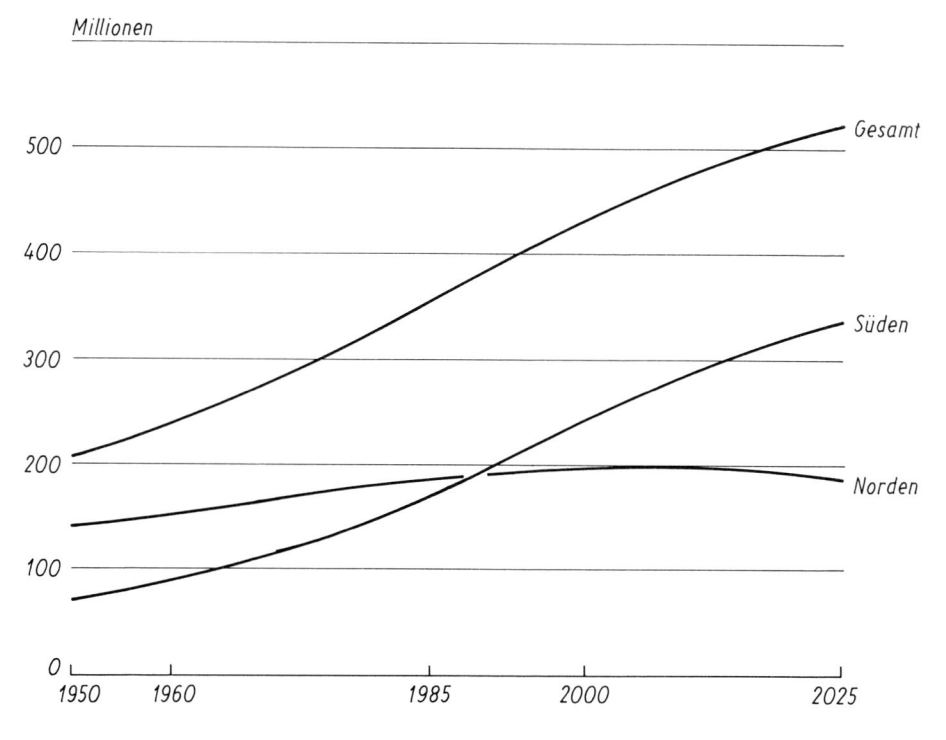

Abb. 19. Bevölkerung in den Mittelmeerländern (Trends 1950–1985 und Vorhersage für die Bevölkerungsentwicklung in den Anrainerstaaten im Süden und Norden)

negative Effekte auf Benthosorganismen aus. Das betrifft insbesondere Seegraswiesen *(Posidonia oceanica)*, die an den Küsten bei Wassertiefen zwischen 5 und 40 m anzutreffen sind und als Laichgründe und „Kinderstuben" für viele Fische, Mollusken und Crustaceen einen unschätzbaren Wert besitzen. Schabgeräte („*Italienisches Kreuz*" bzw. „*St. Andreas-Kreuz*") werden zum „Fischen" auf Korallen und Schwämme benutzt. Dabei können die entsprechenden untermeerischen Habitate stark beschädigt werden. Der zunehmende Trend zur Marikultur bedarf gegenwärtig besonders in Hinsicht auf das Einschleppen exotischer Arten und zusätzliche Eutrophierungseffekte einer sorgfältigen Kontrolle.

In der Vergangenheit wurden in der Regel die Abwässer der Küstenregionen ohne weitere Klärung in das Mittelmeer geleitet. Die Verdünnung der Verunreinigungen und ihre biologische Behandlung wurden dem marinen Ökosystem überlassen. Auch gegenwärtig gehen die Abwässer der großen Städte zu etwa 85% noch ungeklärt in das Meer. In den Anliegerstaaten ist jedoch ein zunehmender Trend zum Bau von Abwassersammelsystemen und Kläranlagen zu verzeichnen. Die Realisierung ihres Vorhabens, alle 79 Küstenstädte mit mehr als 100 000 Einwohnern mit Kläranlagen und die weiteren 460 Städte über 10 000 Einwohner mit untermeerischen Abwasserpipelines und/oder Kläranlagen auszustatten (damit wären dann insgesamt zumindest rund 41 Millionen, d. h. 37% der Mittelmeerküsten-Bewohner, entsorgt), ist jedoch in allernächster Zeit noch nicht zu erwarten. Es hängt davon ab, ob die dafür erforderliche Summe von weit über 5 Milliarden US-Dollar aufgebracht werden kann. Während ältere Anlagen in der Regel nur über mechanische Reinigungsstufen verfügen, sollen die neuen auch mit biologischer Behandlung ausgerüstet werden. Der industrielle und kommunale Abwassereintrag wird auf insgesamt 8×10^9 m^3/a geschätzt. Durch den Tourismus kommen gegenwärtig noch etwa $0,4 \times 10^9$ m^3/a hinzu. Der daraus resultierende biochemische Sauerstoffbedarf (BSB bzw. BOD), der um $1,5 \times 10^6$ t/a liegt, verteilt sich auf die Verursacher Industrie (0,9), Kommune (0,5) und Landwirtschaft ($0,1 \times 10^6$ t/a).

Die Schätzungen zum Gesamteintrag von Phosphor in das Mittelmeer liegen um 360 (260–460) $\times 10^3$ t/a. Für Stickstoff werden 1,0 (0,8–1,2) $\times 10^6$ t/a in bezug auf den landseitigen Eintrag angegeben. In beiden Fällen dominieren als Quellen die Flüsse. Angaben zum jährlichen Eintrag von Detergenzien (42 000 t), Phenolen (12 000 t), Quecksilber (130 t), Blei (4800 t), Chromium (2800 t), Zink (25 000 t) oder Suspensionen (350 $\times 10^6$ t) vom Festland sind noch mit sehr großen Unsicherheiten behaftet.

„Eutrophierung" von marinen Ökosystemen ist bekanntlich häufig dadurch charakterisiert, daß
a) die Produktionsrate von pflanzlichen Lebewesen (Makroalgen, Phytoplankton) die ihrer Konsumenten übersteigt,
b) der im Wasser gelöste Sauerstoff deutlich abnimmt bzw. sogar die Bildung von Schwefelwasserstoff einsetzt und daß

c) die Struktur des Ökosystems beeinträchtigt ist, insbesondere hinsichtlich der Dominanz einiger Arten.

Die Symptome reichen dabei von der einfachen Zunahme der Biomasse bis hin zu „red tides". Das trifft auch auf das Mittelmeer zu. Beispielsweise zeigt die Salzwasserlagune vor Tunis („lac de Tunis") im Sommer extreme Eutrophierungssymptome, wenn eine Makroalge *(Ulva sp.)* ein Drittel der Oberfläche bedeckt, die Wassersäule anaerob wird und Blüten von roten Schwefel-reduzierenden Bakterien zu beobachten sind. Nach dem Freisetzen von H_2S kommt es zum Fischsterben. Nahezu ein Drittel der Lagune wurde durch einen Polychaeten *(Ficopomatus enigmatica)* okkupiert, der sich von dem organischen Detritusregen ernährt.

Während des Frühjahrs oder im Herbst kommt es in der nördlichen Adria zu intensiven Phytoplanktonblüten, für die nährstoffreiche Abwassereinleitungen und der Po verantwortlich sind. Die Kastela-Bucht in der nordöstlichen Adria nimmt die Abwässer der Stadt Split auf. Von 1962 bis 1977 hatte sich die jährliche Primärproduktion dort praktisch verdoppelt, von 115 auf 206 g C/m²; sie nahm in der Zwischenzeit weiter zu, fast um den Faktor 10. Es dominieren dort Diatomeenarten, die vor 1972 kaum anzutreffen waren *(Nitzschia seriata, Skeltonema costatum, Leptocylindrus danicus)*. Im Sommer 1980 kam es zu einer „red tide" von *Gonyaulax polyedra* mit bis zu 18×10^6 Zellen/l, die von einem massenhaften Fischsterben begleitet war.

In der Elefsis-Bucht, im nördlichen Teil des Golfs von Saronikos, erhöhten kommunale Abwässer die Nährstoffkonzentrationen auf das etwa 10fache gegenüber Hintergrundwerten. Intensive Diatomeen- und Dinoflagellaten-Blüten sind die Folge. Außerdem wurden auch für andere Küstengebiete wie vor Katalonien, an der Rhonemündung, im Golf von Izmir, in den Hafengebieten von Barcelona, Alexandria und Algier, in der Bucht von Antibes, vor Villefranche, Banyuls, Malta und Juan-les-Pins „red tide"-Ereignisse häufig registriert.

Mehrere Untersuchungen haben Langzeiteffekte der ständig noch anwachsenden Belastung vieler Küstengewässer des Mittelmeeres nachgewiesen. Besonders der „diversity"-Index wurde genutzt, um Veränderungen aufzuzeigen. In der Bucht von Izmir hat sich besonders die Bodenfauna seit 1972 graduell verändert. Während in der verunreinigten Zone Polychaeten dominieren, treten sie in einer Übergangszone zusammen mit Mollusken auf, bevor dann weiter seewärts eine normale Artenvielfalt und -häufigkeit zu beobachten ist. In der Bucht von Muggia der nördlichen Adria kam es ebenfalls zu einer vollständigen Veränderung der Benthosgemeinschaft, zur Verarmung des Artenspektrums, aber auch zu massenhaftem Absterben einiger Arten. Die Schädigung des für das Mittelmeer typischen *Posidonia oceanica*-Ökosystems ist vor einem völligen Verschwinden des Seegrases an verunreinigten Küstenabschnitten durch einen drastischen Rückgang der Epifauna und eine Reduzierung der Blattlängen gekennzeichnet. Dabei ist zu beachten, daß diese Makroalge bei Wachstumsraten von maximal 3,5 cm/a etwa 120 bis 150 Jahre zur kompletten Regeneration benötigt.

14.4 Mittelmeer

Andere Langzeiteffekte betreffen die Immigration von indopazifischen Arten mit der Eröffnung des Suez-Kanals 1869. Die etwa 170 Arten, darunter ökonomisch durchaus wertvolle Fische, haben sich bis zu den Küsten Zyperns, der Türkei und Griechenlands ausgebreitet. Erleichtert wurde dies durch die Inbetriebnahme des Assuan-Nilstaudamms 1965. Damit entfiel ein beträchtlicher Teil der Süßwasserbarriere in den Bitterseen. Andererseits entfällt seitdem auch der Düngungseffekt mit der 30–50 km³ umfassenden Wolke von Nilwasser, die sich vor dem Dammbau an der Küste der Levante bis hoch nach Libanon ausbreitete. Ein drastischer Rückgang der Primärproduktion und des Fischertrags, bei *Sardinella* auf etwa 2–5% früherer Fänge, waren die Folgen. An dieser Stelle soll auch daran erinnert werden, daß im Mittelmeerraum einmalige Habitate von Schildkröten bereits zerstört wurden oder anthropogen stark gefährdet sind. Solche Habitate sind praktisch nicht regenerierbar. Ein Umgewöhnen der Tiere an eine neue Umgebung wird von den Experten als sehr unwahrscheinlich angesehen.

Die internationale Klimakonferenz von UNEP/ICSU/WMO in Villach („International Conference on the Assessment of the Role of Carbon Dioxide and of other Greenhouse Gases in Climate Variations and associated Impacts", 09.–15.10. 1985) kam zu Schlußfolgerungen über einen Temperatur- (1,5–4,5 °C) und Meeresspiegelanstieg (20–140 cm) noch vor dem Ende des 21. Jahrhunderts. Von der 2. Weltklimakonferenz (SWCC) der WMO („Climate Change and the Modern World", 12.–20.11. 1990, Genf) wurden diese Aussagen im wesentlichen bestätigt. Ein Treffen von Klimaexperten der Mittelmeerstaaten schätzte 1988 ein, daß bei der Annahme von 20 cm eustatischem Anstieg bis zum Jahr 2025 keine besonders dramatischen Probleme für die Küsten ihres Meeres zu erwarten sind. Das gilt jedoch nicht auf lokaler Ebene, z.B. im Bereich von Lagunen. Aufgrund eines Absinkens des Festlandes und auch anderer Ursachen können begrenzt weit größere Meeresspiegelveränderungen auftreten und tief liegende Gebiete wie Deltas und Küstenstädte gefährden. Eine Temperaturzunahme um nur 1,5 Grad könnte außerdem bereits die Zirkulationsmuster im Meer und damit dessen Produktivität, Wasserbilanz, regionale Niederschlagshäufigkeit und Verteilungsmuster für Verunreinigungen verändern. Die Wahrscheinlichkeit des Auftretens von Katastrophen nimmt aufgrund der Vernetzung klimatischer mit nicht-klimatischen Faktoren (z.B. Bevölkerungszunahme, Urbanisierungsrate, Entwicklungspläne für die Küstenregion) zu.

Die Mittelmeerregion wurde vom UN-Umweltprogramm (UNEP) als Gebiet hoher Priorität in bezug auf erforderliche Maßnahmen eingeschätzt. In Barcelona wurde folgerichtig 1975 ein Aktionsplan durch die Regierungen der Anliegerstaaten angenommen. Die entsprechende „Barcelona-Konvention zum Schutz des Mittelmeeres vor Verschmutzung" wurde von 17 Staaten (außer Albanien) und von der EEC ratifiziert.

14.5 Schwarzes Meer

Das Schwarze Meer bedeckt, ohne das Asowsche Meer, eine Fläche von 413 500 km² und besitzt ein Volumen von rund 530 000 km³ Brackwasser eines mittleren Salzgehalts von 18 PSU. Es ist ein Nebenmeer des Atlantischen Ozeans, das durch den nur 37 bis 120 m tiefen und 0,5 bis 3,7 km breiten Bosporus, das Marmarameer und die Dardanellen mit dem Mittelmeer, sowie durch die Meerenge von Kertsch mit dem Asowschen Meer verbunden ist (Abb. 20). Die maximale Tiefe beträgt 2 245 m, die mittlere Tiefe 1 282 m, die größte Breite 610 km, die Länge 1 150 km und die Küstenlänge 4 080 km. Flüsse wie Donau (203 km³/a), Dnestr (9 km³/a), Bug, Dnepr (54 km³/a), Don (über das Asowsche Meer), Kuban, Inguri, Rioni und Kizil Irmak bringen aus einem Einzugsgebiet von rund 2,4 Millionen km² (mit einer Bevölkerung von 162 Millionen Menschen) pro Jahr etwa 360 km³ Süßwasser in das Schwarze Meer. Die Wasserbilanz wird durch den Niederschlag (ca. 120 km³/a), den Einstrom von Salzwasser aus dem Mittelmeer über den Bosporus (ca. 200 km³/a) und von Süß- bis Brackwasser aus dem Asowschen Meer (ca. 50 km³/a), die Verdunstung (ca. 330 km³/a) sowie den Ausstrom durch den Bosporus (ca.370 km³/a) und die Meerenge von Kertsch (ca. 32 km³/a) vervollständigt. In dem zentralen Becken befindet sich stagnierendes Tiefenwasser, das unterhalb von 1 400 m Verweilzeiten von ca. 2 000 Jahren aufweist. Auch in Tiefen von 800 m liegt die Verweilzeit mit schätzungsweise 300 Jahren noch zwei bzw. eine Größenordnung über der von Nord- und Ostsee.

Ein besonderes Charakteristikum des Schwarzen Meeres ist, daß unterhalb von 150 bis 200 m Tiefe permanent Schwefelwasserstoff, teilweise mit Konzentrationen über 10 mg H_2S/l, anzutreffen ist.

Diese Erscheinung ist nicht einmalig auf der Welt: So gibt es mit dem Cariaco Trench eine 1 400 m tiefe Senke im Atlantik nördlich von Venezuela, die unterhalb 300 m permanent mit maximal 1,5 mg H_2S/l anoxisch ist. Auch mit untermeerischen Schwellen vom Wasseraustausch mit dem Ozean abgeschlossene Fjords wie der Saanich Inlet (British Columbia/Kanada), der südnorwegische Framvaren (unterhalb 18 bis 20 m ständig mit maximal 250 mg H_2S/l anoxisch) oder der schwedische Byfjord (maximal etwa 20 mg H_2S/l) zählen dazu. Sogar in der Ostsee sind zentrale Tiefenbecken wie das Gotlandbecken unterhalb von etwa 150 m – seit 1979 wieder ununterbrochen – mit schwefelwasserstoffhaltigem Wasser gefüllt, das Konzentrationen von etwa 2–10 mg H_2S/l aufweist.

Nur rund 13% des Schwarzen Meeres, darunter die breiten Schelfgebiete im Norden vor der bulgarischen, rumänischen und ehemaligen sowjetischen Küste, abgegrenzt nach Süden etwa durch eine Linie Varna/Sevastopol, weisen sauerstoffhaltiges Wasser auf, in dem das uns bekannte und nutzbare organische Leben existieren kann.

Die in anderen Meeren beobachtete Überdüngung mit Pflanzennährstoffen aus industriellen und kommunalen Abwässern hat auch um das Schwarze Meer keinen Bogen gemacht. Von Eutrophierungserscheinungen sind besonders die

West- und Nordküsten – extrem im Bereich von Flußmündungen – betroffen. Trübung des Wassers, mikrobielle Verunreinigung, Schädigung des benthischen Ökosystems, u. a. mit dem Rückgang von Muschelkulturen verbunden, waren die Folge. Gehäuft seit etwa 1973 kommt es im Spätsommer bis Frühherbst zur Schwefelwasserstoffentwicklung auf dem Schelf, teilweise bereits unterhalb von 120 m bzw. sogar 70 m. Das ist dann jeweils mit dem vollständigen Absterben der Bodenlebewesen verbunden. Diese Erscheinung wird mit der erhöhten organischen Produktion, aber auch mit der Injektion von H_2S-haltigem Tiefenwasser durch Auftriebsvorgänge in Zusammenhang gebracht. Auch ein genereller Anstieg der Redoxsprungschicht, die sauerstoff- von schwefelwasserstoffhaltigem Wasser trennt, wurde beobachtet. Als Ursache dafür wird häufig eine Veränderung der Wasserbilanz aufgrund natürlicher Veränderungen und anthropogener Einwirkungen genannt. Mögliche klimatische Veränderungen hätten Einfluß auf den Süßwasserzufluß, das Windregime und die Temperaturverhältnisse. Auch Eingriffe in die Hydrologie durch Flußregulierungen u. ä. Maßnahmen, besonders von der ehemaligen sowjetischen Seite, werden für den ansteigenden Trend der Tiefenlage der Redoxsprungschicht verantwortlich gemacht. Pläne und Maßnahmen zu noch rigoroseren Eingriffen in das hydrologische Regime, insbesondere auch die Donau betreffend, wurden glücklicherweise mittlerweile ausgesetzt bzw. fallengelassen.

Hinsichtlich des Eintrags von Verunreinigungen in das Schwarze Meer ist vor allem die Donau zu nennen, die große Teile industriell und landwirtschaftlich intensiv genutzter Gebiete Europas entwässert. Allerdings ist das küstenferne Schwarze Meer weiterhin gering belastet. Durch Denitrifikation im anoxischen Milieu wird das Niveau des Pflanzennährsalzes Nitrat weiterhin gering gehalten.

Auch das Spurenmetallregime wird vorwiegend geochemisch durch den sulfidhaltigen Wasserkörper kontrolliert. In der Oberflächenschicht bis ca. 200 m sind im Schwarzen Meer gegenüber dem Mittelmeer die Kupfer- und Nickelgehalte im Wasser leicht erhöht, beim Cadmium liegen sie etwa gleich und beim Blei deutlich niedriger. Die in Tabelle 14.20 wiedergegebenen Werte sollen die durch Ausfäll- und Löseprozesse hervorgerufenen Unterschiede in den Metallkonzentrationen des Schwarzen Meeres in Abhängigkeit von der Wassertiefe (Redoxmilieu) illustrieren.

Zur Konzentration organischer Verunreinigungen im Schwarzen Meer gibt es nur wenige Angaben, die darüber hinaus bisher noch recht unzuverlässig erscheinen und deshalb hier nicht vorgestellt werden.

Obgleich nahezu 90% des Schwarzen Meeres anoxisch sind, ist es ein relativ produktives Meer, in dem schätzungsweise 180 Fischarten vorkommen. Die Überfischung und der schrittweise Übergang von einem oligotrophen zu einem eutrophen Meer haben allerdings dazu geführt, daß regional oder über das gesamte Gebiet einige ökonomisch wichtige Fischarten wie die Schwarzmeer-

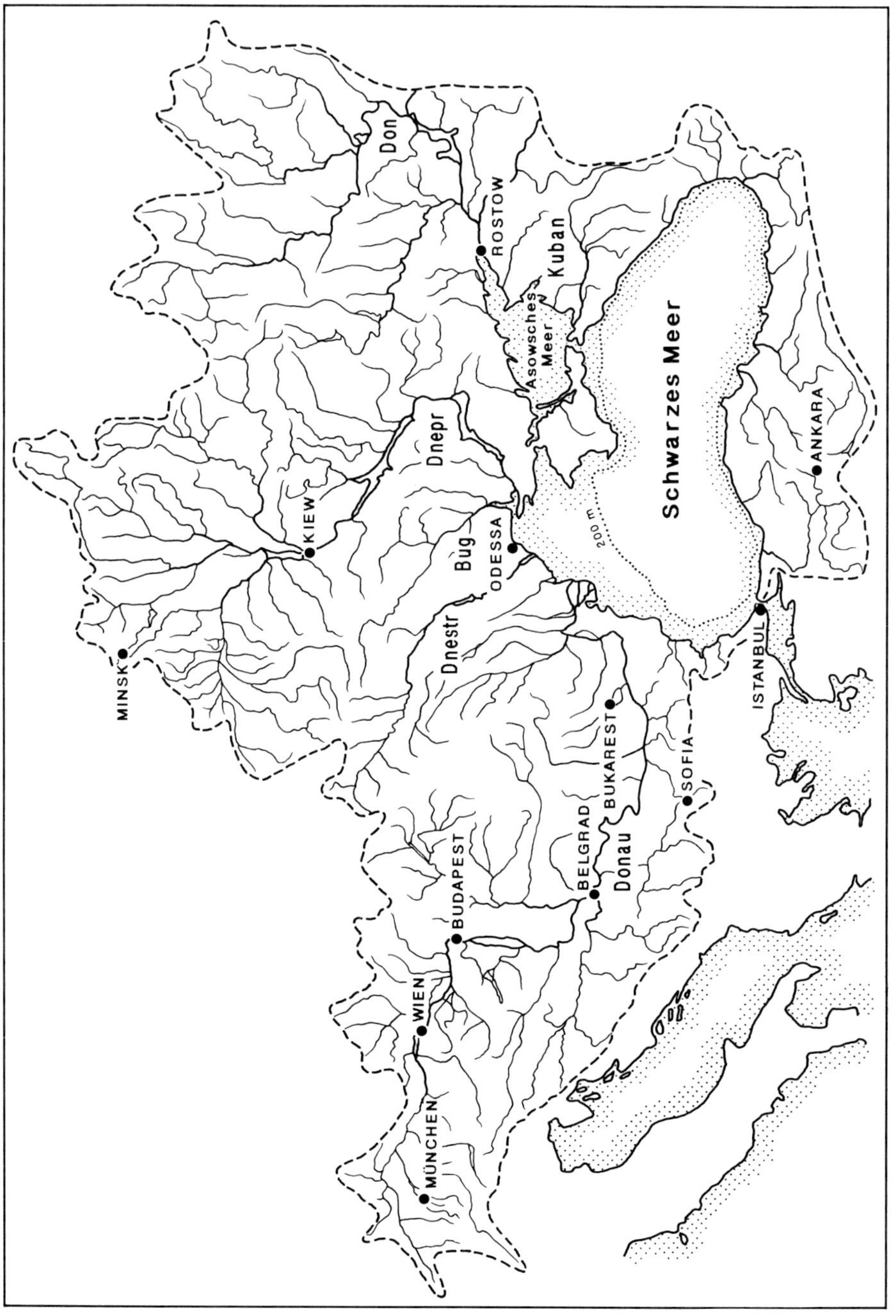
Don
ROSTOW
Kuban
Asowsches Meer
Schwarzes Meer
ANKARA
Dnepr
KIEW
Bug
ODESSA
200 m
Dnestr
MINSK
ISTANBUL
BUKAREST
SOFIA
BELGRAD
Donau
BUDAPEST
WIEN
MÜNCHEN

Tabelle 14.20. Spurenmetallkonzentrationen im Schwarzen Meer (in ng/l)

	< 200 m	> 200 m
Mn	1 600	220 000
Ni	450	500
Fe	200	600
Cu	300	10
Zn	200	70
Pb	10	5
Co	9	13
Cd	6	0,5

makrele, Bonito, Hecht, Barsch, Brasse, Blaufisch und Makrele verschwunden sind. Als bedeutende Fischbestände verblieben nur Sprott und Anchovis.

14.6 „UNEP-Regionen"

14.6.1 Atlantik vor West- und Zentralafrika

Das Gebiet erstreckt sich von etwa 16° Nord bis 18° Süd über rund 8 000 km Küstenlinie. Es umfaßt das Wüstenklima der Sahara im Norden, eine humide tropische Zone mit zwei von Afrikas größten Flüssen, Niger und Congo-Zaire, und endet im Süden vor einer weiteren Wüste, der Kalahari. Der Kontinentalschelf dehnt sich im Golf von Guinea über etwa 70 km seewärts aus, vor Angola und Zaire ist er nur ca. 4 km breit. Die Küstenzone ist in der Regel nur wenig bevölkert, allerdings befinden sich die Hauptstädte zumeist an der Küste oder in deren Nähe. Das bedeutet, daß einige Gebiete stark industrialisiert und sehr dicht besiedelt sind. Als Beispiel seien Lagos mit mehr als 8 Millionen Einwohnern und 85% von Nigerias Industrie sowie Accra-Tema mit 60% von Ghanas Industrie erwähnt.

Wie für andere Meeresregionen fehlen auch hier verläßliche Daten zu den Quellen und zur Zusammensetzung des durch die Städte und Flüsse, durch die Industrie und die Schiffahrt verursachten Eintrags von Verunreinigungen in die Küstengewässer der Region. Daten zur Qualität der küstenfernen und Küstengewässer sind ebenfalls äußerst rar. Aus den verfügbaren Quellen läßt sich etwa folgendes Bild zeichnen:

Das größte Problem, das auch Einfluß auf die menschliche Gesundheit haben kann, ist die Verunreinigung der Küstengewässer, insbesondere der Küstenlagu-

Abb. 20. Wassereinzugsgebiet des Schwarzen Meeres (gepunktete Linie: 200-m-Tiefenlinie) nen, durch Abwässer. 1974 wurden z. B. in Lagos in nur 3 Monaten rund 7 500 m³ ungeklärter Abwässer in die Lagune bei Iddo abgelassen. Von 16 in Ghana untersuchten Küstenlagunen wurden 12 als „verschmutzt" angetroffen, davon zwei besonders stark. Zu Beginn der 70er Jahre wurden in die Ebrie-Lagune von Abidjan (Elfenbeinküste) kommunale Abwässer in Mengen gegeben, die in einem Jahr etwa 18% des Volumens der Lagune ausmachten.

Seit den 70er Jahren scheint sich die Situation nicht gebessert zu haben. Die betreffenden Gebiete sind stark mit organischem Material belastet, es kommt zu ungewöhnlichen Algenblüten und zu einer starken Sauerstoffzehrung. Der Rückgang des Küstenfischfangs sowie das Auftreten pathogener Keime im Wasser und in Schalentieren sind logische Folgen.

Ein anderes Problem ist die Küstenerosion, durch Baumaßnahmen an der Küste ausgelöst. Der Bau von Wellenbrechern zum Schutz des Hafens von Lagos mußte mit dem Verlust von mehreren Kilometern Strand bezahlt werden. Ähnliche Probleme gab es in Abidjan, Benin (Gambia), Liberia (Sierra Leone) und Togo. Veränderungen der Küstenregionen ergaben sich auch aus dem Bau von Staudämmen für Bewässerungs- und Energieerzeugungszwecke. Die Intensivierung der Landwirtschaft und das Abholzen von Wäldern zum Zweck der Bau- und Brennholzgewinnung verursachten ebenfalls Probleme.

Die Ölverunreinigung an Stränden ist ein weiteres Problem, das sowohl den auf hoher See vorbeifahrenden Supertankern als auch dem lokalen Tankerverkehr sowie kleineren Ölspills und chronischen Verlusten von der Ölförderung in dem betreffenden Seegebiet, von Hafenanlagen und von Ölraffinerien, anzulasten ist. Zum Beispiel gab Ghanas einzige Ölraffinerie noch vor kurzem völlig unbehandeltes Abwasser mit 0,4 bis 1,0 mg Öl/l in die Meeresumwelt ab. Das Küsten- und Lagunenwasser wird dadurch verunreinigt. Im Niger-Delta und in der Lagos-Lagune wurden z. B. 10–65 bzw. 0,2–18 µg Öl/l gefunden. An den Stränden Ghanas traten außerdem Teerrückstände bis zu 30 g/m² auf. An Nigerias Badagry-Strand waren es 12–96 mg/m².

Die zum Teil rasche Entwicklung der Industrie in dieser Region erfolgte häufig, ohne gleichzeitig auch der Abstoffreinigung die erforderliche Aufmerksamkeit beizumessen. Besonders in stagnierenden Küstengewässern kam es dadurch zu einer starken organischen Belastung. Eine bedrohliche Anreicherung persistenter Verbindungen wurde bisher allerdings noch nicht beobachtet.

Die 21 Staaten dieser WACAF-(West and Central African) Region einigten sich am 23. März 1981 in Abidjan auf einen Aktionsplan, der ein koordiniertes Wirken im Sinne des maritimen Umweltschutzes mit UNEP-Hilfe sichern soll.

14.6.2 Indik vor Ostafrika

Palmenstrände, Koralleninseln und das türkisfarbene Wasser des tropischen Indik vermitteln den romantischen Eindruck einer von Verunreinigungsproblemen freien Meeresumwelt. Das ist zum Teil richtig. Die Bevölkerung der neun Staaten an der afrikanischen Küste und auf Inseln der Region (Komoren, Kenia, Madagaskar, Mauritius, Mocambique, Reunion, Seychellen, Somalia und Tansania) und auch industrielle Aktivitäten sind vergleichsweise gering. „Hot spots" in der Nähe der Hauptstädte und industriellen Zentren sind jedoch damit nicht ausgeschlossen. Sie verursachen die bekannten Probleme, vor allem eine organische Belastung und Infektionsgefahren. Die kommunalen und Industrieableitungen bleiben zumeist ungereinigt und werden auch nicht auf toxische Substanzen überwacht. Daten zum Belastungsgrad der Ökosysteme existieren kaum.

Auch die ostafrikanische Küste wird von den Supertankern passiert, die pro Jahr etwa 500 Millionen t Öl vom mittleren Osten nach Europa und Amerika transportieren. Ölslicks und Teerrückstände in den Küstengewässern und an den Stränden durch Tankwaschen und Verklappen ölhaltigen Ballastwassers sind die Folge. Mehrere Ölspills ereigneten sich vor der Küste, von denen einer, 1981 vor Daressalam, u. a. ein Mangrovengebiet zum dauerhaften Absterben brachte. Eine Schiffshavarie im Hafen von Mogadishu verursachte 1985 das unkontrollierte Freisetzen gefährlicher Chemikalien.

Außer durch die Meeresverunreinigung werden die Mangrovenwälder auch durch Abholzen zum Gewinnen von Bau- und Feuerholz sowie von Holzkohle geschädigt. Damit entfällt auch der Schutz für viele Vögel und Säugetiere bzw. für die Aufwuchsgebiete von Süßwasser- und marinen Arten, besonders Garnelen. Die Salzproduktion in Evaporationsteichen wurde ebenfalls mit dem Rückgang der Mangrovenwälder in Verbindung gebracht.

Die Fischerei ist in der Region zumeist noch unterentwickelt, d. h. nicht-destruktiv. Der zunehmende Gebrauch von Explosivstoffen zum Fischfang hat jedoch ernste Schäden an den bis zu 160 000 Jahre alten Korallenriffen, besonders in Tansania und Kenia, verursacht. Es gibt Anzeichen für eine Überfischung der Thunfischbestände durch ausländische Fangflotten. Die Intensivierung der Grundschleppnetzfischerei gefährdet die Garnelenbestände und Seegraswiesen. Zu den gefährdeten Meeresorganismen zählen die Schildkröten, deren Bestände ausgebeutet und deren Habitate zerstört werden.

Die Ausbeutung mineralischer Ressourcen beinhaltet die Entnahme von Sand. Das fördert die Strandererosion. Auch Phosphatablagerungen auf Koralleninseln werden genutzt, wodurch die Vogelpopulationen gestört werden. Die Korallenriffe werden durch den Fremdenverkehr sowie durch die Öl- und Erdgaserkundung auf dem Schelf in Mitleidenschaft gezogen.

Auch das Errichten von Staudämmen übt einen negativen Effekt auf das Mangroven-Ökosystem aus. Das Abholzen von Wäldern und die Intensivierung der Landwirtschaft führten bereits zu einer verstärkten Bodenerosion, wodurch Korallenriffe, z. B. Malindi in Kenia, mit Sedimenten überdeckt wurden. Außerdem werden zunehmende Mengen von Pestiziden und Agrochemikalien in das Meer gespült.

14.6.3 Rotes Meer und Golf von Aden

Die Region des Roten Meeres und des Golfs von Aden wird von acht Staaten (Djibouti, Ägypten, Äthiopien, Jordanien, Saudi-Arabien, Somalia, Sudan und das jetzt vereinigte Jemen) mit einer Bevölkerung von mehr als 120 Millionen Menschen bewohnt. Staaten dieser Region verständigten sich bereits 1976 über einen ersten Aktionsplan, später bekannt als „Red Sea and Gulf of Aden Environment Program" (PERSGA).

Das Rote Meer, eine nahezu 2000 km lange und im Zentrum mehr als 2000 m tiefe Senke, liegt in der ariden Klimazone und ist vom offenen Ozean teilweise isoliert. Es ist der wärmste und salzreichste Wasserkörper des Weltozeans. Durch den teilweisen Abschluß seines Bodenwasserkörpers vom Ozean beherbergt das Rote Meer eine Reihe endemischer Bodenlebewesen, die zumeist auf den Korallenriffen siedeln. Die teilweise Isolation dieses Meeres und seine geringe Breite tragen dazu bei, daß es besonders empfindlich auf eingebrachte Verunreinigungen reagiert. Obgleich hier die Meeresumwelt gegenwärtig im Vergleich zu anderen Gebieten relativ wenig durch anthropogene Aktivitäten beeinflußt wird, kann sich das ändern, falls die gegenwärtig zu beobachtende Zunahme industrieller Aktivitäten anhält. Die am meisten gefährdeten Habitate sind die Mangrovenwälder, Korallenriffe, Inseln und Gezeitenniederungen. Die Inseln sind z.B. Nestgründe für 12 Seevögel- und 2 Schildkrötenarten. Sie beherbergen seltene oder endemische Arten der Halophytenvegetation, werden jetzt jedoch zunehmend durch einen steigenden Besucherstrom gefährdet.

Die Ausbeutung der Erzschlämme aus dem *Atlantis II*-Tief (s. Kap. 9) könnte Umweltprobleme, u.a. durch erhöhte Metallkonzentrationen und die Ausbreitung von Trübungswolken im Wasser, verursachen. Gegenwärtig ist jedoch noch die Erdölverunreinigung das Hauptproblem des Roten Meeres. Eine Verschärfung dieses Problems trat 1975 nach der Wiedereröffnung des Suezkanals ein. Aber auch die intensive Erkundung von Erdölvorkommen, speziell im Golf von Suez, und die Modifizierung der Öltransportroute nach dem Ausbrechen des irakisch-iranischen Golfkonflikts trugen dazu bei. Einige Strände am Golf von Suez sind bereits so stark mit Öl verschmutzt, daß ihre Regenerierung fraglich erscheint.

14.6.4 Kuwait-Region

Bereits am 23. April 1978 beschlossen die acht Anliegerstaaten des Persischen Golfs (Bahrein, Iran, Irak, Kuwait, Oman, Qatar, Saudi-Arabien, Vereinigte Arabische Emirate) einen Aktionsplan („Kuwait Action Plan" – KAP) zum Schutz dieser Region. Die hinreichend bekannten Konflikte zwischen einigen dieser Staaten und zuletzt der Golfkrieg 1991 verhinderten jedoch bis heute entsprechend abgestimmte Aktivitäten.

Der etwa 250 000 km² große, 1 200 km lange, 75 bis 350 km breite und im Mittel nur 35 m tiefe Golf stellt ein vergleichsweise kleines und an der Küste zumeist wenig bevölkertes Meeresgebiet dar. Trotzdem besteht ein hoher Gefährdungsgrad durch anthropogene Aktivitäten, der aus der Förderung und dem Transport riesiger Mengen Erdöl herrührt. Auf dem Meeresboden der Region gibt es über 800 Ölquellen. Das geförderte Erdöl wird von etwa 25 größeren Terminals auf Tanker verladen, von denen zu Zeiten des „Ölbooms" über 25 000 pro Jahr mit etwa 1 Milliarde t an Bord die Straße von Hormuz passierten. Es überrascht deshalb sicherlich nicht, daß die KAP-Region einen Weltrekord im flächenbezogenen Öleintrag in das Meer hält. Während des Golfkriegs Irak/Iran verschärfte sich dieses Problem noch. Die Strände der Region waren bereits vor 1991 mit 0,02 bis 2,3 kg Teer/m² extrem hoch belastet. Allerdings spiegelt sich diese Verunreinigung kaum in den Rückständen von Erdölkohlenwasserstoffen in Sedimenten oder Organismen wider, da das Klima einen schnellen Ölabbau fördert. In Spitzenzeiten gelangten dort nach seriösen Schätzungen bis zu 1 Million Tonnen Öl pro Jahr in das Meer. Obgleich das von den Tankern vor erneutem Beladen auf dem Weg zur Straße von Hormuz in das Meer gepumpte Ballastwasser nur 0,035 bis 0,35% Öl enthielt, resultierte daraus diese gewaltige Belastung.

Da außer über den Shatt-al-Arab kaum Süßwasser in den Golf gelangt und die gewaltigen Verdunstungsverluste durch den oberflächennahen Salzwassereinstrom über die Straße von Hormuz kompensiert werden müssen, wurde früher häufig eine Akkumulation von Verunreinigungen in dem Gebiet diskutiert, z. B. von Nährstoffen und organischen Belastungen aus kommunalen und industriellen Quellen. Allerdings gibt es jetzt konkrete Hinweise darauf, daß jährlich bis zur Hälfte des etwa 10 000 km³ umfassenden Golfwassers durch den Abfluß salzreichen Tiefenwassers in den Indik und den Zufluß von ozeanischem Oberflächenwasser ausgetauscht wird.

An einigen Küstenorten gingen bis vor wenigen Jahren noch bis zu 75% der Abwässer ungeklärt in das Meer. Neben der Ölverunreinigung und einer Überfischung trug offenbar auch diese Tatsache zu einem Rückgang der Fischerei, insbesondere auf Garnelen, bei. Häufigere Planktonblüten, einschließlich „red tides", reflektieren das Eutrophierungsproblem. Zur Zerstörung von Korallenriffen, Mangroven und Seegrasfeldern trugen auch Landgewinnungs- und Baggermaßnahmen bei. Neben Ölrückständen findet man an den Stränden außerdem auch große Mengen schwimmfähiger fester Abfälle, die praktisch ausschließlich von Schiffen herrühren. Im Zusammenhang mit dem Krieg Irak-Iran und dem Golfkrieg 1991 kam es zu Ölverschmutzungen unermeßlichen Ausmaßes (s. Kap. 2), die das marine Ökosystem dieser Region nach ersten Schätzungen für die Dauer von mehr als einem Jahrzehnt nachhaltig in seiner Funktion beeinträchtigen werden.

14.6.5 Südasiatische Meere

Die Region der südasiatischen Meere wird von fünf Staaten (Bangladesh, Indien, Malediven, Pakistan, Sri Lanka) mit fast 1 Milliarde Menschen bewohnt, denen eine Landfläche von nur etwa 5,4 Millionen km² zur Verfügung steht. Aus Wachstumsraten der Bevölkerung bis zu 2% pro Jahr, Populationsdichten bis zu 230/km² (Indien), wobei etwa ein Viertel der Bewohner in ihrer Existenz vom Meer abhängt, läßt sich bereits eine große Belastung der Meeresumwelt ableiten. Ungereinigte Abwässer führen in Pakistan zur mikrobiellen Verseuchung mit Bakterien und Viren. In den Küstengewässern von Bombay wurde im Zeitraum von 1959 bis 1984 eine Zunahme der Phosphatkonzentration um 140%, d.h. von 0,8 auf 2 µmol/l registriert. Im gleichen Zeitraum nahm die Sauerstoffkonzentration während der Ebbe von 5 ml/l auf Werte nahe Null ab. In Ästuargebieten Indiens kommt es häufig durch die mit den Flüssen eingetragenen Verunreinigungen zu Fischsterben. In den Küstengewässern Bangladeshs wurden als Verursacher solcher Schadensfälle die Abwässer aus Düngemittelfabriken identifiziert. Die Küstengewässer Sri Lankas und der Malediven werden durch Abwässer aus Verarbeitungsbetrieben für Kokosnüsse und Kautschuk sowie aus der Nahrungsmittel- und Papierindustrie stark verunreinigt. Auch von Ölverunreinigungen blieb die Region nicht verschont. Das betrifft Ölslicks auf dem Wasser und Teerrückstände an den Stränden entlang der Tankerrouten durch den südlichen Golf von Bengalen und die Straße von Malakka.

Das Einzugsgebiet zum Meer wird vorwiegend landwirtschaftlich genutzt. Schätzungen gehen davon aus, daß etwa 25% der jährlich in Indien (55 000 t), Pakistan (11 000 t), Bangladesh (3 000 t) und Sri Lanka (2 800 t) eingesetzten Pestizide in das angrenzende Meer gelangen. Landgewinnung sowie der Bau von Hafen- und Küstenschutzanlagen wie Wälle und Buhnen haben auf lokaler Ebene zur Verschlammung von Häfen und/oder zur Schädigung von Korallenriffen geführt.

14.6.6 Ostasiatische Meere

Durch den am 29. April 1981 in Manila für die EAS- (East Asean Sea) Region vereinbarten und später präzisierten Aktionsplan verpflichteten sich die ASEAN-Anliegerstaaten (Brunei, Indonesien, Malaysia, Philippinen, Singapur, Thailand) zu Maßnahmen zum Schutz dieser tropischen Region. Die marinen Ökosysteme wie Korallenriffe, Mangrovenwälder und Seegraswiesen beherbergen eine aus ökonomischer und ökologischer Sicht wichtige Vielfalt an Pflanzen und Tieren. Die schnell anwachsende Bevölkerung der Region, 1988 auf rund 250 Millionen geschätzt, wurde immer mehr abhängig von der Meeresumwelt. Die ungehemmte Nutzung der marinen Ressourcen hat jedoch bereits vielfältige Schäden verursacht. In Singapur erfolgte die Landgewinnung vielfach auf Kosten der Mangrovengebiete, von denen nur noch etwa drei Prozent verblieben sind. Auch die Korallenriffe werden dadurch geschädigt. Von Indonesiens 25000 km² Mangrovenwäldern ist bereits mehr als ein Viertel in Reisfelder verwandelt worden. In Malaysia soll von 5700 km² ebenfalls ein Viertel der ackerbaulichen Nutzung zugeführt werden. Auf den Philippinen verblieb von 4000 km² nur noch die Hälfte.

Das Abholzen von Urwäldern, die unqualifizierte Bodennutzung und Bergbauabfälle führten zum Einschlämmen großer Mengen an Sedimenten in die Meeresumwelt mit den Flüssen. Auf den Philippinen fallen zum Beispiel täglich rund 300000 t Abfälle aus dem Erzbergbau an, von denen etwa die Hälfte direkt in das Meer verklappt wird. Kommunale Abwässer verursachen das Entstehen von Problemgebieten wie Victoria Harbour in Hongkong, Manila Bay auf den Philippinen, oberer Golf von Thailand oder Djakarta Bay in Indonesien. So bringt allein der Chao Phraya-Fluß täglich eine Abwasserlast in den Golf von Thailand, zu deren biochemischem Abbau mehr als 100 t Sauerstoff erforderlich sind (entspricht 100 t BSB). Insgesamt wird dieser Golf mit über 300 t BSB/Tag belastet. Einen Erfolg bei der Verminderung der Wasserverunreinigung gab es in Singapur, wo durch Installation einer modernen Abwasserbehandlungsanlage für 97% der Bevölkerung, durch das Recycling industrieller Abwässer und durch Sanierungsmaßnahmen am Singapur-Fluß von 1980 bis 1985 eine drastische Reduzierung des Fäkal-Coliformtiters um fast 75% gelang. In der Straße von Johore wurde diese bakterielle Belastung sogar auf etwa ein Fünftel des Ausgangswertes gedrosselt.

Tabelle 14.21. Umweltprobleme und deren Wichtung für die UNEP-Region „Ostasiatische Meere"

Probleme	gegenwärtig	in 10 Jahren	in 50–100 Jahren
Zerstörung von Ökosystemen (Korallenriffe, Mangroven)	1	1	1
kommunale Abwässer	2	3	3
Industrieabfälle	3	2	2
Ölverunreinigung	4	5	–
Überfischung	5	–	–
Verschlammung	6	4	5
Küstenerosion	7	6	6
Entwicklung der Küstenregion	–	7	7
Meeresspiegelanstieg und andere natürliche Einflüsse	–	–	4

In der Zukunft werden weiterhin Probleme durch industrielle und landwirtschaftliche Aktivitäten, durch das anhaltende Bevölkerungswachstum, durch die

Schiffahrt und durch die Erdölförderung erwartet. Einen besonderen Stellenwert könnte, wie auch in anderen Regionen, die Aquakultur erhalten, durch die es zu einer Eutrophierung, zu einer weiteren Gefährdung der Mangroven und Korallenriffe sowie zum Eintrag einer großen Vielfalt von Chemikalien und Pharmaka in die Meeresumwelt kommt.

Nach einer 1988 von Meeresumweltexperten getroffenen Einschätzung können die Probleme dieser Region wie in Tabelle 14.21 dargestellt gewertet werden, wobei durch die Kategorie „1" eine besonders kritische und durch die Kategorie „7" eine relativ gering zu erachtende Gefährdung charakterisiert werden soll.

14.6.7 Südpazifik

Am 11. März 1982 wurde in Rarotonga (Cook Islands) ein Aktionsplan zum schonenden Umgang mit den Naturressourcen und der Umwelt der SPCF- (South Pacific) Region von den 21 Anliegern (Amerikanisch-Samoa, Australien, Cook Islands, Fiji, Französisch-Polynesien, Guam, Kiribati, Nauru, Neu-Kaledonien, Niue, Norfolk Island, Papua Neu-Guinea, Pitcairn Island, Salomon Islands, Tokelau, Tonga, Trust Territory of the Pacific Islands, Tuvalu, Vanuatu, Wallis und Futuna, Western Samoa) und weiteren in der Region präsenten Staaten wie USA, Frankreich und Großbritannien beschlossen, der eine entsprechende Konvention sowie Zusatzprotokolle zum Meeresumweltschutz nach sich zog. Die Region ist durch gewaltige Meeresgebiete von rund 20 Millionen km² gekennzeichnet, die eine nur 0,6 Millionen km² große Inselwelt und einen Kontinent umgeben. Die meisten der Staaten sind vom Meer als Nahrungsquelle, Transportmedium, Standort mineralischer Ressourcen und Anziehungspunkt für Touristen abhängig. Traditionell war bei der pazifischen Bevölkerung deshalb auch ein vernünftiger Umgang mit der Meeresumwelt anzutreffen. Industrialisierung, Urbanisierung und Bevölkerungswachstum verursachten jedoch bereits einen deutlichen Umweltstreß. Mit der Urbanisierung kam es lokal zur Zerstörung von Küstenökosystemen wie Korallenriffen. Das Auftreten von Choleraepidemien, anderen Darmerkrankungen und von ansteckender Hepatitis wird auf den Genuß von Schalentieren aus solchen „hot spots" zurückgeführt.

Durch den Ausbau von Häfen, von Touristenzentren und anderen Ansiedlungen an der Küste wurde diese teilweise stark in Mitleidenschaft gezogen. Rückstände aus der Erzaufbereitung stellen in einigen Gebieten das Hauptproblem dar. Das betrifft z. B. die *Bouganville*-Kupfermine in Papua Neu-Guinea und die zahlreichen kleinen Nickelminen in Neu-Kaledonien. Häufig gab es bereits Probleme mit Abprodukten der *Ok Tedi* Gold- und Kupfermine in Papua Neu-Guinea: Ein Dammbruch setzte Rückstände aus der Erzaufbereitung frei, 270 t Cyanide wurden aus Containern frei und 1 Million Liter Natriumcyanidlösung gelangten in den Fly River und verursachten dort ein Massensterben von Organismen, u.a. von Fischen und Salzwasser-Krokodilen.

Künftige Klimaveränderungen, verbunden mit einem Meeresspiegelanstieg, würden niedrig liegende Inseln oder Atolle wie Kiribati, Tuvalu sowie die Marshall-Inseln komplett eliminieren und in anderen Staaten substantielle Landverluste hervorrufen.

Aufgrund der vergleichsweise geringen Bevölkerungsanzahl und der zumeist günstigen hydrophysikalischen Bedingungen für einen ungehemmten Wasseraustausch mit dem angrenzenden Meer ist eine Eutrophierung der Küstengebiete nicht zu erwarten. Es gibt jedoch Befürchtungen, daß der bereits erhöhte Nährstoffeintrag mitverantwortlich sein könnte für Dinoflagellaten-Blüten, gefolgt von gehäuftem Auftreten einer toxischen Fischart *(Aquatera)* und der PSP. Vereinzelte und trotzdem bereits detailliert untersuchte Probleme weitreichender Küstenverunreinigung durch industrielle Abfälle sind in der Regel auf Australien und Neuseeland beschränkt.

Als besonderes Problem sind mögliche Langzeiteffekte durch Nukleartests, z. B. im Bereich der Marshall-Inseln (in der Atmosphäre) und auf Mururoa in Französisch-Polynesien (unterirdisch), zu nennen. Auch die Nutzung des Pazifik als Verklappungsgebiet für chemische und Nuklearabfälle weckt Befürchtungen bei den Bewohnern und bringt Gefährdungen für die Umwelt.

14.6.8 Nordpazifik

Der Nordpazifik wird im Westen von Staaten mit hoher Bevölkerungsdichte, darunter von China mit etwa 20% der Weltbevölkerung, begrenzt. Der Inselstaat Japan ist eine der höchstentwickelten Industrienationen. Im Osten stellen Nordamerika mit dem wenig bewohnten Alaska (USA) und British Columbia (Kanada), sowie mit den dichter besiedelten Washington, Oregon und Kalifornien, aber auch mit Mexiko und anderen zentralamerikanischen Staaten, die Grenze dar. Bei den Umweltgefährdungen steht die durch kommunale Abwässer hervorgerufene Verunreinigung von Schalentieren und Badestränden an erster Stelle. In den Küstengebieten kommt es daneben lokal zur Eutrophierung, die mit einem übermäßigen Planktonwachstum, mit Sauerstoffzehrung und schließlich mit dem Ersticken von Fischen und Schalentieren einhergehen kann.

Hohe Priorität besitzt für diese Meeresregion auch die Kontamination mit festen Abfällen, insbesondere solchen aus abbauresistenten Plasten. Verursacher sind hier die Frachter, Fischereifahrzeuge, Sportboote und Strandabfälle. Als Besonderheit sind die während der Sommersaison von täglich maximal 1700 Booten für die Thunfischerei ausgebrachten Driftnetze zu erwähnen. Solche frei schwimmenden und bis zu 7 m tiefen Netze erreichen zuweilen zusammen Gesamtlängen um 30 000 km. Bei einer Verlustrate von nur 1% bedeutet das, daß

300 km an Driftnetzen auf dem hohen Meer unkontrolliert Meeressäuger, Seevögel und Schildkröten umfangen können.

Als drittes Problem für den Nordpazifik ist die Verunreinigung mit Erdölkohlenwasserstoffen und deren Folgen für die betroffenen Ökosysteme zu nennen. Eine Eskalation deutet sich durch die Intensivierung der Erkundung und Förderung von Erdöl auf dem nordamerikanischen Schelf an. Die verheerenden Folgen von Ölspills in höheren Breiten mit ihrer geringeren Verdampfungs- und Abbaurate zeigte 1989 die Tankerhavarie der „*Exxon Valdez*" vor Alaska.

Bei den industriellen Abfällen stellen die Chlorkohlenwasserstoffe, insbesondere solche aus der Papier- und Zellstoffproduktion sowie aus der Holzimprägnierung, die größte Gefährdung für das Ökosystem dar.

14.6.9 Südostpazifik

Für die SE/PCF- (South-East Pacific) Region gibt es bereits seit dem 12. November 1981 einen in Lima (Peru) vereinbarten Aktionsplan der fünf Küstenstaaten (Chile, Ekuador, Kolumbien, Panama und Peru). Diese Region erstreckt sich über mehr als 10 500 km Küstenlinie zwischen 9° Nord in Panama und 57° Süd in Chile. Dabei werden tropische, sub-tropische, gemäßigte und sub-antarktische Klimazonen überstrichen. Der Peruanische Humboldtstrom verbindet die genannten Staaten seeseitig.

Die hauptsächlichen Umweltprobleme an der Westküste Südamerikas werden durch Abfälle aus der Erzaufbereitung in der Nähe größerer Häfen, durch kommunale Abwässer in der Nähe der Großstädte, durch Abfälle der Nahrungsmittelindustrie und durch Ölverunreinigungen hervorgerufen. Die am meisten betroffenen Gebiete sind die Panama Bay, Ensenada de Tumaco (Kolumbien), der Golf von Guayaquil (Ekuador), die Küsten Limas und Callaos (Peru) sowie die Buchten von Valparaiso und Concepcion (Chile). Die Hauptmenge der kommunalen und industriellen Abfälle erreicht das Meer in unbehandeltem Zustand. Erhöhte Konzentrationen an Schwermetallen und Pestiziden, bakterielle Verseuchung sowie Eutrophierung sind die Folgen. In Panama sind mehr als 90% der an kommunale Abwässer gebundenen organischen Belastung des Pazifik auf die Panama Bay konzentriert. In Kolumbien dominieren in dieser Hinsicht die Städte Buenaventura und Tumaco. Aus 20 ekuadorianischen Städten fließen pro Jahr fast 0,1 km^3 kommunale Abwässer, 60% davon allein aus Guayaquil, in das Meer. In Peru steuern Lima und Callao zusammen über 90% zur Belastung durch kommunale Abwässer bei. In Chile liegt der Anteil behandelter Abwässer bei nur 2 bis 3%. Gesundheitsprobleme für Badende an betroffenen Küstenabschnitten häufen sich demzufolge. Die Ausbreitung der Choleraepidemie 1990/91 in dieser Region ist sicherlich auch dadurch gefördert worden.

An bestimmten Küstenabschnitten Perus und Chiles, wo große Mengen an Rückständen aus der Erzgewinnung und -aufbereitung das Meer erreichen, kommt es dadurch zu einer deutlichen Umweltgefährdung. In Peru werden pro Jahr 0,43 km^3 solcher Abwässer aus 5 Einleitungen direkt und 0,61 km^3 aus 24 Einleitungen indirekt in den Pazifik gegeben. In der Tacua-Provinz werden z.B. 200000 t, im Gebiet um Lima 5000 t und in einer weiteren peruanischen Region 32000 t Abfälle täglich verklappt. Die Folgen sind Artenrückgang beim Benthos, Überdecken der Sandboden-Makrofauna bis hin zu einem völligen Verschwinden einiger Arten.

In Panama, Ekuador und Kolumbien kam es infolge der Entwicklung der Küstenregionen, verbunden mit der Garnelenzucht, zu einem deutlichen Rückgang der Mangrovenwälder. In Panama nehmen diese jährlich um etwa 1% ab. In Kolumbien sind mehr als 400 km^2 der Mangroven für die Garnelenzucht vorgesehen. In Ekuador wird etwa ein Drittel der rund 1770 km^2 Mangrovenwälder diesem Zweck geopfert.

„Red tides", Erdbeben und das *El Niño*-Phänomen sind die in den letzten Jahren in der südostpazifischen Region episodisch auftretenden natürlichen Umweltkatastrophen. Für die Umwelt gefährliche Zwischenfälle ereigneten sich darüber hinaus während des Transports und der Verarbeitung von Erdöl. Aus Chile, besonders aus dessen nördlichem Teil, liegen mehr als 50 Berichte über „red tides" vor. Das Erdbeben vom 3. März 1985 an der chilenischen Küste wurde für eine Zunahme an gelösten und dispergierten Erdölkohlenwasserstoffen im Wasser verantwortlich gemacht. Die *El Niño*-Ereignisse von 1982 und 1983 sind als die bisher größten klimatischen Veränderungen anzusehen. Die auch weltweit beobachteten Wirkungen schlossen in der SE/PCF-Region auch Verluste an Menschen und Sachwerten sowie große Ernteverluste und Schäden für die Fischerei ein.

14.6.10 Südwestatlantik

Diese Region umfaßt die Schelfgewässer von drei Staaten (Argentinien, Brasilien, Uruguay). Der argentinische Kontinentalschelf ist einer der größten des Weltozeans. Zwei der mächtigsten Ströme, der Amazonas und der Rio de la Plata, münden in diese Region ein.

Die Verunreinigungsmuster weisen auf höhere Werte im Norden und geringere im Süden der Region hin. Die Ursachen dafür werden in der Abnahme der Bevölkerung und industriellen Entwicklung in Nord/Süd-Richtung gesehen. Im Vergleich zu den meisten anderen Regionen des Weltmeeres scheint der Südwestatlantik noch relativ unberührt von menschlichen Einflüssen zu sein. Verunreinigungen durch Pestizide, kommunale Abwässer oder Schwermetalle sind stark lokalisiert. Andererseits liegen dazu bisher auch kaum Ergebnisse flächendeckender Untersuchungen vor, wodurch Aussagen zur Umweltqualität äußerst unsicher sind.

14.6.11 Karibik und Golf von Mexiko

Für die CAR- (Wider Caribbean) Region wurde am 23. April 1981 in Montego Bay (Jamaica) durch 23 der 28 darin eingeschlossenen Staaten, Territorien und Inseln ein Aktionsplan angenommen, der 1983 durch eine Konvention zum Meeresumweltschutz ergänzt wurde. Diese 19 größere Inseln umfassende Region ist durch eine weite ökonomische, ökologische und kulturelle Vielfalt gekennzeichnet. Sie setzt sich aus sehr komplexen und hochempfindlichen tropischen und sub-tropischen Ökosystemen zusammen.

Die vorwiegend zu den Entwicklungsländern zählenden Karibikstaaten haben zumeist auch ähnliche Probleme: Chemische Verunreinigungen aus der Industrie und Landwirtschaft, Abfälle der Küstenstädte und Touristenzentren sowie Schlammablagerungen durch unqualifizierten Umgang mit dem Boden und durch Baggerarbeiten. Die Karibik ist andererseits eines der größten Erdölfördergebiete der Welt. Täglich werden etwa 0,6 Millionen t Öl durch die Region transportiert. Bei den Ölspills verzeichnet diese Region den bisherigen Weltrekord. Die *IXTOC I*-Katastrophe von 1979 war der bisher größte „blow out". Die jetzt durch MARPOL 73/78 kriminalisierte Praxis des Tankwaschens auf hoher See trug früher pro Jahr bis zu einer Million Tonnen Öl ein. Daten aus dem CARIPOL Erdöl-Monitoringprogramm zeigten, daß die Strände der östlichen Karibikinseln hohe Mengen an Teerrückständen, um 10 bis 100 g/m^2, akkumulieren. Die stärkste Ölverunreinigung wird jedoch in Zonen der direkten Ölförderung angetroffen, d.h. im Golf von Mexiko, vor Venezuela und Trinidad-Tobago sowie im Bereich der Tankerrouten. Neben illegalem Tankwaschen und Abpumpen ölhaltigen Ballastwassers sind auch natürliche Öleinsickerungen am Meeresboden zu beachten.

Viele der im Küstenbereich angesiedelten Großstädte geben ihre Abwässer weitgehend ungereinigt in das Meer. Von den Abwässern der mehr als 170 Millionen Bewohner der Region werden nur 10% einer Behandlung unterworfen. Besonders hoch organisch belastet sind auch die Abwässer von Zuckerfabriken und anderen Betrieben der Nahrungsmittelindustrie. Es kommt zur Sauerstoffzehrung, zu Anoxia, zur Anreicherung suspendierten Materials, zur Eutrophierung, zum Verlust von Habitaten für Pflanzen und Tiere sowie zur Verminderung der Fischereiressourcen. Für das Mündungsgebiet des Coatzacoalcos im Golf von Mexiko wurde eine hohe Belastung der Sedimente und von Organismen mit Blei, Cadmium, Quecksilber und Kupfer festgestellt. Auch die Havana Bay ist stark mit Schwermetallen belastet. Quecksilberverunreinigungen wurden für Bahia de Cortagena (Kolumbien), für Bahia Guayanilla (Puerto Rico) und für Puerto Moron (Venezuela) registriert. (Die unkontrollierte Verwendung metallischen Quecksilbers zur Goldgewinnung ist dabei sicherlich als eine signifikante Quelle anzusehen.)

Der weitverbreitete Einsatz von Agrochemikalien, PCBs und Pestiziden führte zu deren ungehinderter Verteilung im Wasser, in Sedimenten, Fischen und Schalentieren. Fallstudien in den Lagunen und Küstengebieten des Golfs von Mexiko belegen diese Tatsache. In Küstengewässern Kolumbiens und Jamaicas kam es zu Fischsterben aufgrund von Pestiziden in Abwässern. Ökonomische Verluste ergeben sich durch den Rückgang des Tourismus wegen verölter Strände und sanitärer Probleme, durch Küstenerosion, verminderte und verunreinigte Fischbestände, durch den Rückgang von Feuchtgebieten und Korallenriffen sowie durch die Eutrophierung. Um Bodenverluste und dadurch ausgelöste Schäden an Korallenriffen zu vermeiden, muß der Boden qualifizierter genutzt werden. Die Wiederaufforstung der Wälder hat bei der Lösung dieses Verschlammungsproblems ebenfalls eine Schlüsselposition.

14.6.12 Polarmeere

Nach menschlichem Ermessen sollten die Polarregionen noch am wenigsten durch anthropogene Aktivitäten beeinflußt sein. Die beiden Pole unterscheiden sich geographisch sehr voneinander. Das Nordpolarmeer ist von Kontinenten umgeben, wobei der Hauptkontakt zum Atlantik besteht. Mit einer starken Oberflächenströmung wird Wasser aus niederen Breiten herangeführt. Auch vom Pazifik findet ein Zustrom von Wasser aus geringen Tiefen statt. Der Einstrom von Tiefenwasser aus dem Atlantik bzw. Pazifik wird durch untermeerische Schwellen verhindert. Typisch ist der Einfluß durch den Zustrom von Oberflächenwasser vom eurasischen und vom nordamerikanischen Kontinent. Dieses Wasser ist zum Teil deutlich verunreinigt.

Im Süden wird ein Kontinent, Antarktika, durch ein polumfassendes tiefes Meer umgeben, das eine ungehinderte Verbindung zum Pazifik, Atlantik und Indik hat. Es gibt praktisch kaum einen Flußeintrag. Der Austausch von Oberflächenwasser mit dem umgebenden Ozean ist durch ein Frontsystem bei 50–60 °S, die antarktische Konvergenzzone, erschwert. Es dominieren das antarktische Bodenwasser (AABW) und nordatlantisches Tiefenwasser (NADW).

Generell wird das meiste Tiefenwasser der Ozeane in den Polarmeeren „erzeugt". Der Transport löslicher konservativer Verunreinigungen in die Tiefsee erfolgt deshalb in der Regel über diese Meere durch lateralen Einschub belasteter Wasserkörper in die Ozeane. (Für andere Verunreinigungen übernehmen hingegen absinkende Partikel den direkten Vertikaltransport.)

Die wenigen Informationen aus Felduntersuchungen scheinen die im Vergleich zu den antarktischen Gewässern erwartete höhere Belastung des Nordpolarmeeres mit Radionukliden, Schwermetallen, chlorierten und Erdölkohlenwasserstoffen zu belegen. Als wichtigen Transportweg für Verunreinigungen wird neben dem Zustrom mit kontinentalem Oberflächenwasser der atmosphärische Eintrag angesehen. Die empfindlichen Ökosysteme der Polarregion werden dadurch gefährdet. Dieses Problem sollte man jedoch angesichts der Gefahr irreversibler Veränderungen durch den „Treibhauseffekt" oder durch den massiven Rückgang der Ozonschicht, besonders über den Polen, nicht überbewerten. Abschmelzendes Kontinentaleis und ein Anstieg des Meeresspiegels durch den zunehmenden Gehalt der Atmosphäre an Kohlendioxid sowie ein Rückgang der organischen Primärproduktion im Meer durch das „Ozonloch" könnten bereits vorgezeichnet sein.

Direkte Effekte anthropogener Aktivitäten werden besonders im Norden aufgrund relativ leicht verfügbarer Kohlenwasserstoffreserven sichtbar. Durch Überfischung und Jagd auf Meeressäuger wie Wale, Robben und Walrosse hat der Mensch bereits bemerkenswerte Eingriffe in das Ökosystem unternommen, die allerdings noch nicht irreversibel zu sein scheinen. Auch im Süden wurde das biologische Gleichgewicht bereits durch Walfang und Fischerei gestört. Bei einigen Fischarten ist Überfischung zu konstatieren. Die Jagd nach Großwalen reduzierte deren Bestände zum Teil drastisch. Die logische Folge war eine Zunahme ihrer Nahrung, des *Krills*. Das führte zu einem deutlichen Anwachsen der Bestände an Pinguinen und speziellen Seehundarten wie Pelzrobbe und Krabbenfresser.

Der Gehalt der meisten Verunreinigungen im Wasser und in den Organismen ist gering. Die Allgegenwart xenobiotischer Verbindungen wie einiger Chlorkohlenwasserstoffe wurde durch deren Auffinden im Tiefenwasser beider Polarmeere und in darin lebenden Organismen bereits mehrfach dokumentiert. Die zunehmende Anzahl von Forschungsstationen und von Touristen hat in der Antarktis im lokalen Maßstab bereits zu deutlichen Verunreinigungen geführt. Forderungen nach Regeln zum Unterbinden des Touristenstroms und zur Abfallrückführung in die Herkunftsländer der die Forschungsstationen betreibenden Staaten manifestieren sich.

14.6.13 Nachbemerkung

Trotz vieler akuter Probleme, die durch die Verunreinigung weiter Küstengebiete und Meeresregionen in praktisch allen Teilen der Ozeane zu registrieren sind, sollte man die Gefährdung durch den prognostizierten Meeresspiegelanstieg nicht aus dem Auge verlieren. Etwa 50% der Menschheit leben in Küstenregionen und sind damit solchen Einflüssen direkt ausgesetzt. Aber einige Staaten erscheinen besonders gefährdet:
– In Guayana leben 90% der Bevölkerung in Küstenregionen, die unter dem Niveau des Meeresspiegels liegen.

- Zu den Malediven zählen 1190 Inseln, die nur 2 m über dem Meeresspiegel aufragen.
- Viele weitere Inseln wie Cocos-Keeling, Kiribati, Tuvalu, Tokelau oder Tonga erheben sich ebenfalls nur 2 bis 3 m aus dem Ozean.
- Bangladesh besitzt eine 650 km lange, vorwiegend tief liegende und ungeschützte Küste.

15. Monitoring zur Zustandsüberwachung der Meeresumwelt

Als „Monitoring" wird zumeist die wiederholte Messung einer Aktivität bzw. von Verunreinigungen und ihrer direkten oder indirekten Wirkungen in der Meeresumwelt bezeichnet. Monitoring dient zumeist dem Aufdecken von Verteilungsmustern und zeitlichen Trends, um die Auswirkungen des Eintrags von Verunreinigungen in das Meer oder das Wirksamwerden von Gegenmaßnahmen, von der Vorsorge bis zur Sanierung, zu erfassen. Die durch das Monitoring erzeugten Datensätze werden einerseits auch im Rahmen von Forschungsprogrammen dringend benötigt, andererseits beeinflussen die Ergebnisse der Meeresforschung wiederum die Methoden, die Ziele und das Design des Monitorings.

Schwerpunktmäßig wird ein Monitoring gegenwärtig zumeist darauf ausgerichtet, um Einschätzungen zum Gefährdungsgrad entweder
– mariner Ökosysteme,
– ausgewählter Organismen und/oder
– des Menschen
zu erstellen.

15.1 Monitoring biologischer Effekte

Die gegenwärtig auf nationaler und internationaler Basis laufenden regulären Monitoring- und Forschungsprogramme zum Zustand der Meeresumwelt sind schwerpunktmäßig zumeist noch auf das parallele Vermessen singulärer physikalischer, chemischer und biologischer Größen ausgerichtet. Als immer dringlicher wird daneben der Bedarf an Aussagen zu biologischen *Wirkungen* der festgestellten Verunreinigungen oder anderer Streßfaktoren eingeschätzt. Um der Forderung nach einem Monitoring biologischer Effekte zu entsprechen, wurden von einer dazu speziell gegründeten Arbeitsgruppe des ICES bereits 1979 in Beaufort etwa 50 Techniken vorgeschlagen. Auch GESAMP und IOC geben diesem Problem hohe Priorität. Die GEEP (Group of Experts on the Effects of Pollutants) des IOC-GIPME organisierte im August 1986 am Oslofjord, im September/Oktober 1988 auf den Bermudas und im März 1990 mit dem ICES in

Bremerhaven mehrwöchige Arbeitstreffen, um die Anwendbarkeit der verschiedenen Techniken dahingehend zu bewerten, wie nahe sie den Maximalforderungen an eine dafür einsetzbare Methode kommen. Solch eine Methode sollte im Idealfall
– unter Nutzung von Arten erfolgen, die
  a) in einem weiten Bereich von Habitaten anzutreffen sind und
  b) in ihrer Migration begrenzt sind,
– relativ billig und leicht einführbar sowie
– auf dem Populationsniveau anwendbar sein und dabei Aussagen für die kommerzielle Fischerei ermöglichen.

Das Spektrum möglicher Methoden reicht von Ansätzen auf dem (biochemischen) Molekularniveau über zelluläre und physiologische Prozeduren bis hin zu Methoden, die Effekte in der Struktur der Gemeinschaft benthischer Organismen nachweisen.

Von den verfügbaren *biochemischen Methoden* scheinen nur wenige geeignet zu sein, die Effekte von Verunreinigungen in der Meeresumwelt einzuschätzen. Das betrifft z. B. die Anregung enzymatischer Detoxifizierungssysteme durch bestimmte organische Substanzen und die Metallothionein-Erzeugung bei Einwirkung von Schwermetallen. Beide Effektsysteme reagieren spezifisch auf eine relativ kleine Anzahl von Verunreinigungen. Es ist nicht anzunehmen, daß andere Streßfaktoren wie Änderungen von Temperatur und Salzgehalt oder Krankheiten einen Einfluß ausüben können. Der analytische Nachweis der biochemischen Reaktion auf die genannten Verunreinigungen wird dadurch erleichtert, daß die Effekte mit einer parallelen Zunahme der Indikatorsubstanz verbunden sind.

Das enzymatische „mixed function oxidase" (MFO)- bzw. Mono-Oxygenase-Detoxifizierungssystem für organische Verunreinigungen katalysiert die Umwandlung lipophiler Substrate in mehr polare Zwischenprodukte (Phase I), die durch weitere Enzyme in einer zweiten Phase zu ausscheidbaren Produkten umgewandelt werden. In den 70er und 80er Jahren konnte die Induktion solcher Enzymsysteme in Fischen durch einige PCBs und PAHs aufgezeigt werden. In Fischen und Mollusken wurden mehrere Komponenten des MFO-Systems, die in der Phase I (*Ethoxyresorufin O-De-ethylase* (EROD), *Benzo(a)pyren-Hydroxylase* (B(a)PH)) bzw. in Phase II (*Epoxidhydrolase* (EH), *Glutathion-S-Transferase* (GST)) aktiv werden, nachgewiesen. Außerdem wurde auch *Cytochrom P-450*, dessen Proteinkomplexe katalytisch wirken, gemessen. EROD-Messungen in der Leber von Flundern zeigten einen bis zu 15fachen Anstieg von wenig zu stark verunreinigter Umgebung. Die Konzentration des *Cytochrom P-450* folgte den EROD-Variabilitäten. Auch in Wirbellosen wurden durch Verunreinigungen induzierte Unterschiede in den Konzentrationen von Enzymen festgestellt, allerdings weniger ausgeprägt als bei der Leber von Flundern.

Untersuchungen haben gezeigt, daß Fische in der Lage sind, sich an erhöhte Konzentrationen toxischer Schwermetalle zu gewöhnen. Das führte zu der

Schlußfolgerung, daß in Fischen und auch in Wirbellosen eine Gruppe von Proteinen existieren müßte, die zur Metallbindung befähigt sind. Die dafür verantwortlichen Metallothioneine (MT) haben eine Molekularmasse zwischen 6000 und 12000 und enthalten bis zu 30% Cystein-Bestandteile. Die analytische Bestimmung der Metallothioneine erfolgt in der Regel indirekt nach Abtrennung der betreffenden Molekularmassenfraktion durch Vermessen der daran gebundenen Metalle mittels Atomabsorptionsspektroskopie. Das Arbeitstreffen der Spezialisten zu Fragen des Effektmonitorings bei Oslo zeigte, daß MT-Messungen in der Leber oder Niere von Flundern keine klare Reflexion der Verunreinigung der Meeresumwelt mit Schwermetallen bieten. Bei Muscheln *(Mytilus edulis)* konnte dagegen eine relativ klare Beziehung zwischen der Belastung und den an MT gebundenen Metallen (Cu) nachgewiesen werden.

Um pathologische Veränderungen an aquatischen Organismen zu entdecken, gibt es eine Vielzahl *zytologischer, histochemischer und histologischer Ansätze*. Viele davon basieren auf Techniken, die bei der Pathologie von Säugetieren Anwendung finden. Andere nutzen Untersuchungen zu Zellprozessen in Wirbellosen, besonders in Muscheln. Zum Aufdecken von Verunreinigungseffekten erwiesen sich als brauchbar

– die lysosomale Membranstabilität,
– die lysosomale Vergrößerung,
– die Anreicherung von Lipofuscin,
– die Akkumulation der *NADPH-Ferrihämoprotein-Reduktase*,
– die Ausdehnung und Entartung der Verdauungskanäle,
– die Entartung der Eier in den Ovarien,
– die Entartung der Kiemen und
– das Auftreten von *Granulocytomas*.

Während die meisten dieser Effekte vermutlich eine generelle Reaktion auf schädliche Stoffe darstellen, scheint die Stimulierung von *NADPH-Ferrihämoprotein-Reduktase (Cytochrom P-450) Reduktase* spezifisch die Einwirkung bestimmter Xenobiotika aufzuzeigen.

Die Ergebnisse von Vergleichsmessungen weisen aus, daß bei Untersuchungen an Muscheln alle genannten Methoden in der Lage sind, deutlich zwischen wenig und stärker verunreinigten Habitaten zu unterscheiden. Weitere Abstufungen zu treffen war schwierig, da offenbar interaktive Effekte einer komplexen Wirkung von Verunreinigungen und/oder die Selektion resistenterer Formen an den stark verunreinigten Standorten zu beachten sind. Für die Praxis wird davon abgeraten, sich auf die Bestimmung nur einer der genannten Variablen zu verlassen.

Physiologische Effekte von Verunreinigungen auf Meeresorganismen hängen von deren Bioverfügbarkeit, Aufnahme, Anreicherung und von interaktiven Effekten ab. Sie integrieren subzellulare und zellulare Prozesse und zeigen das Allgemeinbefinden der Einzelindividuen an. Techniken, die zuverlässig zur Messung des Energiebudgets eines Tieres geeignet sind, wie z. B. die Raten der

Nahrungsaufnahme, Verdauung, Atmung und Ausscheidung, sind bisher nur für wenige Organismen, wie *Mytilus edulis*, entwickelt worden. Die Messung der für Wachstum und Reproduktion verfügbaren Energie („scope for growth" – SFG) erwies sich als guter Indikator für die Belastung des Gewebes mit verschiedenen Schadstoffen, die in der Regel einfach proportional additiv wirken.

Um spezifische Komponenten des bioenergetischen Budgets wie Atmung und Exkretion für Monitoringzwecke biologischer Effekte zu nutzen, bedarf es gegenwärtig noch einer Reihe von Untersuchungen. Besonders der Eiweißstoffwechsel scheint für ein tieferes Verständnis möglicher Prozesse von potentieller Bedeutung zu sein. Ein Bioassay unter Einsatz von Larvenformen ist dagegen bereits gegenwärtig nutzbar. Als Vorteil dieser Technik, die mit teilweiser hoher Empfindlichkeit gleiche Antworten vermittelt wie SFG-Untersuchungen, ist die kurze Zeit der erforderlichen Beobachtungen zu werten, die bis zu einem deutlichen Resultat erforderlich ist.

Auch die Zusammensetzung der Fette in den Verdauungsorganen, in Relation zur Speicherung und zum Umsatz von Nährstoffen, kann als physiologischer Parameter für ein biologisches Effektmonitoring dienen. Bei höherer Belastung der Tierkörper mit Verunreinigungen wie PAHs und PCBs kommt es zu einer Abnahme der Mobilisierung von Triacylglycerolen für den Phospholipidvorrat. Das hat wiederum Folgen für die Struktur und Funktion der Zellmembranen im Verdauungssystem.

Veränderungen in der *Struktur von Gemeinschaften* haben eine unmittelbare ökologische Bedeutung. In der Regel integrieren sie die Wirkungen von Verunreinigungen über längere Zeitabschnitte. Solche Untersuchungen sind bereits seit langem im Einsatz und haben auch ein entsprechend hohes Niveau erreicht. Sie sind allerdings arbeitsaufwendig und erfordern detaillierte taxonomische Kenntnisse.

Veränderungen in der Zusammensetzung von Organismen-Gemeinschaften können als biologisches Frühwarnsignal für Schadenswirkungen dienen. Eine Gemeinschaft zeigt bei nichtspezifischen Verunreinigungen eine schrittweise Reaktion in der Reihenfolge etwa wie:

a) seltene und empfindliche Arten verschwinden,
b) bei einigen Arten kommt es zu quantitativen Veränderungen,
c) die Artenhäufigkeit nimmt ab und
d) die Dominanz opportunistischer Arten entwickelt sich.

Um die Effekte von Verunreinigungen auf dem Niveau der Gemeinschaften zu bestimmen, sind benthische den pelagischen Organismen unbedingt vorzuziehen. Traditionell wurde zumeist die Artenhäufigkeit für die Makrofauna bestimmt. Das Makrozoobenthos wird aus Oberflächensedimentproben mit einem Netz, das Maschenweiten von 0,5 bzw. 1 mm besitzt, herausgesiebt. Die Arten variieren in Abhängigkeit von ihrer Toleranz gegenüber der Anwesenheit von Schadstoffen. Einige Arten verschwinden, andere bleiben unbeeinflußt, und Opportunisten profitieren von der Abnahme konkurrierender Arten. Weitaus seltener als das Makrozoobenthos werden aufgrund eines noch höheren Aufwands an Arbeitszeit hochqualifizierten Personals die Meiofauna – größer als 0,063 mm und kleiner als 0,5 mm – oder Mikroorganismen für ein biologisches Effektmonitoring genutzt.

Makro- und Meiofauna geben qualitativ zumeist ähnliche Antworten. Als Vorteil der Verwendung der Makro- gegenüber der Meiofauna könnte die längere Lebenserwartung der Organismen – Jahre gegenüber Monaten – gewertet werden. Nachteilig fällt ins Gewicht, daß ein Probennahmeort durch die Entnahme größerer Sedimentmengen für längere Zeit empfindlich gestört wird und für eine darauffolgende Beprobung nicht zur Verfügung steht.

Andererseits sind die kürzeren Generationszeiten der Meiofauna gefragt, wenn es mehr um das schnelle Aufdecken von Effekten durch diskrete Verunreinigungsereignisse als um Langzeitwirkungen geht. Die Probennahme für die Meiofauna beschränkt sich auf relativ geringe Sedimentmengen, so daß die Proben unter kontrollierten Bedingungen im Labor aufgearbeitet werden können und eine wiederholte Probennahme von der gleichen geographischen Position – auch aufgrund der schnellen Rekrutierung – problemlos möglich ist. Die Häufigkeit einiger Arten der Meiofauna, z. B. von Copepoden, kann als hochsensitives Maß dienen, um qualitative Unterschiede zwischen Untersuchungsgebieten aufzudecken.

Verfolgt man die Anzahl von Publikationen zu einzelnen Aspekten des biologischen Effektmonitorings in der Meeresumwelt, überwiegen Arbeiten, die sich mit Fragen der Verunreinigung von Sedimenten befassen. Eine zunehmende Bedeutung wird allerdings daneben auch der Oberflächenmikroschicht des Meeres beigemessen, in der sich Verunreinigungen zehn- bis tausendfach anreichern können, wodurch schädliche Wirkungen auf die darin lebenden Neustonorganismen wahrscheinlich werden. Bei Untersuchungen im Pelagial bestehen nur in der Nähe von Schadstoffeinleitern berechtigte Aussichten, aus den durch natürliche Prozesse verursachten „Hintergrund-Rauschsignalen" verunreinigungsbedingte Effekte herauszufiltern.

Die Ergebnisse biologischen Effektmonitorings sollten niemals isoliert interpretiert werden. Sie müssen kritisch bewertet sowie durch Bestätigungsanalysen abgesichert werden. Dabei sollten unbedingt die Konzentrationen der die Effekte vermutlich auslösenden Chemikalien, einschließlich der physikochemischen Formen ihres Auftretens (gelöst, partikulär, kolloidal, komplexiert etc.), vermessen werden. Auch natürliche Veränderungen in der Umwelt, Krankheiten der Versuchsobjekte, Erb- und andere Faktoren können, unabhängig von der Anwesenheit schädlicher Stoffe, für die beobachteten Effekte verantwortlich sein.

Teil eines integrierten biologischen Effektmonitorings sind häufig *Bioassay-Techniken*, die der Überwachung der Meeresumwelt dienen und unter kontrollierten Laborbedingungen erfolgen. Ein Bioassay ist gemäß einer FAO-Definition ein Test, „*...in dem ein lebendes Gewebe, ein Organismus oder eine Gruppe von*

Organismen eingesetzt werden, um die Wirkung beliebiger physiologisch relevanter Substanzen unbekannter Aktivität einzuschätzen". Bioassays wurden spezifisch darauf zugeschnitten, die Reaktion von Organismen auf die lang- bzw. kurzzeitige Einwirkung von Verunreinigungen zu quantifizieren. Sie werden häufig problemorientiert eingesetzt, z. B. um Effekte, die mit dem Verklappen von Abfällen im Ozean, mit dem Verbrennen von Schadstoffen auf hoher See, mit dem Verklappen von Baggergut oder mit der Charakterisierung der toxischen Fraktion komplexer industrieller Abfallmixturen verbunden sind, abzuschätzen.

Akute Bioassays bestimmen die Toxizität spezifischer Verbindungen bei Kurzzeitexperimenten. Standardmaß für die beobachtete Toxizität sind der LC_{50}-Wert, d. h. die Konzentration, bei der 50% der Testorganismen während einer vorgewählten Expositionszeit absterben, und der EC_{50}-Wert, bei dem einige andere biologische Parameter zur Wirkungsabschätzung genutzt werden (Wachstum, Verhaltensstruktur etc.). Toxizität kann auch als LT_{50}-Maß angegeben werden. Hierbei wird – bei festgelegter Konzentration der Schadstoffe – die Zeit erfaßt, nach der 50% Mortalität bei den Testorganismen eintritt.

Chronische Bioassays sind so angelegt, daß die langzeitigen ökologischen Folgen von Verunreinigungen abgeschätzt werden können. Eingeschlossen sind Einflüsse auf die Fortpflanzung, genetische Veränderungen und die Entwicklung von Anomalitäten. Bei diesen Bioassays werden in der Regel entweder die Testorganismen über ihren gesamten Lebenszyklus beobachtet oder nur deren frühe Entwicklungsstadien einbezogen. Die Untersuchungen dienen häufig dem Zweck, eine maximal akzeptable Konzentration einer schädlich wirkenden Substanz (maximum acceptable toxic concentration – MATC) zu bestimmen. MATC ist dabei als die Konzentration definiert, bei der noch keine Gefährdung vorliegt. Da diese Größe experimentell schwierig zu erfassen ist, wird sie über eine Näherungslösung als Verhältnis der geometrischen Mittel der niedrigsten Konzentration, die einen Effekt hervorruft, und der höchsten Konzentration ohne Wirkungen bestimmt. Aus dem Verhältnis des MATC- zum LC_{50}-Wert kann ein „Sicherheitsfaktor" abgeleitet werden. Solche Ansätze wurden beispielsweise in der Vergangenheit genutzt, um den „sicheren" Einsatz von Pestiziden im Einzugsgebiet von Küstengewässern zu bestimmen oder auch Richtlinien für die Abwassereinleitung vorzugeben. Der Zusammenhang zwischen chronischen Effekten und der Aufnahme bzw. Anreicherung von Verunreinigungen wurde dabei jedoch in der Regel ungenügend berücksichtigt.

Zur Charakterisierung der Sedimentqualität und zur Entwicklung entsprechender Gütekriterien dafür sind ebenfalls Bioassays entwickelt worden. Die Wirkungen der Verunreinigungen sind an ihre Bioverfügbarkeit gebunden, d. h., sie haben häufig Bezug zu den Fraktionen, die im Porenwasser gelöst sind.

Für Bioassays zur Wasserqualität gibt es eine Reihe von Organismen (Mikroalgen, Makroalgen, Echinoiden, Nematoden, Hydroiden, Polychaeten, Crustaceen, Amphipoden, Mollusken, Fische), deren Reaktion auf Verunreinigungen als

Meßgröße gezielt genutzt wird:
- Wachstumsrate der Kulturen *(Asterionella japonica, Campanularia flexuosa, Chaetoceros affinis, Chaetoceros gracilis, Chlorella ovalis, Gonyaulax polyhedra, Gymnodinium splendeus, Phaeodactylum tricornutum)*,
- asexuale Wachstumsrate von Populationen *(Hydra littoralis, Eirene viridula)*,
- Reproduktionsrate *(Chromadorina germanica, Diplolaimella punicea)*,
- Wachstum der äußeren Triebe *(Laminaria saccharina)*,
- Induktion von Abnormalitäten der Embryos und Larven *(Anthocidaria crassispina, Crassostrea gigas, Crassostrea virginica, Hemicentrotus pulcherrimus, Mercenaria mercenaria, Mytilus edulis, Pomatoceros triqueter)*,
- Überlebensrate *(Cumacean sp., Daphnia pulex, Glycinde picta, Macoma inquinata, Palaemonetes pugio, Paraphoxius epistomus, Polydora sp., Protothaca staminea)*,
- Zunahme der Zellzahlen (Zellkulturen von Mäusen),
- Wachstum und Veränderungen in der Zusammensetzung von Kolonien *(Laomedea flexuosa)*,
- Wachstum und Metallgehalt von Kulturen im Feld (Mikroalgen),
- Veränderung im LC_{50}-Wert von mit Kupfer gestreßten Larven *(Paracentrotus lividus)* und
- verschiedene histologische und biochemische Indizes *(Morone americana)*.

Werden vier Klassen von Verunreinigungen in Hinsicht auf den erfolgreichen Nachweis ihrer Wirkungen durch einige Bioassay-Techniken bzw. durch Methoden des biologischen Effektmonitoring analysiert, ergibt sich etwa das in Tab. 15.1 zusammengefaßte Resultat.

Tabelle 15.1. Nachweismöglichkeiten der Effekte von Verunreinigungen durch biologische Methoden

	Nährstoffe	CKWs	Sn_{org}	PHs/PAHs
MFO	–	+	–	+
SFG	?	+	+	+
Artenverlust	+	+	+	+
Artenhäufigkeit	+	+	+	+
Reproduktionsrate	–	+	+	+
Produktion/Atmung	+	–	–	–

Informationen zur generellen Eignung verschiedener Methoden im Rahmen eines biologischen Effektmonitoring und/oder eines Bioassays vermittelt Tabelle 15.2.

Basierend auf den Ergebnissen der IOC/GEEP-Arbeitstreffen bei Oslo (1986) bzw. auf den Bermudas (1988) und auch eines weiteren „Workshop on the Biological Effects of Contaminants" von ICES/IOC (Bremerhaven, 12.–30. 03.

1990) mit 8 Forschungsschiffen, an dem rund 70 Wissenschaftler teilnahmen, wurden vier Techniken für ein biologisches Effektmonitoring den Anliegerstaaten der Nordsee zur Anwendung empfohlen:
a) Untersuchungen zur Makrozoobenthos-Gemeinschaft,
b) Bioassays mit Austernlarven im Wasser und auf Sedimenten,
c) Häufigkeit von Fischkrankheiten bei der Kliesche *(Limanda limanda)* und
d) Induktion der MFO *(Ethoxyresorufin-O-de-ethylase* (EROD)) in der Kliesche.

Tabelle 15.2. Vergleichende Übersicht zur Eignung einiger Techniken

	Biologisches Effektmonit.	Bioassay	Anwendbarkeit im Feld	Aussagekraft	Spezifik für a) Ort	b) Schadstoff
SFG	+	+	(+)	?	+	−
Lipidzusammensetzung	+	+	+/−	?	+	−
Eiweißmetabolismus	+	+	+/−	?	+	−
Zytologische Tests	+	+	+	?	+	−
Metallothioneine	+	+	+	?	+	+/−
Immunstärke	+	+	+	?	(+)	−
MFO	+	+	+	+	+	+/−
Embryonal- und Larvenentwicklung	+	+	+	+	+	−
Benthosgemeinschaft	+	+	+	+	+	−
Reproduktionsrate	+	+	+	+	+	−
Toxizitätstests	−	+	+	+	+	−
Pathologie	+	−	+	+	(+)	−

15.2 Monitoring- und Forschungsprogramme

Im folgenden Kapitel werden in zusammengefaßter Form bereits abgeschlossene, laufende und geplante Monitoring- und Forschungsprogramme von globalem oder regionalem Ausmaß dargestellt. Dabei finden vorwiegend solche Programme Berücksichtigung, die sich u. a. Fragen der *chemischen Meeresverunreinigung* und ihren biologischen Folgen widmen. Ein Anspruch auf Vollständigkeit und Aktualität wird dabei nicht erhoben, da sich diese Thematik durch eine hohe Dynamik, insbesondere verursacht durch die ständige Diskrepanz zwischen dringend erforderlichen Kenntnissen und den für die zumeist teuren Programme verfügbaren Mitteln, auszeichnet. Die Reihenfolge, in der die Programme vorgestellt werden, stellt keine Wertung dar. Eine anstrebenswerte Ordnung nach den jeweiligen Sachinhalten und geographischen Gesichtspunkten wurde versucht, blieb allerdings aufgrund vielfältiger inhaltlicher Überlappungen, ähnlich angelegter, voneinander abhängiger und sich durchdringender Vorhaben rudimentär. Programme mit physikalisch-ozeanographischen und meteorologisch-klimatologischen Zielstellungen wie WCRP, PATHS, EAZO u.a. dienen zwar nicht direkt der Erforschung und Überwachung der Meeresverunreinigung, steuern jedoch unverzichtbare Hintergrundinformationen in bezug auf den Eintrag, die Ausbreitung und Zirkulation von Problemstoffen im marinen Ökosystem bei. Deshalb wurden sie in diese zusammenfassende Darstellung ebenfalls mit aufgenommen.

15.2.1 Global Environment Monitoring System (GEMS)

GEMS/UNEP hat sich als UN-gestütztes Programm die permanente Aufgabe gestellt, die auf verschiedene Regionen der Welt verstreuten internationalen Monitoringaktivitäten zu koordinieren. Gegenwärtig entfallen die von UNEP unterstützten Aktivitäten auf 5 Kategorien:
- klimarelevantes Monitoring,
- Monitoring des weitreichenden Transports von Verunreinigungen,
- Monitoring zu gesundheitsrelevanten Aspekten,
- Ozeanmonitoring und
- Monitoring terrestrischer erneuerbarer Ressourcen.

Das *klimarelevante Monitoring* soll klimatische Veränderungen erfassen und den Einfluß menschlicher Aktivitäten darauf quantifizieren. Zwei Aktivitäten sollen hierbei herausgestellt werden:

Das „Background Air Pollution Monitoring Network" (BAPMoN) wurde bereits 1969 von der WMO ins Leben gerufen und wird seit 1974 von UNEP mitgetragen. Es soll Trends zum Gehalt von Beimengungen, insbesondere Kohlendioxid und Ozon, zur Trübung der Atmosphäre sowie zur chemischen Zusammensetzung von Niederschlägen aufdecken. Drei Kategorien von Monitoringstationen, d.h. a) Hintergrund-, b) allgemeine regionale sowie c) regionale Stationen mit einem erweiterten Beobachtungsprogramm, werden unterhalten. Die Hintergrundstationen befinden sich zumeist fernab möglicher Quellen und die regionalen Stationen in ländlichen Gegenden. Das BAPMoN-Datenzentrum wurde von der WMO in den USA bei der Environmental Protection Agency (EPA) eingerichtet. Es erhält in monatlichen Abständen die Ergebnisse von den Monitoringstationen.

Eine Inventarisierung von Gletschern (World Glacier Inventory) wurde bis 1985 von der UNESCO durchgeführt. Dazu wurden Angaben aus 21 Ländern über etwa 750 Gletscher verarbeitet.

Das *Monitoring zum weitreichenden Transport von Verunreinigungen* hat das Ziel, Daten zur Deposition von Verunreinigungen, insbesondere von Schwefeldioxid und dessen Umwandlungsprodukten, die für den „sauren Regen" verantwortlich zeichnen, in Beziehung zur Bewegung der Luftmassen von den Verunreinigungsquellen bis zu weit entfernt liegenden Zielgebieten zu erstellen. Dadurch sollen Modelle zum Transport von Verunreinigungen über Staatsgrenzen hinweg getestet werden.

Das GEMS-*Monitoring zu gesundheitsrelevanten Aspekten* wurde 1972 mit einem Pilotprojekt zur Luftüberwachung durch die WHO unter Teilnahme von 14 Staaten gestartet. Dabei wurden Daten zur SO_2-, Rauch- und Staubbelastung ermittelt. Ein UNEP/WHO/UNESCO//WMO-Projekt zum Monitoring der Wasserqualität begann 1976. Schwerpunkt waren Flüsse, Seen und das Grundwasser. Ebenfalls 1976 wurde von der WHO und der FAO ein Projekt zu Verunreinigungen in Lebensmitteln in Angriff genommen. Ein gesundheitsbezogenes Monitoringnetzwerk zur Belastung der Atmosphäre umfaßt 5 Pilotstudien in verschiedenen Gebieten der Welt, wobei unter Berücksichtigung verschiedener Klimazonen, Lebensstile und Verunreinigungsgrade Raum-, Außen-, Umgebungs- und Atemluftqualität vermessen werden.

15.2.2 Global Investigation of Pollution in the Marine Environment (GIPME)

Das GEMS-*Ozeanmonitoring* umfaßt den offenen Ozean, regionale Meere und Küstengewässer. Die Aktivitäten zum offenen Ozean (GEMS PAC) erfordern große technische und materielle Aufwendungen und sind deshalb bisher auch nur langsam vorangekommen. Hier ist das IOC/UNESCO-Programm GIPME (Global Investigation of Pollution in the Marine Environment) der Intergovernmental Oceanographic Commission einzuordnen, das bereits 1974 vorgeschlagen wurde. GIPME bietet einen systematischen und logischen Ansatz für das Erfassen der chemischen Verunreinigung der Ozeane und der daraus resultierenden Effekte. Sukzessive, mit iterativen Schleifen und Rückkoppelungen, sollen dabei für die einzelnen Verunreinigungsparameter im wesentlichen folgende Etappen durchlaufen werden:
– Grundlagenuntersuchungen,
– Erfassen raum-zeitlicher Trends,
– Erstellen von regionalen und globalen Massenbilanzen,
– Erarbeiten von Einschätzungen zur „Kontamination",
– Erarbeiten von Einschätzungen zur „Verschmutzung",
– Entwicklung und Einführen regulierender Standards,
– Reduzieren des Eintrags und
– Monitoring zur Wirksamkeit von Gegenmaßnahmen.

Neben dem Programmteil, der die Hintergrundverteilung von Verunreinigungen im offenen Ozean erfassen soll, enthält GIPME weitere Komponenten, d. h.
- zum atmosphärischen und Flußeintrag in einzelne Meeresregionen,
- Hintergrundverteilung von Verunreinigungen in den Meeresregionen,
- Messungen zum atmosphärischen und (Netto-) Flußeintrag in den offenen Ozean und
- Kenntnisse zu biologischen Effekten von Verunreinigungen.

Die GIPME-Strategie für die Abarbeitung dieser Aufgabe enthält eine Reihe von Maßnahmen, die vor der eigentlichen Aufnahme erforderlicher Feldmessungen die Qualität der übermittelten Daten sichern sollen. Da es sich bei den Zielparametern zumeist um extrem geringe Beimengungen handelt, ist die Entwicklung zuverlässiger Methoden zur Entnahme der Proben sowie zur Anreicherung und zum Vermessen der jeweiligen Substanzen von besonderer Bedeutung. GIPME enthält deshalb Komponenten wie
- Entwicklung von Techniken für zuverlässige Hintergrundmessungen,
- Standardisierung und Vergleichsmessungen zu Probennahme- und analytischen Techniken und
- Verbreitung technischer Erfahrungen durch Trainingskurse.

Entsprechende Expertengruppen zu Fragen der Meßmethoden, Standards und zur Durchführung von Vergleichsmessungen (GEMSI) sowie zur Sicherung der Bereitstellung von nach Matrix und Konzentrationen problemadäquater Referenzmaterialien (GESREM) wurden dazu von IOC-GIPME ins Leben gerufen.

Vom Working Committee zu GIPME wurde als GEMS-Komponente ein *Marine Pollution Monitoring* (MARPOLMON) vorgeschlagen. Als Vorläufer des MARPOLMON-Programms ist das *Marine Pollution (Petroleum) Monitoring Pilot Project* (MAPMOPP) anzusehen. Es wurde von einer gemeinsamen IOC/WMO Planungsgruppe für IGOSS (IPLAN) initiiert. (IGOSS selbst, das „Integrated Global Ocean Station System", wurde 1971 von IOC und WMO nach Vorarbeiten von SCOPE, dem Scientific Committee on Problems of the Environment, und ICSU, dem International Council of Scientific Unions, zur Koordinierung von Monitoringaktivitäten in Hinsicht auf die Meeresverunreinigung, besonders zu physikalischen, aber auch zu einigen chemischen Parametern gestartet.)

MAPMOPP lief bis zum Ende des Jahres 1978 und hatte 4 Komponenten, und zwar das Monitoring von
- Ölslicks,
- schwimmenden Erdölrückständen („tar balls"),
- gelösten und dispergierten Erdölkohlenwasserstoffen im Meerwasser sowie von
- Teerrückständen an Stränden.

Bei den nationalen ozeanographischen Datenzentren in Washington und Tokio gingen von Handels-, Fischerei-, Fischereiaufsichts-, Forschungs- und Feuerschiffen sowie von Luftfahrzeugen die Ergebnisse von mehr als 85 000 visuellen

15.2 Monitoring- und Forschungsprogramme

Beobachtungen zu „Ölslicks" ein. Etwa 4000 „tar ball"-Proben wurden unter Einsatz von Neustonnetzen genommen und rund 3000 Messungen zu gelösten und dispergierten Erdölkohlenwasserstoffen ausgeführt. Am Programmteil zu Teerrückständen an Stränden waren nur 7 Staaten beteiligt. Der Hauptteil der Daten (3100 Proben) kam dazu aus Japan.

Als erstes MARPOLMON-Projekt liefen dann 1980 mit einer Interkalibrierung auf den Bermudas („PANCAL'80") experimentelle Vorbereitungen zu Schwermetalluntersuchungen im Weltmeer an. Nach mehreren vergeblichen Anläufen, geeignete Schiffe und kompetente Wissenschaftlerteams zusammenzubringen, konnte dann erstmalig 1990 ein Meßprogramm mit dem deutschen Forschungsschiff „Meteor" auf Stationen im Atlantik von einer multinationalen Spurenmetallanalytiker-Gruppe absolviert werden.

MARPOLMON beinhaltet auch regionale Programmteile. GIPME/MARPOLMON-CARIPOL dient beispielsweise dem Monitoring von Erdölkohlenwasserstoffen im Rahmen der IOCARIBE-Verunreinigungsuntersuchungen der IOC in der Karibik. Die Phase II dieses Programms, d.h. Messungen zu Ölprodukten in Sedimenten und Meeresorganismen der Region, wurde von einer Vielzahl von Institutionen mit Unterstützung durch die NOAA absolviert. CARIPOL ist gleichzeitig eng verzahnt mit CEPPOL (Marine Pollution Assessment and Control Programme for the Wider Caribbean Region), einem gemeinsamen Unternehmen von IOC und UNEP.

IOC kooperiert außerdem mit UNEP und den jeweiligen regionalen Organisationen zu Verunreinigungsproblemen in verschiedenen Meeren und Teilen des Weltozeans. Das betrifft u.a. auch das Mittelmeer, den westlichen Pazifik (IOC/WESTPAC), den Südwestatlantik, Südostpazifik (mit der Comision Permanente del Pacifico Sur – CPPS und UNEP), den nördlichen und zentralen Westindik (IOCINCWIO), den Zentralindik (IOCINDIO), den zentralen Ostatlantik (IOCEA), den südlichen Ozean um Antarktika und das Schwarze Meer.

15.2.3 ICES-Monitoringprogramme

Die Monitoringaktivitäten des International Council for the Exploration of the Sea (ICES), der ältesten – seit 1902 – zwischenstaatlichen Organisation zur Zusammenarbeit in der Meeresforschung und Fischerei, im letzten Jahrzehnt auch verstärkt zu Meeresumweltfragen, haben sich in der Vergangenheit vorwiegend auf Verunreinigungen in Fischen und Schalentieren konzentriert. Das hat vor allem zwei Gründe:
- Fische und Schalentiere akkumulieren Verunreinigungen in ihrem Gewebe und stellen deshalb ein mögliches Risiko für Konsumenten dar.
- Aufgrund der Bioakkumulation sind die Gehalte der Verunreinigungen in den Organismen in der Regel hoch genug, so daß sie von erfahrenen Analytikern bereits relativ zuverlässig erfaßt werden können.

Vom ICES werden seit 1974 in der Nordsee und ab 1976 auch in anderen Teilen des Nordatlantik Untersuchungen zu Verunreinigungen in Fischen und Schalentieren als „ICES Coordinated Monitoring Programme" koordiniert. Zwölf der damals 18 dem ICES angehörenden Staaten waren daran beteiligt. Das Programm basierte anfänglich auf den qualitativ und quantitativ sehr unterschiedlichen nationalen Monitoringbeiträgen. Eine Durchsicht der Ergebnisse von 1980/81 zeigte, daß diese kaum vergleichbar und deshalb nicht zusammenhängend interpretierbar waren. Das Programm wurde revidiert und ab 1982 auf der Grundlage neuer Richtlinien für Probennahme, Probenvorbereitung und Datenübermittlung als „ICES Cooperative Monitoring Programme" weitergeführt.

Das Programm umfaßt die Metalle Hg, Cd, Cu, Pb und Zn, auch As, Cr und Ni werden von einigen Labors in den Organismen analysiert. In geringerem Umfang werden zu einer Reihe von Chlorkohlenwasserstoffen wie DDT-Metabolite, PCBs, HCB, Dieldrin, Chlordan und die HCHs (α-, β- und γ-Isomere) ebenfalls Daten gewonnen. Vergleichsmessungen haben gezeigt, daß die übermittelten CKW-Daten bisher nicht vergleichbar sind. Gleiches gilt für niedrige Bleigehalte, z.B. im Fischmuskelgewebe.

Unter dem Aspekt der Abschätzung des Risikos für die menschliche Gesundheit werden in zweijährigem Abstand, mindestens in den Ästuarien von Forth, Themse, Rhein, Schelde und Clyde, im Skagerrak, Kattegat und Oslofjord, in der Irischen See, in der Deutschen Bucht und in der südlichen Bucht der Nordsee, in Teilen des St. Lawrence Golfs, in der Mittelatlantischen Bucht der USA sowie vor Portugal Proben nach identischen Richtlinien genomen. Um Verteilungsmuster über ein größeres Gebiet zu erhalten, sollen in 5jährigem Abstand, beginnend 1985, Grundlagenuntersuchungen durchgeführt werden. Die „1985 Baseline Studies of Contaminants in Fish and Shellfish" umfaßten Untersuchungen an Dorsch *(Gadus morhua)*, Hering *(Clupea harengus)*, Kliesche *(Limanda limanda)*, Flunder *(Platichthys flesus)*, Scholle *(Pleuronectes platessa)* sowie Muscheln (*Mytilus edulis* und *Macoma balthica*).

Um zeitliche Trends zu erfassen, ist eine mindestens jährliche Probennahme erforderlich. Dorsch, Scholle, Flunder, Muscheln, Seehecht *(Merluccius merluccius)* und Makrele *(Scomber scombrus)* wurden dazu ausgewählt.

Seit 1985 werden im Rahmen des ICES-Monitoringprogramms auch Angaben zum Gehalt von Spurenmetallen im Meerwasser zusammengetragen. Dazu wurden seit 1976 eine Reihe von Vergleichsmessungen, u.a. auch zu Filtrationsverfahren, organisiert.

Für ein Monitoring von Verunreinigungen in Sedimenten lieferte der ICES durch Vergleichsmessungen und methodische Hinweise ebenfalls essentielle Voraussetzungen. Für 1993 werden vom ICES gegenwärtig u.a. flächendeckende Hintergrunduntersuchungen für die Ostseesedimente koordiniert.

15.2.4 Joint Monitoring Programme (JMP)

Das JMP der Kommissionen zu den „Oslo-" und „Paris-Konventionen", die das Einbringen von Abfällen in das Meer durch Schiffe und Luftfahrzeuge (seit 1972) bzw. die Verschmutzung des Meeres durch landseitige Quellen (seit 1974) betreffen (OSPARCOM), umfaßte anfangs nur zwei der marinen Kompartimente, d.h. Meeresorganismen und das Meerwasser. Beteiligt sind 11 europäische Anrainerstaaten des Nordatlantik von Portugal bis Norwegen. Die Organismen (Fische, Mollusken und Crustaceen) wurden bis 1986 obligatorisch vor allem auf Cd, Hg und PCBs, das Meerwasser nur auf Cd und Hg, untersucht.

Für den Zeitraum 1986–95 wurden von den Vertragsstaaten 61 Gebiete mit mehr als 150 Stationen, vor allem in der Nordsee, für die Untersuchungen im Meerwasser ausgewählt. Hauptsächlich werden darin nun Cd, Hg, Zn, Cu, Pb und γ-HCH gemessen. Die genannten Parameter, plus PCBs, werden auch in Sedimenten – auf mehr als 30 Stationen in 26 Gebieten – und in Organismen – 120 Stationen in 74 Gebieten – analysiert.

15.2.5 Zirkulation und Schadstoffumsatz in der Nordsee (ZISCH)

Dieses nationale Programm wurde seit dem 1. Oktober 1984 vom BMFT gefördert. ZISCH erstreckte sich auf zwei Phasen. Während ZISCH I wurden im Sommer 1986 und im Winter 1986/87 zwei komplexe Großaufnahmen zur Verteilung potentieller Schadstoffe in der Nordsee durchgeführt. ZISCH II erstreckte sich über den Zeitraum vom 01.01.1988 bis zum 30.09.1989. Dabei wurde vor allem die Deutsche Bucht schwerpunktmäßig untersucht. Im Mittelpunkt standen nun prozeßorientierte und Untersuchungen zur kausalen Verknüpfung der einzelnen Kompartimente des Ökosystems (Atmosphäre, Wasserkörper, Sediment, Biota). Diesem Anliegen dienten Arbeiten vom Herbst 1988 bis zum Frühjahr 1989 auf ozeanographischen Schnitten mit einer hohen raum-zeitlichen Auflösung.

Als Nachfolgeprojekte von ZISCH sind z.B. PRISMA (Prozesse im Schadstoffkreislauf Meer-Atmosphäre, ab 01.10.1989) bzw. TUWAS zu nennen.

15.2.6 Baltic Monitoring Programme (BMP)

Das BMP der Baltic Marine Environment Protection Commission (HELCOM, Helsinki-Kommission) läuft seit 1979 unter Beteiligung aller Anliegerstaaten der Ostsee. Ziel des BMP ist es, zeitliche Trends der natürlichen Umweltbedingungen und anthropogen verursachte Veränderungen im Konventionsgebiet der Ostsee zu erfassen. Die erste Phase, 1979–83, hatte Pilotcharakter. Sie umfaßte vorwiegend hydrographisch/hydrochemische und produktionsbiologische Hintergrundparameter. Auf freiwilliger Basis wurden spezielle Verunreinigungen erfaßt. Für die Phase II (1984–88) schrieben die Richtlinien bereits Untersuchungen an Organismen (Fische, Muscheln) auf DDT und seine Metabolite, PCBs, Hg, Cd, Zn, Pb und Cu und von Meerwasser auf Erdölkohlenwasserstoffe vor.

Das BMP befindet sich gegenwärtig in seiner dritten Phase. Einer ersten umfassenden Einschätzung der Ostseemeeresumwelt (1980) schlossen sich bereits zwei weitere „Periodische Assessments" (1985, 1990) an, deren Schlußfolgerungen der HELCOM für Empfehlungen an die Vertragsstaaten dienen.

Für die einzelnen Ostseeregionen wurden die daran angrenzenden Staaten für das Monitoring besonders verantwortlich gemacht. Generell sind aber alle Staaten aufgefordert, in der gesamten Ostsee etwa 43 Stationen für hydrographisch/hydrochemische Messungen, 18 Stationen zum Fang von Organismen und 8 Stationen zur Makrozoobenthos-Entnahme anzulaufen. Für physikalische, chemische und pelagische biologische Größen sollen nach Möglichkeit alle vier Jahreszeiten in das Meßprogramm einbezogen werden, d. h., es wird zumindest im Februar/März, Mai/Juni, August/September und November/Dezember die Durchführung entsprechender Messungen auf den Monitoringstationen erwartet. Auf besonders repräsentativen Stationen wird eine Frequenz von sechs Messungen pro Jahr angestrebt. Das soll durch Koordinieren der Expeditionspläne von in der Ostsee tätigen Institutionen erreicht werden. Zoobenthos soll zweimal im Jahr, im Frühjahr und Sommer, und andere Organismen sollen einmal pro Jahr zur Analyse auf Schadstoffe an den entsprechenden Monitoringstationen entnommen werden.

Zu den physikalischen und chemischen Parametern, die für den Wasserkörper zu ermitteln sind, zählen
a) verbindlich: Temperatur, Salzgehalt, Dichtestruktur, Sauerstoff, Schwefelwasserstoff, pH-Wert, Alkalinität und Nährstoffe (Phosphat, Gesamtphosphor, Ammonium, Nitrat, Nitrit, Gesamtstickstoff, Silikat) sowie
b) optional: Spurenmetalle (Hg, Cd, Zn, Cu, Pb), Erdöl- und chlorierte Kohlenwasserstoffe (DDT und seine Metabolite, PCBs).

In einer Reihe von Organismen *(Macoma balthica, Clupea harengus, Platichthys flesus, Mesidothea entomon, Crangon crangon)* sollen Substanzen wie DDT, DDD, DDE, PCBs, PCCs, Erdölprodukte, Hg, Cd, Zn, Pb und Cu analysiert werden.

Die biologischen Parameter schließen die Bestimmung der Phytoplankton-Artenzusammensetzung und -Primärproduktion, von Chlorophyll „a", Phaeopigment, des Meso- und Protozooplanktons, des Makrozoobenthos und von Mikroorganismen ein.

Ein Monitoring der durch den atmosphärischen Eintrag verursachten Verunreinigung begann 1983 auf Pilotbasis und wird seit 1985 regulär durchgeführt. Auch die radioaktive Verunreinigung der Ostsee wird durch Untersuchungen im

Wasser, an Organismen und im Sediment überwacht. Ein zuvor von der IAEA getragenes Radionuklid-Monitoring wurde zu Beginn der 80er Jahre in das BMP integriert.

15.2.7 EUROMAR

Dieses Umweltüberwachungsvorhaben wurde auf deutsche Initiative 1986 in London als „EUREKA"-Projekt Nr. 37 ins Leben gerufen. Das EUROMAR-Sekretariat ist deshalb auch in Deutschland, d.h. in Bremerhaven am Alfred-Wegener-Institut für Polar- und Meeresforschung (AWI), angesiedelt. Zwölf europäische Staaten und die EG sind daran beteiligt. Ziel des Projekts ist die Entwicklung eines modernen, computergestützten Meßsystems, das spätestens im Jahr 2000 einen ständigen Überblick über die Schadstoffbelastung der europäischen Meere und über die damit verbundenen schädlichen Auswirkungen liefern soll.

Als erste geographische Schwerpunkte wurden die Nordsee und die Adria ausgewählt. Vorgesehen ist, EUROMAR bis 1995 soweit voranzutreiben, daß danach eine Entscheidung über den Feldeinsatz gefällt werden kann. Wichtiges Forschungsvorhaben ist die Entwicklung des Prototyps eines ferngesteuerten Sensorsystems, mit dem eine automatische Erfassung, Aufzeichnung und Datenfernübertragung sowohl hydrographischer Größen, von Nährstoffen, aber auch von Schwermetallen oder Chlorkohlenwasserstoffen möglich ist.

EUROMAR umfaßt eine Reihe von Unterprojekten. Dazu wurden von den sechs entsprechenden Arbeitsgruppen („Instrumente und Trägersysteme", „Modelle", „Bodensysteme und Mesokosmen", „Fernerkundung", „Datensysteme" und „atmosphärischer Eintrag") konkrete Aufgabenbereiche definiert, wie z. B.
− ein modulares und ferngesteuertes Multisensorsystem für *In-situ*-Messungen, d.h. für Ereignis-kontrollierte Probennahmen und eine Echtzeitdatenübermittlung,
− modulare, anwenderorientierte Software-Systeme, die auf numerischen Modellen basieren,
− marine Experimental-Ökosysteme,
− land-, see- und luftgestützte Sensorinstrumentation und -systeme,
− Relevanz der Information aus der Fernerkundung für europäische marine Aktivitäten,
− Instrumente und Techniken zum Vermessen des Sediments und dessen Beitrag zur Qualität der Umwelt,
− Standardisierung,
− Hard- und Software in Beziehung zum atmosphärischen Eintrag in das Meer und
− Trägersysteme für den Einsatz bei der Überwachung der europäischen Meere.

Das gesamte Finanzvolumen für das EUROMAR-Vorhaben wurde anfänglich mit etwa 350 Millionen DM angesetzt.

15.2.8 Long-Term Programme for Pollution Monitoring and Research in the Mediterranean (MED POL)

Der Mediterranean Action Plan (MAP; Barcelona, 1975) war der erste von im Rahmen des UNEP Regional Seas Programme entwickelten Plänen zum marinen Umweltschutz in besonders gefährdeten Gebieten der Erde. In seiner ersten Phase umfaßte MED POL, das Monitoring zum MAP, anfangs 7 Pilotprojekte, die später durch weitere 6 Projekte ergänzt wurden, jedoch bisher teilweise nicht über eine konzeptionelle Phase hinausgelangten. MED POL Phase I basierte auf 83 nationalen Forschungszentren, die von 16 Mittelmeerländern und von der EG benannt wurden und Unterstützung durch 8 UN-Organisationen (ECE, UNIDO, FAO, UNESCO, IOC, WHO, WMO, IAEA), durch IUCN und ICSEM erfuhren.

Ziele der ersten Phase waren
- Planung und Durchführung des Monitorings,
- Unterstützung für nationale Forschungszentren beim Ausbau ihrer Monitoringkapazitäten,
- Analyse der Quellen, Massen, Niveaus, Wege, Trends und Effekte von Verunreinigungen,
- Gewinn von Informationen für die Regierungen der Region als Entscheidungshilfe im Rahmen der Konvention,
- Aufbau konsistenter Zeitserien zu Daten über Quellen, Wege, Niveaus und Effekte von Verunreinigungen als Beitrag zur Erforschung des Mittelmeeres.

Die Ergebnisse von MED POL Phase I wurden in einer Vielzahl von Publikationen verfügbar gemacht. Sie führten zu der Empfehlung, ein Langzeitprogramm (10 Jahre) als MED POL Phase II ab 1981 in Angriff zu nehmen. Dieses hat zum Ziel
- weitere relevante Informationen im Rahmen der Konvention bereitzustellen,
- die Effektivität der eingeleiteten Maßnahmen zu überprüfen,
- Informationen für Management-Entscheidungen bei der Durchsetzung der Konvention und für ihre Aktualisierung bereitzustellen und
- periodischen Zustandseinschätzungen zu dienen.

Das Monitoring umfaßt
a) die Verunreinigungsquellen, wobei Hg, Cd und Erdölkohlenwasserstoffe höchste Priorität haben,
b) die Küstengebiete und Ästuarien,
c) Referenzgebiete ohne direkte Beeinflussung durch Verunreinigungen und
d) den atmosphärischen Transport und Eintrag von Schadstoffen.

15.2 Monitoring- und Forschungsprogramme

Anders als das BMP in der Ostsee basiert MED POL fast ausschließlich auf nationalen Beiträgen in den jeweiligen Küstengebieten. Es fehlen multilateral bearbeitete Stationen im Bereich der hohen See.

15.2.9 Physical Oceanography of the Eastern Mediterranean (POEM)

POEM war ein multinationales Forschungsprogramm zur physikalischen Ozeanographie im östlichen Mittelmeer für die zweite Hälfte der 80er Jahre. Ziele waren das Studium der generellen Zirkulation und fundamentaler physikalischer Prozesse wie Tiefenkonvektion, Wassermassenbildung und -ausbreitung sowie die numerische Modellierung dieser Prozesse.

Ein erstes Multischiff-Experiment wurde im Zeitraum Oktober bis Dezember 1985 durchgeführt. Während der intensiven Feldperiode (IFP) erfolgten hydrographische Messungen (300 Stationen, darunter 5 mit Strömungsmessern bestückt) mit hoher raum-zeitlicher Auflösung, die von Tracerstudien und durch meteorologische sowie Satellitenbeobachtungen (NOAA-Satelliten Nr. 6, 7 und 9) gestützt wurden. Zusätzlich zu den hydrographischen wurden ausgewählte chemische und biologische Parameter vermessen.

15.2.10 Kuroshio Exploitation and Utilization Research (KER)

Das Ziel von KER (1977–86; Vorläufer: IOC/CSK) war es, ein besseres Verständnis des „*Kuroshio*"-Phänomens (nordpazifisches Strömungssystem ähnlich dem Golfstrom, mit 3 bis 4 Knoten Geschwindigkeit, 100 km breit, Transport von 30–60 Millionen t Wasser/s) einschließlich der Möglichkeiten seiner Nutzung zu erreichen. Raum-zeitliche Fluktuationen des Verlaufs, der Energie, des Selbstreinigungsvermögens und der biologischen Produktivität des *Kuroshio* standen dabei im Mittelpunkt.

15.2.11 Mussel-Watch

Das „Muschel-Überwachungskonzept", das in erster Linie die Miesmuschel *(Mytilus edulis)* und andere Muschelarten, aber auch verschiedene Austern (*Crassostrea*- und *Ostrea*-Arten) sowie weitere Schalentiere als Untersuchungsobjekte zur Charakterisierung der Meeresverunreinigung vom lokalen bis zum globalen Maßstab vorschlägt, wird von seinen Befürwortern zumeist wie folgt begründet:
– Muscheln sind Kosmopoliten, d. h. geographisch weit verteilt.
– Sie sind seßhafte Organismen.

- Sie können chemische Verunreinigungen gegenüber deren Konzentration im Meerwasser um das 100- bis 100000fache anreichern.
- Bei Muscheluntersuchungen wird der zuvor im Meerwasser für die Organismen „biologisch verfügbare Anteil" erfaßt.
- Das Fehlen bzw. die im Vergleich zu Fischen geringere Aktivität von Enzymsystemen, die organische Xenobiotika wie PCBs oder PAHs metabolisieren könnten, erlaubt eine genauere Abschätzung des Ausmaßes der Verunreinigung mit solchen Stoffen.
- Stabile lokale Populationen gestatten eine wiederholte Beprobung bei Trenduntersuchungen.
- Muscheln überleben noch in relativ verschmutztem Wasser.
- Eine Transplantation in zu überwachende Meeresgebiete ist zumeist problemlos.
- Da Muscheln häufig als Nahrungsmittel von kommerziellem Interesse sind, ist die Überwachung ihrer chemischen Verunreinigung aus sanitärhygienischer Sicht eine Notwendigkeit.

Als Modell für eine globale „mussel watch" wird häufig ein entsprechendes Programm der USA gesehen, das dort 1976 von der EPA auf Vorschlag der NAS des NRC (National Research Council) ins Leben gerufen wurde. Spurenmetalle (Cu, Ni, Pb, Ag, Zn, Cd), chlorierte (PCBs, DDT) und Erdölkohlenwasserstoffe sowie künstliche Radionuklide (^{238,239,240}Pu, ^{241}Am) wurden in Organismen bestimmt, die auf etwas mehr als 100 Stationen zwischen 1976 und 1978 an den USA-Außenküsten, an Ästuarmündungen und auch in ausgewählten Hafengebieten, z. B. von San Diego, Los Angeles, San Francisco und Boston, mit teilweise monatlicher Frequenz genommen wurden.

Bei der Auswertung der Ergebnisse mehrerer Jahre zu den Gehalten an Verunreinigungen in den Muscheln zeigte es sich, daß viele der erwarteten Trends praktisch im „Rauschpegel" jahreszeitlicher Fluktuationen untergehen. Die regionalen Verteilungsmuster bei nahezu synoptischer Beprobung bestätigten die aufgrund der Abwasserbelastung und durch Messungen in Wasser-, Organismen- und Sedimentproben bereits hinlänglich bekannten Verunreinigungsschwerpunkte. Diese Ergebnisse rechtfertigen deshalb offenbar nur teilweise den hohen Aufwand, der zur logistischen Absicherung der Beprobung auf mehreren tausend Kilometern Küstenlinie und für die aufwendigen Spurenanalysen in Tausenden von Proben, einschließlich der Maßnahmen zur analytischen Qualitätssicherung (Teilnahme an Vergleichsmessungen, Erarbeitung und Bearbeitung von Referenzproben etc.), erforderlich war.

Das Programm wurde in den USA in seinem Umfang reduziert, jedoch Mitte der 80er Jahre erneut aufgenommen (s. u.). Die Bereitschaft anderer Staaten, an einem vorgeschlagenen globalen „mussel watch"-Programm mitzuwirken, ist bisher relativ gering geblieben.

Die oben erwähnten Einschränkungen schließen jedoch den erfolgreichen Einsatz von Muscheln als Indikatororganismen für die Meeresverunreinigung nicht generell aus. Wird der Aufwand nicht gescheut, repräsentative Probenzahlen zu bearbeiten, lassen sich, nach Verbesserung der Kenntnisse über jahreszeitliche Variationen der Verunreinigungsgehalte in den Tieren, durchaus für einzelne Standorte nach mehrjährigen Untersuchungen Trendaussagen treffen. Auch als Rückstellmuster für Umweltprobenbanken und als Werkzeug für Frühwarnsysteme in bezug auf das mögliche Auftreten „neuer" Verbindungen in der Meeresumwelt, die im Wasser, wie z. B. PCDDs und PCDFs, mit der gegenwärtig verfügbaren Analysentechnik noch nicht erfaßbar sind, können Akkumulatororganismen wie Muscheln gute Dienste leisten.

15.2.12 National Status and Trends (NS&T)

Das NS&T wurde 1984 von der Ocean Assessments Division (OAD) der National Oceanic and Atmospheric Administration (NOAA) der USA initiiert. Die Laufzeit wurde auf mindestens 10 Jahre konzipiert. Ziel ist es, den gegenwärtigen Status und raum-zeitliche Langzeittrends von Schlüsselverunreinigungen sowie biologische Indikationen für mögliche Effekte in den Küsten- und Ästuargebieten der USA zu quantifizieren. Dazu sollen
a) zuverlässige Datensätze über Konzentrationen toxischer Chemikalien in Meeresfischen, Schalentieren und Sedimenten erstellt,
b) biologische Parameter, die anthropogen verursachten Streß relativ sicher reflektieren, vermessen,
c) die Meeresumweltqualität umfassend eingeschätzt und
d) Maßnahmen zur Aufrechterhaltung bzw. Verbesserung dieser Qualität vorgeschlagen werden.

NS&T ist in 4 Komponenten strukturiert:
– Benthosprojekt,
– Muschelüberwachungs-Projekt,
– Test- und Evaluierungskomponente sowie
– Übernahme und Anpassung von Daten aus anderen Programmen.

Das Benthosprojekt umfaßt 52 Küstenstationen, auf denen Sedimente und Bodenfische genommen werden. Das Muschelüberwachungs-Projekt setzt „mussel watch"-Untersuchungen (1976–78, s. o.) fort. Auf 150 Stationen werden die Muscheln *Mytilus edulis* (nördliche Atlantikküste) und *Mytilus californianus* (Pazifikküste) sowie die Austern *Crassostrea virginica* (südliche Atlantikküste, Golf von Mexiko) und *Ostrea equestris* (Golf von Mexiko) einmal jährlich in der Zeit von Januar bis März genommen. Das Untersuchungsspektrum umfaßt die wichtigsten chemischen Verunreinigungen, u. a. Schwermetalle, PCBs, PAHs, chlorierte Pestizide, aber auch Coprostanol als Abwasser-(Fäkal-)indikator, histopathologische Faktoren und Indikatoren biologischer sowie ökologischer Effekte.

15.2.13 Geochemical Ocean Sections (GEOSECS)

GEOSECS war ein von den USA koordiniertes Programm der 70er Jahre im Atlantik (121 Stationen) und Pazifik (147 Stationen), an dem außer 14 Universitäten der USA auch Wissenschaftler aus Belgien, Kanada, Frankreich, Deutschland, Indien, Japan und Großbritannien beteiligt waren. Die Stationen waren auf Nord/Süd-Schnitten angeordnet. Dort wurden Wasserproben und suspendiertes Material auf rund 40 physikalische und chemische Parameter, u. a. Temperatur, Salzgehalt, pH-Wert, Alkalinität, Kohlendioxid-Partialdruck, gelöste und Spurengase, Nährstoffe, Spurenmetalle, Masse und Zusammensetzung des gelösten und partikulären organischen sowie anorganischen Materials, stabile Isotope und natürliche sowie vom Menschen freigesetzte Radionuklide, vermessen.

Ziel war es, die Vermischungs- und Reaktionsprozesse in der Tiefsee, den Austausch von Stoffen zwischen Oberflächen- und Tiefenwasser und den Austausch von Wasser und Gasen mit der Atmosphäre zu erfassen. GEOSECS lieferte erstmals flächendeckende Hintergrundwerte zu Verunreinigungen, besonders zu den aus Nuklearprozessen resultierenden, für den küstenfernen Ozean.

15.2.14 Vertical Transport and Exchange of Materials (VERTEX)

Das VERTEX-Programm wurde 1980 in den USA von der National Science Foundation (NSF) ins Leben gerufen. Ziel von VERTEX ist es, den vertikalen Massenfluß sowie die Konzentrationen von Elementen und Verbindungen im Pazifik zu untersuchen, um biogeochemische Transport- und Austauschprozesse in der oberen 2000-m-Schicht besser zu verstehen. Das Programm umfaßt dazu insgesamt 8 Experimente:
- in den produktiven kalifornischen Küstengewässern,
- zweimalige Untersuchungen in Gewässern mit deutlich ausgeprägtem intermediärem Sauerstoffminimum vor Mexiko,
- in oligotrophen Gewässern nördlich von Hawaii,
- einen mehr als 1 600 km langen Ost/West-Schnitt von der kalifornischen Küste bis zu oligotrophen küstenfernen Gebieten unter Einsatz von Sedimentationsfallen,
- einen Nord/Süd-Schnitt von 26,4 °N bis 56,7 °N mit 9 Stationen, darunter 4 mit Fallen besetzt,
- Untersuchungen über 18 Monate mit 7 Expeditionen (7 Stationen, davon 6 mit Fallen) in einer oligotrophen Umgebung und die
- Wiederholung des bereits genannten Nord/Süd-Schnitts bei Ergänzung durch Messungen in Ost/West-Richtung für eine dreidimensionale Auflösung der Verteilungsmuster (11 Stationen, 3 Fallen).

Einbezogen in VERTEX sind biologische (Mikroorganismen, Phytoplankton, Zooplankton) und chemische Parameter wie Spurenelemente, C, N, P, Si, natürliche organische Verbindungen und Radionuklide, jeweils sowohl in gelöster Form als auch im Material aus Sedimentationsfallen, die zwischen der Oberfläche und 2000 m Tiefe ausgebracht werden. Vorläufer von VERTEX war das Programm PARFLUX.

15.2.15 Sea Air Exchange Programme (SEAREX)

Dieses Programm wurde von den USA 1977 initiiert. Britische und französische Labors nahmen ebenfalls daran teil. Ziel von SEAREX war es, den Eintrag von Mineralstaub, Spurenmetallen und organischen Verbindungen in den Pazifik abzuschätzen. Die einzelnen Quellen für diese Verunreinigungen sollten identifiziert und das Verständnis zu Austauschprozessen zwischen Meer und Atmosphäre vertieft werden.

Komponenten des SEAREX waren
a) ein kontinuierlich betriebenes Beobachtungsnetz an den Küsten und auf Inseln des Pazifik und
b) Experimentalstationen mit einem breiten Parameterspektrum, z. B.:
   1979 Enewetak-Atoll/Marshall-Inseln,
   1981 Samoa,
   1983 Neuseeland,
   1985 Messungen an Bord von Forschungsschiffen im Nordpazifik auf einem Nord/Süd-Schnitt.

15.2.16 Global Tropospheric Chemistry (GTC)

Das Hauptziel der ersten Dekade des GTC-Programms ist es, Veränderungen in der Chemie der globalen Atmosphäre zu erfassen und zu verstehen sowie möglichst die Fähigkeit zu entwickeln, die im nächsten Jahrhundert zu erwartenden Veränderungen vorherzusagen. Im Mittelpunkt stehen dabei Faktoren, die eine Beziehung aufweisen a) zur Oxydationskraft der Atmosphäre, b) zu Komponenten mit Einflüssen auf die Strahlungseigenschaften und c) zu solchen Faktoren, die in biogeochemische Kreisläufe einbezogen sind. Die Forschungsschwerpunkte umfassen u. a.
– die globale Verteilung und Trends wichtiger Spezies,
– biologische und Austauschprozesse an ozeanischen Grenzflächen,
– die Photochemie in der Gasphase (Selbstreinigungskraft der Atmosphäre),
– Multiphasenprozesse wie die Wolkenchemie und
– theoretische Untersuchungen und Modellierungen, um globale chemische Transportmodelle zu entwickeln.
Ein erster wichtiger Programmteil von GTC ist AEROCE.

15.2.17 Atmospheric and Ocean Chemistry of the North Atlantic (AEROCE)

AEROCE ist als nordatlantisches SEAREX aufzufassen. Es soll auf Vorschlag der USA (University of Rhode Island) von 1988 bis 1995 laufen. Das meeres- und atmosphärenchemische Meßprogramm dient der Erforschung biogeochemischer Kreisläufe natürlicher und anthropogener Verbindungen im Nordatlantik. Dabei finden Transportprozesse vom Festland (Nordamerika, Europa, Südamerika, Afrika) zum offenen Ozean über die Atmosphäre besondere Berücksichtigung.

AEROCE schließt wie zuvor SEAREX
a) ein permanent betriebenes Beobachtungsnetz mit „Primär-" (Barbados, Bermudas, Irland, Sable Island) und „Sekundärstationen" (Azoren, Island, Sal, Teneriffa) sowie
b) ein ergänzendes Experimental-Meßprogramm ein.

In Aerosolen und Niederschlägen sollen Parameter wie Mineralstaub, Metalle, Meersalzbestandteile, Nitrat, Sulfat, Phosphat, Chlorid, partikulärer Kohlenstoff, organische Verbindungen und Radionuklide wie ^{210}Pb, ^{222}Rn und ^{7}Be vermessen werden. Messungen gasförmiger Verbindungen wie CS_2, OCS, SO_2, O_3, CO_2, NO_x, $(CH_3)_2S$, Erdölprodukte und Chlorkohlenwasserstoffe ergänzen das Programm.

15.2.18 World Climate Research Programme (WCRP)

Das Weltklima-Forschungsprogramm läuft seit 1980 als gemeinsames Unternehmen von ICSU und WMO und hat das Ziel, Klimaveränderungen und deren natürliche und/oder anthropogene Ursachen zu verstehen. Dazu muß
a) die physikalische Basis für eine weitreichende Wettervorhersage geschaffen,
b) Verständnis für die vorhersagbaren Aspekte der globalen Klimaveränderungen über Perioden von mehreren Monaten bis zu Jahren entwickelt und
c) die Reaktion des Klimas auf natürliche und anthropogene Einflüsse abgeschätzt werden.

Die Schritte a) und b) müssen abgearbeitet sein, bevor Aufgabe c) lösbar wird.

Das WCRP wurde auf 6 Unterprogramme aufgeschlüsselt, d. h.
– zur atmosphärischen Klimavorhersage (Atmospheric Climate Prediction Research – ACPR),
– zur Grenzschicht Atmosphäre-Ozean,
– zur Koppelung des tropischen Ozeans mit der globalen Atmosphäre (Tropical Ocean and Global Atmosphere – TOGA, 1985–95),
– zur Zirkulation im Weltozean (World Ocean Circulation Experiment – WOCE, 1990–95),
– zur jahreszeitlichen und zwischenjährlichen Variation des Meereises und
– zur Einschätzung der Beeinflußbarkeit des Klimas durch verschiedene Umweltfaktoren.

Das WCRP erfordert wie sein Vorläufer GARP (Global Atmospheric Research Programme) enge internationale Kooperation und bedeutende materielle Ressourcen. Letzteres betrifft leistungsfähige Forschungsschiffe und Wissenschaftlerteams auf mehreren ozeanographischen Schnitten über klimarelevante Ozeanzonen, zusätzliche Satelliten mit neuen Sensortypen und ein hochentwickeltes Datenübertragungs- und -verarbeitungssystem.

15.2.19 Pacific Transport of Heat and Salt (PATHS)

Das PATHS-Programme will durch Koppelung experimenteller Arbeiten mit der Modellierung die Prozesse des großskaligen Wärme- und Salztransports in mittleren Breiten des Nordpazifik untersuchen und die Ursachen jahreszeitlicher und zwischenjährlicher Variabilitäten in dieser Region quantifizieren. PATHS ist als regionaler Vorläufer von WOCE und als nördliche Ausdehnung von TOGA im Pazifik zu charakterisieren. PATHS koordiniert bereits laufende Aktivitäten bzw. füllt diese aus, wie
- das TRANSPAC XBT-Programm der USA zur Untersuchung der Wärmestruktur des oberen Ozeans,
- das OHTEX (Ocean Heat Transport Experiment)-Programm,
- Untersuchungen zur durchmischten ozeanischen Deckschicht durch Japan,
- das Programm OCEAN STORMS der USA und Kanadas im Nordostpazifik,
- Aktivitäten mehrerer Staaten zur Modellierung des Ozeans und
- transpazifische hydrographische Schnitte.

Eine wichtige Voraussetzung für einen erfolgreichen Abschluß von PATHS ist, daß in dem betreffenden Untersuchungsgebiet mehr Informationen zur Strahlung, Verdunstung und zu Niederschlägen durch schiffsgebundene und Satellitenbeobachtungen gewonnen werden.

15.2.20 Energetically Active Zones of the Oceans (EAZO; „Sections")

Sections (russ. „Razrezy") begann 1981 auf Initiative der UdSSR mit Beteiligung von RGW-Staaten, einschließlich der ehemaligen DDR, und ist als substantieller Beitrag zum WCRP zu werten. Das Programm wurde 1990 abgeschlossen. Es hatte zum Ziel, die Rolle des Ozeans und dabei besonders die seiner „energetisch aktiven Zonen" für das Auftreten kurzzeitiger klimatischer Veränderungen, d.h. in der Größenordnung von Monaten bis zu mehreren Jahren, zu untersuchen.

15.2.21 International Geosphere Biosphere Programme – A Study of Global Change (IGBP)

Dieses von der ICSU initiierte Programm erhielt seinen offiziellen Startschuß im September 1986 in Bern und wird seit 1987 von einem wissenschaftlichen Komitee mit Sitz in Stockholm geleitet. Nach einer Vorbereitungsphase wird seit 1990 das wissenschaftliche Programm abgearbeitet.

Neben terrestrischen, geologischen und Komponenten zur Hochatmosphäre enthält das IGBP auch einen marinen Programmteil (Global Ocean Euphotic Zone Study). Dessen Ziel ist es, die Wechselwirkungen zwischen dem Meer und der Atmosphäre, insbesondere den Einfluß strahlungsaktiver Spurengase der Troposphäre wie CO_2, CH_4, N_2O und CO auf die biogeochemischen Prozesse im Ozean und die entsprechende Rückkoppelung auf das Klima zu studieren.

Der Erfolg von IGBP wie auch vieler anderer Programme mit globalen Zielstellungen, wie z.B WCRP und WOCE, hängt maßgeblich von der Leistungskraft der Fernerkundung des Ozeans ab. Nachdem der „Coastal Zone Colour Scanner" (CZCS), der 1978 mit dem NASA *Nimbus-7*-Satelliten ins All gebracht wurde, für eine nur einjährige Tätigkeit konzipiert war und überraschenderweise erst 1986 unter Hinterlassung einer nun kaum zu bewältigenden Datenmenge

Tabelle 15.3. Satelliten mit Relevanz für marine Monitoring- und Forschungsprogramme (1989)

Satellit	Träger	Sensoren	Start
SEASAT-1	USA	ALT,SAR,SMMR	26. 6. 1978
GEOSAT	USA/USN	ALT	März 1985
MOS-1	Japan	MESSR,IR,MR	19. 2. 1987
DMSP-Serie	USA/USAF,NASA	MR(SSM/I)	Mai 1987
FENGYUN FY-1	China	AVHRR	Sept. 1990
ERS-1	ESA;USA/NASA	ALT,IR,MR,SAR,SCAT	1991
LANDSAT-6	EOSAT;USA/NASA	CS(Sea-WIFS)	1991
N-ROSS	USA/USN,NASA	ALT,MR	1991
TOPEX/POSEIDON	Frankreich/CNES; USA/NASA	ALT,MR	1994
NOAA I-L	USA/NOAA	AVHRR	1991–1994
PRIRODA-1	GUS	MOS	1992
J-ERS-1	Japan; USA/NASA	SAR,VR	1992
PEGASUS	USA	Sea-WIFS	1993
GRM (3 Satelliten)	ESA; USA/NASA	verschiedene Sensoren	1993
ERS-2 (ARISTOTELES)	ESA	ALT,IR,MR, SAR, SCAT	1994
SPOT-4	Frankreich/CNES	Vegetation Mapper	1994
RADARSAT	Kanada	SAR,SCAT	1994
ADEOS	Japan/NASDA	OCTS,POLDER	1995

Tabelle 15.3. (Fortsetzung)

ADEOS	– Advanced Earth Observation Satellite
ALT	– Radar Altimeter
AVHRR	– Advanced Very High Resolution Radiometer
CNES	– Centre National d'Etudes Spatiales
CS	– Colour Scanner
CZCS	– Coastal Zone Colour Scanner
C-WIFS	– Compact Wide-Field Sensor for Ocean Colour
DMSP	– Defense Metereological Satellite Program
EOS	– Earth Observing System
EOSAT	– Earth Observation Satellite Company
ERS-1	– ESA's Earth Remote Sensing Satellite-1
ESA	– European Space Agency
GEOSAT	– Geodetic Satellite
IR	– Infrarot-Sensor
J-ERS-1	– Earth Resources Satellite (Japan)
LANDSAT	– Land Remote-Sensing Satellite
MESSR	– Multispectral Electronic Self-Scanning Radiometer
MOS	– Marine Observational Satellite
MOS	– Modular Optical Scanner
MR	– Microwave Radiometer
NASA	– National Aeronautics and Space Administration
NOAA	– National Oceanic and Atmospheric Administration
N-ROSS	– Navy Remote Ocean Sensing System
OCTS	– Ocean Colour Temperature Scanner
POLDER	– Polarization and Directionality of the Earth's Radiation
RADAR	– Radio Detection and Ranging
RADARSAT	– Radar Satellite
SAR	– Synthetic Aperture Radar
SCAT	– Space Communication and Tracking
SEASAT	– Sea Satellite
Sea-WIFS	– Sea Wide Field Sensor
SMM/I	– Special Sensor M/I (Microwave Environmental Sensor System)
SMMR	– Scanning Multichannel Microwave Radiometer
SPOT	– Systeme pour lObservation de la Terre
TOPEX/POSEIDON	– U.S./French Ocean Topography Satellite Mission

eine Tätigkeit einstellte, gibt es gegenwärtig keinen entsprechenden Farbscanner mit globalem Wirkungsradius. Solch einer ist jedoch für Aufnahmen zur Phytoplanktonverteilung über die Chlorophyllmessung unerläßlich. Aufbauend auf den Erfahrungen mit dem CZCS befinden sich eine Reihe weiterer Satellitensensoren im sichtbaren Spektralbereich für marine Anwendungen in unterschiedlichen Planungs- bzw. Entwicklungsstadien. Eine verbesserte Version des CZCS sollte ursprünglich Anfang der 90er Jahre mit *Landsat-6* zum Einsatz kommen. Der Einsatz dieses Satelliten ist gegenwärtig jedoch noch fraglich.

Weitere für ozeanische Monitoring- und Forschungsprogramme der nächsten Dekade relevante Satelliten werden aus Sicht des Jahres 1989 in Tab. 15.3 aufgelistet.

15.2.22 U.S. Global Ocean Flux Study (GOFS)

Das GOFS der USA ist ein 1984 durch die NSF und NASA vor allem für die 90er Jahre vorgeschlagenes Programm mit bereits internationalem Zuschnitt. Die Schwerpunkte beinhalten:
– Wechselwirkung zwischen ozeanischen und atmosphärischen Kreisläufen biologisch aktiver Elemente wie C, N, P, S und O,
– Bestimmung der mittleren ozeanischen Primärproduktion und ihrer Fluktuation durch die Anwendung von Fernerkundungsverfahren,
– Beziehungen zwischen der Primärproduktion und ozeanischen Prozessen,
– Einschätzung der Primärproduktionsrate und deren Vertikalprofile unter Nutzung der Daten unbemannter Meßbojen,
– Beziehungen zwischen der Primärproduktion und dem Partikelfluß aus der euphoten Schicht,
– Prozesse der Verteilung und Sedimentation des partikulären Materials durch die Wassersäule,
– Prozesse des Materialtransfers an der Grenzschicht Sediment–Wasser,
– Veränderungen in der Zusammensetzung des sedimentierenden Materials nach der Ablagerung und
– Modellierung zur Simulation und Vorhersage biogeochemischer Materialflüsse.

Pilotprogramme für GOFS wurden für den Nordatlantik und den Pazifik vorbereitet. In Hinsicht auf den Nordatlantik wurden dabei drei Komponenten vorgeschlagen:
a) Zeitreihen zu Schlüsseleigenschaften und -prozessen an drei ozeanischen Stationen in der Nähe der Bermudas, der Elfenbeinküste und südlich von Island. Die Untersuchungen erstrecken sich auf die Wassersäule (von Schiffen aus und unter Einsatz verankerter Sensoren sowie von Sedimentationsfallen u.a. zu hydrographischen Parametern, Nährstoffen, gelösten Gasen und zu produktionsbiologischen Größen) und auf den Meeresboden (zu Profilen bioaktiver Inhaltsstoffe im Sediment und in dessen Porenwasser bei millimeterweiser vertikaler Auflösung, zum Fluß gelöster Stoffe an den Grenzflächen, zu Abbauraten sedimentierten Materials, zu Diageneseprozessen, zu Bioturbationsraten und zur Sedimentakkumulation).
b) Ein Nord/Süd-Schnitt zwischen Island und dem Äquator. Dabei sind 12 permanente Ankerstationen geplant, an denen u.a. in zweiwöchigem Rhythmus das sedimentierende Material für spätere Analysen gesammelt

15.2 Monitoring- und Forschungsprogramme

wird. Auf etwa 5 Reisen pro Jahr sollen die Ankerstationen gewartet und dabei 48stündige Dauermessungen absolviert werden.

c) Spezialprogramme zu Schlüsselprozessen, zuerst zu Phytoplanktonblüten und zu deren mesoskaler Variabilität.

Im Nordpazifik wurden drei Stationen ausgewählt, d. h.
- im subtropischen Nordostpazifik,
- im kalifornischen Strom und
- in der Subarktis.

Zu allen Jahreszeiten soll auf diesen Stationen ein ähnliches Spektrum an Messungen wie im Nordatlantik abgedeckt werden. Darüber hinaus sind 3 Schnitte in Ost/West-Richtung, über den Äquator und in der Subarktis zu bearbeiten.

Für die biogeochemischen Untersuchungen sind Kenntnisse zur physikalischen Dynamik erforderlich. Sie sollen durch Resultate aus ergänzenden bzw. früheren Programmen wie WOCE, TTO (Transient Tracers in the Ocean) und GEOSECS abgedeckt werden.

Seit 1987 ist U.S. GOFS Teil eines internationalen Programms, des Joint Global Ocean Flux Study (JGOFS), das u.a. auch Aspekte des britischen BOFS (Biogeochemical Ocean Flux Study), des französischen FMO (Flux de Matie[re dans l'Océan) und des deutschen COFS (Coastal and Ocean Flux Studies) integriert. JGOFS hat vier Untersuchungsschwerpunkte, d. h.
- globale Studien,
- Prozeßuntersuchungen,
- Untersuchungen in Küstengewässern und
- Modellierung.

Ein wissenschaftliches Planungskomitee wurde beim SCOR etabliert. Die Laufzeit von JGOFS ist für etwa eine Dekade konzipiert, wobei 1990 erste Felduntersuchungen begannen. Die Programmziele sind faktisch mit denen von U.S. GOFS identisch, d. h.
- den globalen Maßstab der Prozesse zu verstehen, welche die zeitlich variablen Flüsse von Kohlenstoff und assoziierten biogenen Elementen im Ozean kontrollieren und
- den damit verbundenen Austausch mit der Atmosphäre, mit dem Meeresboden und mit dem Kontinent abzuschätzen.

Auf längere Sicht sollen Strategien entwickelt werden, um Veränderungen biogeochemischer Kreisläufe im Ozean in Abhängigkeit von Klimaveränderungen beobachten zu können.

JGOFS steht in enger Wechselbeziehung zu Programmen wie WOCE, TOGA und GTC. Die Planung zu JGOFS erfolgte unter Berücksichtigung der Entwicklung des IGBP und in Kooperation mit dem SCOR/IOC „Joint Committee on Climatic Changes and the Ocean" (CCCO), besonders in Hinsicht auf WOCE.

15.2.23 Integrated Global Ocean Monitoring (IGOM)

Zum IGOM gab es bisher ein vorbereitendes Symposium (Tallinn, 1983) sowie den konkreten Programmvorschlag einer speziellen Arbeitsgruppe (GESAMP WG 24, 1986). Gefördert werden diese Aktivitäten u. a. von UNEP, WMO und IOC. IGOM soll Aussagen erstellen
- zum Einfluß anthropogener Aktivitäten auf das marine Ökosystem,
- zu raum-zeitlichen Trends, Kreisläufen, Massenflüssen und -bilanzen, Quellen und Senken von Verunreinigungen,
- zu Ursache/Wirkungs-Beziehungen und
- zur Abschätzung „kritischer Konzentrationen" von Wasserinhaltstoffen.

Die vorgeschlagenen Komponenten des IGOM umfassen
a) den offenen Ozean (Pilotphase: *Kuroshio*-Strom/Nordpazifik; Sargasso-meer/Nordwestatlantik),
b) regionale (Küsten-) Programme sowie
c) Untersuchungen auf Schnitten zwischen der Küste und dem offenen Ozean E zum Aufdecken möglicher Gradienten aller Parameter.

IGOM weist eine Reihe von Überlappungen zu MARPOLMON und anderen Aktivitäten auf. Relativ neu ist der sehr komplexe Ansatz zum Erfassen von Veränderungen auf der Ebene des Ökosystems.

Von der UdSSR wurden bereits Teile des Programms ECOMONOC (Ecological Monitoring of the Oceans) realisiert. Der Schwerpunkt dieser Arbeiten lag auf Untersuchungen in den Küstenzonen der ehemaligen Sowjetunion. Aber auch in der Ostsee, in der Bering- und Tschuktschen-See sowie im Zentralpazifik wurden, in der Regel in internationaler Kooperation, Untersuchungen absolviert, die sich in enger Übereinstimmung mit den IGOM-Zielstellungen befinden.

16. Übereinkommen zum Schutz der Meeresumwelt

Seit etwa den 50er Jahren dieses Jahrhunderts besteht zunehmend national und international Übereinkunft darin, daß sowohl die Rand- und Nebenmeere als auch der Weltozean selbst des Schutzes bedürfen. Nach einer weiteren Verschärfung der Verunreinigungsprobleme kam es bis zu Beginn der 70er Jahre zu einer Reihe von Abkommen mit weltweitem oder regional begrenztem Wirkungsbereich. Wo relevant, sind solche Abkommen zumeist auch von deutscher Seite unterzeichnet und ratifiziert worden.

Die Vereinten Nationen führten zum internationalen Seerecht drei Konferenzen durch (1958, 1960, 1973–82). Das Ergebnis der 3. UN-Seerechtskonferenz (UNCLOS) wurde am 10. Dezember 1982 in Montego Bay/Jamaika zur Unterzeichnung aufgelegt. Dieses aus 320 Artikeln und 9 Anlagen bestehende Vertragswerk regelt neben den verschiedenen Formen der Meeresnutzung (Schiffahrt, Überflug, Fischerei, Meeresbergbau, wissenschaftliche Meeresforschung) auch Fragen des Meeresumweltschutzes. Der Aufbau einer Internationalen Meeresbodenbehörde (Jamaika), einer Festlandsockel-Grenzkommission (New York) und eines Internationalen Seegerichtshofs (Hamburg) wurde vorgeschlagen. Das Abschlußdokument zeichneten 144 Staaten. Bis zum 10. Dezember 1984 wurde dann die Konvention von 159 Staaten, darunter auch durch die EEC, signiert. Bis zum 30. April 1990 ratifizierten davon jedoch nur 42 das Vertragswerk, vor allem afrikanische (21), lateinamerikanische (10) und asiatische Staaten (9). Nur zwei europäische Länder, Island und Jugoslawien, waren darunter. Damit ist der Zeitpunkt des Inkrafttretens der Konvention (12 Monate nach Hinterlegung der 60. Ratifikationsurkunde) noch nicht in Sicht. Trotz dieser gegenwärtig offenen Rechtslage dient die UN-Seerechtskonvention bereits jetzt als Orientierung bei der Ausgestaltung nationalen Seerechts.

Teil XII der Konvention („Schutz und Bewahrung der Meeresumwelt", Artikel 192–237) ist in 11 Abschnitte unterteilt. In allgemeinen Bestimmungen wird einleitend noch einmal die Souveränität aller Staaten hervorgehoben, ihre natürlichen Ressourcen auszubeuten. Es wird dann einschränkend an sie appelliert, dabei den Schutz der Meeresumwelt zu gewährleisten. Weltweit und im regionalen Maßstab soll ihre Zusammenarbeit dabei gefördert werden. Das betrifft besonders die wissenschaftliche und technische Hilfe für Entwicklungsländer, die durch internationale Organisationen eine vorrangige Behandlung erfahren sollen. In Abschnitt 4 wird die wissenschaftliche Überwachung der Meere und das Offenlegen von Zustandsberichten gefordert. Abschnitt 5 gibt allgemeine Richtlinien zu Fragen der Meeresverunreinigung durch Einträge vom Festland, durch Tätigkeiten am Meeresboden und im Wasserkörper, durch Dumping, Schiffe und über die Atmosphäre vor. Der darauffolgende Abschnitt ist der Durchsetzung dieser Forderungen gewidmet. Schutzbestimmungen (Abschnitt 7) grenzen die Befugnisse der Behörden des Küsten- bzw. Flaggenstaates gegenüber vermuteten und überführten Verschmutzern ab. Weitere Kapitel berücksichtigen den besonderen Gefährdungsgrad eisbedeckter Gebiete, stellen die Haftung der Staaten in bezug auf die Erfüllung der internationalen Verpflichtungen, aber auch die Immunität der dem Staat gehörenden Schiffe (u. a. Kriegs- und Forschungsschiffe) und Luftfahrzeuge heraus und grenzen die Verpflichtungen, die von den Staaten durch Unterzeichnen der Seerechtskonvention übernommen werden, von anderen Übereinkünften zum Schutz der Meeresumwelt ab.

Nationale Rechtsvorschriften gelten grundsätzlich für das Hoheitsgebiet des jeweiligen Staates. Mit Ausnahme der „friedlichen Durchfahrt" von Schiffen anderer Staaten besitzen nach dem Seevölkergewohnheitsrecht die Anlieger die volle Souveränität über ihr Küstenmeer. Das Genfer Übereinkommen über das Küstenmeer und die Anschlußzone (1958 bzw. 1960) sowie das Seerechtsabkommen der Vereinten Nationen von 1982, von denen nur ersteres von der Bundesrepublik unterzeichnet wurde, haben diesen Grundsatz übernommen. Erfolgt eine absichtliche Verunreinigung des Küstenmeeres, wird die Durchfahrt nicht mehr als „friedlich" angesehen.

Das Küstenmeer der Bundesrepublik erstreckte sich bis zum Beitritt der DDR auf 3 Seemeilen, wurde allerdings mit Wirkung vom 16. März 1985 im Bereich der Deutschen Bucht darüber hinaus ausgedehnt. Die ehemalige DDR proklamierte eine 12-Seemeilenzone, die in das geeinte Deutschland übernommen wurde. Die nationalen Vorschriften zur Reinhaltung der Gewässer wurden durch die dritte Novelle zum Wasserhaushaltsgesetz mit Wirkung vom 1. Januar 1968 auf das Küstenmeer ausgedehnt. Die Küstenländer Bremen, Hamburg, Mecklenburg-Vorpommern, Niedersachsen und Schleswig-Holstein haben das Wasserhaushaltsgesetz durch entsprechende Landesgesetze ausgefüllt. Durch das „Gesetz über die Aufgaben des Bundes auf dem Gebiet der Seeschiffahrt" vom 30. 06. 1977 und entsprechende Zusatzprotokolle ist die Verhütung der von der Seeschiffahrt ausgehenden Gefahren und schädlicher Umwelteinwirkungen auf den Seewasserstraßen sowie die Überwachung des Meerwassers auf Radioaktivität und andere schädliche Beimengungen eine zentrale Aufgabe. Beim Einbringen von Abfällen in die Küstengewässer ist außerdem das „Gesetz über die Beseitigung von Abfällen" (Abfallbeseitigungsgesetz, 1977, 1985) zu beachten. Zur Umsetzung supra- und internationaler Meeresumweltabkommen in reale Politik wurde ein System nationaler Gesetzeswerke geschaffen. Diese Gesetze gehen im Detail bisweilen über den Anspruch der jeweiligen Abkommen hinaus.

Der Geltungsbereich supranationaler Rechtsvorschriften der Europäischen Gemeinschaften beschränkt sich auf das Hoheitsgebiet der Mitgliedstaaten. Wegen des erheblichen Anteils der EG-Staaten an der Verunreinigung der europäischen Meere könnten EG-Richtlinien deutlich zur Lastreduzierung beitragen. Von der EG wurden seit etwa Mitte der 70er Jahre eine Reihe von Richtlinien zur Begrenzung der Emission potentieller Gewässerschadstoffe wie Quecksilber, Cadmium und HCHs erlassen. Immissionsrichtlinien legen darüber hinaus Qualitätsparameter für bestimmte Nutzungsarten der Gewässer, z. B. als Badegewässer oder zur Aufzucht von Fischen und Schalentieren, fest. Eine Reduzierung von Schmutzfrachten ist dadurch jedoch nicht unbedingt impliziert. Einerseits können die Richtlinien gegenstandslos werden, wenn man auf die jeweilige Nutzungsart verzichtet. Andererseits liegt die Versuchung nahe, die durch die Richtlinien vorgegebenen Obergrenzen der Belastung durch Einleiten von Verunreinigungen in ein zuvor relativ sauberes Gewässer „auszuschöpfen". Eine dritte Gruppe von EG-Richtlinien zum Schutz von Gewässern betrifft bestimmte Zweige der industriellen Produktion wie im Fall der Herstellung von Titandioxidpigmenten.

Während im Küstenmeer die Anliegerstaaten souveräne Rechte genießen, unterliegt die daran anschließende „Hohe See" keinerlei staatlicher Souveränität, wenn man von zweckgebundenen Nutzungsrechten (z. B. Fischerei, Ausbeutung mineralischer Ressourcen vom Meeresboden) absieht. Bei der Nutzung der Hohen See ist das Prinzip der „Gemeinverträglichkeit" zu beachten. Ob dieses Prinzip das Einbringen von Verunreinigungen ausschließt oder zuläßt, ist noch strittig.

Klammert man regionale Sonderübereinkommen wie das von Helsinki (22. 03. 1974, Schutz der Meeresumwelt des Ostseegebietes) oder Barcelona (16. 02. 1976, Schutz des Mittelmeeres vor Verschmutzungen) aus, die von deutscher Seite direkt oder als EG-Staat mitgetragen werden, sind viele internationale Abkommen zur Meeresumwelt quellenorientiert. Das betrifft die Verhütung der Meeresverunreinigung durch

a) Schiffsbetrieb und Schiffsunfälle,
b) Abfallbeseitigung auf See und
c) Abfalleinleitungen im Küstenbereich.

Das am 12. Mai 1954 in London abgeschlossene, am 21. März 1956 durch die Bundesrepublik ratifizierte und seit dem 26. Juli 1958 in Kraft befindliche OILPOL-Übereinkommen sollte die vom normalen Tankerbetrieb herrührende Ölverunreinigung reduzieren. Mehr als 70 Staaten, darunter alle Nordseeanrainer, sind diesem Abkommen beigetreten, dessen Bestimmungen 1962, 1969 und 1971 weiter verschärft wurden und auf Tanker ab 150 BRT sowie auf andere Schiffe ab 500 BRT Anwendung finden. OILPOL erlaubt das Ablassen von Öl von fahrenden Schiffen in möglichst weiter Entfernung vom Festland bis zu 60 Liter pro Seemeile, wobei der Ölgehalt der abgelassenen Flüssigkeit unter 100 mg/l liegen sollte. Tanker dürfen insgesamt nicht mehr als 1/15000 der Ladefähigkeit ablassen und müssen dabei mehr als 50 Seemeilen vom nächstgelegenen Land entfernt sein.

An die Stelle von OILPOL trat für viele Staaten, wie auch für die Bundesrepublik, das MARPOL-Übereinkommen, das 1973 erarbeitet und 1978 durch ein Protokoll ergänzt wurde. MARPOL regelt die Verhütung der Verunreinigung der Meere durch Öl und andere schädliche Stoffe, die mit Schiffen als Massengut, in beweglichen Behältern oder in verpackter Form transportiert werden, sowie Fragen der Meeresverunreinigung durch Müll und Abwässer von Schiffen. Der Begriff „Schiff" umfaßt dabei auch Luftkissenfahrzeuge, Tragflächenboote, Bohrinseln und andere feste oder schwimmende Plattformen. Ausgenommen sind jedoch Verunreinigungen im Zusammenhang mit der Ausbeutung mineralischer Ressourcen einschließlich Öl. MARPOL trat erst am 02.10.1983 in Kraft, nachdem durch das Protokoll von 1978 der Geltungsbereich vorläufig auf den Verunreinigungsfaktor „Öl" begrenzt wurde, hierzu allerdings teilweise in verschärfter und präzisierter Form. Dem Abkommen sind mittlerweile weit über 40 Staaten beigetreten, die mehr als 80% der Welthandelsflotte repräsentieren. Von den die wichtigsten technischen Details enthaltenden fünf Anlagen (*I*: Öl; *II*: Schädliche flüssige Stoffe als Massengut; *III*: Schadstoffe in verpackter Form; *IV*: Schiffsabwässer; *V*: Schiffsmüll) befindet sich die Anlage *I* seit 1983 in Kraft. Während die Anlagen *III* bis *V* fakultativen Charakter tragen, wurde später auch Anlage *II* wirksam.

Die Verschärfung der MARPOL- gegenüber den OILPOL-Regeln betrifft besonders das Verhalten innerhalb der 12-Seemeilengrenze sowie in „Sondergebieten" wie Ostsee, Mittelmeer, Schwarzes Meer, Rotes Meer und Golfregion. Mit Ausnahme von Öl/Wasser-Gemischen aus dem Maschinenraum mit weniger als 15 mg Öl/l besteht hier absolutes Einleitungsverbot. Für alle Schiffe wird ein Überwachungs- und Kontrollsystem für Öleinleitungen gefordert. Für Tanker, die nach dem 31.12.1975 in Auftrag gegeben oder nach dem 31.12.1979 fertiggestellt wurden, wurde die höchstzulässige Menge an Öl, die abgelassen werden darf, gegenüber OILPOL auf die Hälfte (1/30000 der Ladekapazität) verringert. Gefordert wird auch eine „Sloptank"-Anlage, um das „Load-on-Top" (LOT)-Verfahren anwenden zu können. Bei diesem Verfahren wird ölverschmutztes Ballast- oder Tankwaschwasser in einem separaten Setztank geklärt. Anlage *I* enthält außerdem umfangreiche Vorschriften über die sicherheitstechnische Ausstattung der Schiffe, über das Führen aussagefähiger Dokumentationen („Öltagebuch") und das Vorliegen internationaler Zertifikate über MARPOL-gerechte technische, bauliche und andere Voraussetzungen zum Betrieb der Schiffe. Regel 12 der Anlage *I* verpflichtet die Vertragsparteien, an Ölladeplätzen und in Häfen Auffanganlagen für ölhaltige Gemische und andere Rückstände bereitzustellen.

Schiffsabwässer – außer ölhaltigen – können nach Anlage *IV* ausnahmsweise eingeleitet werden, wenn sie zuvor
a) eine Abwasseraufbereitungsanlage durchlaufen haben und keine schwimmenden oder das Wasser deutlich verfärbenden Rückstände enthalten und
b) das Einleiten in mehr als 4 Seemeilen Abstand vom Land erfolgt und eine mechanische Klärung sowie Desinfektion vorgeschaltet sind.

Unbehandeltes Abwasser kann in mehr als 12 Seemeilen Entfernung von der Küste nach Zwischenspeicherung in Sammeltanks über Bord gegeben werden, wenn das Schiff mit mindestens 4 Knoten auf seinem Kurs fährt.

Nach Anlage *V* umfaßt „Schiffsmüll" Speise-, Haushalts- und Betriebsabfälle, jedoch keinen Frischfisch. Die Beseitigung von Gegenständen aus synthetischem Material ist grundsätzlich nicht gestattet. In Sondergebieten ist die Müllbeseitigung, mit Ausnahme von Lebensmittelresten, auch in mehr als 12 sm Entfernung vom Land generell verboten. Außerhalb von Sondergebieten müssen folgende Mindestentfernungen eingehalten werden:
a) zerkleinerter Müll (<25 mm): 3 sm,
b) Lebensmittelabfälle und sonstiger Müll (Papiererzeugnisse, Lumpen, Glas, Metall, Flaschen, Steingut u. ä.): 12 sm und
c) schwimmfähiges Stauholz, Schalungs- und Verpackungsmaterial: 25 sm.

Die acht Anliegerstaaten haben am 9. Juni 1969 das „Bonn"-Übereinkommen zur „Zusammenarbeit bei der Bekämpfung von Ölverschmutzungen der Nordsee" getroffen, das bereits zwei Monate später in Kraft trat. 1983 wurde dazu ein modifiziertes Übereinkommen unterzeichnet, das auch die Zusammenarbeit bei anderen Unfällen, bei denen größere Mengen an Problemstoffen – z. B. Chemikalien – in das Meer gelangen, regelt und die Modalitäten eventueller Kostenerstattungen für erbrachte Hilfeleistungen enthält.

Das „Brüssel"-Übereinkommen vom 29. 11. 1969 über „Maßnahmen auf Hoher See bei Ölverschmutzungsunfällen" ist international am 6. Mai 1975 und für die Bundesrepublik drei Monate später in Kraft getreten. Durch ein Protokoll vom 2. November 1973 wurde der Geltungsbereich dieses Übereinkommens ebenfalls auf andere gefährliche Stoffe, die in einer ständig aktualisierten Liste als Anhang dem Protokoll beigegeben sind, erweitert. Diese Erweiterung trat nach etwa 10 Jahren, am 30. März 1983, in Kraft. Die Anwendung des Brüssel-Übereinkommens setzt voraus, daß die vom havarierten Schiff ausgehende Verunreinigung eine ernste Gefahr für die Küsten, die Fischerei, die Gesundheit der Küstenbewohner, die Erhaltung mariner Ressourcen und/oder für das marine Ökosystem insgesamt darstellt. In Abstimmung mit dem Flaggenstaat des Havaristen und mit anderen betroffenen Staaten bzw. Organisationen und Personen kann der Küstenstaat nach dem Grundsatz der Verhältnismäßigkeit die erforderlichen Maßnahmen einleiten.

Das „Oslo"-Übereinkommen vom 15. 02. 1972 zur „Verhütung der Meeresverschmutzung durch das Einbringen von Abfällen durch Schiffe und Luftfahrzeuge" trat am 30. Juli 1975, ab 23. 12. 1977 auch für die Bundesrepublik, in Kraft. Es umfaßt den Nordostatlantik, das Nördliche Eismeer, den Ärmelkanal und die Nordsee, einschließlich die jeweiligen Küstenmeere. Ausgenommen sind Ostsee und Mittelmeer. Das Übereinkommen regelt das Einleiten schädlicher und gefährlicher Stoffe, die in zwei periodisch überarbeiteten Anlagen ausgewiesen werden. Für die in der Anlage *I* („black list") aufgeführten Verbindungen, u. a. persistente Halogenkohlenwasserstoffe, Quecksilber, Cadmium und feste Kunststoffmaterialien, besteht ein prinzipielles Einbringungsverbot, das nur in Ausnahmefällen (Notsituationen, „höhere Gewalt", extreme Verdünnung) durchbrochen werden darf. Die in Anlage *II* („grey list") zusammengefaßten Stoffe dürfen nur nach Vorliegen einer von den zuständigen nationalen Behörden für jeden Einzelfall erteilten Erlaubnis eingebracht werden. Das betrifft u. a. Arsen, Blei, Kupfer, Zink und ihre Verbindungen, Cyanide und Fluoride, Pestizide, Behälter, Schrott, Teerprodukte sowie sonstige sperrige und die Fischerei oder Schiffahrt ernstlich behindernde Abfälle. Die Anlage *III* gibt Regeln vor, nach denen bei der Erlaubniserteilung zum Einbringen von nicht in den Anlagen *I* und *II* erfaßten Stoffen zu verfahren ist. Vorrang wird dabei der Entsorgung von Abfällen an Land eingeräumt. Jede Dumping-Operation ist nachprüfbar zu dokumentieren. Mit einem Protokoll vom 2. März 1983 zur Änderung des Übereinkommens und mit einer neuen Anlage *IV* wurden „Regeln über die Verbrennung von Abfällen auf See" vereinbart.

Das „London"-Übereinkommen vom 29. 12. 1972 über die „Verhütung der Meeresverschmutzung durch das Einbringen von Abfällen und anderen Stoffen" (London Dumping Convention – LDC) hat gegenüber der „Oslo"-Konvention einen weltweiten Geltungsbereich. Auch der Begriff des Einbringens ist in bezug auf die potentiellen Verursacher und die Schadstoffkategorien weiter gefaßt. Ausgenommen sind Stoffe, die mit dem normalen Betrieb von Schiffen, Luftfahrzeugen und Plattformen zusammenhängen, sowie Abfälle, die aus der Erforschung und Ausbeutung untermeerischer Ressourcen herrühren. Die LDC trat international am 30. 08. 1975 und für die Bundesrepublik am 08. 12. 1977 in Kraft. Das Regelungswerk der LDC ist ähnlich wie das der „Oslo"-Konvention aufgebaut. Das betrifft die Aufschlüsselung in „black list"- und „grey list"-Materialien. Anlage *I* der LDC führt allerdings auch stark radioaktive Abfälle, Öl sowie Stoffe der biologischen und chemischen Kriegsführung auf. Um eine Umgehung der Konvention zu vermeiden, ist der Vertragsstaat in bezug auf die Kontrolle und Erlaubniserteilung nicht nur für ihre Einhaltung auf seinem Hoheitsgebiet verantwortlich. Auch für die mit seinen Schiffen oder Luftfahrzeugen vom Territorium eines Nichtvertragsstaates in das Meer eingetragenen und dabei gleichzeitig der LDC unterliegenden Stoffe ist er zuständig. Wie bereits für andere Konventionen, wurden die Sekretariatsaufgaben für die LDC der IMO übertragen. Im Gegensatz zur „Oslo"-Kommission (OSCOM) hat die IMO jedoch nicht die Aufgabe, den Zustand der Meeresumwelt als Folge eingetragener Verunreinigungen zu überwachen.

Das „Paris"-Übereinkommen vom 04. 06. 1974 zur „Verhütung der Meeresverschmutzung vom Lande aus" verpflichtet die Vertragsstaaten zu solchen Maßnahmen, mit denen die Einträge über Zuflüsse und Bauwerke wie Erdölerkundungs- oder -förderplattformen verhütet bzw. minimiert werden können. Die Konvention trat international am 6. Mai 1978, für die Bundesrepublik am 1. April 1980, in Kraft. Der Geltungsbereich entspricht dem des „Oslo"-Übereinkommens, umfaßt allerdings außer der Hohen See und dem Küstenmeer auch die Gewässer auf der landwärtigen Seite der Basislinien bis zur Süßwassergrenze der Wasserläufe. Als Süßwassergrenze wird dabei die Stelle in einem Zufluß definiert, an der bei Ebbe und schwachem Süßwasserabfluß eine deutliche Salzgehaltszunahme registriert wird. Auch weiter stromaufwärts liegende Staaten ohne direkten Zugang zum Meer können der Konvention beitreten. In Anlage *A* der Konvention werden wiederum besonders gefährliche, d. h. sowohl persistente, bioakkumulierbare und gleichzeitig toxische (Teil *I*, „black list"), weniger gefährliche (Teil *II*, „grey list") und radioaktive Stoffe (Teil *III*) ausgewiesen. Die Vertragsstaaten erklärten zu ihrem Ziel, durch entsprechende Maßnahmen, einschließlich der Vorgabe von restriktiven Emissions- und Immissionsgrenzwerten, den Eintrag von Stoffen der „black list" zu vermeiden und den von „grey list"-Materialien zu verringern. Die „Paris"-Kommission (PARCOM) mit Sitz in London ist für die Erarbeitung entsprechender Programme, für die Sammlung und Weitergabe entsprechender Gütedaten und für Entscheidungen zuständig, die in nationales Recht zu überführen sind.

Unumstritten sind Erfolge beim Erhalten des „status quo" bzw. einer späteren schrittweisen Eindämmung der Meeresverunreinigung im wesentlichen erst durch internationale Übereinkommen und deren Umsetzung in praktische Politik möglich. Um jedoch die oben skizzierten Konventionen für möglichst viele Staaten annehmbar zu machen und in Kraft zu setzen, waren viele Kompromisse bis zum Auffinden des „kleinsten gemeinsamen Nenners" erforderlich. Ein Durchsetzen der als notwendig erkannten Maßnahmen und eine strenge und der Qualität der Meere zuträgliche Auslegung der vertraglich fixierten Regelungen waren damit nicht möglich. Angestrebte Verschärfungen der Regelungen bedürfen der Einstimmigkeit bzw. einer qualifizierten Mehrheit und sind dementsprechend noch schwieriger durchsetzbar.

Man sollte erwarten, daß die europäischen Meere von der Spezifik der Durchsetzungsmechanismen des EG-Rechts profitieren könnten. Mit Ausnahme der Regelungen zu Titandioxid-Produktionsabfällen konnten sich allerdings die EG-Staaten bisher auf keine direkt dem Schutz der Meeresumwelt dienenden Gesetzesinitiativen einigen. Die unterschiedlichen Auffassungen dieser Staaten wurden u. a. im Zusammenhang mit den bisherigen Internationalen Nordseeschutzkonferenzen (INK) deutlich. Der deutsche Vorschlag, die Nordsee als

Sondergebiet auszuweisen, fand beispielsweise nicht die erforderliche Unterstützung. Einem internationalen Konsens bei der Aushandlung von Schutzmaßnahmen stehen unterschiedliche nationale Bewertungen zur ökologischen Situation und deren Wechselbeziehung zur Ökonomie im Wege.

Nationale Alleingänge haben wegen der Internationalität der Meeresumweltprobleme sicherlich nur einen begrenzten Effekt. Allerdings sollte man mittelfristig sowohl die Vorbildwirkung als auch dadurch bestärkten politischen Druck über Parteien, Umweltorganisationen und besorgte Bürger nicht unterschätzen. Die international zum Meeresumweltschutz bereitgestellten Mittel wurden in der Vergangenheit häufig vordergründig für immer neue Beobachtungsprogramme eingesetzt, um der Öffentlichkeit, d. h. dem Wähler, den Eindruck zu vermitteln, es werde etwas unternommen. Notwendige nationale und internationale Entscheidungen zum Einleiten kostenaufwendiger und damit unpopulärer Maßnahmen zur Reduzierung der Belastung an den Quellen konnten damit hinausgezögert werden.

17. Zusammenfassung

Zu Beginn der 90er Jahre kann man konstatieren, daß der Einfluß des Menschen überall im Ozean, von den Polarmeeren bis in die Tiefsee, durch chemische Verunreinigungen und Abfälle sichtbar ist. Jedoch ist ein sehr differenziertes Bild für die Meeresumwelt zu zeichnen. Das küstenferne Meer ist noch relativ „sauber", und die geringen Gehalte an technogen stark geprägten Schwermetallen, an Xenobiotika und künstlichen Radionukliden sind trotz ihrer Allgegenwart zumeist biologisch insignifikant. Entlang den Hauptschiffahrtswegen finden sich allerdings gehäuft Ölslicks und schwimmbare feste Abfälle. Darüber hinaus könnten Anreicherungen von Verunreinigungen in der Oberflächenmikroschicht des Meeres, herantransportiert auf atmosphärischem Wege von weit entfernt liegenden Quellen, hinsichtlich möglicher Effekte für das entsprechende Ökosystem noch Überraschungen bereithalten. In der Tabelle 17.1 wird auszugsweise eine Übersicht zu solchen regional bzw. lokal bereits offensichtlichen Effekten bzw. zu potentiell gefährlichen Anreicherungen von Verunreinigungen gegeben.

Tabelle 17.1. Anzeichen schädlicher Effekte in der Meeresumwelt

Wirkungen	*Vermutete Ursachen*
– Krankheiten und Rückgang der Meeressäuger-Populationen	Kontamination mit chlor-organischen Verbindungen und Überfischung
– Zunahme von Fischkrankheiten	Eintrag von Industrieabfällen
– Ungewöhnliche Algenblüten	Nährstoffeintrag
– Abnahme einzelner Zweige der Fischerei	Überfischung
– Krankheiten des Menschen infolge des Kontakts mit pathogenen Keimen	Abwassereintrag
– Zunahme des Gesundheitsrisikos für den Menschen	Organische Verunreinigungen, Radionuklide
– Abnahme der Korallenriffe, Mangrovenwälder etc.	Feststoffeintrag, Ölunfälle, physikalische Zerstörung
Andere bedenkliche Veränderungen:	
– Anreicherung von Verunreinigungen in der Oberflächenmikroschicht	
– Zunahme der Verunreinigung von Sedimenten	

Im Gegensatz zum offenen Meer werden die Küstengebiete sowie Rand- und Nebenmeere mit häufig noch steigender Tendenz deutlich anthropogen beeinflußt. Der Bau von Häfen und Industrieanlagen sowie der Ausbau der Küstenstädte, Touristenzentren und auch der Marikultur haben weltweit zum unwiederbringlichen Verlust vieler Habitate von Meeresorganismen geführt. Das betrifft insbesondere die Zerstörung von Stränden, Korallenriffen und Feuchtgebieten einschließlich der Mangrovenwälder sowie Abrasions- und Erosionsschäden. Der Bau von Staudämmen führt zur Akkumulation abgeschwemmten Sandes auf den Kontinenten. Die verminderte Zuführung dieses Materials in das Meer ist die primäre Ursache der Küstenerosion, die auch durch andere Tätigkeiten des Menschen gefördert wird. Der Bau von Wellenbrechern und Molen hat diesen Prozeß partiell weiter beschleunigt. (Beispielsweise unterliegen 86% der kalifornischen Küste der Erosion, und etwa 10% wurden bereits zum Schutz von Küstenbauten befestigt.) Der Verlust von Stränden könnte u.a. zu einem Rückgang des Tourismus führen.

Der anwachsende Druck auf die Küstenlandschaften reflektiert andere globale Trends wie die der Bevölkerungsentwicklung und des Urbanisierungsgrades, erhöhte Transporterfordernisse für Güter und Personen sowie steigenden Wohlstand. Ein Schutz der Meeresumwelt erfordert aus solcher Sicht vorsorgende Veränderungen in der Planung, sowohl für das Inland als auch für die Küsten, mit oft einschneidenden sozialen und politischen Konsequenzen.

Eine weite Skala von Tätigkeiten des Menschen an Land führt zum Eintrag von Verunreinigungen in das Meer, entweder direkt von Quellen im Küstengebiet oder über Zuflüsse und die Atmosphäre. Aktivitäten auf See tragen im Vergleich dazu nur geringfügig zur Belastung der Ozeane bei. Nur ein geringer Anteil der von Land eingetragenen Verunreinigungen erreicht Seegebiete außerhalb der Grenzen des Kontinentalschelfs. Die Hauptmenge verbleibt in den Küstengewässern, insbesondere in solchen mit geringem Wasseraustausch zum offenen Meer, und hat dort bereits signifikante Größenordnungen erreicht. Hinsichtlich ihrer Bedeutung sind die einzelnen Verunreinigungsklassen etwa wie folgt zu werten:

1. Der Nährstoffeintrag, hauptsächlich von Nitrat, teilweise auch von Phosphat, weist eine steigende Tendenz auf. Der Anteil eutrophierter Gebiete nimmt zu und ist von zunehmender Häufigkeit sowie wachsendem Ausmaß ungewöhnlicher Algenblüten begleitet. Die Hauptquellen für die Nährstoffe in den Küstengewässern sind Abwassereinleitungen und der diffuse Eintrag aus der Landwirtschaft durch Auswaschungen von den mit organischen und Mineraldüngern behandelten Nutzflächen. Die Überdüngung der Küstengewässer führt zu hohen Kosten durch Qualitätsminderungen der Umwelt und z.B. auch durch abnehmende Fisch- und/oder Schalentiererträge. Effektive Gegenmaßnahmen sind schwierig, da sowohl umfangreiche Investitionen für Abwasserbehandlungsanlagen und für die Beseitigung von Klärschlämmen als auch grundlegende Veränderungen in den Praktiken der Landwirtschaft erforderlich sind.

2. Die mikrobielle Verseuchung von Abwässern verursacht viele Krankheiten einschließlich Cholera und Hepatitis A. Um dieses Problem unter Kontrolle zu bringen, müssen die Abwassereinleitungen in dafür optimal geeigneter Form erfolgen. Außerdem ist rechtzeitig eine ständige sanitäre Überwachung der Qualität von Nahrungsmitteln aus dem Meer, insbesondere von Schalentieren, erforderlich. Die mikrobielle Meeresverunreinigung ist auch für epidemische Ausbrüche von Magen/Darm-Erkrankungen an übervölkerten und von geringem Wasseraustausch betroffenen Stränden verantwortlich zu machen. Es gibt überdies die Vermutung, daß Infektionen der Haut, der Ohren und der Atmungsorgane zwischen Badenden übertragbar sind.
3. Die willkürliche Beseitigung von Plastematerialien an Land und von Schiffen verursacht die Verunreinigung der Strände mit festen Abfällen und ernste Schädigungen von Meeresorganismen, insbesondere von Meeressäugern, Tauchvögeln und Reptilien. Diese können durch Aufnahme von Plastefragmenten geschädigt werden oder sich in Plasteverpackungen und Fischereigeräten verfangen. Das Inkraftsetzen bereits existierender Richtlinien zum Umgang mit Plastematerialien an Land und auf See sowie gezielte Öffentlichkeitsarbeit sollten in Zukunft den Eintrag von Plasteabfällen reduzieren. Veränderungen im Design und in den Anwendungsgewohnheiten von Plasten in der Verpackungsindustrie und Fischerei würden die Risiken für Meeresorganismen minimieren.
4. Unter den synthetischen organischen Verbindungen nehmen in einigen Gebieten der nördlichen gemäßigten Breiten Halogenkohlenwasserstoffe in der Meeresumwelt dort ab, wo Anwendungsrestriktionen bereits lange genug existieren. Trotzdem sind diese Verbindungen in Sedimenten industrialisierter Küstengebiete und im Fettgewebe von Endgliedern mariner Nahrungsketten wie Seehunde noch bedenklich hoch. Mit Ausnahme von Reproduktionsproblemen für mehrere Meeressäuger und für einige der sich von Fischen ernährenden Vögel scheinen die gegenwärtig anzutreffenden Konzentrationen noch keine weitreichende Bedrohung des Lebens im Meer darzustellen. Der Verunreinigungsgrad steigt allerdings in tropischen und subtropischen Gebieten aufgrund des dort fortgesetzten Einsatzes chlorhaltiger Pestizide noch an. Da Halogenkohlenwasserstoffe in den Sedimenten überdauern und von dort erneut in das marine Ökosystem eintreten können, ist die Fortsetzung des Monitorings an Organismen und Sedimenten angebracht. Neben den chlorierten verdienen zukünftig auch die bromierten Verbindungen mehr Beachtung.
5. Öl gehört zu den unmittelbar sichtbaren Meeresverunreinigungen. Ungeachtet der von größeren Havarien ausgehenden Gefahren sind aus globaler Sicht die „tar balls" sehr kritisch zu bewerten. Obgleich sie für Meeresorganismen in der Regel harmlos sind, können sie die Strände verschmutzen und somit deren Erholungswert herabsetzen. Das hat wiederum deutliche ökonomische Folgen. Die Anwesenheit von Erdölkohlenwasserstoffen im Meerwasser, und beson-

ders im Sediment, kann weiterhin aus lokaler Sicht ein Problem darstellen, wenn durch Zwischenfälle größere Ölmengen in teilweise abgeschlossene Meeresgebiete eingetragen wurden. Dabei werden die lebenden Ressourcen, besonders auch die Seevögel, stark gefährdet und Annehmlichkeiten für die Menschen beeinträchtigt. Obgleich die Schädigungen prinzipiell reversibel sind, kann die Wiederherstellung der ursprünglichen Habitate längere Zeit in Anspruch nehmen. Äußerst kritisch sind Aktivitäten zur Erkundung, zur Förderung und zum Transport von Erdöl in polaren Regionen zu werten.

6. Spurenmetalle wie Quecksilber, Cadmium, Arsen und Blei, die in der Meeresumwelt sowohl natürlich als auch im Ergebnis anthropogener Aktivitäten vorkommen, scheinen in ihrem akuten Gefährdungspotential abzunehmen. Ausnahmen von dieser Feststellung betreffen Gebiete in der Nähe von Verunreinigungsquellen. Zu möglichen chronischen Wirkungen und zu biogeochemischen Kreisläufen und Bilanzen besteht weiterhin ein dringender Informationsbedarf.

   Die in den letzten Jahren für viele Organismenarten deutlich dokumentierte hohe Toxizität des als Antibewuchsmittel eingesetzten TBTs führte in einigen Ländern zu Anwendungsrestriktionen. Diese sollten weiter ausgebaut werden.

7. Die radioaktive Verunreinigung der Meere erzeugt in der Öffentlichkeit weitverbreitete Ängste. Künstliche Radionuklide aus vielen anthropogenen Quellen einschließlich Nuklearanlagen, aus dem „fallout" von Kernwaffentests und aus Zwischenfällen wie in Chernobyl haben bereits nachweisbar die vorwiegend durch natürliche Quellen gespeiste Radioaktivität des Meeres erhöht. Dieser Beitrag blieb jedoch ohne signifikante Effekte für den Menschen und andere Organismen. Die „geplanten" radioaktiven Einleitungen, z. B. von Wiederaufbereitungsanlagen, werden ständig überwacht, und ihr Umfang nahm im vergangenen Jahrzehnt ab.

8. Während bisher vor allem solche Verunreinigungen, die im Meer deutlich nachweisbar sind, im Mittelpunkt des Interesses standen, gibt es allerdings auch nicht unberechtigte Befürchtungen, daß sehr geringe Konzentrationen toxischer Substanzen Effekte auf subletalem Niveau verursachen, die sich über längere Fristen summieren und Ökosysteme signifikant schädigen können. Diesem Problem gilt es zukünftig durch spezielle Untersuchungen Rechnung zu tragen.

9. Der globale Fischereiertrag hat in der letzten Dekade weiterhin zugenommen, dabei teilweise durch die Ausnutzung neuer Bestände. Allerdings kam es daneben sowohl durch Überfischung als auch durch Bestandsfluktuationen aufgrund von Naturereignissen zu einem Rückgang bestimmter Teilbereiche der Fischerei und zur Instabilität anderer Bereiche. Toxische und mikrobiell erzeugte Substanzen haben bisher die nutzbaren lebenden Ressourcen in weitem Ausmaß nicht nachweisbar geschädigt. Einige Bestände, besonders von Schalentieren, wurden jedoch in begrenzten Gebieten als untauglich für die

17. Zusammenfassung

menschliche Ernährung erklärt. Darüber hinaus werden Aufwuchsgebiete im Küsten- und Flachwasserbereich zunehmend in ihrer Qualität herabgesetzt. Marine Ressourcen, sowohl kultivierte als auch frei lebende Arten, könnten schließlich im globalen Rahmen gefährdet werden. Die Ausnutzung der lebenden Ressourcen könnte die Umwelt außerdem durch Schäden an den Habitaten und durch Eingriffe in die Nahrungskette beeinträchtigen. Die schnell expandierende Marikultur erzeugt im lokalen Maßstab ihre eigene Verunreinigung. Außerdem kann sie das ökologische Gleichgewicht durch die Einführung exotischer Arten und von Krankheiten stören.

Neben den gegenwärtig zu identifizierenden Problemen gibt es weitere Gesichtspunkte, die in Hinsicht auf den Zustand der Meere zu berücksichtigen sind. Sie betreffen vor allem

- die Effekte klimatischer Veränderungen einschließlich eines möglichen Meeresspiegelanstieges wegen einer globalen Erwärmung durch die Zunahme der Treibhausgase und
- die Reduzierung der stratosphärischen Ozonschicht, wodurch die marinen Ressourcen aufgrund ansteigender UV-Strahlungsbelastung beeinträchtigt werden könnten.

Mit der teilweise deutlichen seewärtigen Ausdehnung der bisherigen Hoheitsgewässer und der Beanspruchung von EEZ's nach der UNCLOS wurde das Gebiet nationaler Verantwortung der jeweiligen Anliegerstaaten für den Meeresumweltschutz entsprechend erweitert. Der grenzüberschreitende Charakter vieler Meeresverunreinigungen bedingt außerdem eine enge internationale Zusammenarbeit zu diesem Problem, zumindest zwischen Staaten der jeweiligen Region. Eine große Anzahl internationaler Übereinkünfte ergänzt gegenwärtig folgerichtig die nationale Gesetzgebung zum Schutz der Meere. Diese Übereinkünfte betreffen in erster Linie Verunreinigungsquellen direkt auf See, insbesondere die durch Erdölprodukte. Dringenden Handlungsbedarf gibt es jedoch in bezug auf terrestrische Quellen, die als Hauptursache der Meeresverunreinigung anzusehen sind. Im nächsten Jahrzehnt könnte es deshalb, trotz eines Ausbaus der internationalen Gesetzgebung zum Meeresumweltschutz, bei fehlender Koordinierung entsprechender Aktivitäten auf dem Festland zwischen den Nationen zu weiteren signifikanten Qualitätseinbußen in den Meeren kommen.

18. Verzeichnis von Abkürzungen

AOX	–	Ausblasbare organische Halogene
APDC	–	Ammonium-pyrrolidin-dithio-carbamat
BMP	–	Baltic Monitoring Programme
BOD	–	Biochemical Oxygen Demand
BRT	–	Bruttoregistertonnen
BSB	–	Biochemischer Sauerstoffbedarf
BSH	–	Bundesamt für Seeschiffahrt und Hydrographie
CCCO	–	SCOR/IOC Joint Committee on Climatic Changes and the Ocean
CKWs	–	Chlorkohlenwasserstoffe
CPs	–	Chlorierte Paraffine
CZCS	–	Coastal Zone Colour Scanner
DDT	–	Dichlor-diphenyl-trichlorethan
DHI	–	Deutsches Hydrographisches Institut
ECE	–	Economic Commission for Europe (UN)
EEC	–	European Economic Community
EEZ	–	Exclusive Economic Zone
EDTA	–	Ethylendiamin-tetraacetat
EFZ	–	Exclusive Fishery Zone
EKWs	–	Erdölkohlenwasserstoffe
EMEP	–	European Monitoring and Evaluation Programme
ENSO	–	*El Niño* Southern Oscillation
EOS	–	Earth Observing System
EPA	–	Environmental Protection Agency (USA)
EROS	–	Earth Resources Observing Satellite
ESA	–	European Space Agency
FAO	–	Food and Agriculture Organization (UN)
GEEP	–	Group of Experts on Effects of Pollutants
GEMSI	–	Group of Experts on Methods, Standards and Intercalibration
GESAMP	–	Group of Experts on the Scientific Aspects of Marine Pollution
GESREM	–	Group of Experts on Standards and Reference Materials
GIPME	–	Global Investigation of Pollution in the Marine Environment
GTC	–	Global Tropospheric Chemistry
IAEA	–	International Atomic Energy Agency
ICES	–	International Council for the Exploration of the Sea

18. Verzeichnis von Abkürzungen

ICSEM	– International Council for the Scientific Exploration of the Mediterranean Sea
ICSU	– International Council on the Scientific Unions
IMO	– International Maritime Organization
INK	– Internationale Nordseeschutzkonferenz
IOC	– Intergovernmental Oceanographic Commission (UNESCO)
IUCN	– International Union for Conservation of Nature and Natural Resources
LDC	– London Dumping Convention
MEPC	– Marine Environment Protection Committee (IMO)
NAS	– National Academy of Sciences
NASA	– National Aeronautics and Space Administration
NOAA	– National Oceanic and Atmospheric Administration
NG	– Nachweisgrenze
NSF	– National Science Foundation
NTA	– Nitrilo-triessigsäure
OCA/PAC	– Oceans and Coastal Areas Programme Activity Centre
OCS	– Octachlorstyren
OSPARCOM	– Oslo and Paris Commissions
PAEs	– Phthalic Acid Esters
PAHs	– Polycyclic Aromatic Hydrocarbons
PBBs	– Polybromierte Biphenyle
PBDEs	– Polybromierte Diphenylether
PCBs	– Polychlorierte Biphenyle
PCCs	– Polychlorierte Camphene
PCDDs	– Polychlorierte Dibenzo-dioxine
PCDFs	– Polychlorierte Dibenzo-furane
PCNs	– Polychlorierte Naphthalene
PCP	– Pentachlorphenol
PCTs	– Polychlorierte Terphenyle
PHs	– Petroleum Hydrocarbons
PSP	– Paralytic Shellfish Poison
PSU	– Practical Salinity Unit (entspricht etwa 10^{-3} bzw. ‰)
SCOR	– Scientific Committee on Oceanic Research
TBT	– Tri-butyl-tin
TCDDs	– Tetra-chlor-di-benzo-dioxine
TCDFs	– Tetra-chlor-di-benzo-furane
TOGA	– Tropical Ocean and Global Atmosphere
UNCLOS	– United Nations Conference on the Law of the Sea
UNEP	– United Nations Environment Programme
UNESCO	– United Nations Education, Scientific, and Cultural Organization
UVF	– Ultraviolett-Fluoreszenz
WHO	– World Health Organization
WMO	– World Meteorological Organization
WOCE	– World Ocean Circulation Experiment
XBT	– Expendable Bathythermograph

19. Literatur

zu 2. Erdölkohlenwasserstoffe in der Meeresumwelt

Anonym: UdSSR schickt großen Ölfänger nach Alaska. Ozean & Technik **19** (1989) Nr. 9, 9–10.

Block, P.: MARPOL tritt in Kraft – Was ist erreicht? Seewirtschaft, Berlin **15** (1983), 430–431.

Burns, K.A., A. Saliot: Petroleum hydrocarbons in the Mediterranean Sea: A mass balance. Mar. Chem. **20** (1986), 141–157.

DPA: Chemische Rundschau Nr. 44, 2. November 1990, S. 10.

GESAMP: Impact of oil on the marine environment. GESAMP Reports & Studies Nr. 6, 1977, 250 S.

GESAMP: The health of the oceans. UNEP Regional Seas Reports and Studies Nr. 16, 1982.

Giere, O.: Ölpest – schwarzer Tod unserer Meere? Umschau **79** (1979), Heft 16, 501–506.

Goldstein, W.: Katastrophen im Nordsee-Ölgebiet. „ND" vom 27./28. 8. 1988.

Grundlach, E.R., P.D. Boehm, M. Marchand, R.M. Atlas, D.M. Ward, D.A. Wolfe: The fate of *Amoco Cadiz* oil. Science **221** (1983), 122–129.

Harvey, G.R., A.G. Reguejo, P.A. McGillivary, J.M. Tokar: Observation of a subsurface oil-rich layer in the open ocean. Science **205** (1979), 999–1001.

Hauthal, H.G.: Mikroemulsionen. Mitteilungsblatt der Chemischen Gesellschaft der DDR **35** (1988) Nr. 1, 2–9.

Jernelöv, A., O. Linden: Ixtoc I: A case study of the world's largest oil spill. Ambio **10** (1981) Nr. 6, 299–306.

Law, R.J.: Polycyclic aromatic hydrocarbons in the marine environment: An overview. ICES Coop. Res. Rep. Nr. 142 (1986), 88–100.

Levy, E.M., M. Ehrhardt, D. Kohnke, E. Sobtchenko, T. Suzuoki, A. Tokuhiro: Global oil pollution. Results of MAPMOPP, The IGOSS Pilot Project on Marine Pollution (Petroleum) Monitoring. IOC/UNESCO, 1981.

Portmann, J.E.: Oil-spill combating – Recent developments. ICES Coop. Res. Rep. Nr. 124, 1983, 57–60.

Sollen, R.: Air pollution trapped on ocean floor. Oceanus **26** (1983) Nr. 3, 26–27.

Spengler, D.-U.: Die Ölverschmutzung im Ligurischen Meer durch TMS HAVEN April/Mai 1991. Kurzfassung eines Vortrags auf dem wiss. Symposium des BSH „Aktuelle Probleme der Meeresumwelt", Hamburg, 12./13. Juni 1991.

Spies, R.B.: Natural submarine petroleum seeps. Oceanus **26** (1983) Nr.3, 24–29.

Theobald, N.: Ergebnisse der Analysen von Ölverschmutzungen im Gebiet der Deutschen Bucht und der westlichen Ostsee aus den Jahren 1983 und 1985. Dt. hydrogr. Z. **40** (1987), 125–137.

Waldichuk, M.: Global Marine Pollution: An Overview. IOC Techn. Ser. 18, 1977, UNESCO, 1977.

zu 3.   Meeresverunreinigung durch chemische Produkte

Anonym: The „*Brigitta Montanari*" operation in the Adriatic Sea: A human, scientific and technical feat in pollution control. UNEP-MEDWAVES **15** (1988), **16** (1989).

Björklund, I.: Organotin in the Swedish Aquatic Environment. KEMI-Report. Science and Technology Department Nr. 8/89, Stockholm 1989, 50 S.

Bock, K.J., H. Stache: Surfactants. In: O. Hutzinger: The Handbook of Environmental Chemistry. Vol. 3, Part B. Anthropogenic compounds. Springer-Verlag, Berlin 1982, S. 163–199.

Boon, J.P.: The kinetics of individual polychlorinated biphenyl (PCB-) congeners in marine organisms; a comparative approach. Dissertationsschrift, 1986, Reichsuniversität Groningen, 154 S.

Büthner, H.: Organochlorine compounds in marine organisms from the international North Sea incineration area – preliminary results. ICES C.M 1989/E:4, 23 S.

Champs, A.M., F.L. Lowenstein: TBT: The dilemma of high-technology antifouling paints. Oceanus (1987), 69–77.

Cheng, Z.: Monitoring and Assessment of Trace Metals in Seawater and Marine Organisms. Miljöstyrelsens Havsforureningslab., Report, Charlottenlund 1987.

Clark, R.B.: Marine Pollution. Clarendon Press, Oxford 1986.

Commission of the European Communities (CEC): Tributyltin in the environment – Sources, fate and determination (An assessment of present status and research needs 1988 COST 641 – Organic Micropollutants in the Aquatic Environment). Water Pollution Research Report 8, Report EUR 11562 (1988), 31 S.

Ehrhardt, M., J. Derenbach: Phthalate esters in the Kiel Bight. Mar. Chem. **8** (1980), 339–345.

Elder, D.L.: PCBs in N.W. Mediterranean coastal waters. Mar. Poll. Bull. **7** (1976), 63–64.

Elder, D.L., J.P. Villeneuve: Polychlorinated biphenyls in the Mediterranean Sea. Mar. Poll. Bull. **8** (1977), 19–22.

Ernst, W., G. Eder, H. Goerke, K. Weber, S. Weigelt, V. Weigelt: Organische Umweltchemikalien in deutschen Ästuarien und Küstengewässern. Vorkommen, Biotransfer, Abbau. BMFT-FB-M 86–001, Bremerhaven, 1986, 78 S.

Faulkner, D.J.: Natural organohalogen compounds. In: O. Hutzinger: The Handbook of Environmental Chemistry. Vol. 1, Part A: The Natural Environment and the Biogeochemical Cycles. Springer-Verlag, Berlin 1980, 229–254.

Firmin, R.: Organosilicon compounds and the marine environment. Dow Corning Europe Rep. Nr. 23/4/82 (1982), 136 S.

GESAMP: The health of the oceans. UNEP Regional Seas Reports and Studies Nr. 16, 1982.

GESAMP: Organosilicons in the marine environment. UNEP Regional Seas Reports and Studies Nr. 78, 1986, 28 S.

Giam, C.S., E. Atlas, M.A. Power Jr., J.E. Leonard: Phthalic acid esters. In: O. Hutzinger: The Handbook of Environmental Chemistry. Vol. 3, Part C: Anthropogenic compounds. Springer-Verlag, Berlin 1984, S. 67–142.

Granmo, A., R. Ekelund, K. Magnusson, M. Berggren: Lethal and sublethal toxicitiy of 4-nonylphenol to the common mussel (*Mytilus edulis L.*). Environm. Pollut. **59** (1989), 115–127.

Hallbäck, H.: Preliminary results from dioxin investigations of some crustaceans along the Swedish west coast. ICES C.M. 1987/E:14.

Heinisch, E.: Anwendung von Chlorwasserstoff-Pestiziden im Spiegel von Nahrungsketten. Retrospektives Biomonitoring der ehemaligen DDR. Manuskript. Berlin, 1991.

Hutzinger, O., R.W. Frei, E. Marian, F. Pocchiari: Chlorinated dioxins and related compounds impact on the environment. Pergamon Press, 1981, 651 S.

ICES: Report of the ICES Advisory Committee on Marine Pollution, 1981, S. 44–50.

ICES: Report of the ICES Advisory Committee on Marine Pollution, 1984, S. 68–73.

ICES: Results of 1985 Baseline Study of Contaminants in Fish and Shellfish. Coop. Res. Rep. Nr. 151, 1988, 366 S.

ICES: Report of the ICES Advisory Committee on Marine Pollution, 1987. Coop. Res. Rep. Nr. 150, 1988.

IOC: The determination of polychlorinated biphenyls in open ocean waters. IOC Tech. Ser. 26, UNESCO, 1984, 48 S.

IRPTC (International Register of Potentially Toxic Chemicals): Data profiles for chemicals for the evaluation of their hazards to the environment of the Mediterranean Sea. UNEP, Genf 1978, 928 S.

Jensen, A.A., K.F. Jørgensen: Polychlorinated terphenyls (PCTs) use, levels and biological effects. The Science of the Total Environment **27** (1983), 231–250.

Klungsøyr, J., R. Law: Octachlorostyrene: An Overview. ICES Marine Chemistry Working Group, Overview Report, 1991, 16 S.

Krämer, W., K. Ballschmiter: Detection of a new class of organochlorine compounds in the marine environment: the chlorinated paraffins. Fresenius Z. Anal. Chem. **327** (1987), 47–48.

Larsson, P.: Contaminated sediments of lakes and oceans act as sources of chlorinated hydrocarbons for release to water and atmosphere. Nature **317** (1985) Nr. 6035, 347–349.

Lohs, Kh.: Risikopotential Chemie. Wissenschaftliche Welt **33** (1989), 12–14.

Lohse, J.: Distribution of organochlorine pollutants in North Sea sediments. Mitt. Geol. Paläont. Inst. Univ. Hamburg Heft 65, Hamburg, Juni 1988.

Lohse, J.: Ocean incineration of toxic wastes: A footprint in North Sea sediments. Mar. Poll. Bull. **19** (1988), 366–371.

Mohnke, M., K.-H. Rohde, L. Brügmann, P. Franz: Trace analysis of some chlorinated hydrocarbons in waters by gas-liquid chromatography. J. Chromatogr. **364** (1986), 323–337.

Muir, D.C.G. et al.: Organochlorine contamination in Arctic marine food chains: Accumulation of specific polychlorinated biphenyls and chlordane related compounds. Environ. Sci. Technol. **22** (1988), 1071–1079.

Ober, A. et al.: Organochlorine pesticide residues in Chilean fish and shellfish species. Bull. Environ. Contam. Toxicol. **38** (1987), 528–533.

OCEANS '87, Proceedings of the Conference, Washington, September 23–25, 1986, Vol. 4: Organotin Symposium, S. 1101–1330.

Olsson, M., A. Bignert, P.-A. Bergqvist, S. Bergek, C. Rappe, C. de Wit, B. Jansson: Dioxins and furans in seal blubber. ICES C.M. 1988/E:37, 6 S.

Olsson, M., L. Reutergardh: DDT and PCB pollution trends in the Swedish aquatic environment. Ambio **15** (1986), 103–109.

Pastor, A. et al.: Organochlorine pesticides in marine organisms from the Castellon and Valencia coast of Spain. Mar. Poll. Bull. **19** (1988), 235–238.

Pellenbarg, R.: Silicones as tracers for anthropogenic additions to sediments. Mar. Poll. Bull. **10** (1979), 267–269.

Quensen III, J.F., J.M. Tiedje, S.A. Boyd: Reductive dechlorination of polychlorinated biphenyls by anaerobic microorganisms from sediments. Science **242** (1988), 752–754.

Rappe, C.: Chloroaromatic compounds containing oxygen. Phenols, diphenyl ethers, dibenzo-p-dioxins and dibenzofurans. In: O. Hutzinger: Environmental Chemistry. Vol. 3, Part A: Anthropogenic compounds. Springer-Verlag, Berlin 1980, S. 157–179.

Rappe, C.: Analysis of polychlorinated dioxins and furans. Environmental Science & Technology **18** (1984).

Rappe, C., G. Choudary, L. Keith: Chlorinated dioxins and dibenzo furans in perspective. Lewis Publishers, Chelsea, Michigan, 1986.

Safe, S., O. Hutzinger: Environmental Toxin Series Vol. 1: Polychlorinated biphenyls (PCBs) mammalian and environmental toxicology. Springer-Verlag, Berlin, 1987, 152 S.

Schulz, D.E., G. Petrick, J.C. Duinker: Chlorinated biphenyls in North Atlantic surface and deep water. Mar. Poll. Bull. **19** (1988), 526–531.

SNV: Monitor 1988. Swedens marine environment – ecosystems under pressure. National Swedish Environmental Protection Board, Helsingborg 1988, 207 S.

SNV: Marine Pollution '90. Action Programme. Swedish Environmental Protection Agency, Solna 1990, 165 S.

Stegeman, J.J., P.J. Kloepper-Sams, J.W. Farrington: Monooxygenase induction and chlorobiphenyls in the deep-sea fish *Coryphaenoides armatus*. Science **231** (1986), 1287–1289.

Sündermann, J., E.T. Degens: Die Nordsee. Wasseraustausch und Schadstoffbelastung. Broschüre, Hamburg 1989, 49 S.

Svanberg, O., E. Linden: Chlorinated paraffins – an environmental hazard? Ambio **8** (1979) Nr. 5, 206–209.

Tugrul, S., T.J. Balkas, E.D. Goldberg: Methyltins in the marine environment. Mar. Poll. Bull. **8** (1983), 297–303.

Waldock, M.J., J.E. Thain: Environmental concentrations of 4-nonylphenol following dumping of anaerobically digested sewage sludges: A preliminary study of occurrence and acute toxicity. ICES C.M. 1986/E:16, 9 S.

Wells, D.E.: Hexachlorobenzene and lindane in the aquatic environment. ICES/ACMP 1989/20.3.

Wells, D.E., P.de Voogt, L. Reutergardh: Planar, mono and diortho chlorinated biphenyl congeners in the environment. ICES/MCWG-Paper 89/7.2.3., 1989.

Yemenicioglu, S., C. Saydam, I. Salihoglu: Distribution of tin in the northeastern Mediterranean. Chemosphere **16** (1987), 429–443.

Zitko, V.: Chlorinated paraffins. In: O. Hutzinger: The Handbook of Environmental Chemistry. Vol. 3, Part A: Anthropogenic compounds. Springer-Verlag, Berlin-Heidelberg-New York 1980, S. 149–156.

zu 4.   Radioaktive Verunreinigung der Meere
Anonym: US and Britain top nuclear dumping league. New Scientist **3**, November 1990, 19.
Australian Peace Committee's Peace Courier, August 1989.
Barnaby, F.: The release of radioactivity into the sea from the sunken Soviet „MIKE" submarine. Ambio **18** (1989) Nr. 5, 296–297.
Carter, M.W., A.A. Moghissi: Three decades of nuclear testing. Health Physics **33** (1977), 55–71.
„FAZ" vom 26. 6. 1989: „Atommüll auf dem Meeresgrund".
Ghazi, P.: UK bid to dump N-waste at sea. „The Observer", 20. September 1992, S. 22.
IAEA Newsbriefs Vol. **3** No. 1 (22) Februar 1988; Vol. **3** No. 5 (26) Juni 1988; Vol. **3** No. 7 (28) September 1988; Vol. **4** No. 4 (35) Mai 1989; Vol. **7** No. 2 (54) April/Mai 1992.
Jones, P.: Plans to dump nuclear subs at sea. Mar. Pol. Bull. **20** (1989) Nr. 6, 251.
Kautsky, H.: Investigations on the distribution of 134-Cs and 90-Sr and the water mass transport times in the northern North Atlantic and the North Sea. Dt. hydrogr. Z. **40** (1987), 49–69.
Kilho Park, P., D.R. Kester, I.W. Duedall, B.W. Ketchum: Wastes in the Ocean. Vol. 3: Radioactive wastes and the ocean. John Wiley & Sons, New York 1983.
Kilho Park, P., D.R. Kester, I.W. Duedall: Disposal of radioactive wastes in the ocean. Sea Technology, Jan. 1984, 62–67.
„New Scientist": US and Britain to nuclear dumping league. 3. November 1990, S. 19.
Oslo and Paris Conventions for the Protection of Marine Pollution. Ministerial Meeting of the Oslo and Paris Commissions, Paris: 21.–22. September 1992. Draft Convention for the Protection of the Marine Environment of the North-East Atlantic.

zu 5.   Schwermetalle in Kompartimenten mariner Ökosysteme
Bacci, E.: Mercury in the Mediterranean. Mar. Poll. Bull. **20** (1989), 59–63.
Baturin, G.N.: Verteilungskoeffizienten für Elemente im Ozean. Dokl. Akad. Nauk SSSR **299** (1988), 1 084–1 089 (in Russ.).
Boeckx, R.L.: Lead poisoning in children. Anal. Chem. **58** (1986), 274A–281A.
Boutron, C.: Le plomb dans l'atmosphere. La Recherche **198** (1988), 446–455.
Clark, R.B.: Marine Pollution. Clarendon Press, Oxford 1986.
Flegal, A.R.: Lead in tropical marine systems. A review. The Science of the Total Environment **58** (1986), 1–8.
Flegal, A.R., K. Itoh, C.C. Patterson, C.S. Wong: Vertical profile of lead isotopic compositions in the north-east Pacific. Nature **321** (1986), 689.
Förstner, U.: Cadmium. In: O. Hutzinger: The Handbook of Environmental Chemistry. Vol. 3, Part A. Springer-Verlag Berlin-Heidelberg-New York 1980, S. 59–107.
GESAMP: Cadmium, lead and tin in the marine environment. UNEP Regional Seas Reports and Studies Nr. 56, 1985, 90 S.
GESAMP: Review of potentially harmful substances: Arsenic, mercury and selenium. GESAMP Reports & Studies Nr. 28, 1986, 172 S.
GESAMP: The state of the marine environment. UNEP Regional Seas Reports and Studies Nr. 115, 1990, 111 S.

ICES: Cadmium in the marine environment – An overview. ICES Coop. Res. Rep. Nr. 112, (1981), 51–56.

ICES: Report of the ICES Advisory Committee on Marine Pollution, 1982. Coop. Res. Rep. Nr. 120, 1983.

ICES: Report of the ICES Advisory Committee on Marine Pollution, 1987. Coop. Res. Rep. Nr. 150, 1988.

ICES: Results of 1985 Baseline Study of Contaminants in Fish and Shellfish. Coop. Res. Rep. Nr. 151, 1988, 366 S.

IRPTC (International Register of Potentially Toxic Chemicals): Data profiles for chemicals for the evaluation of their hazards to the environment of the Mediterranean Sea. UNEP, Genf 1978, 928 S.

Ishikawa, T., Y. Ikegaki: Control of mercury pollution in Japan and the Minamata Bay cleanup. Journal Water Pollution Control Federation **52** (1980), 1013–1018.

Kaiser, G., G. Tölg: Mercury. In: O. Hutzinger: The Handbook of Environmental Chemistry. Vol. 3, Part A. Springer-Verlag Berlin-Heidelberg 1980, 58 S.

Kim, J.P., W.F. Fitzgerald: Sea-air partitioning of mercury in the equatorial Pacific Ocean. Science **231** (1986), 1131–1133.

Manuwald, O.: Zur Geschichte der umweltepidemischen Bleiintoxikation. Z. ges. Hyg. **35** (1989), 718–721.

Molin Christensen, J., E. Holst: Evaluation of blood levels in Danes for the period 1976–1987. Fresenius Z. Anal. Chem. **332** (1988), 710–713.

Newland, L.W.: Arsenic, beryllium, selen and vadadium. In: O. Hutzinger: The Handbook of Environmental Chemistry, Vol. 3, Part B.: Anthropogenic compounds. Springer-Verlag, Berlin-Heidelberg-New York 1982, S. 27–88.

Newland, L.W., K.A. Baum: Lead. In: O. Hutzinger: The Handbook of Environmental Chemistry, Vol. 3, Part B.: Anthropogenic compounds. Springer-Verlag, Berlin-Heidelberg-New York 1982, S. 1–26.

Nriagu, J.O.: Copper in the environment. Part I. Ecological cycling. John Wiley & Sons Inc., New York 1979.

Nriagu, J.O., J.M. Pacyna: Quantitative assessment of worldwide contamination of air, water and soils by trace metals. Nature **333** (1988), 134–139.

Savenko, V.S.: Chemische Elementarzusammensetzung ozeanischen Planktons. Geokhimiya **8** (1988), 1084–1089 (in Russ.).

Schwedt, G.: Ökochemie der Metalle 3. Cadmium und Zink, Umschau 1983, Heft 25/26, 760–761; 4. Arsen (As), Umschau 1984, Heft 2, 48–49; 5. Blei (Pb), Umschau 1984, Heft 4, 109–110; 6. Quecksilber (Hg), Umschau 1984, Heft 6, 172–173; 8. Kupfer (Cu), Umschau 1984, Heft 10, 306–307; 10. Selen (Se), Umschau 1984, Heft 14/15, 444–445.

Trefry, J.H., S. Metz, R.P. Trocine, T.A. Nelsen: A decline in lead transport by the Mississippi River. Science **230** (1985), 439–441.

UNEP: Technical Annexes to the Report on the State of the Marine Environment. UNEP Regional Seas Reports and Studies Nr. 114/1, 1990, 319 S.

Veron, A., C.E. Lambert, A. Isley, P. Linet, F. Grousset: Evidence of recent lead pollution in deep north-east Atlantic sediments. Nature **326** (1987), 278–281.

Waldichuk, M.: High mercury level in dead whale. Mar. Poll. Bull. **21** (1990) Nr. 1, 7.

Westernhagen, H. v., K.R. Sperling, D. Janssen, V. Dethlefsen, P. Cameron, R. Kocan, M. Landolt, G. Fürstenberg, K. Kremling: Anthropogenic contaminants and reproduction in marine fish. Berichte der Biologischen Anstalt Helgoland Nr. 3, 1987, 57 S.

zu 6.   Überdüngung des Meeres

Commission of the European Communities (CEC): The occurrence of *Chrysochromulina polylepis* in the Skagerrak and Kattegat in May/June 1988: An analysis of extent, effects and causes. Water Pollution Research Report 10, (1989), 96 S.

Dale, B., D.G. Baden, B. Mek Bary, L. Edler, S. Fraga, I.R. Jenkinson, G.M. Hallegraeff, T. Okaichi, K. Tangen, F.J.R. Taylor, A.W. White, C.M. Yentsch, C.S. Yentsch: The problems of toxic dinoflagellate blooms in aquaculture. Proc. Intl. Conference & Workshop, Sherkin Island Marine Station, Ireland, 8–13 June 1987, 61 S.

GESAMP: Land/Sea Boundary Flux of Contaminants: Contributions from Rivers. GESAMP Reports & Studies Nr. 32, 1987, 172 S.

GESAMP: Report of the GESAMP Working Group on Nutrients and Eutrophication in the Marine Environment. IOC/UNESCO-Report GESAMP XVIII/2. 1, Paris, Februar 1988.

Lancelot, C., G. Billen, A. Sournia, T. Weisse, F. Colijn, M.J.W. Veldhuis, A. Davies, P. Wassmann: *Phaeocystis* blooms and nutrient enrichment in the continental coastal zones of the North Sea. Ambio **16** (1987), 38–46.

Underdal, B., O.M. Skulberg, E. Dahl, T. Aune: Disastrous bloom of *Chrysochromulina polylepis* (Prymnesiophyceae) in Norwegian coastal waters 1988 – Mortality in marine biota. Ambio **18** (1989) Nr. 5, 265–270.

Waldichuk, M.: Amnesic shellfish poison. Mar. Poll. Bull. **20** (1989), 359–360.

zu 7.   Mikrobielle Verseuchung der Meeresumwelt

Clark, R.B.: Marine Pollution. Clarendon Press, Oxford 1986.

GESAMP: The state of the marine environment. UNEP Regional Seas Reports and Studies Nr. 115, 1990, 111 S.

Kullenberg, G.: The vital seas – Questions and answers about the health of the oceans. UNEP 1984.

O'Malley, M.L., D.W. Lear, W.N. Adams, J. Gaines, T.K. Sawyer, E.J. Lewis: Microbial contamination of continental shelf sediments by wastewater. Journal WPCF **54** (1982), 1311–1317.

Pavanello, R.: Microbiological pollution of coastal areas and associated public health hazards. In: IRPTC: Data profiles for chemicals for the evaluation of their hazards to the environment of the Mediterranean Sea. Vol. 2, UNEP, Genf 1978, S. 39–54.

Preston, M.R.: Marine Pollution. In: J.P. Riley: Chemical Oceanography, Vol. 9. Academic Press, London 1989, S. 53–196.

Sawyer, T.K., E.J. Lewis, M. Galassa, D.W. Lear, M.L. O'Malley, W.N. Adams, J. Gaines: Pathogenic amoebae in ocean sediments near wastewater sludge disposal sites. Journal WPCF **54** (1982), 1318–1323.

zu 8.   Umwelteinflüsse durch die Aquakultur

FAO: Report of the First Session of the GESAMP Working Group on Environmental Impacts of Coastal Aquaculture. Kiel, 7.–11. 1. 1991, 36 S.

Midtlyng, P.V.: Bruk av medikamenter og desinfeksjonsmidler i norske fiskoppdrettsanlegg. Vann **3** (1985), 177–180.

Misdorp, R., L.H.M. Kohsiek, F.H.I.M. Steyaert, R. Dijkema: Environmental consequences of a large scale coastal engineering project on aspects of mussel cultivation in the Eastern Scheldt. Nat. Sci. Tech. **16** (1984), 95–105.

Rhodes, R.J.: Status of the world aquaculture, 1988. Aquaculture Magazine Buyers Guide 1989, S. 6–20.
Rosenthal, H., D. Weston, R. Gowen, E. Black: Report of the *ad hoc* Study Group on Environmental Impact of Mariculture. ICES Coop. Res. Rep. Nr. 154, 1988, 83 S.

zu 9.   Gefährdungen durch das Fördern von Rohstoffen vom Meeresgrund

Davies, G.: Red Sea mine tailings must go deep. Mar. Poll. Bull. **16** (1985), 344–345.
Karbe, L.: Maßnahmen zum Schutz der Umwelt bei der Förderung metallischer Rohstoffe aus dem Meer. Intl. Symposium „Meerestechnik und Internationale Zusammenarbeit", 20. bis 23. 05. 1986, Wilhelmshaven, Verlag Kommunikation und Wirtschaft, Oldenburg 1987.
Ottow, J.C.G.: Tagebau unter Wasser. Umschau **82** (1982), 319–324.
Schneider, J.: Tiefsee-Bergbau auf Manganknollen vor dem Hintergrund globaler Versorgungs- und Umwelt-Probleme. Naturwissenschaften **75** (1988), 423–431.
Schneider, J., H. Thiel: Environmental problems of deep-sea mining. In: P. Halbach, G. Friedrich, U. v. Stackelberg: The manganese nodule belt of the Pacific Ocean. Ferdinand Enke Verlag, Stuttgart 1988, S. 222–229.
Thiel, H., G. Schriever: Cruise Report DISCOL 1, Sonne-Cruise 61. Hamburg 1989, 75 S.

zu 10.   Verbrennen gefährlicher Abfälle auf See

Blüther, H.: Organochlorine compounds in marine organisms from the International North Sea Incineration Area – Preliminary results. ICES C.M. 1989/E:4.
Waldichuk, M.: Incineration at sea and arificial reefs. Selected papers from the International Ocean Disposal Symposium. Mar. Poll. Bull. **19** (1988), No. 11 B.

zu 11.   Feste Abfälle

Anonym: Mediterranean: Garbage in the water and on the beaches. UNEP-MEDWAVES **17** (1990).
Deutscher Bundestag, 11. Wahlperiode: Drucksache 11/6373 (7. 2. 1990), S. 23.
O'Hara, K.J.: Education and awareness: Keys to solving the marine debris problem. In: Proceedings „Oceanus '88" Conference, Baltimore, 31. 10.–02. 11. 1988, S. 12–16.
Pruter, A.T.: Marine debris – a growing problem. ICES C.M. 1986/E:49, 12 S.
Wehle, D.H.S., F.C. Coleman: Plastics at Sea. Natural History **2** (1983), 20–24.
Wilber, R.J.: Plastic in the North Atlantic. Oceanus **30** (1987), 61–68.

zu 13.   Thermale „Verunreinigung" des Meeres

Clark, R.B.: Marine Pollution. Clarendon Press, Oxford 1986.
Duedall, I.W., D.R. Kester, P.K.Park, B.H. Ketchum: Wastes in the Ocean. Vol. 4: Energy Wastes in the Ocean. John Wiley & Sons, New York 1985.
GESAMP: Thermal Discharges in the Marine Environment. UNEP Regional Seas Reports and Studies Nr. 45, 1984, 49 S.
GESAMP: Thermal Discharges in the Marine Environment. GESAMP Reports & Studies Nr. 24, 1984, 44 S.
Majewski, W., D.C. Miller: Predicting effects of power plant once-through cooling on aquatic systems. Technical Papers in Hydrology. UNESCO, Paris 1979.

zu 14. Zum Zustand ausgewählter Meeresregionen
14.1 Ostsee

Böhme, H.: Güterströme und Verkehrsstrukturen im Ostseeraum. In: Verkehrsmacht Ostsee. Ostsee-Jahrbuch 1987. Industrie- und Handelskammer zu Lübeck, Lübeck 1988, S. 13–32.

Cederwall, H., R. Elmgren: Biological effects of eutrophication in the Baltic Sea, particularly the coastal zone. Ambio **19** (1990), 109–112.

HELCOM: First Periodic Assessment of the State of the Marine Environment of the Baltic Sea Area, 1980–1985; General Conclusions. Baltic Sea Environment Proceedings Nr. 17 A, Helsinki 1987.

HELCOM: First Baltic Sea Pollution Load Compilation. Baltic Sea Environment Proceedings Nr. 20, Hamburg 1987, 56 S.

HELCOM: Seminar on Oil Pollution Questions. Baltic Sea Environment Proceedings Nr. 22, Helsinki 1987.

HELCOM: Three Years Observations of the Levels of some Radionuclides in the Baltic Sea after the Chernobyl Accident. Seminar on Radionuclides in the Baltic Sea, 29. Mai 1989, Rostock-Warnemünde. Baltic Sea Environment Proceedings Nr. 31, Helsinki 1989, 155 S.

HELCOM: Deposition of Airborne Pollutants to the Baltic Sea Area, 1983–1985 and 1986. Baltic Sea Environment Proceedings Nr. 32, Helsinki 1989, 62 S.

HELCOM: Second Periodic Assessment of the State of the Marine Environment of the Baltic Sea Area, 1984–1988; General Conclusions. Baltic Sea Environment Proceedings Nr. 35 A, Helsinki 1990.

HELCOM/PARCOM: Proceedings of the Seminar on the Pulp and Paper Industry, 4./5. April 1989, Stockholm, 237 S.

HELCOM/SEI (Swedish Environment Institute): Current status of the Baltic Sea. Ambio Special Report Nr. 7, 1990, 24 S.

Kullenberg, G. (Hrsg.): The state of the Baltic. Mar. Poll. Bull. **12** (1981) Nr. 6, 179–224.

Melvasalo, T., J. Pawlak, K. Grasshoff, L. Thorell, A. Tsiban: Assessment of the Effects of Pollution on the Natural Resources of the Baltic Sea, 1980. Baltic Sea Environment Proceedings Nr. 5 A, Helsinki 1981.

Pustelnikov, O., M. Nesterova: Umwelteinfluß eines Rohölspills in der Ostsee. Akad. Wiss. Litaui. SSR/Abtlg. Geographie u. Akad. Wiss. UdSSR/Shirshov-Institut. Serie Biogeochemie, Geologie und Paläogeographie der Ostsee, Bd. 2, Vilnjus 1984, 141 S. (in Russ.).

SNV: Monitor 1988. Sweden's marine environment – ecosystems under pressure. National Swedish Environmental Protection Board, Helsingborg 1988, 207 S.

SNV: Marine Pollution '90. Action Programme. Swedish Environmental Protection Agency, Solna 1990, 165 S.

Stenman, O., A. Tissari: Organochlorines in Baltic seals in 1980s. ICES C.M. 1990/N:12.

Wulff, F., L. Balk, G. Bergvall, A. Hagström, I. Jansson, P. Larsson, L. Rahm: Large-scale environmental effects and ecological processes in the Baltic Sea. Research programme for the period 1990–1995 and background documents. Swedish Environmental Protection Agency Report Nr. 3849, Solna 1990, 225 S.

Wulff, F., A. Stigebrandt, L. Rahm: Nutrient dynamics of the Baltic Sea. Ambio **19** (1990), 126–133.

19. Literatur

zu 14.2 Nordsee

Anonym: Der Qualitätszustand der Nordsee. Bericht der Wiss.-techn. Arbeitsgruppe zur Zweiten Internationalen Nordseeschutzkonferenz. London, September 1987, 90 S.

Anonym: Schutz der Nordsee. Öffentliche Anhörung des Bundestagsausschusses für Umwelt, Naturschutz und Reaktorsicherheit am 5. Oktober 1987, Bonn 1987.

Beddig, S., J. Sündermann: Zirkulation und Schadstoffumsatz in der Nordsee. Die Geowissenschaften **6** (1988) Nr. 6, 167–172.

Borchardt, T., S. Burchert, H. Hablizel, L. Karbe, R. Zeitner: Trace metal concentrations in mussels: comparison between estuarine, coastal and offshore regions in the south-eastern North Sea from 1983 to 1986. Marine Ecology **42** (1988), 17–31.

Dahlmann, G., N. Theobald: Öleintrag in die Nordsee. Wiss.-techn. Bericht 1988-4, Deutsches Hydrographisches Institut, Hamburg 1988.

Davies, G.: UK Pollution Statistics. Mar. Poll. Bull. **20** (1989), 203–204.

Eisma, D., G. Irion: Suspended matter and sediment transport. In: W. Salomons, B.L. Bayne, E.K. Duursma, U. Förstner (Hrsg.): Pollution of the North Sea. An Assessment. Springer-Verlag, Berlin-Heidelberg 1988, S. 20–35.

Gerlach, S.A.: Pflanzennährstoffe und die Nordsee – ein Überblick. Seevögel. Zeitschrift-Verein Jordsand, Hamburg **8** (1987), 49–62.

Gerlach, S.A.: Input and concentrations of phosphorus and nitrogen, and phytoplankton in the German Bight. ICES C.M. 1989/E:10.

Haury, H.J., U. Koller, G. Aßmann (Hrsg.): Meer – Deponie oder Lebensraum. Journalistenseminar der Informationsstelle Umwelt. Gesellschaft für Strahlen- und Umweltforschung mbH München (GSF), München 1990, 55 S.

IOE: Input of contaminants to the North Sea from the United Kingdom. Institute of Offshore Engineering, prepared for the Department of the Environment, Edinburgh, Mai 1984, 203 S.

Lohse, J.: Distribution of organochlorine pollutants in North Sea sediments. Mitt. Geol. Paläont. Inst. Univ. Hamburg Heft 65, Hamburg, Juni 1988.

Lohse, J.: Ocean incineration of toxic wastes: A footprint in North Sea sediments. Mar. Poll. Bull. **19** (1988), 366–371.

Lozan, J.L., W. Lenz, E. Rachor, B. Watermann, H. von Westernhagen: Warnsignale aus der Nordsee. Wissenschaftliche Fakten. Verlag Paul Parey, Berlin-Hamburg 1990, 428 S.

Müller-Navarra, S.H., E. Mittelstaedt: Schadstoffausbreitung und Schadstoffbelastung in der Nordsee – Eine Modellstudie. Dt. hydrogr. Z. Erg.-H. B, Nr. 18, 1987, 51 S.

Salomons, W., B.L. Bayne, E.K. Duursma, U. Förstner (Hrsg.): Pollution of the North Sea. An Assessment. Springer-Verlag, Berlin-Heidelberg 1988, 687 S.

Sündermann, J., E.T. Degens: Die Nordsee. Wasseraustausch und Schadstoffbelastung. Broschüre, Hamburg 1989, 49 S.

zu 14.3 Irische See

Aarkrog, A., H. Dahlgaard, L. Hallstadius, H. Hansen, E. Holm: Radiocaesium from Sellafield effluents in Greenland waters. Nature **304** (1983), 49.

Aston, S.R., D.A. Stanners: Plutonium transport to and deposition and immobility in Irish Sea intertidal sediments. Nature **289** (1981), 581–582.

Cambray, R.S., J.D. Eakins: Pu, ^{241}Am and ^{137}Cs in soil in West Cumbria and a maritime effect. Nature **300** (1982), 46–48.

Dickson, R.R., R.G.V. Boelens: The status of current knowledge on anthropogenic influences in the Irish Sea. ICES Coop. Res. Rep. Nr. 155 (1988), 88 S.

ICES: Results of 1985 Baseline Study of Contaminants in Fish and Shellfish. Coop. Res. Rep. Nr. 151, 1988, 366 S.

Mackenzie, A.B., R.D. Scott, T.M. Williams: Mechanisms for northwards dispersal of Sellafield waste. Nature **329** (1987), 42–45.

Sutcliffe, S.J.: Changes in the gull populations of SW Wales. Bird Study 33 (1986), 87–97.

Zimmermann, J.T.F.: Windscale effluent as a tracer for continental shelf circulation. Nature **311** (1984), 102–103.

zu 14.4   Mittelmeer

Barghigiani, C., R. Bargagli, B.Z. Siegel, S.M. Siegel: A comparative study of mercury distribution on the aeolian volcanoes, Vulcano and Stromboli. Water, Air, and Soil Pollution **53** (1990), 179–188.

Grenon, M., M. Batisse: Future for the Mediterranean Basin. Oxford University Press, Oxford 1989, 279 S.

Kremling, K., H. Petersen: The distribution of zinc, cadmium, copper, manganese and iron in waters of the open Mediterranean Sea. „Meteor"-Forsch. Ergebnisse, Reihe A/3, **23** (1981), 5–14.

UNEP: Report on the State of Pollution of the Mediterranean Sea. UNEP/IG 56/Inf. 4, Athen 1985.

UNEP: Data Base on the Mediterranean, Activities. Provisional Document, Blue Plan, Sophia Antipolis 1987.

UNEP: State of the Mediterranean Marine Environment. MAP Technical Reports Series Nr. 28, Athen 1989, 225 S.

zu 14.5   Schwarzes Meer

Balkas, T., G. Dechev, R. Mihnea, O. Serbanescu, U. Unlüata: State of the marine environment in the Black Sea Region. UNEP Regional Seas Reports and Studies Nr. 124., 1990, 41 S.

Dyrssen, D.: Stagnant sulphidic basin waters. The Science of the Total Environment **58** (1986), 161–173.

Haraldsson, C., S. Westerlund: Trace metals in the water columns of the Black Sea and Framvaren Fjord. Mar. Chem. 23 (1988), 417–424.

Proceedings of „The Chemical and Physical Oceanography of the Black Sea", International Meeting in Göteborg, 2.–4. 6. 1986. Report on the Chemistry of Seawater 33, Department of Analytical and Marine Chemistry, Chalmers University of Technology and University of Göteborg.

zu 14.6   „UNEP-Regionen"

Brodie, J.E., C. Arnould, L. Eldredge, L. Hammond, P. Holthus, D. Mowbray, P. Tortell: State of the marine environment in the South Pacific Region. UNEP Regional Seas Reports and Studies Nr. 127, 1990; und SPREP Topic Review Nr. 40, South Pacific Regional Environment Programme, 1990, 59 S.

Bryceson, I., T.F. De Souza, I. Jehangeer, M.A.K. Ngoile, P. Wynter: State of the marine environment in the Eastern African Region. UNEP Regional Seas Reports and Studies Nr. 113, 1990, 46 S.

Davidson, L.: Environmental assessment of the Wider Caribbean Region. UNEP Regional Seas Reports and Studies Nr. 121, 1990, 36 S.

GESAMP: Long-term consequences of low-level marine contamination: An analytical approach. UNEP Regional Seas Reports and Studies Nr. 118, 1990, 14 S.

Gomez, E.D., E. Deocadiz, M. Hungspreugs, A.A. Jothy, Kuan Kwee Jee, A. Soegiarto, R.S.S. Wu: The state of the marine environment in the East Asian Seas Region. UNEP Regional Seas Reports and Studies Nr. 126, 1990, 63 S.

Hulm, P.: The Regional Seas Program: What fate for UNEP's crown jewels? Ambio **12** (1983), 2–13.

Linden, O., M.Y. Abdulraheem, M.A. Gerges, I. Alam, M. Behbehani, M.A. Borhan, L.F. Al-Kassab: State of the marine environment in the ROPME Sea Area. UNEP Regional Seas Reports and Studies Nr. 112, Rev. 1, 1990, 34 S.

Pernetta, J., G. Sestini: The Maldives and the impact of expected climatic changes. UNEP Regional Seas Reports and Studies Nr. 104, 1989, 84 S.

Portmann, J.E., C. Biney, A.C. Ibe, S. Zabi: State of the marine environment in the West and Central African Region. UNEP Regional Seas Reports and Studies Nr. 108, 1989, 34 S.

Sen Gupta, R., M. Ali, A.L. Bhuiyan, M.M. Hossain, P.M. Sivalingam, S. Subasinghe, N.M. Tirmizi: State of the marine environment in the South Asian Seas Region. UNEP Regional Seas Reports and Studies Nr. 123, 1990, 42 S.

Strömberg, J.O., L.G. Anderson, G. Björk, W.N. Bonner, A.C. Clark, A.L. Dick, W. Ernst, D.W.S. Limbert, D.A. Peel, J. Priddle, R.J.L. Smith, D.W.H. Walton: State of the marine environment in Antarctica. UNEP Regional Seas Reports and Studies Nr. 129, 1990, 34 S.

The Siren. News from UNEP's Oceans and Coastal Areas Programme. Nr. 36, April 1988.

The Siren. Nr. 43, 4/1989, S. 10.

UNEP: Status of regional agreements negotiated in the framework of the Regional Seas Programme, Rev. 1., Februar 1988.

UNEP: The West and Central African Action Plan: Evaluation of its development and achievements. UNEP Regional Seas Reports and Studies Nr. 101, 1989.

UNEP: Technical Annexes to the Report on the State of the Marine Environment. UNEP Regional Seas Reports and Studies Nr. 114/1, 1990, 319 S.

UNEP/WHO: Epidemiological studies related to environmental quality criteria for bathing waters, shellfish-growing waters and edible marine organisms (Activity D). Final report on project on relationship between microbial quality of coastal seawater and health effects (1983–86). MAP Technical Reports Series Nr. 20, Athen 1988, 156 S.

zu 15.   Monitoring zur Zustandsüberwachung der Meeresumwelt
  15.1   Monitoring biologischer Effekte

FAO: Manual of methods in aquatic environment reasearch, Part 4. Basis for selecting biological tests to evaluate marine pollution. Rom 1977.

GESAMP: Long-term consequences of low-level marine contamination: An analytical approach. UNEP Regional Seas Reports and Studies Nr. 118, 1990, 14 S.

IOC: IOC-UNEP-IMO Group of Experts on Effects of Pollutants, Fourth Session, 7–11 December 1987. IOC, 1988.

IOC: IOC Workshop on the biological effects of pollutants, Oslo, Norway, 11–29 August 1986. IOC Workshop Report Nr. 53, UNESCO, 1988.

IOC: Second IOC Workshop on the biological effects of pollutants, Bermuda, 10 September – 2 October 1988. IOC Workshop Report Nr. 61, UNESCO, 1990.

NSTF: North Sea Task Force Monitoring Master Plan. North Sea Environment Report Nr. 3, London 1990, 37 S.

zu 15.2 Monitoring- und Forschungsprogramme

Deuman, K., A. Mattori, P. Holligan: Global change in marine and atmospheric biogeochemical interactions, Recommendations for a Global Ocean Euphotic Zone Study. Paris, Juni 1986, 24 S.

Farrington, J.W., R.W. Risebrough, P.L. Parker, N.C. Davies, B. de Lappe, J.K. Winters, D. Doatwright, N.M. Frew: Hydrocarbons, polychlorinated biphenyls, and DDE in mussels and oysters from the U.S. Coast, 1976–1978. -The Mussel Watch. WHOI-Report Nr. 82/42, Woods Hole 1982.

Farrington, J.W., E.D. Goldberg, R.W. Risebrough, J.H. Martin, V.T. Bowen: U.S. „Mussel Watch" 1976–1978: An overview of the trace-metal, DDE, PCB, hydrocarbon, and artificial radionuclide data. Environ. Sci. Technol. **17** (1983), 490–496.

GESAMP: Reports of the Working Group 24 on Integrated Global Ocean Monitoring (IGOM). Batumi (2.–5. 12. 1985) and Moscow (25.–29. 11. 1986).

Gwynne, M.D.: The Global Environment Monitoring System (GEMS) of UNEP. Environmental Conservation **9** (1982), 35–41.

ICSU: The International Geosphere Biosphere Programme. A Study of Global Change. Final Report of the *ad hoc* Planning Group. Paris, August 1986.

IDOE (International Decade of Ocean Exploration): Progress Report Vol. 6, April 1976 to April 1977. U.S. Department of Commerce, NOAA, Washington, D.C., Oktober 1977, 75 S.

IGOM: Integrated Global Ocean Monitoring. Proc. 1st International Symposium on IGOM. Tallinn, 2.–10. 10. 1983, Bd. 1–3, Gidrometeoisdat, Leningrad 1985 (russ. Übersetzung) bzw. 1986 (engl.).

IOC: A Comprehensive Plan for the Global Investigation of Pollution in the Marine Environment and Baseline Study Guidelines. IOC Techn. Ser. 14 (1976).

IOC: Global Oil Pollution. Results of MAPMOPP, the IGOSS Pilot Project on Marine Pollution (Petroleum) Monitoring. IOC/UNESCO, Paris 1981.

IOC: Fourth Session of the Working Committee for GIPME. Summary Report. IOC/WC-GIPME-IV/3, 1982.

IOC: IOC Committee for the Gobal Investigation of Pollution in the Marine Environment. Seventh Session, Paris, 21–25 January 1991.

Israel, Yu.A., A.V. Tsiban: Problems of monitoring the ecological consequences of ocean pollution. J. Oceanogr. Soc. Japan **36** (1981), 293–314.

Israel, Yu.A., A.V. Tsiban: Anthropogene Ökologie des Ozeans. Gidrometeoisdat. Leningrad 1989, 528 S. (in Russ.).

Jeftic, L.: Overview of global and regional monitoring programmes of interest to IGOM. UNEP, Athen, Oktober 1986, 53 S.

Kuroshio Exploitation and Utilization Research (KER), Summary Report 1977–1982, Japan Marine Science and Technology Centre, March 1985.

Marchuk, G.I., A.S. Sarkisyan, V.P. Dymnikov: The programme „sections" and monitoring of world ocean. Environmental Monitoring and Assessment **7** (1986), 25–30.

NAS: The International Mussel Watch. Workshop Report, Washington, D.C., 1980, 248 S.
NAS: Global Ocean Flux Study (GOFS): Proceeding of a Workshop, National Academy Press, Washington, D.C., 1984.
NAS: Global Ocean Flux Study, U.S. GOFS, Report 2, 1986.
NOAA: The National Status and Trends Programme for Marine Environmental Quality, Programme description for 1986, NOAA 1986.
Palmieri, J., H. Livingston, J.W. Farrington: U.S. „Mussel Watch" Program: Transuranic element data from Woods Hole Oceanographic Institution 1976–1983. WHOI Technical Report Nr. 84/28, Woods Hole 1984.
SCOR: The Joint Global Ocean Flux Study. Background, goals, organization, and next steps. Report of the International Scientific Planning and Coordination Meeting for Global Ocean Flux Study, Paris, 17.–19. 2. 1987, 42 S.
Sündermann, J.: Zirkulation und Schadstoffumsatz in der Nordsee (ZISCH). BMFT-Projekt MFU 0576 5, Zwischenbericht 1. 1.–31. 12. 1988, Hamburg, April 1989, 190 S.
UNEP: Long-Term Programme for Pollution Monitoring and Research in the Mediterranean (MED POL)-Phase II. UNEP Regional Seas Report and Studies Nr. 28, 1983.
U.S. GOFS: U.S. Global Ocean Flux Study. Overview towards a science plan for GOFS: Program elements, priorities and planning. U.S. GOFS Planning and Coordination Office, Woods Hole, Dezember 1987, 19 S.
WMO: World Climate Research Programme. First Implementation Plan for the WCRP. WCRP Publications Series Nr. 5. WMO/TD-Nr. 80, November 1985.
WMO: World Climate Research Programme. Scientific Plan for the Tropical Ocean and Global Atmosphere (TOGA) Programme. WCRP Publications Series Nr. 3. WMO/TD-Nr. 64, September 1985.

zu 16.   Übereinkommen zum Schutz der Meeresumwelt
Edom, E., H.-J. Rapsch, G.M. Veh: Reinhaltung des Meeres. Nationale Rechtsvorschriften und internationale Übereinkommen. Carl Heymanns Verlag KG, Köln/Berlin/Bonn/München 1986.
Platzöder, R., H. Grunenberg: Internationales Seerecht. Textausgabe. C.H. Beck'sche Verlagsbuchhandlung, München 1990.

zu 17.   Zusammenfassung
GESAMP: The health of the oceans. UNEP Regional Seas Reports and Studies Nr. 16, 1982.
GESAMP: The state of the marine environment. UNEP Regional Seas Reports and Studies Nr. 115, 1990, 111 S.

Sachverzeichnis

AAS 63, 89, 90, 96, 103, 107, 111, 112, 182
ABS **68–71**
Abwässer, kommunale 22, 148, 172, 206, 212, 218, 224–227
Aerosole 34, 36, 71, 93, 94, 99, 105, 106, 169, 192, 208, 254
Alexander Kielland 21
Algenblüten 119, 120, 123, 125, 218, 269, 270
Algizide 104, 108, 135
Alkylbenzensulfonat 68, 71
Amoco Cadiz 18, 19
Amoebenruhr 129
Anoxia 228
Antarktis 19, 98, 230
anthropogen 9, 19, 29, 47, 62, 67, 68, 79, 82–84, 86–88, 91–94, 97–101, 105, 106, 109, 110, 113, 117, 118, 163, 165, 166, 169, 188, 192, 195, 196, 203, 204, 213, 215, 220, 221, 229, 230, 245, 251, 254, 260, 270, 272
Antibewuchsmittel 62, 66, 104, 108, 135, 272
Antifouling 64
Antioxidantien 113, 135
Arcachon-Bucht 64, 65
Aroclor 41, 45, 49
Aromaten 23, 26, 206
Arsen 28, 62, 66, 75, **107–112,** 140, 266, 272
Arsenik 108
ASP (amnesic shellfish poisoning) 120
Atlantik 23, 44, 51, 57, 73–75, 85, 89, 105, 109, 114, 120, 138, 153, 160, 169, 181, 187, 201, 202, 214, 217, 229, 243, 251, 252
Atlantis-II-Tief 139–141, 220
Atomabsorptionsspektroskopie 63, 89, 234

Baggergut 93, **148,** 182, 185, 193–195, 197, 237
Baltischer Strom 160, 181
Beggiatoa 168

Benthos 39, 134, 151, 167, 168, 189, 196, 215, 233, 235, 236, 239, 246
Benzo-(a)-pyren 14, 26, 27, 43, 233
Bequerel (Bq) *(Maßeinheit)* 73
Bioakkumulation 30, 32, 49, 57, 72, 84, 86, 94, 140, 148, 190, 199, 243
Bioassay 173, 235–239
biologische Effekte 28, 64, 74, 89, 106, 147, 232–239, 242, 251
Bioturbation 42, 101, 199, 258
Biozide 135, 151, 152
Biskaya 44
black list 266, 267
Blei 62, 91, **97–103,** 107, 108, 110, 170, 171, 191–193, 196, 211, 215, 228, 244, 266, 272
blow out 14, 17, 21, 22, 171, 228
Bohrflüssigkeit 20, 21
Bohrschlam 187

Cadmium 66, **90–96,** 105, 135, 140, 183, 192, 193, 195, 215, 228, 263, 266, 272
Camphechlor 50
cancerogen 59, 83
Chernobyl 75–77, 79, 177, 178, 188, 207, 208, 272
Chlophen 41
Chlorkohlenwasserstoffe 23, 32–34, 37, 39, 40, 42, 52, 54, 57, 71, 128, 142, 143, 148, 167, 181, 193, 194, 196, 204, 205, 226, 230, 244, 247, 254
Chlorphenole 32, 36, 53, 84, 176, 195
Cholera 126, 129, 224, 226, 271
Chrysochromulina polylepis 118, **123–125**
Clarion- und *Clipperton*-Bruchzonen 138, 140
clean up 47
Clupea harengus 51, 173, 177, 244, 246

Sachverzeichnis

coliforme Bakterien 127, 130, 134, 207, 223
Congenere 40, 43–48, 167, 175
Coprostanol 72, 131, 251
Crangon crangon 72, 246
Crassostrea gigas 64, 238, 249
Crassostrea virginica 26, 51, 238, 249, 251
Cytochrom P-450 46, 233, 234

Daphnia sp. 59, 68, 238
DBP 58–61
DCPA 36
DDD 31, 205, 246
DDE 30–32, 193, 194, 205, 246
DDT 23, **29–32,** 37, 39, 41–43, 50, 51, 54, 57, 166, 167, 173–176, 193–195, 205, 244, 246, 250
DEHP 58–61
Dehydrochlorierung 30, 51
Denitrifizierung 118, 215
Detergenzien 69, 195, 208, 211
Deutsche Bucht 32, 35, 37, 44, 51, 60, 167, 179, 185, 188, 191, 245
Diatomeen 43, 59, 93, 111, 119, 120, 163, 189, 212
Dinoflagellaten 94, 119–121, 123, 163, 189, 212, 225
Dioxin **52–56,** 143, 144, 175, 194
Dispersionsmittel 16, 68, 69
Doggerbank 37, 44, 192
Domoinsäure 120
Dorsch 31, 35, 38, 39, 44, 51, 55, 60, 102, 110, 124, 164, 165, 177, 178, 189, 195, 244
Driftnetz 147, 225, 226
DSP (diarrhetic shellfish poisoning) 120–122
Dünnsäure 185

Echinocardium cordatum 189
Effektmonitoring 234–239
Einzugsgebiet 71, 86, 93, 158, 160, 181, 183, 201, 214, 222, 237
Ekofisk 17, 21, 198
Elbe 34, 35, 37, 39, 40, 60, 93, 182–184, 187, 193, 194
El Niño 227
Emulgatoren 69

Erdölkohlenwasserstoffe 9, **14–27,** 100, 186, 198, 205, 208, 221, 226, 227, 229, 242, 243, 246, 248, 250, 271
EROD 233, 239
Erzschlämme 139–141, 220
Escherichia coli 127, 128, 130
Eutrophierung 117, 149, 162–165, 167, 202, 211, 212, 214, 221, 223, 225, 226, 228, 229
Exxon Valdez 19, 226

Fäkalpellets 18, 34, 88, 106
fallout 99, 208, 272
Fernerkundung 247, 256, 258
Fingerprint 24
Fischkrankheiten 196, 239, 269
Fischsterben 120, 122, 212, 222, 229
Flammschutzmittel 56, 135, 174
Flunder 31, 37, 39, 44, 107, 164, 190, 194, 233, 234, 244
Frierfjord 39, 55
Fucus vesiculosus 111
Fungizide 62, 84, 90, 108, 135

Gaschromatographie 24, 25, 29, 33, 39, 47, 52, 54, 59, 63, 112, 115, 116, 205
Golfkrieg 20, 220, 221
grey list 68, 266, 267

Halbwertszeit 29, 45, 53, 58, 61, 62, 73, 74, 95, 102, 105, 111, 198
Halogenkohlenwasserstoffe 28, 29, 31, 32, 53, 174, 175, 183, 266, 271
HCH (Hexachlorcyclohexan) **32–36,** 174, 175, 193, 205, 244, 245, 263
HELCOM 170, 171, 245, 246
Hepatitis 126–128, 224, 271
Herbicide Orange 53
Herbizide 36, 53, 108, 135, 142, 143, 176
Hering 31, 32, 35, 38, 44, 51, 55, 56, 60, 95, 102, 110, 124, 164, 165, 171–175, 177, 178, 185, 189, 190, 192, 195, 196, 244
  Homarus americanus 95
  Homarus gammarus 106
hot spot 36, 107, 115, 198, 205, 219, 224
HPLC (high performance liquid chromatography) 59, 61, 70

HRGC (high resolution gas chromatography) 39, 47, 48, 52, 70
hydrophob 38, 42, 43, 56, 68, 69

ICES 232, 238, **243–244**
Ichthyotoxine 120
Immigration 213
Immobilität 57
Industrieabfälle 149, 182, 184, 185, 194, 195, 224, 269
Insektizide 29, 30, 32, 33, 41, 62, 108, 135, 174
Itai-Itai-Krankheit 90
IXTOC I 17, 228

Johnston Atoll 74, 75, 142, 144
Jütlandstrom 179

Kanechlor 41, 49
Kanemi Yusho-Krankheit 41
Kernwaffentest 73, 74, 198, 272
„Keshan"-Krankheit 115
Klärschlämme 37, 67, 72, 82, 90, 128–130, **149,** 182, 184, 185, 188, 189, 193–195, 197, 270
Kliesche 37, 39, 44, 60, 164, 190, 194, 239, 244
Kupfer 47, 59, 63, 66, **104–107,** 108, 110, 112, 134, 138, 140, 171, 215, 224, 228, 238, 266
Küstenerosion 136, 218, 224, 229, 270
Kuwait Action Plan 153, 220

Limanda limanda 37, 44, 164, 239, 244
Lindan 32, 33, 174, 193, 195, 205
lipophil 23, 34, 36, 39, 42, 49, 53, 72, 166, 174, 191, 233
Liverpool Bay 32, **196–198**
London Dumping Convention 78, 80, 148, 266

Manganknollen 106, **138–141**
Mangroven 136, 219–224, 227, 269, 270
MAPMOPP 23, **242**
Marikultur 121, **132–137,** 151, 211, 270, 273

MARPOL 147, 186, 206, 228, 264
MARPOLMON 242, 243, 260
Massenbilanz 88, 91, 98, 100, 118, 135, 241
Massenspektrometrie 24, 25, 29, 48, 54, 63, 70, 103
Mediterranean Action Plan 153, 248
MED POL 203, 205, 208, 248, 249
Meeresspiegelanstieg 213, 224, 225, 230, 231, 273
Meersalzspray 105, 110, 199
Metabolismus 25, 31, 33, 37, 42, 45, 50, 51, 57, 59, 109, 111, 136, 166, 167, 175, 193, 194, 239, 244, 246, 250
Metallothionein 95, 233, 234, 239
Methylierung 62, 69, 86–88, 109, 110
Methylquecksilber 84, 86–88
MFO (mixed function oxidase) 233, 238, 239
Miesmuschel 31, 35, 38, 55, 71, 133, 190, 208, 249
Mikroorganismen 15, 31, 42, 50, 62, 126, 236, 246, 253
Minamata-Krankheit 84, 89
Mittelmeer 17, 23, 24, 35, 38, 43, 68, 75, 79, 86, 88, 89, 114, 123, 127, 129, 145, 146, 153, 157, 158, **199–213,** 214, 215, 243, 248, 249, 263, 264, 266
Molluskizide 62
Monitoring 44, 50, 68, 121, 168, 203, 228, **232–260,** 271
mussel watch **249–251**
Mytilus edulis 40, 72, 94, 95, 114, 167, 192, 203, 234, 235, 238, 244, 249, 251

Nereis diversicolor 107
New York 67, 129, 130, 261
Nonylphenolethoxylate 69, 71, 72
Nordsee 17, 21–23, 25, 34–39, 43, 44, 51, 60, 68, 79, 107, 119, 123, 124, 142, 157, 158, 160, 166, 167, 171, 175, 177, **179–195,** 198, 239, 244, 245, 247, 263, 265–266, 267
Nordseeschutzkonferenz 182, 267
Norwegische Rinne 36, 184
Nowruz Oil Spill 20
NPEs 69, 72
NSP (neurotoxic shellfish poisoning) 120–122

Oberflächenfilm 24, 31, 191
Oberflächenmikroschicht 23, 31, 35, 37, 43, 57, 65, 67, 105, 143, 170, 236, 269
OCS (Octachlorstyren) **38–40,** 142, 143, 193, 194, 254
OILPOL 263, 264
Ölabbau 25, 221
oligotroph 178, 202, 215, 252
Ölpest 15, 171
Ölslick 15, 18, 23, 219, 222, 242, 243, 269
Ölsperren 16
Ölspill 14–17, 19, 20, 25, 172, 186, 206, 218, 219, 226, 228
Organosilizium-Verbindungen **66–68**
Organozinn-Verbindungen **61–66,** 135
Oslofjord 32, 121, 232, 244
Ostsee 17, 23, 32, 34, 36–38, 43–45, 49, 51, 54, 56, 60, 65, 79, 86, 91, 94, 95, 101, 102, 104, 105, 109, 117, 120, 121, 123, 155, **158–179,** 181, 184, 187, 195, 198, 202, 214, 244–246, 249, 260, 263, 264, 266
Ozonloch 230

PAEs (phthalic acid esters) **57–61**
PAHs (polycyclic aromatic hydrocarbons) 14, 24, 26, 27, 43, 191, 233, 235, 238, 250, 251
PARCOM 245, 267
Patterson 100, 102
PBBs (polybromierte Biphenyle) 174, 175
PCBs (polychlorierte Biphenyle) 23, 37, 39, **40–48,** 49–51, 53, 54, 56, 57, 67, 111, 142, 143, 166, 174–176, 181, 183, 191, 193, 194, 205, 208, 229, 233, 235, 244–246, 250, 251
PCBTs (polychlorierte Benzyltoluene) 48
PCCs (polychlorierte Camphene) 47, **50–52,** 174–176, 246
PCDDs (polychlorierte Dibenzo-dioxine) 47, **52–56,** 142, 175, 251
PCDFs (polychlorierte Dibenzo-furane) 41, 47, **52–56,** 142, 251
PCNB 36
PCP (Pentachlorphenol) 32, 36, 37, 39, 183, 194
PCTs (polychlorierte Terphenyle) **48–50**

Persistenz 29, 37, 39, 47, 57, 143, 147, 151, 176, 196, 218, 266, 267
Pestizide 36, 50, 108, 113, 135, 142, 143, 173, 174, 183, 191, 193, 194, 208, 219, 222, 226, 227, 229, 237, 251, 266, 271
Phaeocystis sp. 118, 119
Phenole 135, 208, 211
Phoca vitulina 130, 166, 167
Photodegradation 18, 42, 49, 253
Photolyse 20, 28, 50, 58, 61, 253
Photooxidation 16, 33, 42, 88, 253
Piper Alpha 21
Plasterückstände 147
Platychthys flesus 107
Plutonium 73–75
polybromierte Biphenyle 174
Polyzykloaromaten 71
Porenwasser 78, 87, 104, 106, 110, 139, 237, 258
PSP (paralytic shellfish poisoning) 119, 121, 122, 225

Quecksilber 47, 62, 66, **84–90,** 103, 108, 109, 114, 115, 140, 171, 183, 191, 192, 195, 196, 203, 204, 208, 211, 228, 263, 266, 272

radioaktive Abfälle 266
Radioaktivität 73, 75, 77, 79, 80, 187, 188, 208, 262, 272
Radionuklide 73, 77–79, 81, 177, 178, 198, 199, 207, 229, 247, 250, 252–254, 269, 272
Recycling 49, 144, 223
red tides 118, 119, 121, 123, 212, 221, 227
remote sensing 25
Residenzzeit 93
Rhein 37, 68, **182–184,** 187, 190, 193, 244
Robbenstaupevirus 166
Rohöl **14–27**

Salzgehaltssprungschicht 161, 164, 167
Sapa 97
Satelliten 79, 249, **255–258**
saurer Regen 163

Scholle 39, 51, 110, 111, 164, 189, 192, 195, 244
Schwarzes Meer 79, 153, **214–217,** 264
Schwefelwasserstoff 117, 134, 161, 168, 169, 211, 214, 215, 246
Schwermetalle 71, **82–116,** 148, 149, 177, 182, 183, 185, 191, 198, 226–229, 233, 234, 243, 247, 251, 269
Schwerspat 21
Seehunde 35, 38, 42, 43, 49, 51, 55, 60, 114, 130, 147, 164, 166, 167, 196, 230, 271
Seehundsterben 130, 166
seep 9, 22, 23
Seeverbrennung 39, **142–144,** 182, 186, 193, 194
Selen 87, **112–116**
Sellafield 77, 78, 187, 188, 198
Silber 83, 140
Silikone 66, 67
Skelettdeformation 55
Skimmer 16
Söderberg-Elektrode 26
Sören Jensen 41
Spezifizierung 85, 91, 92, 99, 171, 192
Sprott 31, 35, 44, 124, 164, 165, 189, 217
Spurenmetalle 9, 31, 82, 86, 103, 107, 169, 170, 171, 191, 193, 197, 202, 203, 205, 208, 215, 217, 244, 246, 250, 252, 253, 272
Stabilisatoren 62, 90, 135
Statfjord 21
St. Lawrence 43, 51, 60, 244
subletal 25, 26, 57, 72, 120, 173, 176

tar ball 15, 206, 242, 243, 271
TBT (tributyl-tin) **62–66,** 272
TCDDs (Tetrachlor-dibenzo-dioxine) 45, 46, 52–56, 143, 176
TCDFs (Tetrachlor-dibenzo-furane) 46, 55, 143, 176
Teerklumpen 15, 18, 23, 24, 206

Tenside 21, **68–72**
Thermolyse 39
Three Miles Island 77
Titandioxid 176, 185, 195, 263, 267
Tokaimura 77
Torrey Canyon 18
Toxaphen **50–52,** 174
Toxizität 16, 26, 29, 34, 37, 40–43, 45–47, 50, 53, 55, 57, 59, 62, 65, 68–72, 82, 83, 90, 94, 104, 111, 118, 143, 148, 175, 177, 237, 272
Toxizitätssequenz 83
Toxizitätstest 64, 68, 115, 239
Typhus 129

Überfischung 133, 190, 196, 215, 219, 221, 224, 230, 269, 272
ubiquitär 31, 58, 84, 94, 107, 174
UNCLOS 261, 273
UNEP „Regional Seas Programme" 157
Uranium 73, 75, 80
UV-Fluoreszenzspektrometrie 24, 25, 205

Verklappungsgebiet 37, 67, 72, 78, 129, 148, 197, 225
Verweilzeit 10, 43, 86, 88, 94, 99, 100–102, 113, 169, 179, 195, 201, 207, 214
Viren 126–128, 130, 222
Vulcanus 142

Wasserbilanz 213–215
Weichmacher 41, 49, 56, 58, 61
Wiederaufbereitung 75, 77, 79, 187, 207, 272
Windscale 77–79, 198

Xenobiotika 9, 29, 34, 230, 234, 250, 269

Zinnober 84, 86, 203